普通高等院校"十二五"规划教材

自动控制元件

史震 张鹏 巩冰 编著

徐殿国 审

国防工业出版社

·北京·

内 容 简 介

本书共分 10 章,涉及多个系列控制电机的工作原理、电磁关系、工作特性、性能指标及型号参数等内容,包括直流伺服电动机、直流测速发电机、步进电机、旋转变压器、自整角机、交流伺服电动机、无刷直流电动机、开关磁阻电机、超声波电机和直线电机等。

本书可作为普通高等院校自动化专业、测控技术与仪器专业、电气工程及其自动化专业、探测制导与控制技术专业本科生教材,也可以作为相关专业高职高专教材,还可作为有关技术人员的参考用书。

图书在版编目(CIP)数据

自动控制元件/史震,张鹏,巩冰编著.—北京:国防工业出版社,2013.2
普通高等院校"十二五"规划教材
ISBN 978-7-118-08563-1

Ⅰ.①自… Ⅱ.①史…②张…③巩… Ⅲ.①自动控制 – 控制元件 – 高等学校 – 教材 Ⅳ.①TP273

中国版本图书馆 CIP 数据核字(2013)第 023384 号

※

国防工业出版社出版发行

(北京市海淀区紫竹院南路 23 号　邮政编码 100048)
涿中印刷厂印刷
新华书店经售

*

开本 787×1092　1/16　印张 20　字数 459 千字
2013 年 2 月第 1 版第 1 次印刷　印数 1—4000 册　定价 36.00 元

(本书如有印装错误,我社负责调换)

国防书店:(010)88540777　　　发行邮购:(010)88540776
发行传真:(010)88540755　　　发行业务:(010)88540717

前　言

1986 年，哈尔滨船舶工程学院赵文常、侯荣恩两位老师在多年教学经验的基础上，主持编写了《自动控制元件》一书，并于 1993 年进行了修订；在此基础上，哈尔滨工程大学叶瑰昀等几位教师于 2002 年重新编写了《自动控制元件》教材；2009 年，哈尔滨工程大学池海红等几位教师对 2002 版教材进行了修订。该教材在哈尔滨工程大学和黑龙江大学等院校使用多年，反映良好。

电力电子技术、控制技术、数字信号处理技术、微电子技术、材料技术和计算机技术的飞速发展，推动了现代电机技术的发展和新型电机的产生，拓宽了电机的应用领域。电机技术所依托的理论和技术已远不限于电磁理论，还包括控制理论、系统理论、计算机技术、信号处理技术和电力电子技术等。为了适应控制电机的发展趋势，反映现代控制电机技术的发展状况，了解新型控制电机的特性及应用，本教材在哈尔滨工程大学《自动控制元件》教材前面几版基础上重新进行了修订。本次修订对原有较陈旧内容做了删减，增加了开关磁阻电机、超声波电机和直线电机等新型电机内容。

在编写本教材时，假设读者已经掌握电机学的一般基础知识。本教材共分 10 章，涉及多个系列控制电机的工作原理、电磁关系、工作特性、性能指标及型号参数等内容，包括绪论、直流伺服电动机、直流测速发电机、步进电动机、旋转变压器、自整角机、交流伺服电动机、无刷直流电动机、开关磁阻电动机、超声波电动机和直线电动机。为便于教学，本书在保持全书系统性和完整性的同时，各章又自成体系，可以根据不同需要有选择地讲授相关内容。

本书依据本科教学大纲编写而成。参加本书编写工作的有黑龙江大学张鹏（第 1～3 章），哈尔滨工程大学史震（第 4～7、10 章）、巩冰（第 8、9 章）。全书由史震统稿，哈尔滨工业大学徐殿国教授主审。

教材中引用了相关参考文献的内容，特向相关文献的作者表示感谢。

在本教材编写过程中，得到了哈尔滨工程大学自动化学院和黑龙江大学电子工程学院有关领导和同事的热情支持和鼓励，哈尔滨工程大学自动化学院的研究生王德爽、王秀芝、杨轩、孙宁博、叶昌、韩菲等协助绘制部分插图，在此一并表示衷心感谢。

由于水平有限，本教材难免存在错误、疏漏或不妥之处，欢迎读者提出批评和加以指正，并将修改意见尽快反馈给我们。E - mail:shizhen@ hrbeu. edn. cn

编著者

2012 年 8 月

目 录

绪 论

0.1 自动控制元件的定义和分类

随着科学技术的迅猛发展,自动控制系统在工业、农业、交通、航海、航空、航天及国防等各领域中的应用日趋广泛。尽管各类自动控制系统的功能和结构不同,但基本组成均包括指令机构、控制器、放大器、执行机构、检测装置和被控对象等部分,如图0-1所示。

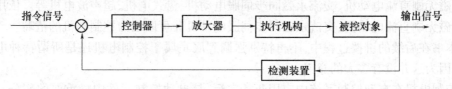

图 0-1 典型控制系统基本组成框图

自动控制系统各部分功能是:指令机构发出的指令信号与检测装置检测的被控量(输出信号)之差,经过控制器的处理(校正)以满足一定的控制品质。放大器将该信号放大后驱动执行机构,使被控对象的被控量跟随指令信号变化。

从以上各部分在系统中的功能和作用可知,任何一个自动控制系统都包括检测、放大、执行和校正几个部分,实现这些部分功能的元件统称为自动控制元件。与上述功能相对应的元件分别称为测量元件、放大元件、执行元件和校正元件。自动控制元件有很多类型,通常可以从能量转换的形式对其进行分类。有一类自动控制元件是在磁场参与下进行机械能与电能之间相互转换,它们是利用电和磁的原理进行工作的元件,这类元件统称为电磁元件,或称为控制电机。严格来讲,本书不介绍所有各类自动控制元件,只介绍上面提到的这一类——控制电机。关于这类电机,不同教材有不同的叫法,如控制电机、微特电机、特种电机等。

孙冠群、于少娟主编的《控制电机与特种电机及其控制系统》一书中,对控制电机、特种电机与传统电机的区别做了以下介绍。一般来说,与传统电机相比,在工作原理、结构、性能或者设计方法上有较大特点的电机都属于特种电机的范畴。①从工作原理看,有些特种电机已经突破了传统电机理论的范畴,如超声波电动机。它不是以磁场为介质进行机电能量转换的电磁装置,而是利用驱动部分(压电陶瓷元件的超声波振动)和移动部分之间的动摩擦力而获得运转力的一种新原理电机。②即使在传统电机理论的范畴内,许多电机的工作原理也具有较大的特殊性,可以称其为特种电机。例如,步进电机是将数字脉冲信号转换为机械角位移和线性位移的电机,采用高性能永磁体后制成永磁混合式步进电动机,并采用先进的控制技术,其技术指标和动态特性有明显的改进和提高。开关磁阻电机是一种机电一体化的新型电机,在电机发明之后的100多年来,磁阻电机的效率、功率因数和功率密度都很低,长期以来只能用作微型电机,而磁阻电机与电力电子器件相结合构成的开关磁阻电机,其功率密度与普通异步电机相近,可以在很宽的范围内保持高效率,系统总成本低于同功率的其他传动系统,目前国内最高已有 400kW 的产品出售。③从结构来看,除了传统的径向磁场旋转电机之外,还出现了许多特殊结构电机,如直线电机、盘式电机(横向磁场)等。

从以上的介绍可以看出,除了典型的通用直流电机、异步电机、同步电机、静止变压器等之外,其他类型的电机都可以归为特种电机的行列,也就意味着,控制电机也可以列为特种电机的序列。但是,由于控制电机的称谓历史较长,在我国高等教育自动化类专业中,一直以来都是不可或缺的课程,在这里,习惯上称控制电机之外的非传统电机为特种电机,控制电机定义为自动化系统中常用的微型特种电机。

按照上面的定义,控制电机一般包括直流测速发电机、直流伺服电动机、交流异步伺服电动机、旋转变压器、自整角机、步进电动机、直线电机等;特种电机包括开关磁阻电动机、永磁无刷直流电动机、交流永磁同步伺服电动机、盘式电机、超声波电机等。依用途而定,永磁无刷直流电动机、交流永磁同步伺服电动机等可以划为控制电机的范畴。

本书在后续的讲授过程中,不再特别强调到底是属于控制电机还是所谓特种电机的范畴,因为这并没有多大的意义。

控制电机在自动控制系统中应用非常广泛,是自动控制元件中最重要的部分。本书将主要对典型的控制电机进行介绍。

为了学习方便,可以按各种分类原则对控制电机进行分类。

1. 按控制电机在系统中的作用分类

(1) 功率元件。进行电—机能量转换的元件,如力矩电机、三相异步电动机等。

(2) 信号元件。进行机—电能量转换的元件,如测速发电机、自整角机、旋转变压器等。

2. 按控制电机使用的电流分类

(1) 直流元件。如直流伺服电动机、直流测速发电机、无刷直流电机等。

(2) 交流元件。如旋转变压器、自整角机、交流伺服电动机等。

(3) 脉冲元件。如步进电机等。

0.2　自动控制元件在控制系统中的作用

自动控制元件(控制电机)已经成为现在工业自动化系统、现代科学技术和现代军事装备中不可缺少的重要元件,它的应用范围非常广泛,如自动化生产线中的类机械手、火炮和雷达的自动定位、船舶方向舵的自动操纵、飞机的自动驾驶、遥远目标位置的显示、机床加工过程的自动控制和自动显示、阀门的遥控,以及电子计算机、自动记录仪表、医疗设备、录音录像设备等的自动控制系统。主要有以下几个方面:

(1) 航空航天。在航天领域,卫星天线的展开和偏转、飞行器的姿态控制、太阳能电池阵翼驱动、宇航员空调系统及卫星照相机等,都需要高精度的控制电机来驱动。比如,天线展开系统要求转矩大、转速低,为了减小质量、缩小体积,采用高速无刷直流电动机与行星减速器组成一体。又如,太空飞船的电源是太阳能电池阵,为了获得最大能源,需要太阳能电池阵翼正对太阳,这就要求电机不断地调整阵翼的方向,常以步进电机为动力。

而在飞机上,发动机起动,起落架收放,水平舵、方向舵、襟翼、副翼的操纵等,均是由控制电机来完成的。

(2) 现代军事装备。在现代军事装备中,控制电机已成为不可缺少的重要元件或子系统。火炮自动瞄准、飞机军舰自动导航、导弹遥测遥控、雷达自动定位等均需采用由伺服电动机、测速发电机、自整角机等构成的随动系统。据有关资料介绍,一艘潜艇仅导航仪表配套设备就有90多台控制电机,一个自动火炮系统要用60多台电机,一枚导弹也要用60多台电机。例如,在导弹发射装置中的瞄准机,需对高低和方向两个方面进行自动瞄准,这就需要两套由伺服电动机为主构成的随动系统。

(3) 现代工业。机器人,机床加工过程自动控制与显示,阀门遥控,自动记录仪表,轧钢机自动控制,纺织、印染、造纸机的匀速控制等,均大量使用不同类型、不同规格的控制电机。据统计,一座 $1513m^3$ 的高炉要用电机40多台。

(4) 信息与电子产品。随着信息技术的快速发展,电子信息产品近年来得到了广泛的应用,并已成为控制电机的重要应用领域之一,所用控制电机约占29%。这些应用包括计算机存储器、打印机、扫描仪、数控绘图机、传真机、激光视盘、复印机、移动通信等。例如,在移动式手机和BP传呼机中,广泛采用带有偏振头的空心杯式直流电动机,产生偏心振动,提醒使用者接听来电。由于手机的体积越来越小,质量越来越轻,所以电机也做得越发轻巧,外径只有4mm左右,质量仅1.2g~5.4g。

(5) 现代交通运输。随着经济的高速发展和人民生活水平的不断提高,交通运输车辆、特别是家庭汽车的数量近年来有了飞速增长,从而使汽车用控制电机在数量、品种和结构上都发生了很大变化。据统计,每辆普通汽车至少用15台控制电机,高级轿车要用40台~50台控制电机,豪华型轿车则配有70台~80台电机。目前世界范围内汽车用控制电机已占到控制电机总量的13%左右。我国各种汽车用控制电机产量已达到1500万台以上。

(6) 现代农业。水位自动显示、水闸阀门自动开闭、鱼群探测等也都少不了控制电机。

(7) 日常生活。随着人们物质生活和文化生活水平的提高,控制电机在日常生活中的应用范围日益扩大。例如,高层建筑的电梯自动选层、医疗设备、录音录像设备、变频空调、全自动洗衣机等,都是依靠新型高性能控制电机来驱动控制的。

下面结合几个具体实例说明控制电机在自动控制系统中的重要作用。

1. 防空天线—火炮控制(指挥)系统

现代武器正朝着威力大、速度快、准确度高等方向发展,只靠人的脑力和体力是不行的,必须借助于自动控制技术来实现。防空天线——火炮控制系统就是由雷达、指挥仪和火炮随动系统组成的现代武器系统,它可以有效地击中目标,该系统包括图0-2所示部分。

图0-2 防空天线—火炮控制系统框图

警戒雷达——远距离发现目标,将其粗略的方位、高度、距离等参数发送给炮瞄雷达。

炮瞄雷达——近距离精确地测得目标参数,将目标的方位角、高低角和斜距等参数发送给指挥仪。

指挥仪——它接收炮瞄雷达传来的信号,迅速而准确地计算出目标的未来点位置(方位角、高低角和斜距),并把参数发送给火炮随动系统。

火炮随动系统——根据指挥仪传输来的目标位置信号,将炮身转向目标的未来点方向,发射炮弹,击毁目标。

上述四部分组成的防空指挥系统,每一部分都是一个精密的控制系统,下面仅将火炮方位随动系统略述如下,其原理如图0-3所示。

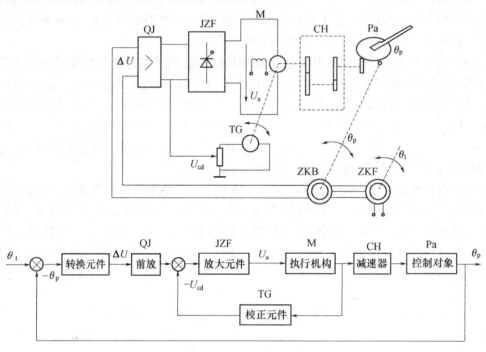

图0-3　火炮随动系统(方位角)原理及框图

QJ—前放和解调;JZF—晶闸管功放;M—伺服电动机;CH—减速机械;Pa—火炮;

ZKF—自整角发送机;ZKB—自整角变压器;TG—测速发电机。

若系统各元件处于相对稳定的初始状态,即"火炮炮身"方位为 $\theta_p = 0°$,"自整角机对"也处于协调位置,$\theta_1 = 0°$。显然"误差电压"也为零。若此刻目标在方位 $\theta' = 15°$ 处出现,自整角机发送机接收到由指挥仪发来的控制信号,使其位置处于 $\theta' = 15°$ 处。于是"自整角机对"将产生相应的"偏差电压" ΔU,经过解调和功率放大,作为控制电压将 U_a 加到直流伺服电动机电枢绕组两端,电动机将向消除误差的方向旋转,经过减速装置拖动炮身,使 $\theta'_p = \theta'_1 = 15°$,从而使偏差电压为零,系统进入新的稳定状态。这时,炮身的方位已对准目标。如果结构类似的高低角随动系统也将炮身高低角置于瞄准位置,火炮便可以进入射击状态。

在系统中,还有一台直流测速发电机与直流伺服电动机同轴连接,它将电动机的速度信号变换成电压信号,再反馈到放大器的输入端。这个反馈的作用将使控制系统的品质得到改善。

2. 导弹制导系统

导弹的制导系统是以导弹为被控对象的闭环系统,它主要由导引系统、控制系统和弹体组成,如图0-4所示。

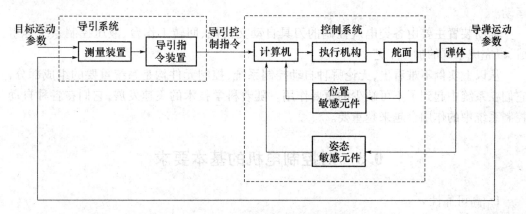

图0-4 导弹制导系统基本组成

导引系统一般由测量装置、导引指令装置组成,其功能是测量导弹相对理想弹道或目标的运动偏差,进而形成预定的导引控制指令。

导弹控制系统一般由敏感元件(测量元件)、计算机和执行机构等组成。其主要功能是保证导弹按照导引控制指令所要求的弹道飞行,保证导弹的姿态稳定,并不受各种干扰的影响。

3. 数控机床

数控机床一般由数控系统、伺服系统(包含伺服电动机和检测反馈装置)、机床本体(包括主传动系统、强电控制柜)和各类辅助装置组成,如图0-5所示。

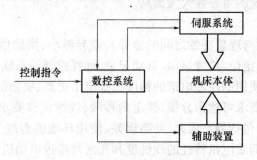

图0-5 数控机床的组成示意图

数控系统是机床实现自动加工的核心。其控制方式可分为数据运算处理控制和时序逻辑控制两大类,其中主控制器内的插补运算模块就是根据所读入的零件程序,通过译码、编译等信息处理后,进行相应的刀具轨迹插补运算,并通过与各坐标伺服系统的位置、速度反馈信号比较,从而控制机床各个坐标轴的位移。而时序逻辑控制通常由可编程控制器(PLC)来完成,它根据机床加工过程中的各个动作要求进行协调,按各检测信号进行逻辑判别,从而控制机床各个部件有条不紊地按序工作。

伺服系统是数控系统与机床本体之间的电传动联系环节。它主要由伺服电动机、驱动控制系统及位置检测反馈装置组成。伺服电动机是系统的执行元件,驱动控制系统则是伺服电动机的动力源。数控系统发出的指令信号与位置检测反馈信号进行比较,经驱动控制系统功率放大后,驱动电动机转动,从而通过机械传动装置拖动工作台或刀架运动。

辅助装置主要由各类电气控制的刀具自动交换机、回转工作台、液压控制系统等组成,以完成不同的加工工艺。

从以上实例不难看出,无论哪种自动控制系统,控制元件均是系统重要的组成部分,它们在系统中起到了不可缺少的重要作用。随着科学技术的飞速发展,它们在各种自动控制系统中的作用会越来越重要。

0.3 对控制电机的基本要求

1. 高可靠性

控制系统是由控制电机等控制元件与其他器件构成的,由于控制电机有运动部分甚至有滑动接触,其可靠性往往比系统中的其他静止、无触点元件要差,这样,控制电机的可靠性对整个控制系统就显得特别重要。不用说在航空航天、军事装备中,即使在一些现代化的大型工业自动化系统中,控制电机的损坏也将产生极其严重的后果。例如,在自动化炼钢厂中,一旦伺服系统中的控制电机发生故障,就会造成停产事故,甚至损坏炼钢设备。此外,在核反应堆中使用的控制电机,由于工作条件所限,不便于维修,所以要求它们能够长期可靠地工作。

提高控制电机可靠性的首要措施是采用无刷电机方案。尽管无刷电机的成本较高,但它寿命长(可达 2000h),不需经常维护,电磁干扰小,不会发生由电火花引起的可燃性气体爆炸等事故,使系统的可靠性大大提高。

2. 高精度

精度是指实际特性与理想特性之间的差异。差异越小,则精度越高。在各种军事装备、无线电导航、无线电定位、位置显示、自动记录、远程控制等系统中,对精度要求越来越高,相应的对系统中所使用的控制电机的精度也提出了更高、更新的要求。例如,测量、转换或传递转角时,精度要求可达角分级,甚至角秒级;线性位移要求达到微米级。影响控制电机精度的主要因素包括静态误差、动态误差、使用环境的温度变化、电源频率和电压变化等所引起的漂移、伺服电机特性的线性度和死区及步进电动机的步距精度等。

为了提高控制电机精度,可采取以下措施:更新结构和制造工艺,发展组合电机,研制新原理电机等。

3. 快速响应

由于自动控制系统中指令信号变化很快,所以要求控制电机(特别是作为执行元件的控制电机,如伺服电动机)能对信号作出快速响应。而电机的转动部分有惯量,控制电机又多为电磁元件,有电感,这些都要影响控制电机的响应速度。表征响应速度的主要指标是机电时间常数和灵敏度,这些都直接影响系统的动态性能。为保证控制系统的快速响应,控制电机应尽量减小其电气和机械时间常数。

0.4 控制电机的发展概况和发展趋势

国际上,控制电机是从 20 世纪 30 年代开始,应工业自动化、科学技术和军事装备的发展需要而迅速发展起来的一门技术。到 20 世纪 40 年代以后,逐步形成了自整角机、旋转变压器、交直流伺服电动机,交直流测速发电机等基本系列。20 世纪 60 年代以后,由于电子技术、宇宙航行等科学技术的飞速发展和自动控制系统的不断完善,对控制电机的精度和可靠性又提出了更高的要求,在原有基础上又系列生产出多极自整角机、多极旋转变压器、无刷直流伺服电动机等新机种。

我国控制电机工业,始于 20 世纪 50 年代,至今大致经历了 4 个发展阶段。

(1) 起步阶段(1950 年—1965 年)。这主要是仿制苏联的产品,在全国设立了一些研究所和一批控制电机的生产厂。

(2) 自行发展阶段(1966 年—1978 年)。基本上形成了独立的、相当于国际 20 世纪 60 年代水平的控制电机工业体系,这期间自行设计了 10 多类新系列控制电机,行业内跨部门编制和修订了国家标准和国家军用标准。这一阶段我国控制电机的应用范围主要是军事和工业领域,产品大多数是按照国家指令性计划生产,企业的产品分工比较明确,其经济自主权和计划自主权很少,企业基本上在计划经济体制下运行。

(3) 初步壮大阶段(1979 年—1989 年)。这一阶段是我国改革开放的初期,经济建设逐步加快,控制电机的需求量越来越大。为适应形式的需要,先后从国外引进各类控制电机生产线 60 多条及其相应技术,从而使我国控制电机的生产制造水平和规模化生产有了空前的提高。1988 年,控制电机生产企业已发展到 200 多家,产品规格 1500 余种,年产控制电机达到 1 亿台。

(4) 快速发展阶段(1990 年至今)。这一时期的显著特点是三资企业和民营企业得到迅速发展,打破了国营企业一统天下的局面,控制电机生产企业有上千家。随着大批合资企业和独资企业进入我国,控制电机的生产技术水平也随之有了一定提高。与此同时,还研制开发了开关磁阻电机、超声波电机、双凸极永磁电机等控制电机新品种。

我国控制电机工业经过 50 多年的发展,在技术水平、产品性能、规格品种、生产规模等方面都取得了长足的进步。但是,与国外先进水平相比还存在着一定的差距,主要表现在品种少、比功率小、质量大、寿命短和精度低等方面。

近年来,随着科学技术的发展和控制系统的不断更新,对控制电机的要求越来越高,同时,新技术、新材料、新工艺的应用,推动了控制电机的发展,出现了一些新的发展趋势,大致有以下几个方面:

(1) 无刷化。为了提高控制电机的可靠性,除了在电机结构上不断改进,使其能长期可靠地运行外,国际上一直致力于发展各种无刷电机,经过近 20 年的研制开发,取得了显著成果,如无刷直流电机、无刷自整角机、无刷旋转变压器等,许多电机新品种已进入商业化生产。

(2) 微型化。由于电子信息技术的快速发展和广泛应用,一方面要求控制电机向微型化方向发展,以适应电子产品日益微型化的需要,另一方面也为控制电机的微型化创造了条件。控制电机的微型化,不仅指它的质量和体积,还指它的功率消耗。在现代电子信息产品中(如手机),电机往往是耗电量最大的元件之一。而在宇宙航行系统中,通常以燃料电池或太阳能电池供电,所有电器元件的耗电量受到严格限制。在高空飞行中,飞行物质量每增加1kg,每小时就要多耗100kg左右的燃料。因此,控制电机的微型化是目前迫切需要解决的问题。

为了使电机微型化,通常使用改进设计、简化结构、采用新材料和新工艺等措施。例如,日本一家公司推出外径仅0.8mm,轴长1.2mm,质量仅4mg的微型电动机,可以在人的血管中穿行。

(3)机电一体化。机电一体化是指借助近代微电子和计算机技术成就,将控制电机、变速器、传感器及控制器等构成一体,形成新一代电动伺服机构,亦称电子电动机,或称机电一体化系统,从而可明显提高系统的精度和可靠性。

(4)永磁化。随着控制电机向微、薄、轻化、无刷化和电子化的方向发展,永磁材料在控制电机中的普遍应用已是必然趋势。特别是我国稀土资源丰富,约占世界稀土储量的3/4,所研制生产的钕铁硼(Nd – Fe – B)永磁体的最大磁能积已达318.4kJ/m³,处于国际先进水平,为我国永磁电机的发展提供了良好条件。

(5)智能化。控制电机智能化是指在其控制单元中采用可编程控制器,实现电机速度和位置的自适应调整和控制。20世纪80年代初,单片机首先在步进电机逻辑控制中应用,现在已推广到各类电机,目前已发展到16位~32位单片机芯片。智能化的发展,改变了控制电机作为元件使用的传统概念,确立了控制电机作为一个小系统的设计、生产和使用的新概念,标志着控制电机发展已进入一个新阶段。

(6)研制新原理、新结构电机。随着新原理、新技术、新材料的发展,电机在很多方面突破了传统的概念。近年来,利用科学技术的最新成果,已研制出一些新型电机。例如,利用"逆压电效应"研制出超声波电动机;利用"霍尔效应"研制出霍尔效应自整角机;开关磁阻电机(Switched Reluctance Motor,SR)以及在此基础上发展起来的双凸极永磁电机(Doubly Salient Permanent Motor,DSPM)等。此外,还有静电电动机、电介质电动机、磁致伸缩电机、仿生电机等。这类控制电机的发展,已经不再局限于传统的电磁理论,而将与其他学科相互结合、相互渗透,成为一门多学科交叉的边缘学科。这方面的研究工作尚待进一步深入。

第1章　直流伺服电动机

电机是使机械能与电能相互转换的机电装置。从原理上讲,一台电机,不论是直流电机还是交流电机,都可以在一种条件下作为发电机运行,把机械能转变为电能;也可以在另一种条件下作为电动机运行,把电能转变为机械能,这个原理称为电机的可逆原理。

直流电动机把直流电能变为机械能,而直流发电机把机械能变为直流电能。直流电动机和直流发电机在结构上没有差别。

历史上,最早的电源是电池,只能供应直流电能,所以直流电机的发展比交流电机早。后来交流电机发展比较快,这是因为交流电机与直流电机相比有很多优点,比如生产容易、成本低、功率大等。目前,电站的发电机全部是交流发电机;用在各行各业的电机,大部分也都是交流电机。

由于直流电动机具有良好的调速特性、较大的起动转矩、相对功率大及快速响应等优点,尽管有结构复杂、成本较高的缺点,它在国民经济中仍占有重要地位,在自动控制系统中获得了广泛的应用。特别是近年来,随着大功率晶闸管元件及其整流放大电路的成功运用,高性能磁性材料的不断问世,以及新型结构的设计,使得直流电动机控制性能进一步得以改善,直流电动机在控制系统中的应用有了更新的发展。

直流电动机在自动控制系统中作为执行系统控制信号命令的元件,被称为执行元件(图1-1)。又因为它执行命令的动作是使负载(或者说控制系统的"对象")进入新的运行状态(随动控制系统)或保持原来的运行状态(恒值控制系统),因而,可以视其为控制对象"服务"的。这样,又把在控制系统中作为执行元件使用的直流电动机称为直流伺服电动机。

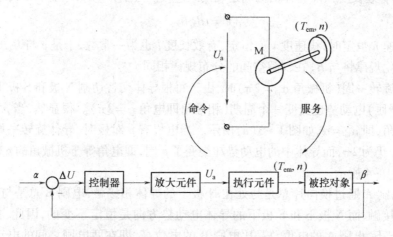

图1-1　直流伺服电动机在控制系统中的位置

9

直流电动机有以下几方面的优点：调速范围广，且易于平滑调节；过载、起动、制动转矩大；易于控制，控制装置的可靠性高；调速时的能量损耗较小。

直流电动机的主要缺点是有换向器。由于有换向器，使直流电动机比交流电机费工费料，造价贵，运行时换向器需要经常维修，寿命也较短，换向条件又使直流电机的容量受到限制。

1.1　直流电机的基本原理

1.1.1　直流电机工作原理

图 1-2 所示是直流电机的工作原理模型。在空间有两个静止并产生恒定磁通的磁极 N、S，即为一对极（$p=1$）。线匝 ab-cd 敷设在电枢铁心表面上，它的两端分别与两片换向片相连接并一起转动。换向片与电刷 A 和 B 接触。

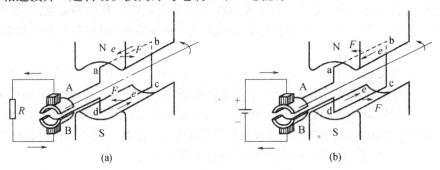

图 1-2　直流电机的工作原理模型
(a) 直流发电机；(b) 直流电动机。

若电枢由外力拖动旋转，根据电磁感应定律，导体 ab 和 cd 必然产生感应电动势 e，电动势方向用右手定则决定，如图 1-2(a) 中箭头所示。当 $B_{\delta x}$（导体所在处的磁感应强度）、l（导体有效长度）、v（导体沿圆周运动的线速度）三者垂直时，电动势 e 大小为

$$e = B_{\delta x} l v \tag{1.1}$$

电枢转速 n 恒定时，线速度 v 亦恒定，有效长度 l 也为一常数，于是 e 与 $B_{\delta x}$ 成正比。e 随时间的变化规律将与 $B_{\delta x}$ 在气隙空间的分布规律相同。

当导体旋转一周（机械角 $\alpha_m = 2\pi$）时，由于每根导体交替切割 N 极和 S 极下的磁场，因此导体（线匝）电动势也交变一个周期（相位角即电角 $\alpha = 2\pi$）。很显然，当 $p=1$ 时，电角等于机械角，即 $\alpha_m = \alpha$，如图 1-3(a) 所示。当电机有 p 对极时，导体旋转一周，所转过的机械角 α_m 仍为 2π，而导体中的电动势却交变了 p 周，即电角等于机械角的 p 倍，这时 $\alpha = p\alpha_m$，如图 1-4 所示。

由于电刷 A 通过换向片总是与处在 N 极下的导体相接触，电刷 B 总是与处在 S 极下的导体相接触，而 N 极下和 S 极下的导体电动势方向是恒定不变的，因此，在图 1-2 (a) 所示情况下，电刷 A 的电位总是比电刷 B 的电位高，即在两电刷之间的电动势 e_{AB} 是单方向的，如图 1-3(b) 所示。在这里，电刷和换向器的作用相当于一个机械式单相全波整流器。

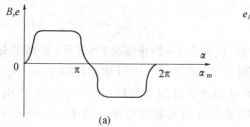
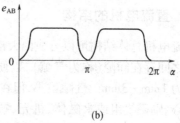

(a)   (b)

图 1-3   一对极磁感应强度和电动势

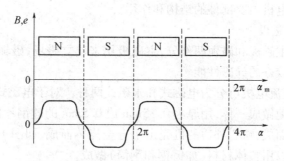

图 1-4   两对极电机的机械角与电角的关系

如果将电刷 A、B 与外电路负载电阻 R_L 接通,电动势 e_{AB} 产生电流 I,该电流 I 与电动势 e_{AB} 同方向,从正电刷 A 流出,输出直流电能。这就是直流发电机的基本工作原理,它把机械能转换成直流电能输出。

若把图 1-2(a)所示的模型作为直流电动机,需将正、负电刷 A、B 分别连接在一外部直流电源的正、负极上,电流 I 从电刷 A 流入,经过线圈从电刷 B 流出。这样处于磁场中的载流导体 ab 和 cd 将形成电磁力 f,则 f 为

$$f = B_{\delta x} lI \tag{1.2}$$

式(1.2)中 f 的方向用左手定则确定。此电磁力形成电磁转矩 T_{em},驱动电枢沿图 1-2(b)所示的方向旋转。旋转时,由于电刷和换向器的作用,处于 N 极下的导体电流方向总是流进的,S 极下总是流出的,因此电磁转矩方向恒定不变。在电磁转矩的作用下,转轴可以拖动机械负载做功,实现直流电能向机械能的转换,这就是直流电动机的基本工作原理。

不难看出,图 1-2 所示的模型既可以做直流发电机,也可以做直流电动机。工作在发电机状态时,导体电流 I 在磁场中也会产生如式(1.2)描述的电磁力 f。工作在电动机状态时,导体在磁场中运动也会产生如式(1.1)描述的电动势 e。显然,对于一根导体,电功率 $ei = B_{\delta x} lvi$,机械功率 $fv = B_{\delta x} lvi$;对于一匝线圈(即二根导体),电功率 $e_{AB} i = 2B_{\delta x} lvi$,机械功率 $T_{em}\Omega = 2fv = 2B_{\delta x} lvi$。这一事实表明,电动势所形成的电功率等于电磁力所产生的机械功率。在旋转的电机中,不论它是发电机还是电动机,这两种功率是等量存在的。

图 1-2 所示的直流电机,只有一匝线圈和两个换向片,产生的电动势及电磁转矩的脉动都较大,同时电枢铁心也没有得到充分利用。在实际电机中,则有许多导线均匀地分布在电枢上,按一定规律连接成"电枢绕组",换向器的换向片数也相应地增加。

11

1.1.2 直流电机的结构

直流电机总体结构可以分成两大部分,即定子(静止部分)和转子(旋转部分)。定子和转子之间存在间隙(称为气隙),以便定子、转子能够进行相对机械运动。小容量电机的气隙为 1mm～3mm。气隙虽小,但在磁路计算及能量变换中却有着重要作用。定子由定子铁心、励磁绕组或永磁体、机壳、端盖和电刷装置等组成。转子由电枢铁心、电枢绕组、转向器、轴、风扇等组成。风扇是用来改善冷却条件的。一般小型电机的轴是通过滚动轴承支承在两端的端盖上。直流电机的基本结构示意图如图 1-5 所示。

下面介绍直流电机主要部件的结构和作用。

1. 定子铁心和磁极

定子铁心包括主磁极和磁轭两部分,主磁极用来建立磁场,磁轭是磁极间磁通通路,所用材料要求具有较好的导磁性能。

按励磁方式,直流电机可分为电磁式和永磁式两种。对于电磁式小容量直流电机,定子铁心的磁极和磁轭做成一体,用厚为 0.35mm 或 0.5mm 的硅钢片冲片或 0.5mm～3mm 厚的钢板冲片叠压而成,铁心外边的机壳由铝合金浇铸而成,如图 1-6 所示。一般直流电动机的磁轭也可以用整体材料(如铸钢和钢筒)做成。

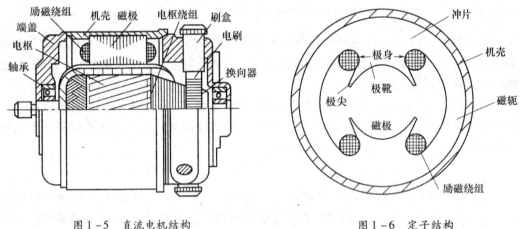

图 1-5 直流电机结构   图 1-6 定子结构

主磁极的作用是使电枢表面的气隙磁通密度按一定形状在空间分布。主磁极通常用厚度为 0.35mm 或 0.5mm 的硅钢片冲片或 0.5mm～3mm 厚的低碳钢冲片叠压而成。为了使主磁通在气隙中的分布更为合理,主磁极一般分为极身和极靴(极掌)两部分。极身较窄,外装励磁绕组;极靴较宽,极靴两边伸出极身之外的部分称为极尖,极靴面向电枢的曲面称为极弧。极弧的形状对电机运行性能的好坏有一定的影响,通常两极尖下的气隙较大。

电磁式直流电机的磁场是由励磁绕组产生的,励磁绕组由铜线绕制而成,包上绝缘材料以后套在磁极上。励磁绕组通过直流电,产生磁通,形成 N、S 极。

永磁式电机的磁极由永久磁体做成,有体积小、重量轻、无励磁损失等优点。缺点是磁场较弱,励磁不能调节,加工较困难。由于永磁体比电磁铁体积小、重量轻、无励磁损失,因此永磁电机具有体积小、重量轻、效率高和结构紧凑等优点。永磁电机的缺点是,永磁体励磁在电机中产生的磁场比由电流励磁产生的磁场要弱,励磁也不能调节;永磁材料硬脆,机械加工较困难。由于低价的铁氧体磁性能的提高,特别是由于性能优良和价格适宜的新型永磁稀土材料的广泛应用,永磁电机越来越显示出它的优越性。永磁电机的容量范围随着新的永磁材料的出现不断扩大。在直流微型电动机中,永磁式占绝大部分。据国外1978年统计,10W以下的直流电动机中,永磁式占99%;500W以下的,永磁式占92%。

2. 电枢铁心和电枢绕组

直流电机的电枢一般都在转子上,以便实现电枢电流的换向。电枢铁心一般又称为转子铁心,作用是给主磁通提供低阻磁路和嵌放电枢绕组。当电枢在磁场中旋转时,铁心中的磁通方向不断变化,因而会产生涡流及磁滞损耗。为减少损耗,电枢铁心用厚0.35mm或0.5mm的硅钢片的冲片叠压而成,冲片之间有片间绝缘,冲片形状见图1-7,电枢铁心上的槽是安放电枢绕组用的。电枢铁心和电机转轴之间是固定连接的。

电枢绕组是电机实现机电能量变换的主要部件。电机运行时负载电流的流通、感应电动势和电磁转矩的产生都要依靠电枢绕组,故称其为电机的中枢或枢纽。电枢绕组的制造方法一般是把带绝缘的铜导线预制成形,在铁心槽内放好绝缘层后将绕组嵌入。绕组进入槽中后要用槽楔压紧,绕组两端用绑线扎紧。每个绕组元件的两个端头(引出线)按照一定的规律接到换向器上,直流电枢绕组本身自成闭合回路。

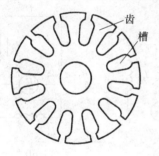

图1-7 电枢铁心冲片

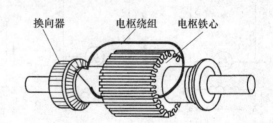

图1-8 电枢铁心和绕组

3. 换向器和电刷装置

换向器也是直流电机的关键部件,它起整流和换向作用。在直流发电机中,换向器将电枢绕组内部的交流变为电刷上的直流。在直流电动机中,它将电刷上的直流变为绕组内部的交流。换向器由许多换向片(铜片)装配而成,换向片之间用云母绝缘,各换向片与绕组元件连接。常用的换向器有金属套筒式换向器和塑料换向器,图1-9是换向器的示意图。

电刷装置是电流引入或引出装置,它使转动的换向器与静止的外电路相通,它包括电刷、刷握(又称刷盒)、刷架、调压弹簧。电刷装在刷握内,用弹簧将它压在换向器上,使其与换向器有良好的接触。

对于直流电动机,直流电通过电刷与换向器加到电枢绕组的导体中,并使每个磁极下线圈导体的电流总是一个方向,从而使电磁力和电磁转矩也保持一个方向,使电动机能保持连续旋转。

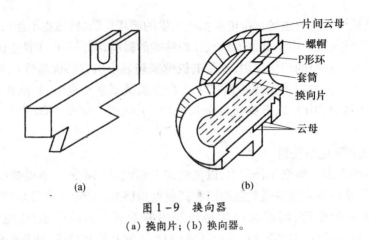

(a)　　　　　　　　　　(b)

图 1-9　换向器

(a) 换向片；(b) 换向器。

1.1.3　直流电机的励磁方式

根据励磁方式的不同，直流电机有下列几种类型：

1. 它励直流电机

励磁电流由其他直流电源单独供给的称为它励直流电机，它励直流电机接线如图1-10(a)所示。一般用符号 M 表示电动机，符号 G 表示发电机。

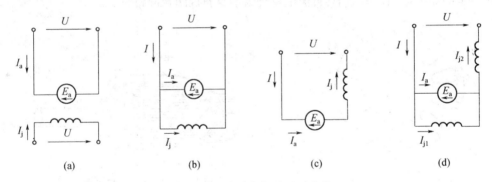

图 1-10　直流电机的励磁方式

(a) 它励；(b) 并励；(c) 串励；(d) 复励。

2. 自励直流电机

电机的励磁电流由电机自身供给。根据励磁绕组与电枢电路连接方式的不同，又分为以下几种形式。

(1) 并励直流电机。励磁绕组与电枢电路的两端并联。作为并励发电机来说，是由电机本身发出来的端电压供给励磁电流；作为并励电动机来说，励磁绕组与电枢电路共用同一电源，与它励直流电动机没有本质区别，其接线如图1-10(b)所示。

(2) 串励直流电机。励磁绕组与电枢电路串联，电枢电流也是励磁电流。串励直流电动机接线如图1-10(c)所示。

(3) 复励直流电机。励磁绕组分为两部分：一部分与电枢电路串联；另一部分与电枢电路并联。复励直流电动机接线如图1-10(d)所示。并励绕组可先与电枢电路并联后再共同与串励绕组串联(先并后串)，也可以接成串励励磁绕组先与电枢串联后再与并励励磁绕组并联(先串后并)。不同励磁方式的直流电机有不同的特性。

1.1.4 电机的铭牌数据

根据国家标准,直流电机的额定数据表示如下:

(1) 额定容量(功率)P_e(kW)。

(2) 额定电压 U_e(V)。

(3) 额定电流 I_e(A)。

(4) 额定转速 n_e(r/min)。

(5) 励磁方式和额定励磁电流等。

关于额定容量,对直流发电机来说,功率是指电刷端的输出电功率 P_e,应为 $P_e = U_e I_e$。

对直流电动机来说、功率是指它的转轴上输出的机械功率,应为 $P_e = U_e I_e \eta_e$。式中 η_e 是直流电机的额定效率,它是直流电动机额定运行时输出机械功率与电源输入电功率之比。

电动机轴上输出的额定转矩用 T_{2e} 表示,其大小应该是输出的机械功率额定值除以转子角速度的额定值,即

$$T_{2e} = \frac{P_e}{\Omega_e} = \frac{P_e}{\dfrac{2\pi n_e}{60}} = 9.55 \frac{P_e}{n_e}$$

式中:P_e 的单位为 W;n_e 的单位为 r/min;T_{2e} 的单位是 N·m。

直流电机运行时,若各个物理量都与它的额定值一样,就称为额定运行状态。在额定运行状态下工作,电机能可靠地运行,并具有良好的性能。

实际运行中,电机不可能总是运行在额定状态。如果流过电机的电流小于额定电流,称为欠载运行;超过额定电流,称为过载运行。长期过载或欠载运行都不好。长期过载有可能因过热而损坏电机;长期欠载,运行效率不高,浪费能量。为此选择电机时,应根据负载的要求,尽量让电机工作在额定状态。

1.1.5 直流电机的电枢绕组

由直流电机的工作原理可知,电枢绕组在产生感生电动势、电磁转矩、实现能量转换的过程中起着枢组的作用。

电枢绕组由一些形状相同的绕组元件构成,元件之间按一定的规律连接起来。元件是指两端分别连接到两个换向片上的单匝或多匝线圈,见图1-11(a)。元件放在电枢槽中的部分称为元件有效部分,是用来产生电动势和电磁力的有效导体。在电枢槽以外的连接部分称为端接部分,它与气隙磁场不发生直接作用,见图1-11(b)。直流电机一般为双层绕组,元件的一个边放在某一槽的上层,称上层边,它的第二个边则放在另一槽的下层,称下层边。因此每个槽里就要放两个元件边,见图1-11(c)。

元件与换向片的连接见图1-12。若元件1的首、尾两端分别连接到两个换向片1、2上,则元件2的首、尾两端分别连接到两个换向片2、3上。依此类推,因此每个换向片上要接有一个上层边和一个下层边,即连接两个元件边,而每个元件有两个边,所以槽数

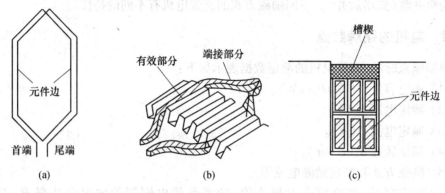

(a) (b) (c)

图 1 – 11 单叠绕组

(a) 绕组元件；(b)、(c) 绕组嵌放方法。

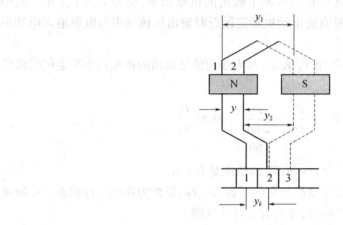

图 1 – 12 单叠绕组元件的连接和节距

Z、元件数 S 和换向片数 K 是相等的,即 $Z = S = K$。

另外为了使元件的电势最大,应使元件的两个边的位置最好相差一个磁极的距离,该距离称为极距 τ,它可以用电枢表面的长度 $(\pi D_a / 2p)$ 来表示,也可以用弧度 π 或每极槽数 $Z/2p$ 来表示。

通常把一个元件的两个边之间的距离称为第一节距 y_1,还有第二节距 y_2 和合成节距 y,其意义可见图 1 – 12。

第一节距 y_1 为一个元件两个边之间的距离,为了使元件电势最大,y_1 应接近极距 τ,用每极槽数表示有

$$y_1 - \frac{Z}{2p} = \pm \varepsilon$$

式中,ε 是用来将 y_1 凑成整数的一个分数。当 $\varepsilon = 0$ 时,称为整距绕组;当 ε 为负时,称为短距绕组。

元件的首、尾与换向片的连接有不同的规律,因而形成不同的绕组形式。常见的有单叠绕组和单波绕组等。为了表示绕组的连接顺序,常用符号图表示。图 1 – 13 所示为单叠绕组的符号图 $(2p = 4, Z = S = K = 16)$。图中元件 1 连接元件 2(通过换向片 2)再连接

16

元件 3，直到元件 3→4→5→6…，元件 16 再与元件 1 串联起来形成一个闭合的回路。如果电刷放在磁极的几何中心线上，则 4 个极的位置分别与换向片 2、6、10、14 相连，(如图 1-13(a)所示，这时 16 个元件分别组成 4 个并联支路。每个支路中有 4 个元件产生感应电动势。通常绕组连接后形成的支路对数用 a 表示，在单叠绕组中 $a=p$。

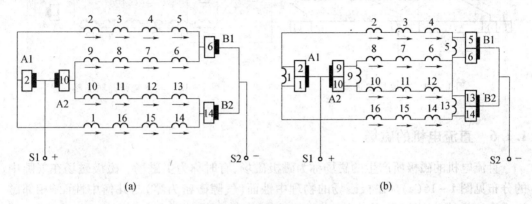

图 1-13 单叠绕组并联支路

(a) 四个元件的并联支路；(b) 三个元件的并联支路。

如果电机在旋转中电刷正好处于两个换向片中间，即元件 1 正好处于两个磁极的几何中心线上，则这时元件 1 中将不产生感应电动势(因为这时 $B=0$)，不产生短路电流，称为短路元件。与此同时，5、9 和 13 三个元件均与元件 1 的情况完全相同，如图 1-13(b)所示，这样每个支路中只有三个元件产生感应电动势，此时支路感应电动势比四个元件产生感应电动势时的小，所以支路(直流电机)的感应电动势是脉动的。支路元件越多，脉动量越小。

应该指出的是，元件通过电刷短路后，其中电流的方向要改变。因此这时的电机绕组处于换向阶段，换向不良会使电机产生火花，使工作条件恶化，这是直流电机中的一个突出的问题。

单波绕组每个元件两端所接的两个换向片相距较远，顺序串联的两个元件也相距较远，连接起来的元件像波浪形向前延伸，所以有单波绕组之称。单波绕组第一节距 y_1 的选择原则与单叠绕组一样，要求接近极距 τ。元件的连接规律是由出发点开始，要求串联 n 个元件而绕电枢一周后恰好落到与第一个元件相邻的槽内，见图 1-14。这样才可使第二周继续连下去，直至串联完所有元件，并最终与出发点相接而成为闭合绕组(图中未画)。单波绕组总是把不同极下的元件分别串接成两条并联支路。因此单波绕组的特点是支路对数 $a=1$。单波绕组的电刷的位置也是"位于"几何中心线处，以获得最大感应电动势。

单叠和单波两种绕组在实用中是有所不同的，在相同的极对数和元件数相等的条件下，由于单叠绕组的支路数多，每个支路里的元件数少，因此它适用于较低电压和较大电流的电机。单波绕组支路对数总等于 1，见图 1-15，每个支路里的元件数多，所以这种绕组适用于较高电压和较小电流的电机。

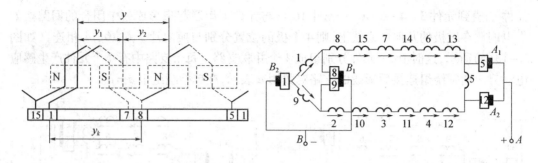

图 1-14 单波绕组连接   图 1-15 单波绕组并联支路

1.1.6 直流电机的磁场

直流电机的磁极所产生的磁场称为磁极磁场,有时称为主磁场。磁极磁场在气隙中的分布见图 1-16(a)。磁极磁场的物理中性面(气隙磁密为零)与几何中性面(相邻磁极之间的几何对称面)重合。当电枢绕组中有电流通过时,这个电流也建立一个磁场,称为电枢磁场,它在气隙中的分布见图 1-16(b)。

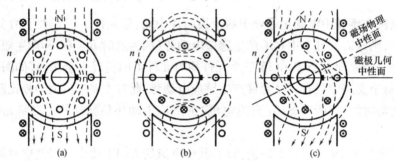

图 1-16 直流电机的磁场
(a) 磁极磁场;(b) 电枢磁场;(c) 合成磁场。

当电刷位于几何中性面上时,对于两极直流电机,电枢磁场的轴线与磁极主磁场的轴线(磁极的中心线)相垂直。对于 $2p$ 极(即 p 对极)直流电机,两个磁场的轴线的夹角是 $90/p$。一般定义电机中的电角度为

电角度 = 极对数 p × 机械角度

机械角度就是一般所说的空间几何角度。因此直流电机电枢磁场轴线与磁极主磁场轴线的夹角为 $90°$ 电角度。尽管电机在运行中电枢转子在不断地转动,但是定子、转子两套磁极系统极数相等,并且没有相对运动,这一点是直流电机产生稳定转矩的基础。实际上,不但在直流电机中,而且在以后要讲到的异步电机中,电机的定子、转子磁场轴线在电机运行中都保持相对静止,所以这被称为电机基本原理之一,称为定子、转子磁势相对静止原理。

直流电机的电磁转矩为

$$T = K\sin p\theta = K\sin 90° = K$$

对于其他种类的电机,磁场间的夹角 $p\theta$ 一般不是 $90°$,所以在其他条件相同时,直流

18

电机的转矩最大。

因为直流电机电枢线圈处于气隙中,所以产生电磁力和电磁转矩的磁通应是气隙中的磁通。气隙磁场是由磁极磁场和电枢磁场共同组成的,称为合成磁场。气隙合成磁场与磁极磁场是有差别的。由于电枢磁场的存在,使气隙磁场发生变化,使气隙中的合成磁场与磁极磁场的大小、方向不同,这一现象叫电枢反应。磁极磁场与电枢磁场的情况见图 1 - 16(c)。由图 1 - 16(c)可知,在 N 极的左半个极下,电枢磁场与磁极磁场同向,合成磁场增强。而在 N 极的右半个极下,电枢磁场与磁极磁场反向,合成磁场减弱。由于电枢反应,气隙磁场发生扭斜,气隙合成磁场的物理中性面将逆着电动机旋转的方向转过一个角度,物理中性面与几何中性面不再重合,这是电枢反应的第一个影响。下面分析电枢反应对气隙总磁通的影响。如前所述,在每个极下,半个极下的气隙磁通增加,另半个极下气隙磁通减少。如果电机的磁路不饱和,一侧半极下增加的磁通等于另外半极下减少的磁通,整个极下的气隙磁通保持不变。但是实际电机在空载时磁路就比较饱和,加上电枢磁通以后,磁通增加的半个极,磁路将更加饱和,磁阻变大;而磁通减少的另半个极,磁路变成不饱和。半个极下磁通的增加值将小于另半个极下磁通的减少值,总的气隙磁通将有所减小,这就是电枢磁场的去磁作用,是电枢反应的第二个影响。电枢电流越大,电枢反应越严重,产生的影响也越大。其中去磁作用一般影响不大,而磁场畸变产生的换向火花,可能对电机运行产生较大影响。

下面分析换向过程。为了保证直流电机的正常工作,电枢绕组中的电流随其所处磁极极性的不同应有不同的方向。当电枢绕组从一个磁极转向极性相反的另一个磁极时,更准确地说,当电枢绕组由一条支路经过电刷进入另一条支路时,绕组中的电流要改变方向,如由 $+i_a/2$ 变成 $-i_a/2$。被电刷短路的绕组,如图 1 - 13 中的绕组 5 和 9,它们中的电流既不是 $+i_a/2$ 也不是 $-i_a/2$,而是处于由 $+i_a/2$ 变到 $-i_a/2$ 的过渡过程,这个过程就叫换向过程。处于换向过程的绕组元件就叫换向元件,换向元件从开始换向到换向终了所经历的时间称为换向周期,换向绕组元件所在的位置叫做换向位置。换向是一个包含电磁、机械、电化学的复杂过程。换向不良将在电刷下产生火花,引起过热、灼痕,从而影响电机的正常工作,甚至损坏电机。换向火花还产生高频电磁波,干扰附近的电子设备。转速和电枢电流越大,换向火花越大,因此直流电机的转速及电枢电流的最大值都要受换向条件的限制。现在分析换向火花产生的电磁方面的原因。在换向时,换向元件中产生两个电动势:一个是由于换向元件中电流的迅速变化($+i_a/2 \rightarrow -i_a/2$)而在其中产生的自感电动势 e_L,其方向与换向前该元件中电流的方向一致;另一个是由于电枢反应使气隙合成磁场扭斜后,位于磁极几何中性面上的换向元件切割合成磁场的磁力线,而在其中产生感应电动势 e_a,也就是几何中性面上的换向元件切割电枢电流的磁通而产生的感应电动势,由右手定则可知其方向与 e_L 方向相同。因此换向元件中的总电动势 $e_s = e_L + e_a$。由于换向元件被电刷短路,感应电动势 e_s 就在换向元件中产生了附加电流。当换向结束,换向片离开电刷,短接回路断开的瞬间,电流发生突变,由 $+i_a/2$ 变为 $-i_a/2$。由于绕组电感的作用,产生很大的感应电动势,使电刷与换向片间产生火花。电枢电流越大,电机转速越高,换向元件中的感应电动势 e_s 和附加电流 i_k 就越大,换向火花也就越强烈。

直流电动机在正常运行时允许有轻微的火花,但不允许有强烈的火花。实际工作中减小和消除换向火花的方法有三个。第一个方法是移动电刷法,将直流电动机的电刷从几何中性面开始,逆着电枢旋转方向移动电刷,使换向火花最小为止,移动的角度大于物理中性面的偏移角。第二个方法是在几何中性面处设置附加的换向磁极,它的励磁绕组与电枢绕组串联,换向极的磁场方向必须与电枢磁场的方向相反,如图 1 - 17 所示。换向极的磁场不但要抵消主磁极几何中性面附近的电枢磁场(使 $e_a = 0$),同时还要在换向元件中产生一个与自感电动势 e_L 大小相等方向相反的电动势,这个方法在大、中型电机中广泛采用。第三个方法是选用合适的电刷。实践表明,选用合适的电刷可以改善换向。对于直流微电机,没有换向磁极,没有移刷装置,同时还存在其他一些对换向不利的因素,所以应特别注意设计及选用合适的电刷。

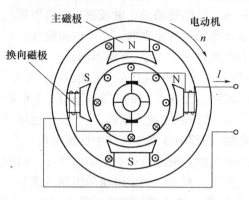

图 1 - 17 直流电动机中的换向磁极

换向时会产生火花,除了上述电磁方面的原因外,还有机械和化学方面的原因,如电刷与换向片接触不良、换向器表面不光滑、换向片表面的氧化亚铜薄膜破坏、空气中有潮气或盐雾等。因此,保持工作环境的清洁,并对换向装置经常维护是十分重要的。

我国电机基本标准规定了火花等级,如表 1 - 1 所列。

表 1 - 1　电刷火花等级(根据 GB 755—65)

火花等级	电刷下火花程度	换向器及电刷的状态	允许的运行方式
1	无火花	换向器上无黑痕	允许长期运行
$1\frac{1}{4}$	电刷边缘仅小部有微弱的点状火花,或有非放电性的红色小火花	电刷上无黑痕	允许长期运行
$1\frac{1}{2}$	电刷边缘大部分或全部有轻微火花	换向器有黑痕,用汽油擦其表面即可除去。电刷上有轻微的灼痕	允许长期运行
2	电刷边缘绝大部分或全部有较强烈的火花	换向器有黑痕,用汽油不能擦去。电刷上有灼痕。如短时出现此级火花,换向器上不出现灼痕,电刷不致被烧焦或损坏	仅在短时过载或短时冲击负载时允许出现
3	电刷整个边缘有强烈的火花即环火,同时有大火花飞出	换向器上的黑痕相当严重,用汽油不能擦除。电刷上有灼痕,如在此级火花下短时运行,则换向器上将出现灼痕,同时电刷将被烧焦或损坏	仅在直接启动或逆转的瞬间允许存在,但不得损坏换向器及电刷

直流电机运行时,允许火花等级在技术条件中应有说明。如果没有特殊要求,应使电机在额定负载运行时火花不大于 $1\frac{1}{2}$ 级。

1.1.7　直流电机的电枢电动势与电磁转矩

直流电机电枢绕组的电动势(电枢电动势)是指直流电机正、负电刷之间的感应电动势,它等于每个支路中各串联元件电动势的总和。

为了求出电枢电动势的大小,应先求出一根导体在一个极距范围内切割气隙磁密的平均感应电动势 e_{av},即

$$e_{av} = B_{av}lv \tag{1.3}$$

式中　B_{av}——每极气隙合成磁场密度的平均值,$B_{av} = \Phi/\tau l$。这里的 Φ 为每极气隙合成磁场磁通量;

　　　　v——电机线速度,$v = \dfrac{\pi D_a}{60}n = \dfrac{2p\tau}{60}n$;

　　　　l——电枢有效长度;

　　　　τ——极距;

　　　　n——电机转速(r/min)。

考虑上述关系,一根导体平均感应电动势为

$$e_{av} = 2p\Phi n/60$$

考虑一条支路中有 $N/2a$ 根导体,电枢电动势应为(注:a 为支路对数)

$$E_a = N/2a \cdot e_{av} = N/2a \cdot 2p\Phi n/60 = pN\Phi/60an = C_e\Phi n \tag{1.4}$$

式中:$C_e = pN/60a$,为电机电动势常数,它仅与电机的结构有关。

式(1.3)和式(1.4)中,Φ 的单位为 Wb,n 的单位为 r/min,E_a 的单位为 V,v 为电机线速度,它的单位为 m/s,D_a、τ、l 的单位均为 m。

式(1.4)说明当电机的结构一定时,电枢电动势 E_a 的大小只与电机的转速以及每极磁通量 Φ 有关。直流发电机的电动势是一个电源电动势,而直流电动机的电动势是一个反电动势,它与外加电压方向相反。

可以得出结论:发电机中的电枢电动势方向与电流方向相同,电动机的电枢电动势方向与电流方向相反。尽管它们的作用不同,但它们的物理本质却是相同的,即都是由导体切割磁力线而产生的感应电势,大小均可用公式(1.4)计算。

当处于磁场中的电枢绕组有电流通过时,任一导体所受平均电磁力的大小为

$$f_{av} = B_{av}li_a$$

作用在任一导体上的平均电磁力矩为

$$T_{av} = f_{av}\frac{D_a}{2} = B_{av}li_a\frac{D_a}{2}$$

当电枢绕组导体总数为 N 时,电机的电磁转矩为

$$T_{em} = NT_{av} = NB_{av}li_a\frac{D_a}{2}$$

任一导体中的电流 $i_a = I_a/2a$,因而电机的电磁转矩为

$$T_{em} = NB_{av}l\frac{I_a}{2a} \cdot \frac{D_a}{2}$$

若以 $2p\tau/\pi$ 代替电枢直径 D_{a}，并考虑到 $B_{\mathrm{av}}\tau l = \Phi$，则得

$$T_{\mathrm{em}} = \frac{pN}{2a\pi}\Phi I_{\mathrm{a}} = C_{\mathrm{m}}\Phi I_{\mathrm{a}} \tag{1.5}$$

式中：$C_{\mathrm{m}} = \dfrac{pN}{2\pi a}$ 为电机转矩常数，仅与电机结构有关。其中 Φ 的单位为 Wb，I_{a} 的单位为 A，T_{em} 的单位为 N·m。

在电动机中，根据左手定则可以判断其电磁转矩的方向与转速同向，因此为驱动转矩，见图 1-18。而在发电机中，其电磁转矩的方向与转速即外力矩方向相反，故为制动转矩，见图 1-19。

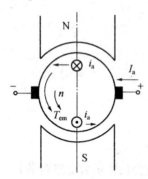

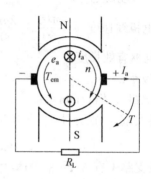

图 1-18　直流电动机的转矩　　　　图 1-19　直流发电机的转矩

由上可以看出，感应电动势和电磁转矩公式是直流电机的两个基本公式，它反映了电机中机械能与电能之间的转换关系。

对一台电机，电动势常数 C_{e} 与转矩常数 C_{m} 之间有一定关系，因为

$$C_{\mathrm{e}} = pN/60a, C_{\mathrm{m}} = pN/2\pi a$$

所以，有

$$60aC_{\mathrm{e}} = 2\pi aC_{\mathrm{m}}$$

则

$$C_{\mathrm{e}} = \frac{2\pi a}{60a}C_{\mathrm{m}} = 0.105C_{\mathrm{m}}$$

1.1.8　直流电机的基本关系

1. 电动势平衡关系

直流电机作为发电机运行时，是把机械能变成电能，其电枢电动势 E_{a} 的方向与电枢电流 I_{a} 的方向相同，而电磁转矩 T_{em} 却与原动机的转矩 T_1 方向相反，即转向相反。若作为电动机运行时，是把电能变成机械能，其电枢电动势 E_{a} 与电枢电流 I_{a} 方向相反，而其电磁转矩 T_{em} 的方向与转速同向，上述关系的示意图如图 1-20 所示。

由直流电机电气系统可以得到电压平衡关系，根据基尔霍夫第二定律，对发电机电枢回路，有

$$E_{\mathrm{a}} = U_{\mathrm{a}} + I_{\mathrm{a}}R_{\mathrm{a}} \tag{1.6}$$

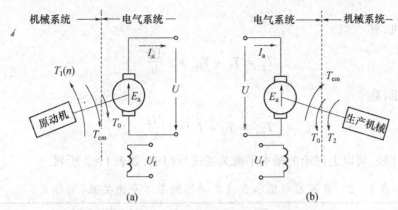

图 1-20 它励直流电机的机—电示意图

(a) 发电机；(b) 电动机。

式(1.6)说明发电机的感应电动势 E_a 必须克服电枢回路的电压降 I_aR_a 之后，才能与电网电压相平衡。

对电动机电枢回路，有

$$U_a = E_a + I_aR_a \qquad (1.7)$$

式(1.7)说明加到电动机两端的电网电压 U_a 与电枢绕组反电动势 E_a、电枢回路压降 R_aI_a 相平衡。

在动态情况下，由于电枢电流的变化，还需计入电枢的自感电动势 $-L_a\dfrac{di_a}{dt}$，其电压动态平衡式应该是

对发电机，有

$$e_a - i_aR_a - L_a\frac{di_a}{dt} = u_a$$

对电动机，有

$$u_a = e_a + i_aR_a + L_a\frac{di_a}{dt}$$

2. 转矩平衡关系

在直流发电机中，其电磁转矩 T_{em} 的方向与转速即外力矩方向相反，是制动转矩。因此，在机械系统中，直流发电机负载时，原动机输入发电机的机械转矩 T_1 在克服摩擦、风阻等引起的发电机空载转矩后，与其电磁转矩 T_{em} 相平衡，故轴上的转矩平衡关系为

$$T_1 = T_0 + T_{em} \qquad (1.8)$$

直流电动机的电磁转矩 T_{em} 克服其空载矩转 T_0 之后，与轴上输出的机械转矩 T_2 相平衡，故其轴上的转矩平衡关系为

$$T_{em} = T_0 + T_2 \qquad (1.9)$$

在转速变化时，应考虑惯性转矩 $J\dfrac{d\Omega}{dt}$，惯性转矩的方向总是抵制转速变化的，在电机增速过程中起制动作用，在电机减速过程中起增速作用。考虑惯性转矩后的转矩平衡关

23

系为

对发电机,有

$$T_1 = T_0 + T_{em} + J\frac{\mathrm{d}\Omega}{\mathrm{d}t}$$

对电动机,有

$$T_{em} = T_0 + T_2 + J\frac{\mathrm{d}\Omega}{\mathrm{d}t}$$

为便于比较,将以上讨论的基本平衡关系进行归纳,如表1-2所列。

表1-2 直流发电机和直流电动机的基本平衡关系(它励式)

运行方式 平衡关系	发电机	电动机
电压平衡式	$E_a = U_a + I_a R_a$	$U_a = E_a + I_a R_a$
电压动态平衡式	$e_a - i_a R_a - L_a\frac{\mathrm{d}i_a}{\mathrm{d}t} = u_a$	$u_a = e_a + i_a R_a + L_a\frac{\mathrm{d}i_a}{\mathrm{d}t}$
转矩平衡式	$T_{em} = T_1 - T_0$	$T_{em} = T_0 + T_2$
转矩动态平衡式	$T_{em} = T_1 - T_0 - J\frac{\mathrm{d}\Omega}{\mathrm{d}t}$	$T_{em} = T_0 + T_2 + J\frac{\mathrm{d}\Omega}{\mathrm{d}t}$

1.2　直流伺服电动机的静态特性

静态对于直流伺服电动机而言,就是当控制电压(U_a)和负载转矩(T_f)均不变的情况下,伺服电动机运行在一定转速(n)时所对应的稳定工作状态,简称稳态。控制电压 U_a、电磁转矩 T_{em}(或 T_c)和转速 n 是表示相应静态(或稳态)的基本参量。静态特性就是研究元件处于稳定状态时,各状态参量之间关系的物理规律,即从一个稳态的各状态参量到另一个稳态的各状态参量之间的变化关系。

直流伺服电动机的静态参量 U_a、T_{em}(T_c)和 n 的稳态关系为

$$n = \frac{U_a}{C_e\Phi} - \frac{T_{em}R_a}{C_e C_m\Phi^2} \text{ 或 } n = \frac{U_a}{K_e} - \frac{T_{em}R_a}{K_e K_t} \tag{1.10}$$

其中 $K_e = C_e\Phi, K_t = C_m\Phi$。

因为转矩平衡时,有 $T_{em} = T_c$(负载转矩),所以

$$n = \frac{U_a}{C_e\Phi} - \frac{T_c R_a}{C_e C_m\Phi^2} \text{ 或 } n = \frac{U_a}{K_e} - \frac{T_c R_a}{K_e K_t} \tag{1.11}$$

上述两个关系式是描述直流伺服电动机静态特性的重要方程式。下面将以这两个关系式为依据,研究直流伺服电动机的机械特性和控制特性(调节特性)。

1.2.1　电枢控制时的机械特性

机械特性是指控制电压恒定不变时,伺服电动机的稳态转速随电磁转矩(或负载转

矩)的改变而变化的规律,即 $U_a = \text{const}$ 时 $n = f(T_{em})$ 的关系。当然,此刻励磁电压 U_j 也是不变的,式(1.10)就是机械特性的数学描述。从式(1.10)中显见,C_e、C_m 和 R_a 都是电动机结构参量,且都是常量。当忽略了电枢反应,认为 $\Phi = \text{const}$ 时,式(1.10)可改写成

$$n = n_0 - K_f T_{em} \tag{1.12}$$

其中

$$n_0 = \frac{U_a}{C_e \Phi} \tag{1.13}$$

$$K_f = \frac{R_a}{C_e C_m \Phi^2} = \frac{R_a}{K_e K_t} \tag{1.14}$$

显然,式(1.12)是 T_{em}、n 的直线方程,即代表了 $T_{em} - n$ 直角坐标系中的一条直线,如图 1 – 21 所示。这条直线就是机械特性的几何描述,它的物理意义和特点如下:

1. 理想空载转速 n_0

它是机械特性曲线与 n 坐标轴的交点,代表 $T_c = 0$ 时的伺服电动机转速。由于电动机本身存在着摩擦阻转矩 T_0,即使在空载的情况下,它也不能达到这个转速,因而称其为理想空载转速。请注意,实际测得的最高转速,只能是额定电压下阻转矩 T_0 对应的转速(n'_0),它略低于理想空载转速,而理想空载转速只能用计算方法求得。

2. 斜率和硬度

K_f 是机械特性曲线的斜率,它前面的负号表示特性曲线是一条下倾的直线。它的物理意义是伺服电动机的转速将随着负载转矩的增大(或减小)而降低(或升高),也就是增大单位负载转矩时,转速下降的数值大小。工程上,常常把斜率的倒数称为硬度。

$$\beta = \frac{1}{K_f}$$

硬度大,表明电动机的转速受负载转矩变化的影响(Δn_2)小,如图 1 – 22 中曲线②所示,特性曲线下倾的慢;反之,硬度小(曲线③)则所受影响(Δn_3)大,特性曲线下倾的快,它代表了引起单位转速的变化所需要的电磁(负载)转矩的大小。作为自动控制系统的执行元件,希望伺服电动机的硬度大些。例如,在恒速系统中,为了恢复因负载转矩改变而变化的速度,希望所需要的控制作用比较小。

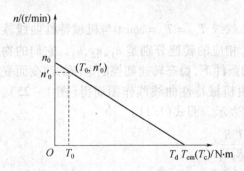

图 1 – 21 直流伺服电动机机械特性

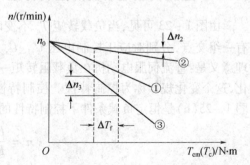

图 1 – 22 不同硬度的机械特性

3. 堵转转矩 T_d

它是电动机转速等于零时的转矩,称为堵转转矩,有时也称之为起动转矩,它是机械特性曲线与转矩轴交点所代表的转矩。显然,当 $n=0$ 时,从式(1.10)可得

$$T_{em} = T_d = K_t \frac{U_a}{R_a} = K_t I_d \tag{1.15}$$

I_d 被称为堵转电流,它是在控制电压作用下电动机运行状态中的最大电流。当然,对应的电磁转矩也是最大的。以上 n_0、K_f(或 β)和 T_d 是直流伺服电动机的 3 个重要特征参量,对研究电动机特性很有意义。显然,只要知道这 3 个参数中的任意两个,就可以绘出直流伺服电动机的机械特性曲线。

从式(1.13)和式(1.15)可知,理想空载转速(n_0)和堵转转矩(T_d)均与控制电压(U_a)成正比。而式(1.14)则指出机械特性曲线的斜率(K_f)与控制电压无关。因此,随着控制电压的变化,对应的机械特性曲线将是一组彼此平行的直线族。而且,随着控制电压的升高,n_0 和 T_d 将成比例地增加,特性曲线将向上方升高,如图 1 - 23 所示。控制电压的关系是 $U_{a1} > U_{a2} > U_{a3}$,显然,相应有 $n_{01} > n_{02} > n_{03}$ 和 $T_{d1} > T_{d2} > T_{d3}$。

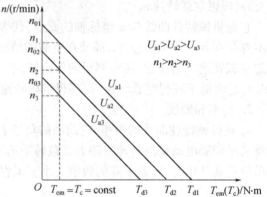

在控制系统中,直流伺服电动机的控制电压来自前面的放大器。放大器的输出阻抗(即放大器内阻 R_i)将成为电枢回路的一部分,见图 1 - 24 (a),它起着与电枢电阻相同的作用,于是,式(1.14)可写成 $K_f = \dfrac{R_a + R_i}{C_e C_m \Phi^2}$。

图 1 - 23　不同控制电压时的机械特性

很明显,由于放大器内阻的作用将使电动机机械特性的斜率变大,即使得硬度变软,见图 1 - 24(b)。对于控制系统来说,希望这种影响越小越好,否则,将使伺服电动机的工作特性变坏,这就要求在设计放大器时注意这一问题。

1.2.2　直流伺服电动机的控制特性

由图 1 - 23 可见,当负载转矩 T_c 不变时,负载线 $T_{em} = T_c = \text{const}$ 与机械特性曲线族有一组交点,分别对应于控制电压 U_{a1}、U_{a2}、U_{a3},相应的转速分别是 n_1、n_2、n_3。它们的物理意义是:直流伺服电动机在负载阻转矩一定的条件下,稳态转速随控制电压的改变而变化,这个变化规律称为控制特性。控制特性可由机械特性曲线族作图而得(图 1 - 25)。图 1 - 25(b)是恒定负载条件下控制特性的几何表示。而式(1.11)

$$n = \frac{U_a}{K_e} - \frac{T_c R_a}{K_e K_t}$$

是控制特性的数学描述。显然,当 T_c 为常量时,有

$$n_b = \frac{T_c R_a}{K_e K_t} = \text{const}$$

26

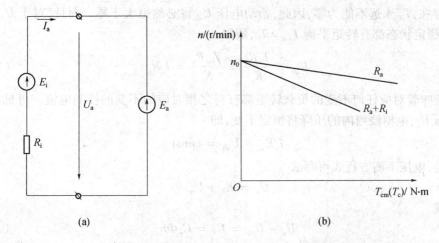

(a)   (b)

图 1-24 放大器内阻对机械特性的影响

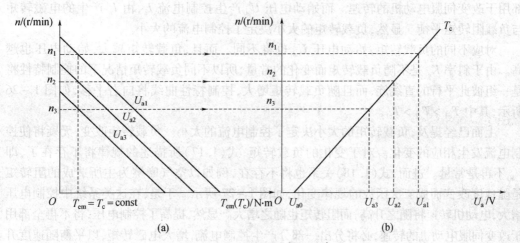

(a)   (b)

图 1-25 用作图法求控制特性
(a) 机械特性；(b) 控制特性。

并记 $K_c = 1/K_e$，式(1.11)可写成

$$n = K_c U_a - n_b \qquad (1.16)$$

它是一个直线方程，正是图 1-25(b)所示控制特性曲线的解析描述，而且只有当 $T_c = 0$ 时，$n_b = 0$。

(1) K_c 是控制特性曲线的斜率，它与负载无关，是由电机自身参数决定的常数。对于确定的直流伺服电动机，在额定励磁的情况下，K_c 是不变的常数。

(2) 当转速 $n = 0$ 时，有

$$U_{a0} = \frac{T_c R_a}{K_t}$$

而且，当 $U_a < U_{a0}$ 时将不能产生足以克服摩擦阻转矩的电磁转矩所对应的控制电流，因此，伺服电动机将不能起动，只有当 $U_a > U_{a0}$，即

$$U_a > \frac{T_c R_a}{K_t}$$

时，电动机才开始起动，称 U_{a0} 为伺服电动机的始动电压。因为电动机自身摩擦阻转矩

27

(T_0)的存在,T_c 永远不能为零,因此,始动电压 U_{a0} 将必然恒大于零。而且,对于 $U_a \geq U_{a0}$ 时,任何稳定状态都有转矩平衡 $T_{em} = T_c$,所以

$$U_{a0} = \frac{T_c R_a}{K_t} = \frac{T_{em} R_a}{K_t} = I_a R_a \tag{1.17}$$

这意味着对应任何不变的负载转矩都有与之相对应的不变的控制电流。可见,改变控制电压 U_a,电枢绕组内的压降将恒定不变,即

$$I_a R_a = U_{a0} = \text{const}$$

于是,电压平衡方程式可写成

$$U_a = E_a + U_{a0}$$

可改写成

$$U_a - U_{a0} = E_a = C_e \Phi n \tag{1.18}$$

可见,当控制电压 U_a 大于始动电压之后,控制电压的增大部分($\Delta U_a = U_a - U_{a0}$)将全部用于改变伺服电动机的转速。而始动电压 U_{a0} 产生控制电流 I_a,由 I_a 产生的电磁转矩与负载阻转矩平衡。显然,负载转矩的大小决定了控制电流的大小。

对应不同的负载转矩,始动电压 U_{a0} 也将不同。而且,负载转矩越大,始动电压也越高。由于斜率 K_c 是不随负载转矩而变化的常量,所以不同负载转矩情况下的控制特性将是一组彼此平行的直线族,而且随负载转矩增大,控制特性曲线将向右平移,如图 1-26 所示,其中 $T_{c3} > T_{c2} > T_{c1}$。

上面已经提及,负载转矩的大小决定了控制电流的大小。负载转矩改变,无疑将使控制电流发生相应的变化。对于变化的负载转矩,式(1.17)所描述的规律将不存在了,即 U_{a0} 不再是常量。进而,式(1.18)关系也将不存在,例如以空气摩擦为主所造成的阻转矩是随速度改变而成二次函数的规律变化,如图 1-27 所示。于是,在这类系统中控制电压增大,电动机转速将随之升高,而阻转矩也随之增大。显然,提高了控制电压,将不再全部用于改变伺服电动机的转速,必将分出一部分产生控制电流,增大电磁转矩,以平衡随速度升高而变大了的负载转矩。而且,这后一部分控制电压将随转速的升高而不断变大。那么,用来提高转速的控制电压部分将随之降低,显然,控制特性已不再是线性的了。为了求取以空气摩擦为阻转矩的伺服电动机控制特性,可将其负载线按同样比例尺画在相应的电动机机械特性曲线族的坐标系中,见图 1-28(a),将它们的交点参量(U_a, n)描绘在 $U_a - n$ 为坐标的新坐标系中。一条非线性的控制特性曲线体现了这种变化的特点[图 1-28(b)]。

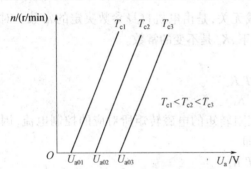

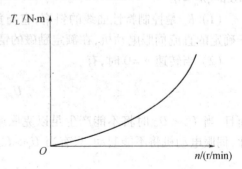

图 1-26　直流伺服电动机的控制特性曲线族　　　图 1-27　空气阻转矩的速度曲线

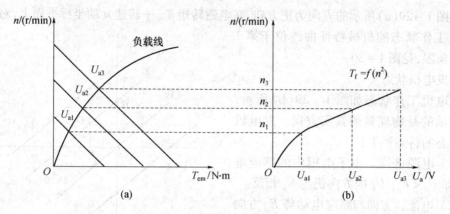

图 1 – 28　可变负载的控制特性求取

从上述分析可见,只要知道了负载特性的规律——负载线,即可利用伺服电动机的机械特性求取控制特性,如图 1 – 28 所示。

1. 2. 3　直流伺服电动机的工作状态

直流电动机本来只有电动机和发电机两种工作状态,但是在自动控制系统中,把电机和外加电源(电压)结合起来,可以把电机工作状态分成 4 种,它们各有特点和作用。

直流电机的 4 种工作状态如图 1 – 29 所示,图中 R_a 为电机电枢回路电阻,R_i 为电源内阻,U_a 为外加电源电压或称电枢电压。了解电动机的工作状态,对深入理解其动态特性以及设计和选择功率放大器是必要的。

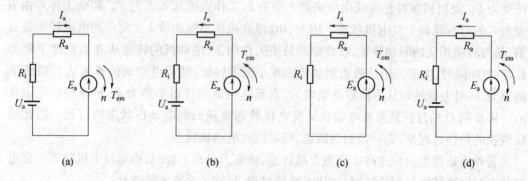

图 1 – 29　电动机的几种工作状态
(a)电动机工作状态;(b)发电机工作状态;(c)能耗制动状态;(d)反接制动状态。

1. 电动机状态

电动机工作状态如图 1 – 29(a)所示,它的工作特点如下:

(1)电源电压。大于电枢的感应电势,即 $U_a > E_a$;U_a 的方向(外加电源电势的方向)与 E_a 相反。

(2)电流。方向与电枢感应电动势 E_a 相反,数值小于堵转电流。

(3)电磁转矩。方向与转速 n 相同,数值小于堵转转矩。

(4)能量关系。将电能转化为机械能。

(5)转速。低于空载转速。

以图 1–29(a) 所示的方向为正方向,在电磁转矩 T_{em}—转速 n 的坐标平面上,对应于电动机工作状态的机械特性曲线位于第 1 或第 3 象限,见图 1–30。

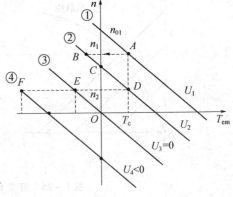

图 1–30   直流电动机机械特性

2. 发电机状态

发电机工作状态如图 1–29(b) 所示,图中所示的是物理量的真实方向。发电机工作状态的特点如下:

(1) 电源电压。小于电枢中的感应电动势,即 $U_a < E_a$;U_a 的方向仍与 E_a 相反。

(2) 电流。方向与感应电动势 E_a 方向相同,这正是直流发电机的特点。

(3) 电磁转矩。方向与电机转速 n 相反,电磁转矩起制动作用,这也是发电机的特点。

(4) 能量关系。将机械能转化为电能。

(5) 转速。高于理想空载转速,这是发电机状态与其他状态的不同之处。

当电枢电压突然下降时,或者电机轴上出现了与轴转动方向相同的外力矩作用,使电动机的转速高于空载转速时,这两种情况都可以使电动机从原有的电动机状态进入发电机状态。

在图 1–30 中,电机原来稳定运行于 A 点,转速为 n_1。若电机需要减速到 n_2,可将电压变为 U_2,此时机械特性曲线由原来的 1 变为 2,工作点也从 A 变为 B。那么工作点由 B 变为 C 的过程就属于发电机状态。因为,BC 段在机械特性曲线 2 上对应的电磁转矩是负值,是与转向相反的制动转矩,在此制动转矩的作用下,电动机的转速从 B 点快速下降至 C 点;与此同时,电磁转矩从最大制动转矩减小至零转矩;然后电动机的转速从 C 继续下降至 D,同时电磁转矩从零转矩逐渐增加,直至达到新的转矩平衡为止,转速最后稳定在 n_2。从 C 到 D 的过程是直流电动机从发电机状态重新回到电动机状态的过程。因此减压调速的最佳过程是:先回馈制动减速,然后回到电动机状态。

若外力矩使电机转速高于理想空载转速,如电力机车下坡时,也是发电机状态。发电机状态时电磁转矩是制动转矩,加快了减速过程,提高了系统的快速性。

在发电机状态,一部分动能转化为电能,并回送到电网或功率放大器中,这种现象称做能量回馈,发电机状态又称回馈制动。为了使电机能工作在发电机状态,要求功率放大器能给回馈电流提供通路,允许电流 I_a 与电源电压 U_a 方向相反,接受反馈回来的电功率。

以图 1–29(a) 所示方向为正方向,机械特性的代数表达式为

$$n = \frac{U_a}{C_e \Phi} - \frac{R_a + R_i}{C_e C_t \Phi^2} T_{em} = n_0 - \frac{R_a + R_i}{C_e C_t \Phi^2} T_{em} \tag{1.19}$$

式中:n_0 为理想空载转速。图 1–30 是机械特性曲线。当 $U_a > 0$ 时第 2 象限是发电机状态;当 $U_a < 0$ 时第 4 象限是发电机状态。

3. 能耗制动状态

能耗制动状态如图 1-29(c) 所示,使外加电源电压为零,让电枢两端通过电源内阻直接闭合,就是能耗制动状态。显然,这种状态和发电机输出端短路状态是相同的,所以也被认为是发电机状态的特殊情况,图 1-29(c) 中表示的方向是物理量的实际方向。由于电磁转矩与转速方向相反,这种工作状态属于制动状态。控制系统中要使转动的直流电机停转时往往采用这种方法。由于这种运行方式是利用了电动机原来积蓄的转动动能发电,以产生电磁转矩进行制动,所以称为能耗制动或动能制动。

以图 1-29(a) 所示方向为正方向,可求得能耗制动时的电枢电流为

$$I_a = -\frac{E_a}{R_a + R_i} = -\frac{C_e \Phi}{R_a + R_i} n < 0$$

式中负号表示实际电流的方向与正向相反。能耗制动的电流大小与转速和电枢回路的总电阻有关。为了限制电流,有的较大容量的调速系统(R_a 较小)在能耗制动时,还要在电路中另外加限流电阻。

能耗制动时的机械特性是一条通过坐标原点的直线,如图 1-30 中直线③所示。若电机原来的转速是 n_2,工作点位于直线②上的 D 点。能耗制动时,一开始由于转速不能突变,工作点就沿虚线由直线②移到直线③上,保持转速为 n_2。然后由于电磁转矩为负,与转速相反,电机转速就开始下降,随着转速的降低,电磁转矩也在减小,直到等于零为止。

4. 反接制动状态

反接制动状态如图 1-29(d) 所示,其工作特点如下:

(1) 电源电压。与电枢感应电动势 E_a 同向,使电流朝同一方向流动。

(2) 电枢电流。与电动势 E_a、电源电压 U_a 同方向,故电流值为

$$I_a = -\frac{E_a + U_a}{R_a + R_i} < 0$$

所以反接制动状态,在相同的电源电压时,电枢电流要大于堵转电流,往往比对应的电动机状态大得多。为了限制电流,一些系统在反接制动状态时要在电路中加入限流电阻或采取其他限流措施。

(3) 电磁转矩。与转速方向相反,起制动作用,数值大于堵转转矩。由于电枢电流大,所以制动的电磁转矩大,制动效果比发电机状态或能耗制动状态更明显。

(4) 能量关系。一方面,电机将本身的机械能变为电能(转速降低、动能减少);另一方面电源也输出电能到电机,而这些电能全消耗在电枢回路的电阻上。即电机既消耗电能又消耗机械能,这些能量全部变成电机的损耗,其中主要是电机铜耗。

反接制动状态在位置随动系统中是经常出现的,因此在设计和选择功率放大器时,放大器输出电流的能力应按最危险的反接制动状态来考虑。

在图 1-30 中,直线①、②在第 4 象限的部分,直线④在第 2 象限的部分,都代表反接制动状态。

1.3　直流伺服电动机的动态特性

直流伺服电动机的动态特性一般是指当改变控制电压时,电动机从原稳态到新稳态的变化过程,也就是它的状态参量:速度、感应电动势、电流和电磁转矩等随时间而变化的规律。前面已经指出,研究动态特性的规律是利用相应元件的动态方程——微分方程来实现的。因此,首先概述一下讨论动态特性的一般方法。大致有以下的基本步骤:

(1)找出元件运行在过渡过程中所遵循的物理规律,这些规律都是用动态方程组来描述的。

(2)根据动态方程组,消去中间变量,求取要研究的输出量和输入量关系的微分方程,将其标准化。

(3)按照初始条件解微分方程,求得相应输出量的时间函数。

(4)分析上述时间函数所描述的状态参量过渡过程的特点,并画出过渡过程曲线。

以上所述四大步骤对讨论其他控制元件的动态特性也基本适用。

1.3.1　阶跃控制电压作用下直流伺服电动机的过渡过程

当改变直流伺服电动机的控制电压 U_a 时,电动机的状态参量将发生变化,经过一段时间,最终稳定在新的工作状态。这些变化的状态参量有转速 n、电流 i_a、感应电动势 e_a 和电磁转矩 T_{em} 等。而 $e_a(t)$ 和 $n(t)$、$T_{em}(t)$ 和 $i_a(t)$ 仅分别相差一个常数 K_e 和 K_t,显然,$e_a(t)$ 和 $n(t)$、$T_{em}(t)$ 和 $i_a(t)$ 的过渡过程曲线将是相似的。所以,下面只讨论转速和电流的过渡过程就足够了。

1. 转速的过渡过程

根据描述直流伺服电动机状态变化物理规律的动态方程组,即

$$U_a = L_a \frac{di_a}{dt} + R_a i_a(t) + e_a(t)$$

$$T_{em}(t) = J \frac{d\Omega}{dt} + T_c$$

$$e_a(t) = K_e n(t)$$

$$T_{em}(t) = K_t i_a(t)$$

经过简单的变换,得

$$i_a(t) = \frac{T_c}{K_t} + \frac{2\pi J}{60K_t} \frac{dn}{dt}$$

$$\frac{di_a}{dt} = \frac{2\pi J}{60K_t} \frac{d^2 n}{dt^2}$$

整理得

$$\frac{2\pi J L_a}{60K_t K_e} \frac{d^2 n(t)}{dt^2} + \frac{2\pi J R_a}{60K_t K_e} \frac{dn(t)}{dt} + n(t) = \frac{U_a}{K_e} - \frac{R_a T_c}{K_t K_e} \tag{1.20}$$

可规范化为标准形式,即

32

$$\tau_m \tau_e \frac{d^2 n(t)}{dt^2} + \tau_m \frac{dn(t)}{dt} + n(t) = K_c U_a - K_f T_c \qquad (1.21)$$

式中

$$\tau_e = \frac{L_a}{R_a}$$

为电磁时间常数。

$$\tau_m = \frac{2\pi J R_a}{60 K_t K_e} \qquad (1.22)$$

为机械时间常数。

$$K_c = \frac{1}{K_e}$$

为控制特性曲线斜率。

$$K_f = \frac{R_a}{K_e K_t} \qquad (1.23)$$

为机械特性斜率。

常数 K_c 的物理意义是改变单位控制电压时所对应的电动机转速的变化,机械特性斜率的物理意义是增加单位负载转矩使电动机降低的转速。从式(1.21)可以看出,元件微分方程的标准化形式,是指在方程式中把输入量及其有关的各参量项放置在方程式的右边,而输出量各项则放置在方程式的左边,并且将各导数项按降幂排列,利用元件的参数把方程中各项系数化成具有一定物理意义的表达形式。这些系数常常是动态性能和静态特性的重要指标参数。

为了简化问题的讨论,假设是理想空载,即 $T_c = 0$,方程可变成

$$\tau_m \tau_e \frac{d^2 n}{dt^2} + \tau_m \frac{dn}{dt} + n(t) = K_c U_a \qquad (1.24)$$

显然,其特征方程是

$$\tau_m \tau_e p^2 + \tau_m p + 1 = 0 \qquad (1.25)$$

特征方程的根是

$$p_{1,2} = -\frac{1}{2\tau_e} \left[1 \mp \sqrt{1 - \frac{4\tau_e}{\tau_m}} \right] \qquad (1.26)$$

在 $4\tau_e < \tau_m$ 的情况下,转速的解为

$$n(t) = n_0 + A_1 e^{p_1 t} + A_2 e^{p_2 t} \qquad (1.27)$$

式中 n_0——控制电压 U_a 时的理想空载转速,$n_0 = K_c U_a$。

为了确定解中的积分常数 A_1 和 A_2,必须知道初始条件。由于电动机的机械惯性和电磁惯性,当 $t = 0$ 时,有

$$n(0) = 0$$
$$i_a = 0$$

还因为 $T_c = 0$,则有

$$\frac{dn(0)}{dt} = 0$$

将上述初始条件代入式(1.27),可得方程组

$$\begin{cases} A_1 + A_2 + n_0 = 0 \\ A_1 p_1 + A_2 p_2 = 0 \end{cases}$$

其中

$$\begin{cases} A_1 = \dfrac{p_2}{p_1 - p_2} n_0 \\ A_2 = \dfrac{-p_1}{p_1 - p_2} n_0 \end{cases}$$

将 A_1、A_2 值代入式(1.27)中,经简单整理,可得直流伺服电动机转速的过渡过程,即

$$n(t) = n_0 + \frac{n_0}{2\sqrt{1 - \dfrac{4\tau_e}{\tau_m}}} \left[\left(1 - \sqrt{1 - \frac{4\tau_e}{\tau_m}}\right) e^{p_2 t} - \left(1 + \sqrt{1 - \frac{4\tau_e}{\tau_m}}\right) e^{p_1 t} \right] \quad (1.28)$$

2. 控制电流的过渡过程

为了求取当 $T_c = 0$,加阶跃控制电压 U_a 时控制电流的过渡过程,可将式(1.24)微分,得

$$\tau_m \tau_e \frac{d^3 n}{dt^2} + \tau_m \frac{d^2 n}{dt^2} + \frac{dn}{dt} = 0$$

将 $\dfrac{dn}{dt} = \dfrac{60K_t}{2\pi J} i_a(t)$ 代入上式,则得

$$\tau_m \tau_e \frac{d^2 i_a}{dt^2} + \tau_m \frac{di_a}{dt} + i_a(t) = 0 \quad (1.29)$$

根据初始条件,同样可解得控制电流的时间函数为

$$i_a(t) = \frac{U_a / R_a}{\sqrt{1 - \dfrac{4\tau_e}{\tau_m}}} (e^{p_1 t} - e^{p_2 t}) \quad (1.30)$$

这里值得注意的一点是,从动态电压平衡方程式得到的初始条件是

$$di_a(t)/dt \mid_{t=0} = U_a / L_a$$

1.3.2 过渡过程的讨论

1. 新稳态参量

在控制电压 U_a 的作用下,过渡过程结束的含义是直流伺服电动机进入了新的平衡状态。这时

$$\frac{dn}{dt} = 0, \frac{d^2 n}{dt^2} = 0$$

$$\frac{di_a}{dt} = 0, \frac{d^2 i_a}{dt^2} = 0$$

34

于是,从式(1.24)、式(1.29)、式(1.21)得相应稳态参量表达式为

$$\left.\begin{array}{l} n(\infty) = K_{\mathrm{c}}U_{\mathrm{a}} = n_0 \\ i_{\mathrm{a}}(\infty) = 0 \end{array}\right\} (T_{\mathrm{c}} = 0) \tag{1.31}$$

$$\left.\begin{array}{l} n'(\infty) = K_{\mathrm{c}}U_{\mathrm{a}} - K_{\mathrm{f}}T_{\mathrm{c}} \\ i'_{\mathrm{a}}(\infty) = \dfrac{T_{\mathrm{c}}}{K_{\mathrm{t}}} = I_{\mathrm{a}} \end{array}\right\} (T_{\mathrm{c}} = \mathrm{const}) \tag{1.32}$$

显然,新稳态参量的大小由控制电压 U_{a} 和负载 T_{c} 的大小所决定,它完全遵循静态特性所描述的规律。可见,静态是动态的一种特殊状态,即系统各状态参量变化率为零的状态。

2. 过渡过程曲线

过渡过程曲线的规律完全取决于特征方程根的形式,这也正是特征方程式名字的由来。因此,分析特征方程根的形式就成为讨论过渡过程曲线的出发点。

(1) 若 $4\tau_{\mathrm{e}} < \tau_{\mathrm{m}}$,从式(1.26)可知,$p_1$ 和 p_2 均为负实根。这是当电枢电阻 R_{a} 大、电动机转动惯量也大,而电枢电感 L_{a} 比较小的情况下出现的。因而,电气阻尼较小,机械阻尼则比较大。直流伺服电动机将具有惯性元件的特点,是非周期性的过渡过程(图1-31)。显然,在理想空载的条件下,新稳态的控制电流将趋于零,而转速则最终趋于理想空载转速,见式(1.31)。然而,由于摩擦阻转矩的存在,电流并不是零,转速也低于理想空载转速。

(2) 若 $4\tau_{\mathrm{e}} > \tau_{\mathrm{m}}$,特征根 p_1 和 p_2 是两个共轭复根,过渡过程将出现振荡现象。但由于 p_1 和 p_2 有负的实部,所以是衰减振荡。这是由于电枢回路电阻 R_{a} 和转子转动惯量均较小,而电枢电感相对大些。过渡过程曲线如图1-32所示。

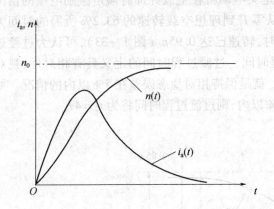

图 1-31 理想空载条件下 $4\tau_{\mathrm{e}} < \tau_{\mathrm{m}}$ 时的过渡过程

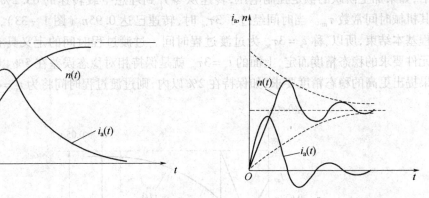

图 1-32 理想空载条件下
$4\tau_{\mathrm{e}} > \tau_{\mathrm{m}}$ 时的过渡过程

(3) 若 $\tau_{\mathrm{e}} \ll \tau_{\mathrm{m}}$,$\tau_{\mathrm{e}}$ 可忽略不计。这是由于电枢电感很小,即认为 $L_{\mathrm{a}} = 0$。显然,式(1.25)可变成

$$\tau_{\mathrm{m}} \frac{\mathrm{d}n}{\mathrm{d}t} + n(t) = K_{\mathrm{c}}U_{\mathrm{a}} \tag{1.33}$$

而式(1.29)则变为

$$\tau_m \frac{di_a}{dt} + i_a(t) = 0 \qquad (1.34)$$

注意,由于认为 $L_a = 0$,则动态电压平衡变成

$$U_a = e_a(t) + i_a(t)R_a$$

初始条件为:$n(0) = 0, e_a(0) = 0$,而 $i_a(0) = \dfrac{U_a}{R_a}$。于是,可解得

$$n(t) = n_0 (1 - e^{-\frac{t}{\tau_m}}) \qquad (1.35)$$

$$i_a(t) = \frac{U_a}{R_a} e^{-\frac{t}{\tau_m}} \qquad (1.36)$$

式(1.35)和式(1.36)分别描述了一个单调上升曲线(转速)和一个单调下降曲线(电流)。过渡过程曲线的变化率分别是

$$\frac{dn(t)}{dt} = \frac{n_0}{\tau_m} e^{-\frac{t}{\tau_m}} \qquad (1.37)$$

$$\frac{di_a(t)}{dt} = -\frac{I_a}{\tau_m} e^{-\frac{t}{\tau_m}} \qquad (1.38)$$

从式(1.37)可见,当转速能保持初始的变化率 $\left(\dfrac{n_0}{\tau_m}\right)$ 不变,则经过 $t = \tau_m$ 时间,过渡过程将进行完毕,即达到转速 n_0。实际上,$\dfrac{dn(t)}{dt}$ 随时间按指数规律下降,所以,当 $t = \tau_m$ 时,转速仅能达到稳态值的 0.632 倍。于是,定义电动机在空载并加有额定激励电压的情况下,如果加上阶跃的额定控制电压,转速从零升到理想空载转速的 63.2% 所需的时间为其机械时间常数 τ_m。当时间经过了 $3\tau_m$ 时,转速已达 $0.95n_0$(图 1 – 33),可认为过渡过程基本结束,所以,称 $t_s = 3\tau_m$ 为过渡过程时间。过渡过程时间的定义具有相对性,视对元件要求的稳态精度而定,上面的 $t_s = 3\tau_m$ 就是保持相对稳态误差在 5% 以内的情况。如果提出更高的稳态精度要求,如保持在 2% 以内,则过渡过程时间将为 $t_s = 4\tau_m$。

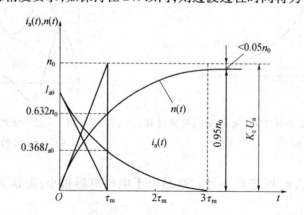

图 1 – 33　理想空载且 $\tau_e \ll \tau_m$ 时的过渡过程曲线

同理,经过 $t = \tau_m$ 的时间,控制电流已降低了初始值的 0.632 倍(图 1-33)。

还必须说明一点,前面已经指出伺服电动机的过渡过程是电磁惯性和机械惯性交织影响的综合过程。因此,外施阶跃额定控制电压的伺服电动机转速从零升至稳态转速的 63.2% 所需时间实际上并不等于机械时间常数 τ_m,而要略大于 τ_m。电机过渡时间常数应由电机的电磁时间常数 τ_e 和机械时间常数 τ_m 共同确定,称之为机电时间常数 τ_{em}。因 τ_{em} 和 τ_m 很接近,可以用 τ_m 代替,也常把 τ_m 称为机电时间常数。伺服电动机过渡过程的快速性主要取决于机械时间常数。

3. 动态参数和静态参数的关系

从式(1.22)可知,表征动态特性的重要参数——机电时间常数为

$$\tau_m = \frac{2\pi J R_a}{60 K_t K_e}$$

显然,机电时间常数与电机的结构参数、控制回路电阻以及电机和它所拖动负载的总转动惯量有关。

(1)结构参数 $K_e K_t = \dfrac{p^2 N^2 \Phi^2}{120\pi a^2}$。设计者为了减小时间常数,可以采用合理的绕组形式,选择恰当的极对数,并适当地提高电动机每极下的磁通 Φ。例如,力矩电动机就是根据永久磁铁的特点,为了保证足够大的 $p\Phi$,采用多极对数,这样便降低了对 Φ 的要求。由于磁路存在饱和,磁通 Φ 是不能无限制增大的。

(2)控制回路电阻。它包括电枢电阻和功率放大级的内阻。合理地减小放大器内阻将有利于电动机对信号的快速响应,这一点同提高机械特性硬度对放大器内阻的要求具有一致性。

(3)转动惯量的影响。带负载的电动机转动惯量包括两部分:自身的转动惯量和折合到电动机轴上的负载和传动机构的转动惯量。十分明显,负载的转动惯量将增大时间常数。

(4)机械特性硬度的影响。

$$\tau_m = \frac{2\pi J \dfrac{U_a}{K_e}}{60 \dfrac{U_a}{R_a} K_t} = 0.105 \frac{J n_0}{T_d} \tag{1.39}$$

可见,机械特性斜率 $\left(\dfrac{n_0}{T_d}\right)$ 大,硬度小,τ_m 将变大;反之,斜率小,硬度大,机电时间常数将变小。

如果用 $n_0 = \dfrac{60}{2\pi}\Omega_0$ 代入式(1.39),则

$$\tau_m = \frac{J\Omega_0}{T_d} \text{ 或 } \tau_m = \frac{J}{\dfrac{T_d}{\Omega_0}} \tag{1.40}$$

称 $T_d/\Omega_0 = D$ 为电动机的阻尼系数。增大伺服电动机的阻尼系数 D 将使过渡过程加快,阻尼系数和机械特性硬度具有同样的物理实质。

37

（5）电动机的力矩惯量比。式(1.40)可改写成

$$\tau_{\mathrm{m}} = \frac{\Omega_0}{\dfrac{T_{\mathrm{d}}}{J}} = 0.105\,\frac{n_0}{T_{\mathrm{d}}/J}$$

称 T_{d}/J 为伺服电动机的力矩惯量比。提高力矩惯量比将使过渡过程加快,负载和减速装置的惯量都将使电动机的力矩惯量比减小,因而增大了时间常数。力矩惯量比的实质是当电动机的总惯量为 J 时,在起动转矩 T_{d} 的作用下,它可能产生的最大角加速度 $\alpha_{\max}$。

时间常数、阻尼系数和力矩惯量比等参数都是伺服电动机重要的动态性能参数。在式(1.39)中,理想空载转速 n_0 的单位为 r/min,转动惯量 J 的单位为 $\mathrm{N \cdot m \cdot s^2}$,堵转转矩 T_{d} 的单位为 $\mathrm{N \cdot m}$,于是得时间常数的单位是 s。一般,机电时间常数小于 0.03s,有的伺服电动机只有几毫秒。

1.4 直流伺服电动机的选择

各类控制电动机的技术数据是国家制定的产品性能和质量的标准(简称国标 GB)。它是厂家生产产品所必须遵循的法规,也是用户选择使用各种元件的技术依据,可以说是厂家和用户的技术纽带。熟悉它们,对设计控制系统时合理地选择使用控制电机是十分重要的。

目前,现行的技术标准主要分 3 类,即国家标准(GB)、部颁标难(JB)和企业标准。尽管微型控制电机的国家标准已自 1978 年起陆续公布,但现行产品大部分还在按部颁标准和企业标准生产。为了读者学习和选用方便,本教材将以国家标准为准,辅之以适当的对照。

1.4.1 直流电动机的型号与额定值

国家标准(GB)对各类控制电机规定了代表符号,称为型号。各类控制电机的型号都具有下列的组成形式:

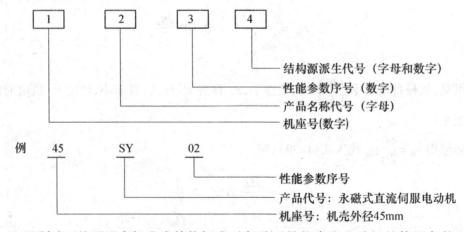

电机制造厂按照国家标准或其他标准对各种型号的直流电动机的使用条件和运行状态都作了规定,所规定的技术数据称为额定值。符合使用条件、达到给定的工作状态的

运行称为额定工作情况(工况)或额定运行。产品铭牌上标有主要额定值,直流电机中常用的额定值有:

(1)额定功率。电动机在额定工况运行时,其轴端输出的机械功率。

(2)额定电压。额定工况运行时,电动机的励磁绕组和电枢绕组上所加的电压值。电枢控制时,励磁绕组加额定电压。

(3)额定电流。电动机在额定电压下,负载达到额定功率时的电枢电流和励磁电流值。对于连续运行的直流电动机,其额定电流就是电机长期安全运行的最大电流。短期超过额定电流(如起动时)是允许的,但长期超过额定电流将会使电机绕组和换向器损坏。

(4)额定转速。电动机在额定工况运行时每分钟的转数,它不是电动机允许的最高转速。

(5)额定转矩。电动机在额定工况时的输出转矩。

电机轴端的输出转矩 $T_2(\mathrm{N\cdot m})$、输出的机械功率 $P_2(\mathrm{W})$、旋转角速度 $\omega(\mathrm{rad/s})$ 的关系为

$$T_2 = \frac{P_2}{\omega} \ (\mathrm{N\cdot m}) \tag{1.41}$$

下面列举部分型号伺服电动机技术数据作为参考,见表1-3至表1-5。

表1-3 SZ系列直流伺服电动机技术数据

型 号	转矩 /mN·m	转速 /V	功率 /W	电压 /V		电流 /A		允许顺逆转速差 /(r/min)
				电枢	励磁	电枢	励磁	
36SZ01	16.66	3000±12%	5	24	24	0.55	0.32	200
36SZ02	16.66	3000±12%	5	27	27	0.47	0.3	200
36SZ03	16.66	3000±12%	5	48	48	0.27	0.18	200
36SZ04	14.21	6000±12%	9	24	24	0.85	0.32	300
36SZ05	14.21	6000±12%	9	27	27	0.74	0.3	300
36SZ06	14.21	6000±12%	5	48	48	0.4	0.18	300
36SZ07	14.21	6000±12%	5	110	110	0.17	0.085	300
36SZ08	13.72	4500±12%	6.5	48	24	0.3	0.32	250
36SZ51	23.52	3000±12%	7	24	24	0.7	0.32	200
36SZ57	20.09	6000±12%	12	110	110	0.22	0.1	300
45SZ01	33.32	3000±12%	10	24	24	4	0.57	
45SZ05	28.42	6000±12%	18	24	24	1.6	0.33	300
45SZ51	46.06	3000±12%	14	24	24	1.3	0.45	200
45SZ58	39.2	6000±12%	25	110	110	0.42	0.12	300
55SZ01	64.68	3000±10%	20	24	24	1.55	0.43	200
70SZ51	176.4	3000±10%	55	24	24	4	0.57	200
90SZ01	323.4	1500±10%	50	110	110	0.66	0.2	100
110SZ54	580	3000±200	308	220	220	2	0.16	200
130SZ04	1911	3000±10%	600	220	220	3.8	0.18	200

表 1−4 SY 系列直流永磁式伺服电动机技术数据

型 号	电压 /V	电流 不大于 /A	转矩 / mN·m	转速 /(r/min)	功率 /W	允许顺逆 转速差 /(r/min)
20SY05	9	0.38	1.96	6000	0.9	30
24SY08	12	0.46	2.94	6000	1.5	300
28SY07	27	0.2	4.9	3000	1.5	200
36SY39	27	1.4	19.6	9000	27	400
45SY02	12	2.86	29.4	6000	19	300
245SY53	12	5.1	39.2	9000	37	400

表 1−5 S 系列直流伺服电动机技术数据

型 号	电机类别	额定 电压 /V	有效 功率 /W	额定电流 不大于 /A	转速 /(r/min)	额定 转矩 / mN·m	允许顺逆 转速差 /(r/min)
S121	它励电动机	110	5	0.25	3500~5500	13.72	300
S121D	它励电动机	24	5.3	0.8	4300±10%	11.76	200
S161	它励电动机	110	7.5	0.25	3500~5000	20.58	200
S221	它励电动机	110	1.3	0.35	3600~4200	34.3	200
S261	它励电动机	110	24	0.5	3600~4600	63.7	200
S321	它励电动机	110	38	0.7	3000~3700	122.5	200
S369	它励电动机	110	55	0.95	3600~4200	147	200
S521	它励电动机	110	77	1.2	3000~3700	245	200

1.4.2 电机参数的选择

1. 功率和转矩

初选电动机时可按下式初选电机功率 P_{20},即

$$P_{20} = K(T_{L} + J_{L}\alpha_{L})\omega_{L}(W) \tag{1.42}$$

式中 T_{L}——负载阻转矩(N·m);

J_{L}——负载的转动惯量(kg·m²);

α_{L}——负载的角加速度(rad/s²);

ω_{L}——负载的角速度(rad/s);

K——经验系数,对大、中功率系统为 1.2~1.5,对小功率系统为 2.0~2.5。

初选减速器减速比 i 时可利用式(1.43),即

$$i \leqslant \frac{n_{e}}{n_{L}} \quad 或 \quad i \leqslant \frac{n_{0}}{2n_{L}} \tag{1.43}$$

40

式中 n_L——负载的转速;

n_e——被选直流电动机的额定转速;

n_0——被选直流电动机的空载转速。

由力学原理,电动机应输出的最大转矩为

$$T_{2max} = \frac{T_L}{\eta i} + \left(J_m + J_i + \frac{J_L}{\eta i^2}\right) i\alpha_{Lmax} \tag{1.44}$$

式中 T_{2max}——电动机轴端输出的最大转矩(N·m);

T_L——负载阻转矩(N·m);

i——减速器减速比,即电机转速/负载转速;

η——减速器的效率,对于直齿轮减速器 $\eta = 0.9 \sim 0.94$;

J_m——电动机自身的转动惯量(kg·m²);

J_i——减速器在电机轴的等效转动惯量(kg·m²);

J_L——负载的转动惯量(kg·m²);

α_{Lmax}——负载的最大角加速度(rad/s²)。

T_{2max} 应不大于所选电机的瞬时最大转矩。一般直流伺服电动机可以输出 2 倍 ~ 10 倍额定转矩的瞬时最大转矩。

式(1.44)右端第二项为加速转矩。当 i 较大时,负载的折算转动惯量 J_L/i^2 就相当小,加速转矩主要用于加速电动机本身和减速器。

电动机的最大输出功率 P_{2max} 为

$$P_{2max} = T_{2max}\omega_{Lmax}i(W) \tag{1.45}$$

或

$$P_{2max} = 0.105T_{2max}n_{Lmax}i(W) \tag{1.46}$$

式中 ω_{Lmax}——负载最大角速度(rad/s);

n_{Lmax}——负载最大转速(r/min)。

2. 电流和电压

电动机在运行中的最大电流 I_{max} 为

$$I_{max} = \frac{T_{2max} + T_0}{K_t} \tag{1.47}$$

式中 T_0——电动机本身的阻转矩;

K_t——电动机的转矩灵敏度。

对于铝镍钴磁钢电机,不允许超过规定的峰值电流,否则会引起磁钢永久性退磁。对于铁氧体和稀土永磁电机,在满足换向条件时,可以结合电枢的热时间常数和温升灵活地确定电机最大允许电流和允许过载状态。原则是不允许电机过热,因为过热将改变电机的性能甚至损坏绕组和磁钢。如空芯杯电枢的热时间常数很小,可能低于 30s,因此短时过载就能使绕组因过热而损坏。铁芯结构电枢的热时间常数高达 30min,在很多情况下可以较长时间地过载而无损坏。

一般直流伺服电动机的最大瞬时电流为额定电流的 2 倍 ~ 8 倍。如果电流超过允许值,可以采取下面的措施:

（1）改变减速比 i 使其接近最佳减速比[见式（1.50）]，以便减小 T_{2max}。

（2）选择具有更高转矩灵敏度 K_t 的电动机。

（3）使转动惯量、摩擦力矩和黏滞阻尼摩擦力矩减至最小，以便降低最大转矩 T_{2max}。

电动机电枢电压的最大值为

$$U_{max} = I_{max}R_a + K_e i\omega_L = I_{max}R_a + K_e\omega_{max} \tag{1.48}$$

式中　ω_{max}——电机负载时的最大角速度。

3. 电动机与负载的惯量匹配

快速响应是控制系统对电动机的基本要求。转动惯量大的电动机，机电时间常数也大，速度响应慢。但也不是说电机惯量越小越好，在惯量很小的电动机上直接连接大惯量负载并不能达到快速响应的目的。小惯量电机的热容量一般也很小，高速起动、制动或反向会使电枢电流急剧加大而使电机损坏。选择电机必须考虑电动机与负载的匹配，使其既能满足快速性要求，又能充分发挥电机本身的性能。

在式（1.44）中，设 J_L 包括了减速器的转动惯量，则电动机应输出的最大转矩为

$$T_{2max} = J_m i\alpha_L + \frac{J_L\alpha_L + T_L}{i\eta} \tag{1.49}$$

令 $\dfrac{\mathrm{d}T_{2max}}{\mathrm{d}i} = 0$，可得使 T_{2max} 为最小的最佳减速比 i_0 为

$$i_0 = \sqrt{\frac{J_L\alpha_L + T_L}{J_m\alpha_L\eta}} \tag{1.50}$$

最佳减速比 i_0 时的最大转矩为

$$T_{2max} = 2\sqrt{\frac{J_m(J_L\alpha_L + T_L)}{\eta}} \tag{1.51}$$

若令 $\eta = 1$，$T_L = 0$，则式（1.50）成为

$$i_0^2 = J_L/J_m \tag{1.52}$$

这就是惯量匹配，折算到电动机轴上的负载转动惯量等于电动机本身的转动惯量。

设计系统时应尽量按式（1.50）选择减速器的减速比以实现惯量匹配，此时所选电机的最大瞬时转矩应大于式（1.51）中的 T_{2max}，同时应校核最大角速度是否满足系统要求。

一般在加速度不超过一个重力加速度的条件下应满足式（1.53），即

$$J_m \geqslant \frac{1}{3} \cdot \frac{J_L}{i^2} \tag{1.53}$$

1.5　直流力矩电动机

1.5.1　概述

直流力矩电动机是一种可直接与负载耦合的低速直流伺服电动机，在工作原理上同普通直流伺服电动机毫无区别。它的特有性能——低速和大力矩，是由于它的特殊结构设计而产生的。制造这种无需减速机构就能实现直接驱动负载的力矩电动机的设想是在

20 世纪 50 年代初期提出来的,但直到 20 世纪 50 年代后期,随着空间技术的发展才引起人们的重视,而后在 20 世纪 60 年代初期以惊人的速度发展起来。我国也于 1965 年研制出第一台直流力矩电动机样机,此后陆续为航天、航海、通信(雷达天线)等部门提供了产品。力矩电动机作为位置伺服系统和速度伺服系统中的执行元件,在航天、航空、航海以及各种高精度测量仪器中获得了广泛的应用。近年来,在工业控制系统中也开始显示出其优越性。

它的主要优点如下:

(1) 在负载轴上有高的力矩—惯量比 T_p/J_{pf}。图 1-34 中示出普通高速直流伺服电动机和力矩电动机两种驱动方案,它们都是为了使负载得到所需的同样的电磁转矩和转速。当两个电动机有相等的转动惯量,即 $J_d = J_s$,且 T_p 和 J_{pf} 代表折算到负载轴上的转矩和转动惯量时,可将两种驱动方案折算到负载轴上的力矩—惯量比分述如下:

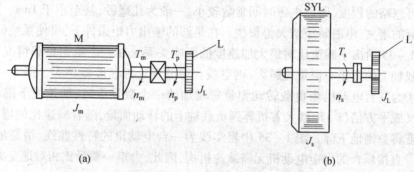

图 1-34 力矩—惯量比的折算
(a) 普通高速直流伺服电动机;(b) 力矩电动机。

首先,因为力矩电动机与负载直接刚性连接,所以

$$\frac{T_p}{J_{pfs}} = \frac{T_s}{J_s} \tag{1.54}$$

式中 T_s——力矩电动机的电磁转矩;

J_{pfs}——力矩电动机的折算转动惯量。

而普通高速直流伺服电动机则因为经过减速机构与负载轴连接,于是有

$$J_{pfd} = i^2 J_d, \quad T_p = i T_d$$

则

$$\frac{T_p}{J_{pfd}} = \frac{i T_d}{i^2 J_d} = \frac{T_d}{i J_d} \tag{1.55}$$

式中 T_d——普通直流伺服电动机的电磁转矩;

J_{pfd}——普通直流电动机的折算转动惯量。

比较式(1.54)和式(1.55),尽管普通直流伺服电动机经过减速装置,转矩被放大 i 倍,但它的转动惯量则被放大了 i^2 倍(上面还忽略了减速器的转动惯量)。这样,普通高速电动机折算到负载上的力矩—惯量比被缩小了 i 倍。通常,普通电动机的转动惯量 J_d 和减速装置的转动惯量 J_i 折算到负载轴上都大于负载的转动惯量,最大时甚至能大 10 倍,即 $i^2(J_d + J_i) > 10 J_f$。而力矩电动机则无论从理论分析还是大量应用实践都表明,电

动机转动惯量比负载的转动惯量小。由于理论加速度 $\mathrm{d}\Omega/\mathrm{d}t = T_{\mathrm{p}}/J_{\mathrm{pf}}$，因而，力矩—惯量比直接反映了电动机的加速能力。前面已经明确，两种方案对负载提供同样的电磁转矩，$T_{\mathrm{d}} = T_{\mathrm{s}}$，则

$$\frac{T_{\mathrm{p}}}{J_{\mathrm{pfs}}} = \frac{T_{\mathrm{s}}}{J_{\mathrm{s}}} > \frac{T_{\mathrm{p}}}{J_{\mathrm{pfd}}} = \frac{T_{\mathrm{d}}}{iJ_{\mathrm{d}}}$$

对力矩电动机而言，输出转矩主要是用来推动负载加速；而普通高速直流伺服电动机的输出转矩则大部分用于加速电动机本身和减速装置。显然，由于直接耦合的力矩电动机在负载轴上有高的力矩—惯量比，加速负载的能力就大了。

（2）快的响应速度。由于具有大力矩—惯量比的直驱力矩电动机能产生较大的理论加速度，与和它的惯量相差不大的普通伺服电动机相比，机械时间常数 τ_{m} 较小，一般约为十几毫秒到几十毫秒。再加上力矩电动机设计成多磁极对数，电枢铁心磁密较高，使电枢电感小到可忽略的程度，所以电磁时间常数较小，一般为几毫秒，甚至小于 1ms。因而，随着电枢电流的增大，电磁转矩增大得很快。在足够的输出力矩条件下，可使系统伺服刚度更好。图 1-35 给出了减速比对最大加速度的影响关系。在一个给定负载情况下，电机折算到负载轴上的力矩—惯量比越大，则空载获得的理论加速度就越大。图 1-35 中曲线②、③、④为某台电动机当负载转动惯量每增加约一个数量级时，加速度下降的情况。而减速比又成平方倍（i^2）地增大着折算到负载轴上的转动惯量，随着减速比的增大，最大理论加速度将急剧地下降。图 1-35 中粗实线为一台电动机的特性曲线，清楚地体现了这一规律。直接耦合的力矩电动机无需减速机构，因此，力矩—惯量比相对地变大了。显然，理论加速度也变大了，电动机在过渡过程中的快速性将很好。

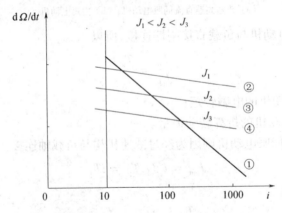

图 1-35　减速比对最大加速度的影响

（3）耦合刚度高。因为力矩电动机与负载直接连接，中间没有齿轮装置，具有高的机械耦合刚度，所以消除了齿隙和弹性变形带来的误差，提高了系统的位置和速度精度，也提高了整个传动装置的自然共振频率，从而，使它远远地避开了系统所能达到的频率上限，这样就给系统得到满意的动态和静态性能创造了条件。总之，力矩电动机可使系统有很高的伺服刚度，因而获得了较宽的频率响应（可做到 50Hz 左右）以及很高的速度和位置分辨率。

（4）线性度高。力矩电动机电磁转矩的增大正比于控制电流，与速度和角位置无关。

同时,由于省去了减速机构,消除了齿隙造成的特性"死区",也使摩擦力减小了。再加上选用磁滞回线的回复线较平的永磁材料,并设计得使磁路高饱和,这些都使力矩电动机的转矩—电流特性具有很高的线性度。

总之,采用力矩电动机作为执行元件的直驱伺服系统,免去了复杂且精度要求苛刻的齿轮装置,具有运行可靠、维护简便、振动小、机械噪声小、结构紧凑等优点。这些都为系统快速动作、精度提高、平稳地运行等提供了保证。

1.5.2　力矩电动机的额定指标及其选择

1. 额定技术指标

力矩电动机与普通直流伺服电动机额定值不同,阐述如下:

(1) 连续堵转转矩。它是电动机处于长时间堵转,且稳定温升不超过允许值时所能输出的最大堵转转矩,这时对应的电枢电流为连续堵转电流。

(2) 峰值堵转转矩。它是力矩电动机的最大堵转转矩,它受磁极磁钢的去磁条件所限制。众所周知,直流电机的电枢反应将产生去磁作用。产生堵转转矩时所对应的电枢电流过大,将使磁极的永久磁铁工作点超出磁滞回线回复线平滑区,造成不可恢复性去磁。因此,使用中规定不得超过峰值堵转转矩所对应的峰值堵转电流;否则,磁极磁钢要重新充磁方能使用。

(3) 最大空载转速。它是当电动机没有任何负载并加上额定控制电压时所能达到的最高转速。对于具有固定磁场的力矩电动机,其空载转速从正方向的最大值到反方向的最大值都与控制电压成正比。

2. 力矩电动机的选择

力矩电动机的选择与普通直流伺服电动机选择不同。一般,力矩电动机给出的主要指标为连续堵转转矩、电流和电压及空载转速。前 3 项均为堵转状态下的指标,后一项是指额定电压情况下,无负载($T_f = 0$)时的电机转速 n_0。通常根据要求,首先满足负载最高转速小于 n_0 的条件,拟选一台电动机;接着用其给定指标 n_0 和 T_d 画出如图 1 - 36 所示的机械特性曲线;然后,以所需的最大负载转矩(580mN·m,即 0.58N·m)在特性曲线上找到相应的工作点 C,并得到相应的转速约为 180r/min。再与所需的运行速度范围(50r/min～100r/min)相比较,看其是否满足。若初步满足要求,再看看运行在所需转速范围内的转矩裕度怎样。一般为了使系统能得到好的静态指标,选取转矩裕度为负载转矩的 2 倍～3 倍。在此例中,当负载运行于 50r/min 时,电动机工作在 A 点,对应的电磁转矩约为 1568mN·m(即 1.568N·m),转矩裕度约为 2.7 倍。同理,可得转速 100r/min 对应的电磁转矩约为 1176mN·m(即 1.176N·m),转矩裕度为 2 倍。显然,选择 SYL - 20型力矩电动机可以满足要求。

关于超速运行,当某控制对象的负载力矩为 196mN·m,转速运行范围 1r/min～300r/min 时,从 SYL - 20 型的特性曲线可知,空载转速 $n_0 = 260$r/min,因此,它将不能满足高速要求。当然,可另选一台 n_0 较高的电机,如 SYL - 15,其 $n_0 = 349$r/min。但当已备有或仅能得到 SYL - 20 型电动机时,则可采用适当提高控制电压的方法以满足实用要求。此刻,在图 1 - 36 中的横坐标上,取 2 倍左右的转矩裕度点(390mN·m,即 0.39N·m),向上引 n 轴平行线,并从所需最大转速点(300r/min)引横坐标平行线,两线相交于 F 点。过 F

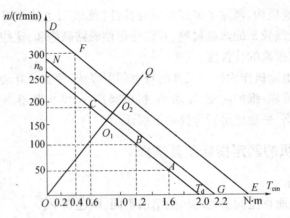

图 1-36 SYL 型力矩电动机的机械特性

点引 n_0-T_d 平行线 DE,这条直线就是超速运行的机械特性曲线。接着是确定需要提高控制电压的数值,从原点 O 作 DE 的垂线 OQ,分别交 n_0-T_d 和 DE 于 O_1 和 O_2 两点,则 OO_1 长度可表示 SYL-20 型电机的最大控制电压(24V),按比例可确定出 O_1O_2 段对应的电压值。OO_2 则为超速运行机械特性曲线对应的控制电压,此例约为 32V。一般超速增量不得超过 n_0 的 20%。

关于过载运行,同上述的特定情况,但要求堵转转矩为 2156mN·m,即 2.156N·m。此时,在系统输出功率足够的情况下,同样可提高控制电压,使其运行于新的机械特性曲线 NG 上,并用超速运行时使用的方法,求得相应的控制电压(约 27V)。由于力矩电动机在设计时考虑了约 2 倍的过载裕度,因此,一般在使用时,要求不得超过原有连续堵转转矩的 50%。如在此情况下要求连续堵转,则需考虑适当增加散热条件,以免过热影响电机特性。

表 1-6　SYL 系列直流力矩电动机技术指标

项目 数据 型号	连续堵转转矩 /mN·m	连续堵转电流 /A	连续堵转电压 /V	空载转速 /(r/min)	连续堵转功率 /W	换向火花等级 ≤	转矩波动系数 /%,≤	特性非线性度 /%,≤	备注
SYL-400	39200	10	30	55	300	$1\frac{1}{2}$	70	1	分装式
SYL-100	9800	3	36	80	108	$1\frac{1}{2}$	70	1	分装式
SYL-50	4900	2.8	30	140	90	$1\frac{1}{2}$	70	1	分装式
SYL-20	1960	2.43	24	260	58.4	$1\frac{1}{2}$	70	1	分装式
SYL-15	1470	2.45	23	349	56.4	$1\frac{1}{2}$	70	1	分装式
SYL-10	980	2.32	23.5	510	54.5	$1\frac{1}{2}$	70	1	分装式
SYL-5	490	1.8	20	500	38	$1\frac{1}{2}$	10	1	内装式
SYL-2.5	245	1.6	20	700	34	$1\frac{1}{2}$	10	1	内装式

数据 项目 型号	连续堵转转矩 /mN·m	连续堵转电流 /A	连续堵转电压 /V	空载转速 /(r/min)	连续堵转功率 /W	换向火花等级 ≤	转矩波动系数 /%，≤	特性非线性度 /%，≤	备注
SYL - 1.5	147	0.9	20	800	20	$1\frac{1}{2}$	10	1	内装式
SYL - 0.5	49	0.65	20	1600	15	$1\frac{1}{2}$	10	1	内装式

注:SYL 系列为企业标准。国标规定永磁式力矩电动机名称代号为"LY"

1.6 直流伺服电动机的控制电路

为了驱动电动机,接口电路需要把来自控制器的较弱的电机控制信号,转换为足以驱动电机的强信号。经典的方法是使用模拟驱动,在这个方法中,线性功率放大器将对控制器输出信号进行放大,并且给电动机传送"加强的"模拟电压,如图 1 - 37(a)所示。

控制直流电动机的另一个方法是脉宽调制(PWM)。在这种系统中,以调整过的直流脉冲电压为电动机供电,如图 1 - 37(b)所示。通过改变脉冲的宽度来控制电动机转速,脉冲的宽度越宽,直流电压的平均值就越高,因此给电动机提供的能量也越多。脉冲的频率足够高以至于电动机的电感会对电压取平均值,并且使电动机运行平稳。与模拟式驱动相比,这种系统有两个优点:①可以选用高效率的 C 类功率放大器;②由于放大器不是接通就是关断,并且可以直接由数字信号驱动,所以不需要数/模转换器。

1.6.1 直流电动机的模拟驱动

直流电动机的模拟驱动系统采用线性功率放大器驱动电动机。放大器是控制器和电动机之间的接口,一般来讲,它是一个电流放大器,主要功能是提高电流,输出电压不一定大于输入电压。

最简单的模拟驱动电路是采用单个功率晶体管的 A 类放大器。电路既可以是共发射极的(CE)结构,产生电流和电压的增益;也可以是共集电极(CC)结构,只产生电流增益;图 1 - 38 显示了这两种电流的运行是相似的。当基极电压 U_B 增加时(超过正向偏置电压),晶体管开始导通,并且使集电极电流 I_C 流通。根据晶体管增益 h_{fe},集电极电流比基极电流大 30 倍 ~ 100 倍。一旦晶体管开始导通,I_C 随着 U_B 呈现类似线性的增长。注意:所有的 I_C 都流经电动机,提供驱动电流。

在这种电路布局中,A 类放大器的效率非常低。图 1 - 39(a)显示的是一个 12V、2A 电动机的连接情况。电路中,直流供电电压是 12V。当晶体管始终导通时,此晶体管如同闭合的开关,因此整个 12V 电压被加在电动机上。当晶体管是半导通时,如图 1 - 39(b)所示,它可以被看做与电动机串联的电阻,因此,I_C 降低了一半,在这种情况中 I_C 下降到 1A。现在,只有 6V 的电压落在电动机上,剩余的 6V 电压落在晶体管上。电源的输出功率是

$$P = I_C U_m = 1A \times 12V = 12W$$

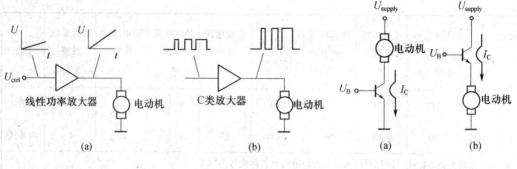

图 1 – 37　直流电动机速度控制的方法
（a）模拟驱动；（b）脉宽调制（PWM）驱动。

图 1 – 38　直流电动机模拟
驱动输出结构
（a）共发射极；（b）共集电极。

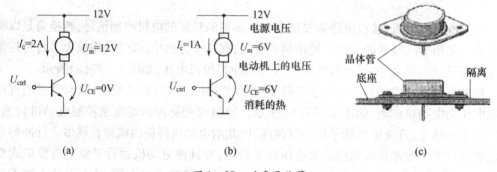

图 1 – 39　功率晶体管
（a）晶体管全部导通电路；（b）晶体管半导通电路；（c）功率晶体管底座。

而晶体管消耗的功率是

$$P = I_C U_{CE} = 1A \times 6V = 6W$$

系统中一半的功率（6W）被晶体管以热的形式消耗了，而电动机却以一半的转速运行。在许多控制系统中，电动机的平均运行速度还不及额定转速的一半。对于小型电动机来说，这些损失是可以接受的，但是对于大型电动机，则需要一个效率更高的电路布局。

刚才描述的电路使用功率晶体管作为电动机驱动放大器，如图 1 – 39（c）所示，功率晶体管和其他功率驱动电路采用图中的方式安全地安装在底盘上。安装底座的目的是为了散热，如果功率晶体管没有安装到底座上，或者安装不正确，那么，它不能处理任何接近额定功率的工作。典型的功率晶体管可以承载 60A 的电流，损耗 300W 的能量，而特殊型号的功率管可以达到更高。除功率晶体管以外，其他电动机驱动器还包括功率 IC、达林顿功率晶体管和功率 MOSFET 管。

功率 IC 驱动器是一种单独封装的直流放大器，它具有相当高的电流输出。例如，美国国家半导体公司生产的 LM12，如图 1 – 40 所示，这种大功率运算放大器在最大供电电压 ±30V 时，可提供 13A 的驱动电流。与其他运算放大电路中的反馈电阻一样，反馈电阻用来调整增益到设定值。图 1 – 40 所示电路的电压增益是 21（$A_V = R_f/R_i + 1$）。

图 1 – 41 是使用达林顿功率晶体管的电动机驱动电路。达林顿晶体管的结构包括两个共集电极晶体管放大器，其中第一个晶体管直接驱动第二个晶体管。虽然电压增益最

48

大时只有1,但是电流的增益可以非常高。图1-41是达林顿晶体管TP120,它的电流增益 h_{fe} 约为1000,最大输出电流为5A,电动机必须放置在输出晶体管的发射极支路上。

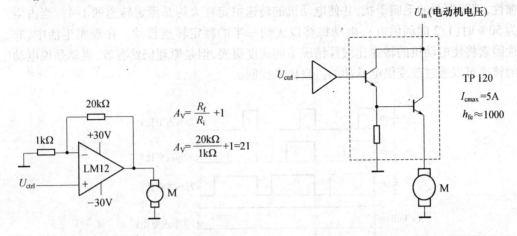

图1-40 LM12功率运算放大器   图1-41 达林顿功率晶体管的直流电动机驱动

能够给电动机提供模拟驱动的另一种设备是功率 MOSFET 管,它包括Ⅳ TET、TMOS 和 HEXFET 等。它的结构形式允许它承载很大的电流,如图1-42(a)所示。这些场效应管通常用来在增强模式下工作,也就是说其偏置电压总是正的。图1-42(b)显示了功率 MOSFET 管的典型输出曲线,注意到当输入电压 U_{GS} 在 0~5V 范围时,输出电流 I_D 几乎是 0,但是当 U_{GS} 上升到 13V 后,输出电流 I_D 上升到 12A。图1-42(c)显示了功率 MOSFET 管的基本电动机驱动电路,这种情况下,电动机与漏极串联,这就意味着场效应管将提供电压和电流增益。运算放大器为控制器与场效应管提供接口,并为场效应管提供栅极电压。

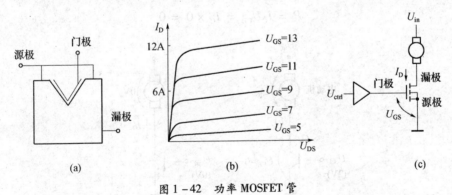

图1-42 功率 MOSFET 管
(a)功率 MOSFET 管结构;(b)输出曲线;(c)电动机驱动电路。

1.6.2 直流电动机的脉宽调制

脉宽调制是控制直流电动机转矩和转速的一种完全不同的方法。这种方法以矩形脉冲的形式为电动机提供电能,其矩形脉冲的幅值是恒定的,脉冲宽度是变化的,占空比就是正脉冲的持续时间相对于脉冲周期的百分比。

图 1-43 显示了对应 4 个不同转速的脉冲信号波形,对于最慢的转速情况,供电时间仅为脉冲周期的 1/4(占空比为 25%)。将脉冲的频率设置得足够高才能确保电枢的机械惯性,消除电源的毛刺干扰,并使电动机的转速恒定在大约是额定转速的 1/4。当占空比为 50% 时(1/2 时间供电),电动机将以大约一半的额定转速转动。在现实生活中,非线性因素将使电动机的转速比线性情况下的速度更慢,但是原理仍然有效,也就是说电动机的转速可以通过改变供电脉冲的占空比来控制。

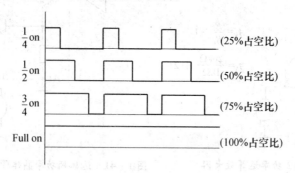

图 1-43　Allegro A3949 输出的 PWM 波形

与模拟驱动相比,PWM 具有两个明显的优点。首先,它在本质上是数字式的,电源只有通断两种情况,因此它可以通过计算机的一个信号位实现直接控制,而不需要数/模转换器。第二,驱动放大器可以使用高效率的 C 类放大器。因为引起能量损耗的条件被最大限度地减小了,所以 C 类放大器是最有效的。在图 1-44(a)中,2V 的控制电压 U_{ctrl} 将使 Q_1 一直打开(饱和),使得电流 I_C 完全流经电动机。也就是说,Q_1 像一个闭合的开关,使 U_{CE} 接近 0,导致整个线电压 U_{In} 都加在电动机上。晶体管的功率损耗 $P = I_C U_{CE}$,对于 Q_1 而言,如果 U_{CE} 接近为 0,可得

$$P = I_C U_{CE} = I_C \times 0 = 0$$

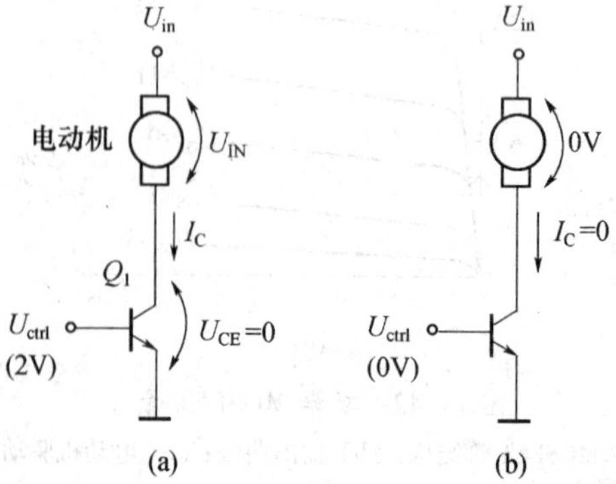

图 1-44　使用功率晶体管的 C 类放大器

(a) 晶体管导通,所有电能供给电动机;(b) 晶体管断开,没有提供电能。

这个结果说明,当 I_C 流经晶体管时几乎没有功率损耗。另外,当 U_{ctrl} 为 0 时[图 1-44(b)],Q_1 被完全断开,I_C 电流接近为 0。在这种条件下重新计算功率

$$P = 0 \times U_{CE} = 0$$

同样地,在理论上,晶体管上没有功率损耗。因此,如果晶体管被控制为一直导通或一直断开,就可以得到一个非常有效的放大器,这就是 C 类运算放大器,可以用于脉宽调制中。实际上,开关晶体管必然会有功率损耗,因为晶体管存在泄漏,而且它们不能瞬间地导通(或者断开),所以在每次转换过程中都会有一小部分损耗发生,这也意味着频率越高晶体管越热。

用于 PWM 的驱动放大器电路本质上与模拟驱动电路相似,它可以使用功率晶体管、功率达林顿管、功率 MOSFET 管和功率集成电路放大器。与模拟驱动相比,一个重要不同点是 PWM 放大器不一定是线性的,这样 PWM 放大器就不会很复杂。设置合适的偏置电压以保证放大器可以正常关断。输入信号如图 1 - 44 所示,输入信号的幅度要足够大,以确保在脉冲期间放大器始终工作;否则,会造成效率降低,使放大器因过热而失效。

Allegro 公司生产的 A3949 如图 1 - 45 所示,它非常适应于产生 PWM。负载供电终端 U_{bb} 连接到直流电源上,它为电动机提供电压。

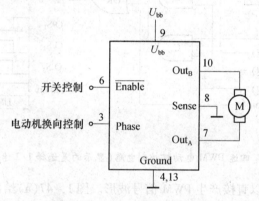

图 1 - 45　Allegro A3949 的应用

用脉冲方式为直流电动机供电存在一些问题。实际上,针对电感类的负载(如电机)通常是要避免快速导通和关断的,因为当电枢电流中断后,电流没有释放回路,会引起很大的电压尖峰。为了解决这个问题,PWM 电路中加入了续流二极管或回流二极管,为电流提供一条完整的返回通路。

1.6.3　PWM 控制电路

有许多方法可以产生 PWM 波形,既可以使用硬件电路也可以使用软件实现。然而,主处理器不必负担如此重复的任务,PWM 通常由专用电路产生,或者由内嵌在微控制器中的专用可编程时序电路产生,本小节将讨论产生 PWM 的几种不同方法。在所有的设计中,决定电动机转速的是占空比,而不是频率。而且频率保持不变,通常在 40Hz ~ 10kHz。更低的频率可能有时会引起异常的振动,由于电枢绕组的感应电抗,使得电动机在较高频率时,传送给电动机的功率下降。

图 1 - 46 显示了四速 PWM 电动机控制电路。电路的工作过程如下:两个单触发器 O/S_1 和 O/S_3 连接在一起形成一个振荡器,3ms 单触发器 O/S_3 触发 1ms 的单触发器 O/S_1,再反馈触发 3ms 单触发器 O/S_3,如此反复。这个电路的输出是一系列的脉冲,1ms 是"高电平"(5V),3ms 是"低电平"。在图 1 - 46(b)中显示了速度的信号波形,注意信号波

形的基本周期为4ms。第三个单触发器 O/S_2 产生2ms的脉冲,它由 O/S_1 输出的"下降沿"触发。O/S_2 输出的高电平为4ms周期的一半,为半速度信号波形。采用3ms的 O/S_3 输出信号,可以得到3/4速度信号波形。控制门A、B和C只允许3个信号中的一个信号进入"或"门,进入"或"门的第四个信号称为"全部"(占空比为100%),它为电动机提供平直的直流信号。控制信号可以直接由计算机发出,计算机仅送一个4位数据字到锁存输出端口,且在期望速度的位上置"1"。于是电动机将一直以此速度运转,直到接收新的命令。

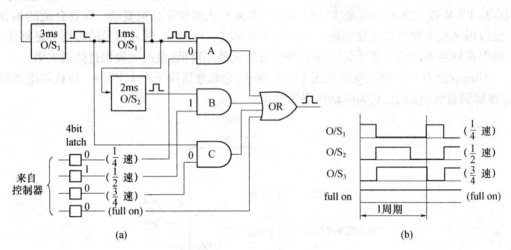

图1-46 四速PWM电动机控制电路(显示的是选择1/2速度的情况)

一些集成电路可以直接产生PWM信号波形。图1-47(a)给出了美国国家半导体公司生产的LM3524的框图。当在第9引脚上施加一个直流"补偿"电压时,它的占空比可以从0%变化到接近100%。片上振荡器以锯齿波的信号形式产生PWM频率(频率可以由外部RC调整)。锯齿波形通过比较放大器与补偿电压比较,每个周期开始时,输出晶体管导通,当锯齿波电压上升到补偿电压时,输出晶体管断开,并在剩下的周期内一直断开,如图1-47(b)所示。增加补偿电压,将使输出晶体管的接通时间增长,占空比增加。

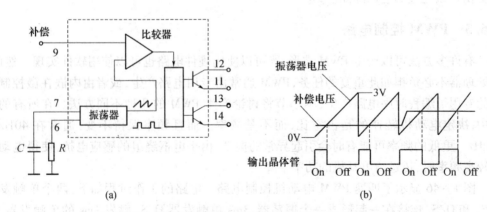

图1-47 PWM集成芯片(LM3524,美国国家半导体公司)

(a)PWM集成芯片(LM3524)的框图;(b)当振荡器电压达到补偿电压值时,输出晶体管断开。

产生 PWM 最常用的方式之一是用嵌入在微型控制器中的可编程硬件来实现。例如,可以利用 MC68HC11 微控制器将 2 个数字存入寄存器(与每个周期的高电平时间,低电平时间相对应的寄存器),产生 PWM。当计数器计到低电平寄存器的数值时,PWM 的输出端被设置为低;当计数器计到高电平寄存器的数值时,PWM 的输出端设置为高。中断子程序会自动地处理整个 PWM 过程,而微型控制器基本上可自由处理其他的事情。其他的微型控制器,如 MC68HC05B6,它有内嵌的 PWM 通道,每个通道可以初始化配置成特定的周期和占空比,然后硬件接管工作产生 PWM 波。如果应用程序需要改变占空比,只要把新的数值写入到占空比寄存器中就可以了。

图 1 - 48 显示的是由 Motorola 公司生产的 MC68HC05B6 微型控制器,它为直流电动机提供 PWM 驱动。控制器的输出是 0 ~ 5V 的逻辑信号,必须经过放大才能提供电动机所需要的电流。在这种情况下,使用前面已经介绍过的 A3949 就可以实现放大功能。注意:PWM 信号输入到"使能输入端"(Enable),指定电动机运动方向的信号输入到"相位输入端"。

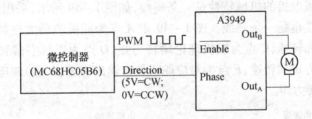

图 1 - 48　PWM 控制直流电动机(PWM 来自微控制器)

1.7　直流伺服电动机在控制系统中的应用案例
——电动舵机直流伺服电机选用方法

舵机是导弹飞行控制系统的执行机构,通过操纵舵面偏转,改变作用在导弹上的操纵力矩,控制导弹的机动。导弹对舵机系统提出了体积小、重量轻、输出力矩大、动态特性好、控制精度高等很高的要求。直流伺服电机是电动舵机的核心部件,它性能的好坏直接关系到舵机各项性能参数。直流伺服电机选用得当有利于减小电机的体积和重量,进而减小舵机的体积、重量,因此对电动舵机设计来说,伺服电机的选用方法非常重要。在设计电动舵机时,首先要根据舵机的空载角速度和最大输出力矩指标确定伺服电机的最大输出功率;再根据舵机减速机构可能达到的减速比和效率,确定伺服电机输出功率、额定转速和最大输出力矩;根据舵机的动态特性要求确定电机的机电时间常数。

1.7.1　空空导弹电动舵机的特点

空空导弹的特点是发射平台和攻击目标都在高速运动,且具有很强的攻防对抗性,所攻击的目标种类多,目标飞行速度高、飞行高度范围大(20km ~ 25km)、机动能力强,空空导弹的飞行时间短(20s ~ 200s)。与空空导弹相适应,就要求电动舵机的最大输出功率大、工作时间短、重量轻、体积小、频带宽、快速性好等。对舵机来说,还有一个显著的特点是:舵机最大输出力矩大,但平均等效负载不大。也就是说,舵机工作的绝大部分时间内负载很轻,在很小一部分时间内负载较大,只有在导弹极限弹道条件下瞬时才达到最大负载。空空导弹这个特点使电动舵机用电机可以过载使用,因此可以减小电机的体积、重量,进而减小整个舵机的体积重量。在空空导弹电动舵机设计中,选用直流伺服电机时要充分考虑其特点,才能有效地减小舵机的体积和重量。由于永磁直流伺服电机在功率相同的条件下,具有体积小、重量轻、过载能力强、控制线路简单等优点,因此,空空导弹用电动舵机常采用永磁直流伺服电机。

1.7.2 直流伺服电机额定转速和最大输出力矩的确定方法

电动舵机技术要求中都有最大空载转速和最大输出力矩要求,根据这两项技术要求,再由舵机的可用空间、结构布置,确定舵机减速器的种类和减速比,由减速器的种类就可以初步确定传动效率,有了减速器的效率、减速比、舵机的最大输出力矩和最大空载转速,就可以确定直流伺服电机额定转速和最大输出力矩。

由于直流伺服电机的机械特性是一条斜线,如图1-49所示,采用直流伺服电机的电动舵机的机械特性也是一条斜线。图1-49中A点为舵机的最大空载转速,B点为舵机的最大输出力矩和转速,C点为舵机理论堵转力矩,D点为电机空载转速,E点为对应舵机空载(A点)的力矩和转速,F点为对应舵机最大输出力矩(B点)时电机的力矩和转速,G点为电机的堵转力矩。

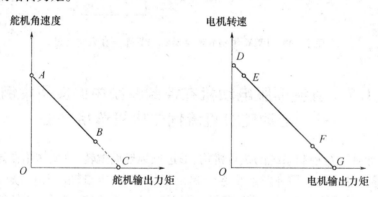

图1-49 舵机机械特性和电机机械特性

根据舵机的最大输出力矩(对应图1-49中B点,角速度不为零)和最大空载角速度指标,计算舵机理论最大力矩(对应图1-49中C点),每个通道的输出功率为

$$P = \frac{1}{4}M_{\text{jmax}} \cdot \delta_{\text{max}} \tag{1.56}$$

式中　P——舵机设计要求的最大输出功率(W);

　　　δ_{max}——舵机最大空载角速度指标(rad/s);

　　　M_{jmax}——舵机理论最大输出力矩(N·m)。

由舵机要求的输出功率可以计算出电机的输出功率为

$$P_{\text{d}} \geqslant P/\eta \tag{1.57}$$

式中　P_{d}——电机输出功率(W);

54

η——减速机构的效率。

由舵机的最大输出力矩指标计算电机的输出力矩(对应图1-49中B点)为

$$M_{\mathrm{d}} \geq M_{\mathrm{jmax}}/(i\eta) \tag{1.58}$$

由舵机的空载角速度指标计算电机的转速(对应图1-49中A、E点)为

$$\omega_{\mathrm{e}} \geq i\delta_{\max} \tag{1.59}$$

式中 i——减速比;

ω_{e}——电机额定转速(rad/s)。

通过以上计算,可以得到图1-49中E、F两点电机的转速和输出力矩,也得到了电机的最大输出功率。

1.7.3 直流伺服电机机电时间常数

若不考虑减速机构的摩擦力矩和阻尼力矩,伺服电机的传递函数为

$$W(s) = \frac{\theta(s)}{U_{\mathrm{y}}(s)} = \frac{1/k_{\mathrm{e}}}{s(\tau_{\mathrm{m}}\tau_{\mathrm{e}}s^2 + \tau_{\mathrm{m}}s + 1)}$$

式中 τ_{m}——伺服电机的机械时间常数(s),$\tau_{\mathrm{m}} = \dfrac{2\pi JR_{\mathrm{a}}}{60K_{\mathrm{t}}K_{\mathrm{e}}}$;

τ_{e}——伺服电机的电磁时间常数(s),$\tau_{\mathrm{e}} = \dfrac{L}{R_{\mathrm{a}}}$;

$$J = J_{\mathrm{m}} + \frac{J_1}{i_1^2} + \frac{J_2}{i_2^2} + \cdots \frac{J_n}{i_2^2}$$

$J_1, J_2, \cdots, J_n$——相应运动部件及电机的转动惯量(kg·m);

$i_1, i_2, \cdots, i_n$——各级减速比。

伺服电机的机械时间常数τ_{m}是一项重要指标,它与电动舵机的动态特性密切相关。机械时间常数τ_{m}与转动惯量和电枢电阻成正比,与力矩常数和反电动势常数成反比。对电动舵机来说,由于减速器的减速比较大,舵面和减速器的转动惯量经折算后,一般都比较小,因此电机的转动惯量对机械时间常数起决定性作用。

1.7.4 电机的选用方法

电机的选择原则是电机在能够驱动负载的条件下,最经济、最合理地决定电机的功率。对电动舵机来说,就是电机在能够满足输出力矩、转速、机电时间常数、工作时间和可靠性等条件下,体积最小、重量最轻来决定功率。在确定电机的功率时,首先要考虑电机的发热、允许过载能力,一般情况下,以发热问题最为重要。

在电机中,耐热最差的是绕组的绝缘材料,使用允许温度等级高的绝缘材料,就可以在一定的输出功率下使电机的重量和体积大为降低。当电机温度不超过所用绝缘材料的最高允许温度时,绝缘材料的寿命较长;反之,如温度超过最高允许温度,则绝缘材料老化、变脆,缩短了电机的寿命,严重的情况下,绝缘材料将碳化、变质,失去绝缘性能,从而使电机烧坏。

1. 电机的发热

电机的发热是由于工作时,在一定时间内,电机所产生的热量有两个去向,一部分为电机吸收,使电机的温度升高,另一部分是向周围介质散发热量。热平衡方程式为

$$\tau + \frac{C}{A}\frac{d\tau}{dt} = \frac{Q}{A}$$

令 $\frac{C}{A} = T$，$\frac{Q}{A} = \tau_w$，得基本形式的微分方程为

$$\tau + T\frac{d\tau}{dt} = \tau_w$$

$$\tau = \tau_w(1 - e^{-t/T}) + \tau_Q e^{-t/T} \tag{1.60}$$

式中　τ——电机温升($℃$);

$\qquad \tau_w$——电机的稳定温升($℃$);

$\qquad \tau_Q$——起始温升($℃$);

$\qquad T$——发热时间常数(s),与电机的大小、结构尺寸和散热条件有关;

$\qquad C$——电机的热容($J/℃$),与电机的体积或重量成正比;

$\qquad A$——电机的散热系数($W/℃$),与电机的外表面积成正比。

由式(1.60)可以看出,电机的温升按指数规律变化,电机发热过程开始时,由于温升较小,散发出去的热量较小,大部分热量被电机吸收,因而温升增长较快。随着温度的提高,散发的热量不断增加,当电机散发的热量与产生的热量达到平衡时,电机的温度达到稳定值。

2. 电机的工作制

电机工作时,负载持续时间的长短对电机的发热情况影响很大,因而也对决定电机的功率大有影响。按电机发热的不同情况,可分为3类工作方式,即连续工作制、短时工作制和断续工作制。

(1) 连续工作制。电机连续工作时间长,其温升可达稳定值。

(2) 短时工作制。电机的工作时间较短,在此时间内其温升达不到稳定值,而停的时间相当长,电机的温度可以降到周围介质温度。

(3) 断续工作制。电机的工作和停歇轮流交替,两段时间都较短。在工作时电机温升来不及达到稳定值,而停歇时温升也来不及降到周围介质温度,这样经过每一个周期,电机的温度有所上升,最后温升将在某一范围内上下波动。

3. 电机的选择方法

电动舵机的负载是舵面承受的气动力和由气动力产生的铰链力矩,在导弹飞行中,随舵转角不同,舵面上承受的气动力和铰链力矩变化很大,空空导弹电动舵机工作时间一般都比较短,舵机负载变化比较大,但舵机承受最大负载的时间只有短短几秒钟,甚至只有在弹道边界条件下才出现最大负载。

因此空空导弹电动舵机用的电机属短时工作制、变负载。

1) 选择按常值负载连续工作设计的电机

如果选择按常值负载连续工作的电机,为了充分利用电机,减小电机的体积和重量,电机的输出力矩和输出功率就应该过载使用,过载倍数的大小由换向器所允许的最大电

流值的限制来确定,一般力矩过载为额定力矩2.5倍~3倍。由于连续工作制电机的温升时间常数大,导弹电动舵机工作时间短,电机过载工作,必须进行发热校验。电机发热校验一般采用间接的方法——等效法。等效法又分为等效电流法、等效转矩法和等效功率法。

等效电流法就是按照损耗相等的原则,求出一个等效的不变电流来代替变化负载的电流,如果预选电机的额定电流不小于2.5倍~3倍的等效电流,则发热校验通过。等效电流的计算公式为

$$I_{dx} = \sqrt{\frac{\sum\limits_i^n I_i t_i}{\sum\limits_i^n t_i}}$$

式中 I_{dx}—— 等效电流(A);

   I_i—— 第i级负载的损耗电流(A);

   t_i—— 第i级负载的损耗电流持续时间(s)。

等效转矩法是在不知道负载电流而知道转矩,且转矩与电流成正比的情况下,则可用等效转矩代替等效电流进行发热校验,如果预选电机的额定转矩不小于2.5倍~3倍等效转矩,则发热校验通过。等效转矩的计算公式为

$$M_{dx} = \sqrt{\frac{\sum\limits_i^n M_i^2 t_i}{\sum\limits_i^n t_i}}$$

式中 M_{dx}—— 等效转矩(N·m);

   M_i—— 第i级负载转矩(N·m);

   t_i—— 第i级负载持续时间(s)。

等效功率法是当转速基本不变时由等效转矩法引出来的。如果预选电机的额定功率不小于2.5倍~3倍等效功率,则发热校验通过。等效功率的计算公式为

$$P_{dx} = \sqrt{\frac{\sum\limits_i^n P_i^2 t_i}{\sum\limits_i^n t_i}}$$

式中 P_{dx}——等效功率(W);

   P_i—— 第i级负载功率(W)。

2)选择短时工作制的电机

如果选择短时工作制的电机,应当使实际工作时间接近标准时间即可。我国专为短时工作制设计的电机,其工作时间为15min、30min、60min、90min四种。对于某一电机,对应不同的工作时间,其功率是不同的,其过载倍数也是不同的。在变化负载下,可按算出的等效功率选择,同时还应进行过载能力与起动能力的校验。专为短时工作制设计的电机,一般有较大的过载倍数与起动转矩。当电机的实际工作时间与标准时间不同时,应把

实际工作时间下的功率换算到标准时间下的功率,再进行功率选择或发热校验。当实际工作时间与标准时间相差不太大时,可用下式计算,即

$$P_g = P_x \sqrt{\frac{t_{gx}}{t_g}}$$

式中　P_g —— 短时功率(W);

　　　　P_x —— 实际工作时间下的等效功率(W);

　　　　t_g —— 标准短时工作时间(s);

　　　　t_{gx} —— 实际工作时间(s)。

3)直流伺服电机的电压和转速选择

额定功率相同的电机,额定转速越高,则电机的尺寸越小,重量和成本越小,因此在直流伺服电机结构和换向器所允许的情况下,选择较高的电压来提高电机的转速。对空空导弹电动舵机来说,常采用直接控制方式,直流伺服电机经常处于快速起动—正转—制动—反转的情况,这样就允许选用更高的工作电压。空空导弹电动舵机一般采用化学热电池供电,在研制热电池时,可以根据需要提出电压和电流要求。

1.7.5　结论

综合上述分析,可以得出结论:由于空空导弹电动舵机负载变化大、短时工作的特点,舵机用的直流伺服电机必须过载使用;选用连续工作制直流伺服电机时,要计算等效负载,进行电机的发热校验;选用短时工作制直流伺服电机时,要进行功率折算、等效负载计算和发热校验。如此,才能使电动舵机既满足性能要求,体积、重量又最小。如果选不到合适的直流伺服电机,那只能根据舵机的需求,研制专用的直流伺服电机。

习　题

1-1　直流伺服电动机的电磁转矩和控制电流由什么决定?

1-2　当直流伺服电动机的负载转矩恒定不变时,控制电压升高将使稳态的电磁转矩、控制电流、转速发生怎样的变化?为什么?

1-3　已知一台直流电动机,其电枢额定电压 $U_a = 110V$,额定运行时电枢电流 $I_a = 0.4A$,转速 $n = 3600r/min$,电枢电阻 $R_a = 50\Omega$,负载阻转矩 $T_0 = 15mN \cdot m$。试问该电动机额定负载转矩是多少?

1-4　直流电动机在转轴卡死的情况下能否加电枢电压?如果加额定电压将会有什么后果?

1-5　由两台完全相同的直流电机组成电动机—发电机组。它们的励磁电压为110V,电枢电阻 $R_a = 75\Omega$。当发电机空载时,电动机电枢加 110V 电压,电枢电流为0.12A,机组的转速为4500r/min。试求:①发电机空载时的电枢电压是多少?②电动机电枢电压仍为 110V 时,发电机接 $1k\Omega$ 负载时,机组的转速是多少?

1-6 当直流伺服电动机电枢电压、励磁电压不变时,如将负载转矩减少,试问此时电动机的电枢电流、电磁转矩、转速将怎样变化? 并说明由原来的状态到新的稳态的物理过程。

1-7 请用电压平衡方程式解释直流电动机的机械特性为什么是一条下倾的曲线? 为什么放大器内阻越大机械特性就越软?

第 2 章　直流测速发电机

直流测速发电机是一种把机械转速变换成电压信号的测量元件。实际上，它就是一台微型的直流发电机。如果直流测速发电机各种物理量的惯例如图 2-1 所示，它的稳定工作状态完全遵循直流发电机的静态关系式，即

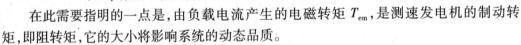

图 2-1　直流测速发电机惯例

$$\begin{cases} U_{af} = E_{af} - R_a I_{af} \\ T_1 = T_0 + T_{em} \\ E_{af} = C_e \Phi n = K_e n \\ T_{em} = C_m \Phi I_{af} = K_t I_{af} \end{cases} \quad (2.1)$$

式中　U_{af}——测速发电机负载时输出电压（V）；

　　　E_{af}——测速发电机的感应电动势（V）；

　　　I_{af}——电枢回路（或负载）电流（A）；

　　　T_1——测速发电机所受的外部驱动转矩（Nm）；

　　　n——在 T_1 作用下，测速发电机的稳态转速（r/min）。

在此需要指明的一点是，由负载电流产生的电磁转矩 T_{em}，是测速发电机的制动转矩，即阻转矩，它的大小将影响系统的动态品质。

当测速发电机空载时，$I_{af}=0$，于是静态关系式可写成以下形式，即

$$\begin{cases} U_{af0} = E_{af} \\ T_1 = T_0 \\ T_{em} = 0 \\ E_{af} = C_e \Phi n = K_e n \end{cases} \quad (2.2)$$

显然

$$U_{af0} = E_{af} = K_e n \quad (2.3)$$

或

$$U_{af0} = K'_e \omega = K'_e \frac{d\theta}{dt} \quad (2.4)$$

式中　U_{af0}——测速发电机空载时输出电压（V）；

　　　θ——测速发电机的转子转角（rad）。

$$K'_e = \frac{60}{2\pi} K'_e = 9.55 K_e$$

60

式(2.3)指出,当测速发电机空载,且电动势常数 K_e 为常数时,其输出电压将与转速 n 成严格的线性关系。而式(2.4)则表明,输出电压正比于转子转角对时间的微分。可见,直流测速发电机除了在控制系统中作为测速元件之外,还能当作阻尼元件,以及解算装置中的微分元件和积分元件。它是控制系统中的一个重要测量转换元件。

控制系统对直流测速发电机的主要技术性能要求如下:

(1) 输出电压要与转速成线性关系,并具有对称性,且能保持稳定。

(2) 输出特性的灵敏度高。

(3) 输出电压的纹波小,即要求在一定的转速下输出电压稳定、波动小。

(4) 电机的转动惯量要小,以保证响应速度快。

此外,还要求高频干扰小、噪声小、工作可靠,以及结构简单、体积小和重量轻等。

为了保证实现上述要求,给控制系统提供高性能的测量和校正元件,人们正在努力研制新型测速发电机。随着高性能永磁材料的发展及其加工、稳定处理等工艺日臻成熟,永磁式直流测速发电机系列迅速增加,并吸引着使用者的兴趣。现在,直流测速发电机的基本分类如下:

(1) 电磁式励磁类。原产品型号为 ZCF,新国标型号为 CD。

(2) 永磁式励磁类。高灵敏度低速测速发电机的产品型号是 CYD;普通永磁式直流测速发电机的产品型号是 CYT、CFY、ZYS 及 CY 等。

以上型号均属部颁标准和企业标准。

它们的结构与直流伺服电动机具有共同特点,均由转子和定子组成。定子:电磁式,有励磁绕组,通电形成励磁磁场;永磁式,嵌有永久磁铁,由它们建立磁场。转子:其上有电枢绕组,输入/输出信号(能量)的形式在这里实现转换,是名副其实的"枢纽"。

2.1 直流测速发电机的输出特性

在这一节里,将要讨论的直流测速发电机的特性包括两方面内容,即静态特性和动态特性。

2.1.1 静态特性

作为测量元件的直流测速发电机的静态特性就是它的输出特性,即指其输出电压与稳态转速的关系。从图 2-2 分析可知

$$I_{af} = \frac{U_{af}}{R_L} \tag{2.5}$$

式中 R_L——测速发电机的负载电阻(Ω)。

将 I_{af} 和式(2.1)中的 E_{af} 一起代入式(2.1)的 U_{af} 表达式,可得

$$U_{af} = K_e n - \frac{U_{af}}{R_L} R_a$$

经整理,变成

$$U_{af} = \frac{K_e}{1 + \dfrac{R_a}{R_L}} n = K_{ef} n \tag{2.6}$$

式中 $K_{ef} = \dfrac{K_e}{1 + \dfrac{R_a}{R_L}}$

式(2.6)即为负载时测速发电机的输出特性，K_{ef}称为输出特性的斜率，在控制系统中常称其为灵敏度。可见，当K_{ef}为常数时，输出电压U_{af}与转速n将具有严格的线性关系，并且输出电压的极性变化将能反映出测速发电机转向的改变。另外，从式(2.6)还可以看出，负载电阻从大到小改变时，将使输出特性的斜率变小，但仍不失线性关系的特点，如图 2-3 所示。显然，当测速发电机空载（即$R_L \to \infty$）时，$K_{ef} = K_e$，输出特性将有最大的斜率。

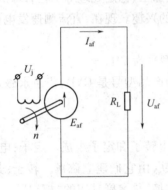

图 2-2　输出特性分析

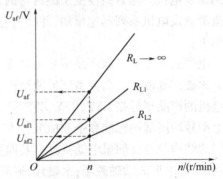

图 2-3　直流测速发电机输出特性曲线

2.1.2　动态特性

直流测速发电机的动态特性是指输入一个阶跃转速时，输出电压随时间的变化规律，它可以利用动态关系式求得。

测速发电机的动态关系式是

$$e_{af}(t) = R_a i_{af}(t) + (L_a + L_f)\frac{\mathrm{d}i_{af}(t)}{\mathrm{d}t} + U_{af}(t) \tag{2.7}$$

$$T_1 = T_0 + T_{em}(t) + J_{af}\frac{\mathrm{d}\Omega}{\mathrm{d}t} \tag{2.8}$$

$$e_{af}(t) = C_e \Phi n(t) = K_e n(t) \tag{2.9}$$

$$T_{em}(t) = C_m i_{af}(t) = K_t i_{af}(t) \tag{2.10}$$

当测速发电机处于空载状态，即$i_{af}(t) = 0$时，从上组方程可得

$$U_{af}(t) = e_{af}(t) = C_e \Phi n(t) = \frac{60}{2\pi} C_e \Phi \Omega(t) = K'_e \Omega(t) \tag{2.11}$$

显然，该式与静态特性方程式(2.6)类似。动态方程和静态方程没有区别的元件称为比例元件。空载时的直流测速发电机是一个理想的比例元件。

62

当测速发电机在有感性负载的情况下工作,而且考虑电枢回路电感(图2-4)时,动态关系式经过标准化处理,可得

$$\tau_b \frac{\mathrm{d}U_{af}(t)}{\mathrm{d}t} + U_{af}(t) = K'_{ef}\Omega(t) \tag{2.12}$$

式中 $\tau_b = \dfrac{L_a + L_f}{R_a + R_L}$

  $K'_{ef} = \dfrac{U_{afe}}{\Omega_e}$

  U_{afe}—— 额定输出电压;

  Ω_e—— 额定工况时的稳态角速度。

式(2.12)就是描述有感性负载时输入参量和输出参量之间关系的动态方程。显然,这是一个非周期性元件,即惯性元件。解微分方程(2.12),可求得输出电压的过渡过程时间函数为

$$U_{af}(t) = U_{afe}(1 - e^{-\frac{t}{\tau_b}}) \tag{2.13}$$

图2-5是直流测速发电机的过渡过程曲线。当直流测速发电机在有电机放大机的控制系统中作阻尼元件使用时就属于此种情况。

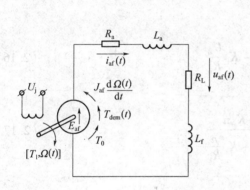

图2-4 直流测速发电机动态惯例

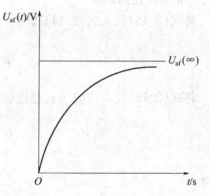

图2-5 输出电压的过渡过程

2.2 输出特性的误差分析

式(2.6)所描述的线性直流测速发电机输出特性是控制系统所希望的理想情况。然而,由于种种原因,运行中的测速发电机励磁磁通 Φ、电枢回路电阻 R_a 和负载电阻 R_L 等不能保持恒定不变,这将引起输出特性产生非线性误差。因为这些误差有时还相当可观,所以务必给予注意;否则,测速发电机将无法工作。因此,下面就简述这些误差及其产生的原因。

1. 电枢反应

与直流伺服电动机中发生的情况相同,当有负载电流通过直流测速发电机电枢绕组时,同样会产生电枢磁场和电枢反应。电枢反应对气隙合成磁场有两个影响:第一,电枢

63

反应使气隙合成磁场的物理中性面顺着直流测速发电机的旋转方向转过一个角度;而在直流伺服电动机中,是逆着旋转方向偏移一个角度。第二,由于在电机设计时使电机磁路接近于饱和,因此电枢磁场将使合成磁通减小,即电枢反应对磁极磁场有去磁效应,这和直流伺服电动机中发生的情况完全相同。而且电枢电流越大,电枢反应的影响越大,气隙合成磁通被削弱得越多。根据式(2.6),气隙合成磁通的减小将使输出电压 U_{af} 下降,并破坏了输出电压和转速间的线性关系。

下面详细分析电枢反应的去磁效应引起的误差。考虑电枢反应时的气隙合成磁通 Φ 可表示为

$$\Phi = \Phi_0 - \Phi_s \tag{2.14}$$

式中　Φ_0——空载时的磁通,即磁极产生的每极磁通;

　　　Φ_s——电枢反应的去磁磁通。

设负载时电枢反应的去磁磁通 Φ_s 与电枢电流 I_{af} 成正比,即

$$\Phi_s = K_i I_{af} = K_i \frac{U_{af}}{R_L} \tag{2.15}$$

式中　K_i——比例系数。

将式(2.15)代入式(2.14)得

$$\Phi = \Phi_0 - K_i \frac{U_{af}}{R_L} \tag{2.16}$$

将式(2.16)代入式(2.6),整理后得

$$U'_{af} = \frac{K_{ef} n}{1 + K_s \dfrac{n}{R_L}} \tag{2.17}$$

式中

$$K_{ef} = \frac{K_e}{1 + \dfrac{R_a}{R_L}} = \frac{C_e \Phi_0}{1 + \dfrac{R_a}{R_L}} \tag{2.18}$$

$$K_s = \frac{K_i K_{ef}}{\Phi_0} \tag{2.19}$$

式(2.17)就是考虑电枢反应去磁作用时的输出特性方程式。可以看出,输出电压 U'_{af} 也不再与转速 n 成线性关系了。因式(2.17)中的分母上有 $K_s n / R_L$ 项,致使输出特性向下弯曲,由式(2.6)可知,不考虑电枢反应时的输出电压为

$$U_{af} = \frac{K_e}{1 + \dfrac{R_a}{R_L}} n = \frac{C_e \Phi_0}{1 + \dfrac{R_a}{R_L}} n = K_{ef} n \tag{2.20}$$

在 Φ_0 和 R_L 不变时,电压 U_{af} 与转速 n 成线性关系。若以此电压 U_{af} 作为理想输出电压,则由于去磁作用而引起的相对误差为

$$\Delta U_{\text{af}} = \frac{U_{\text{af}} - U'_{\text{af}}}{U_{\text{af}}} = \frac{K_{\text{ef}}n - \dfrac{K_{\text{ef}}n}{1 + K_{\text{s}}\dfrac{n}{R_{\text{L}}}}}{K_{\text{ef}}n} = \frac{1}{1 + \dfrac{R_{\text{L}}}{K_{\text{s}}n}} \qquad (2.21)$$

显然,转速升高,负载电阻变小,都将使输出电压的线性误差增大。使输出电压减小,并使斜率变小,致使输出特性曲线高速段出现向下弯曲的现象,而且负载越大即负载电阻越小,转速越高,这种弯曲越严重。

在直流测速发电机的技术条件中都注明最高转速和最小负载电阻值。使用时转速不得超过最高转速,负载电阻不得小于规定的电阻值,以保证非线性误差不超过允许数值。在设计测速发电机时选取较小的负荷,并适当增大电机的气隙,可以减小电枢反应对输出特性的不利影响。

2. 温度的影响

温度变化包括电机周围环境温度的变化及本身的发热。温度变化之所以影响输出特性,主要原因在于温度变化会引起电枢绕组电阻变化,并引起绕组电流的变化。例如,铜绕组的温度增加 $25℃$,其阻值便增加 10%。无论是电枢绕组电阻的变化,还是励磁绕组电阻的变化,都会引起输出电压的改变。从输出特性方程式(2.6)可以看出,R_{a} 增加,U_{af} 下降。但是,对输出电压影响最大的还是电磁式直流测速发电机励磁绕组电阻的变化。对于永磁式测速发电机,由于不存在励磁绕组,所以温度变化对磁通影响小,这是它的一个优点。例如,当温度上升 $10℃$ 时,永磁磁通下降 $0.2\% \sim 0.3\%$,而电磁式的磁通(在磁路低饱和时)下降 4.45%,因此测速发电机多用永磁式。

为了减小温度变化所引起的误差,在设计电机时,可以使电机磁路工作在比较饱和的状态。这样,即使励磁电流变化较大,电机的磁极磁通却变化不大,图 2-6 所示,$\Delta\Phi' < \Delta\Phi''$。

尽量采用磁稳定性高的永磁式直流测速发电机,既省去了励磁电路,使结构简单,又使得磁场稳定。

3. 电刷与换向器的接触电阻与接触电压

电刷与换向器之间的滑动接触使其间存在的接触电阻是非线性的,并且不稳定。当电机转速较低,电枢电流较小时,接触电阻较大。这时接触压降在低转速范围内使输出特性斜率急剧下降。而当转速较高,电枢电流较大时,接触电阻压降才能被认为是常数。如果电刷与换向器的接触电压降为 ΔU_{b},则输出电压 U'''_{af} 为

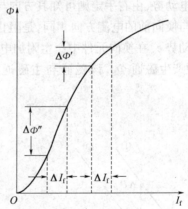

图 2-6 磁路饱和对输出特性的影响

$$U'''_{\text{af}} = E_{\text{af}} - I_{\text{af}}R_{\text{a}} - \Delta U_{\text{b}} = C_{\text{e}}\Phi n - \frac{U'''_{\text{af}}}{R_{\text{L}}}R_{\text{a}} - \Delta U_{\text{b}}$$

由此可得

$$U''_{af} = \frac{C_e\Phi}{1 + \dfrac{R_a}{R_L}}n - \frac{\Delta U_b}{1 + \dfrac{R_a}{R_L}} \tag{2.22}$$

绝对误差

$$\Delta U''_{af} = U_{af} - U''_{af} = \frac{1}{1 + \dfrac{R_a}{R_L}}\Delta U_b \tag{2.23}$$

因此,电刷和换向器的接触电压降使输出特性曲线向下平移 $\Delta U''_{af}$,如图 2 - 7(a)所示,即由理想情况下的输出特性曲线①移至曲线②的位置。曲线②适于转速较高、ΔU_b 为恒值的范围。当测速发电机的转速 $n < n_{bl}$ 时输出电压将很小,甚至等于零,如图 2 - 7(b)所示。这种有转速输入信号而输出电压几乎等于零的范围称为输出特性的不灵敏区($\pm n_{bl}$)。从式(2.23)和图 2 - 7(a)可以看出,当负载电阻变大时,误差 $\Delta U''_{af}$ 增大,同时不灵敏区 n_{bl} 将变大。这与为了减小电枢反应而限制最小电阻的措施是矛盾的。

同时考虑电枢反应和电刷与换向器接触压降影响后,直流测速发电机的输出特性将如图 2 - 7(b)实线所示,可认为该曲线是直流测速发电机的实际输出特性曲线。

为了降低电刷与换向器之间的接触压降,缩小不灵敏区,应当采用接触压降小的特殊电刷,如铜—石墨电刷。高精度的直流测速发电机可采用铜电刷,并在与换向器接触的表面镀有银层,有的甚至镀有金层。这样不灵敏区将变得很小,以至可以忽略不计。

4. 延迟换向去磁

同直流伺服电动机一样,在直流测速发电机的换向元件(绕组)中存在两个电动势 e_L 和 e_a。e_L 是自感电动势,它的方向是力图阻止换向元件的电流改变方向,所以 e_L 的方向应与换向前的电流方向相同,如图 2 - 8 所示。e_a 是换向元件切割电枢电流磁通所产生的感应电动势,由右手定则可知其方向与 e_L 相同。换向元件中的总电动势 $e_s = e_L + e_a$,e_s 的方向与换向前的电流方向相同,是阻止和延缓元件换向的。换向元件被电刷短路,于是感应电动势 e_s 在换向元件中产生附加电流 i_k,其方向与 e_s、e_L 的方向一致。i_k 流过换向元件时,便产生磁通 Φ_k,该磁通与主磁通方向相反,因而对主磁通起去磁作用,如图 2 - 8 所示。

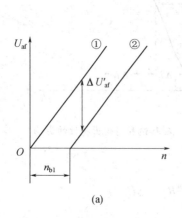

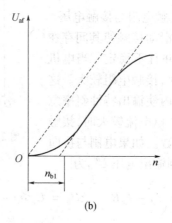

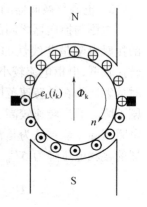

图 2 - 7　接触电阻对输出特性的影响

(a)理论接触电阻对输出特性的影响;(b)实际接触电阻对输出特性的影响。

图 2 - 8　换向元件中的电动势方向

不考虑误差时,直流测速发电机的输出电压与转速成正比,因此当负载电阻一定时,它的电枢电流及其绕组元件中的电流也与转速成正比。另外,电机转速越高,其换向周期越短,换向周期与转速成反比。而 e_L 与换向元件电流的变化量成正比,与换向周期成反比,因此 e_L 正比于转速的平方。因为 $e_a = B_a lv$,电枢电流产生的磁通密度 B_a 与电枢电流成正比,所以也与转速成正比;换向元件线速度 v 与转速成正比,可见 e_a 也同样正比于转速的平方。因此换向元件的附加电流及延迟换向去磁磁通也与转速的平方成正比,它们往往是输出特性曲线高速部分产生弯曲现象的主要原因。高精度直流测速发电机的转速上限主要是受到延迟换向去磁效应的限制。

为了改善线性度,对于小容量的测速发电机一般是采取限制转速的措施来削弱延迟换向去磁作用,这一点与限制电枢反应去磁作用的措施是一致的。

5. 纹波

根据 $E_a = C_e \Phi n$,当 Φ、n 为定值时,电刷两端应输出不随时间变化的稳定的直流电动势。然而实际的电机并非如此。其输出电动势总是带着微弱的脉动,通常把这种脉动称为纹波。纹波主要是由于电机本身的固有结构及加工误差所引起的。例如,电枢元件数有限,电枢铁心有齿有槽,以及电枢铁心的椭圆度、偏心等。电机铁心的齿槽结构使电枢感应电动势瞬时值产生波动。下面以电枢绕组数为例说明纹波的产生。由感应电动势公式 $e = Blv$ 可知,当转速不变时,单个绕组中的感应电动势瞬时值与所在位置的气隙磁通密度成正比。一般直流测速发电机气隙磁通密度沿圆周的分布波形近似于梯形。所以单个绕组在一对极的磁场中旋转一周产生的电动势也是近似梯形的交变电动势,经换向器整流后输出脉动电动势,如图 2-9(a)所示。多个绕组的合成电动势只能使这种脉动现象减小但绝不能消除,如图 2-9(b)所示。可以推想,绕组元件数越多(或换向片数越多),则电动势脉动的频率越高,幅值越小。

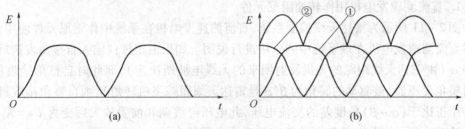

图 2-9 电机输出的电势波形

(a) 单个绕组情况;(b) 多个绕组情况。

纹波现象的轻重程度用纹波系数衡量。电机在一定转速下,输出电压的最大值与最小值之差对其和之比即为纹波系数。

测量永磁式低速直流测速发电机的纹波系数时,电机接最小负载电阻,55~130 机座号电机在最大工作转速的1%(取整)运转,160~320 机座号电机在最大工作转速的10%(取整)运转,用函数记录仪记录输出电压波形。在波形图上测出输出电压的最大值 U_{max} 和输出电压最小值 U_{min},然后按下式计算纹波系数 K_u,即

$$K_u = \frac{U_{max} - U_{min}}{U_{max} + U_{min}} \times 100\%$$

一般的调速系统对纹波要求并不很高,但是用于高精度速度、加速度反馈系统的直流测速发电机对纹波的要求就很高,而在高精度的解算装置中对纹波要求更严格。生产厂家和工程师们在结构和设计上都采取措施减少纹波的幅值。高水平的测速发电机的纹波系数已降低到0.1%以下。

6. 火花和电磁干扰

由于高速旋转时电刷跳动以及被电刷短路的换向线圈中短路附加电流的存在,换向器和电刷间经常发生电火花,使输出电压上有高频尖脉冲,并带来无线电频率的噪声和干扰。为了减轻和消除输出电压上的高频毛刺,一般都要在直流测速发电机的输出端接上低通滤波电路,如图2 – 10所示。

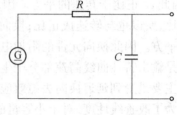

图2 – 10 直流测速发电机的低通滤波电路

2.3 直流测速发电机在控制系统中的应用

直流测速发电机在系统中作为阻尼元件产生电压信号以提高系统的稳定性和精度,因此要求其输出斜率大,而对其线性度等方面有关精度的要求是次要的;在解算装置中作为微分或积分解算元件,对其线性度等精度的要求是高的;此外它还用作测速元件。

总之,由于直流测速发电机的输出斜率大,没有相位误差,故尽管有电刷和换向器造成可靠性较差的缺点,但仍在控制系统中尤其是在低速测量的装置中得到较为广泛的使用。

下面以具体实例加以说明。

1. 直流测速发电机用作转速阻尼元件

图2 – 11所示为雷达天线控制系统,直流测速发电机在系统中作阻尼元件使用,现侧重对直流测速发电机在该系统中的作用进行说明。如果由指挥仪输入自整角发送机一个转角 α(由雷达天线跟踪的飞机反射回来的无线电波所决定),而此时自整角接收机(或称自整角变压器)被驱动的转角为 β(β 是雷达天线跟踪飞机转角),则自整角接收机就输出一个正比于($\alpha-\beta$)角度差的交流电压,此电压经解调和前置放大后变为 $U_2 = K_1(\alpha-\beta)$ 的直流电压,这里 K_1 为解调装置和前置放大器综合放大倍数。另外,直流测速发电机的输出电压为 $U_3 = K_2 \mathrm{d}\beta/\mathrm{d}t$,这里 K_2 为直流测速发电机输出特性斜率。这样直流放大器的输入电压为 $\Delta U = (U_2 - U_3)$。

如果没有测速发电机,直流伺服电动机的转速仅正比于电压 U_2,当电动机旋转使 β 增大,直到 $\beta = \alpha$ 时,电动机输入电压 $U_2 = 0$,电动机应停转。但由于电动机及轴上负载的机械惯性,电动机继续向 β 增大方向运动,从而使 $\beta > \alpha$。当 $U_2 \neq 0$ 时,电动机在此电压作用下,转速降为零后又反转。同样由于惯性又过了头,从而引起电动机输入电压极性改变,电动机又改为正转,这样系统就会产生振荡。当接上测速发电机后,则 $\beta = \alpha$ 时,虽然 $U_2 = 0$,但由于 $\dfrac{\mathrm{d}\beta}{\mathrm{d}t} \neq 0$,则 $\Delta U = U_3 \neq 0$,在此信号电压作用下,电动机提前产生与原来转向相反的制动转矩,阻止电动机继续向增大 β 方向转动,因而电动机能很快地停留在 $\beta = \alpha$

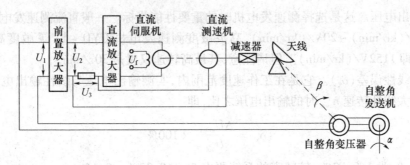

图 2-11 雷达天线控制系统

位置。由此可见,由于系统中引入了测速发电机,就使得由于系统机械惯性引起的振荡受到了阻尼作用,从而改变了系统的动态性能。

2. 直流测速发电机用作反馈元件

图 2-12 所示为恒速控制系统原理。直流伺服电动机的负载是一个旋转机械。当负载转矩变化时,电动机转速也随之改变,为了使旋转机械保持恒速,在电动机轴上耦合一台直流测速发电机,并将其输出电压 U_m 反馈到放大器输入端。给定电压 U_1 取自可调的电压源。给定电压和测速发电机反馈电压相减后,作为放大器输入电压 $\Delta U = U_1 - U_m$。当负载阻转矩由于某种偶然因素增加时,电动机转速将减小,此时直流测速发电机输出电压 U_m 也随之减小,而使放大器输入 ΔU 增加,电动机电压增加,转速增加。反之,若负载转矩减小,转速增加,则测速发电机输出增大,放大器输入电压减小,电动机转速下降。这样,即使负载阻转矩发生扰动,由于测速发电机的速度负反馈所起的调节作用,使旋转机械的转速变化很小,近似于恒速,起到转速校正的作用。

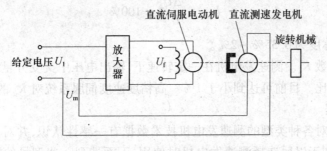

图 2-12 恒速控制系统原理

2.4 直流测速发电机的选择

作为测量元件的直流测速发电机在控制系统中获得了广泛的应用,随着控制系统精度要求的提高,对其各种性能指标提出了严格的要求。掌握各种性能指标的含义并善于利用它选择元件是十分重要的。

1. 技术性能指标

直流测速发电机的主要性能指标如下:

(1) 灵敏度,即输出(特性)斜率。它是在额定的励磁条件下,单位转速(kr/min)所产生的输出电压。这是选择测速发电机时的重要性能指标。一般直流测速发电机空载时可达 $10\text{V}/(\text{kr/min}) \sim 20\text{V}/(\text{kr/min})$，高灵敏度测速发电机 CYD-11 灵敏度高达 $11\text{V}/(\text{rad/s})$，即 $1152\text{V}/(\text{kr/min})$。但请注意，其最高转速仅仅是 30r/min。

（2）线性误差（δ_x）。它是在工作速度范围内，实测输出电压与线性输出电压的最大差值对最大线性转速 $n_{\max}$ 时的输出电压之比，即

$$\delta_x = \frac{\Delta U_{\text{afmax}}}{U_{\text{afe}}} \times 100\%$$

一般，δ_x 为 $1\% \sim 2\%$，较精密的系统要求 δ_x 为 $0.25\% \sim 0.1\%$。

输出特性的误差分析如图 2-13 所示。

（3）最大线性工作转速（$n_{\max}$）。它是在允许线性误差范围内的转子最高转速，即直流测速发电机的额定转速。

（4）负载电阻（R_L）。保证输出电压在线性误差范围内的最小负载电阻。必须注意，在使用中，负载电阻值不得低于此值。

（5）不灵敏区 n_{bl}。由于电刷和换向器之间的接触压降 ΔU_b 而导致测速发电机输出特性斜率显著下降（几乎为零）的转速范围。

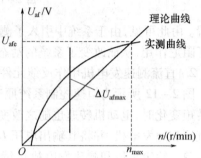

图 2-13 输出特性的误差分析

（6）输出电压的不对称度 K_{ub}。在相同转速下，测速发电机正、反两方向旋转时，输出电压绝对值之差 ΔU_2 与两者平均值 U_{afv} 之比，即

$$K_{\text{ub}} = \frac{\Delta U_2}{U_{\text{afv}}} \times 100\%$$

一般，不对称度为 $0.35\% \sim 2\%$。

（7）纹波系数 K_u。测速发电机在一定转速下，输出电压中交变分量的有效值与输出电压直流分量之比。目前可达到小于 1%。高精度速度伺服系统对 K_u 的要求是尽量小。

2. 技术数据

为了使大家对各种类型的测速发电机技术数据有一感性认识，并对前述技术性能给予定量概念，以利于以后选择测速发电机时使用，下面选列一些型号的技术数据供参考（均属部颁标准和企业标准，见表 2-1 和表 2-2。

表 2-1 ZCF 系列直流测速发电机技术数据

型 号	励磁电流 /A	电枢电压 /V	负载电阻 /Ω	转速 /(r/min)	输出电压不对称度/%	输出电压线性误差/%	备注
ZCF121	0.09	50 ± 2.5	2000	3000	≤1	≤±1	
ZCF121A	0.09	50 ± 2.5	2000	3000	≤1	≤±1	
ZCF221	0.3	51 ± 2.5	2000	2400	≤1	≤±1	
ZCF222	0.06	74 ± 3.7	2500	3500	≤1	≤±1	
ZCF321	励磁电压 110V	100^{+10}_{-5}	1000	1500	≤1	≤±1	
ZCF361	0.3	106 ± 5	10000	1100	≤1	≤±1	
ZCF361C	0.3	174 ± 8.7	9000	1100	≤1	≤±1	

表 2-2　CYD 系列直流测速发电机技术数据

型号	输出斜率/ [V/(rad/s)]	最大线性工作转速/ (r/min)	线性误差	输出电压不对称度	纹波频率/ (Hz/r)	纹波系数（转速在20r/min）	最小负载电阻/kΩ
70CYD-0.25	0.25	1600	≤1%	≤1%	33	≤1%	2.5
70CYD-1	1	400	≤1%	≤1%	33	≤1%	23
130CYD-6	6	100	≤1%	≤1%	79	≤1%	42
130CYD-11	11	30	≤1%	≤1%	79	≤1%	170
250CYD-50	52	20	≤1%	≤1%	149	≤1%	

以上介绍的是一些主要性能指标参数,这是选择测速发电机的依据,应当十分注意这些指标的规定条件。例如,在产品目录上常常并不给出测速发电机的灵敏度,但可以通过计算求得,如 ZCF121,可以查得它的电枢电压(输出电压)为 50V,相应的转速是 3000r/min,它们的比值是 16.7V/(kr/min),即是 ZCF121 在额定工况下的理论(设计)灵敏度。额定工况就是指额定励磁电压(或电流)、额定负载电阻等综合的运行条件。

CYD 型永磁式低速直流测速发电机则给出了灵敏度,而未给最大输出电压,但读者利用表中数据是不难求得的。

3. 直流测速发电机的选择

选择直流测速发电机,首先是根据它在控制系统中的功能确定对它的基本技术要求。当作为高精度速度伺服系统中的测量元件时,既要注意考虑线性度和纹波电压,又要注意考虑灵敏度;而作为解算元件时,则重点考虑纹波电压和线性度,灵敏度则可作第二位要求;当作为阻尼元件使用时,则应着重考虑灵敏度,而线性度和纹波电压则居于次位。

在一个速度伺服系统的设计中,第一步就要选择测速发电机。首先是确定灵敏度范围,灵敏度低限由误差信号的最小值和系统要求的控制精度确定。例如,由于种种原因,系统的电噪声可能高达 0.2mV。为使该噪声不影响系统性能,选用误差信号电压最低值为 1mV。系统的调节精度要求是 0.0005rad/s。这样,灵敏度的低限就是误差信号电压最低值除以最低允许误差,即

$$K_{emin} = \frac{0.001}{0.0005} = 2.0V/(rad/s)$$

每个测速发电机都有不允许超过的输出电压(额定电压),以免降低性能。因此,测速发电机不允许接在超过产生额定输出电压的转速轴上。这一因素决定了灵敏度的上限,它就是由额定输出电压除以负载轴最大转速而得。一般选择的测速发电机灵敏度可以是上述的上下限之间的适当值。例如,系统负载轴最高转速是 2rad/s,按伺服系统提供的尺寸和形状要求,考虑选用永磁式低速直流测速发电机 130CYD-11 型,它的最大额定输出电压为 35V。因此,灵敏度的上限将是

$$K_{emax} = \frac{35V}{2rad/s} = 17.5V/(rad/s)$$

而测速发电机 130CYD-11 型的灵敏度为 $K_{ef} = 11V/(rad/s)$,于是得到

$$K_{emin} < K_{ef} < K_{emax}$$

显然,选择 130CYD – 11 型测速发电机是合适的。在测速发电机产品目录的技术数据中,常常给出了该机工作的最高转速($n_{\max}$)。如果 $n_{\max}$ 大于负载轴最高转速,这个测速发电机的灵敏度将一定小于灵敏度的上限。从测速发电机线性度的观点看来,通常希望负载轴的转速为测速发电机额定转速的 1/2 ~ 2/3 为宜。

纹波系数和纹波频率是另一个需要考虑的指标。如果输出电压纹波系数接近或超过速度调节裕度,反馈电压的变化被伺服系统当成"控制信号",将造成系统波动,甚至振荡。遇到超标的情况,可选另一种纹波电压较低的测速发电机。但如果纹波频率足够高,远离系统的工作频率,可以将其忽略。因为纹波频率较高,伺服系统将不予响应。

习　题

2 – 1 何谓直流测速发电机的输出特性?试分析产生误差的原因。

2 – 2 推导直流测速发电机输出特性公式。

2 – 3 直流测速发电机的线性误差对控制系统有何影响?

2 – 4 某直流测速发电机,其电枢电压为 50V,负载电阻 $R_L = 3000\Omega$,电枢电阻 $R_a = 180\Omega$,转速 $n = 3000\text{r/min}$,求该转速下的空载输出电压 U_0。

第3章 步进电动机

步进电动机是一种将数字式电脉冲信号转换成机械角位移(角位移或线位移)的机电元件,它的机械位移与输入的数字脉冲信号有着严格的对应关系,即一个脉冲信号可以使步进电动机前进一步,故而称为步进电动机。由于它的输入信号为脉冲电压,因此又被称为脉冲电动机。作为数字控制系统的佳配,它是一种比较理想的执行元件。

最早的步进电动机问世于19世纪30年代,早期的步进电动机由于性能较差,没有得到很好的利用。随着电子技术、精密机械加工,特别是数字计算机的高速发展和数字控制系统的需要,使步进电动机获得了飞速的发展。目前,步进电动机已在数控机床、计算机外围设备、轧钢机自动控制、钟表工业等方面获得广泛的应用。由步进电动机构成的开环数控机床伺服机构如图3-1所示。这种开环控制方式,结构简单,系统调试方便,工作可靠,成本较低。

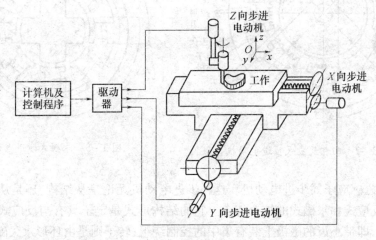

图3-1 步进电动机在数控机床中的位置

步进电动机的主要优点如下:

(1) 直接实现数字控制。数字脉冲信号经环形分配器和功率放大后可直接控制步进电动机,无需任何中间转换,这也是它优于交、直流电动机的地方。

(2) 控制性能好。改变脉冲频率可在较宽的范围内实现均匀调速,并能快速、方便地起动、反转和制动。

(3) 无接触式。没有电刷和换向器。

(4) 抗干扰能力强。在步进电动机的负载能力范围内,步距角不受电压、负载及周围温度变化等干扰的影响。

(5) 误差不长期积累。步进电动机每运行一步所转过的角度与理论步距角之间总有一定的误差,在一周之内从某一步到任何一步将会产生一定的积累误差,但每转一圈的积累误差将为零。

（6）具有自锁能力（反应式）和保持转矩能力（永磁式）。

步进电动机的种类很多，按工作原理可分为三大类。

（1）反应式步进电动机。其又称磁阻式步进电动机，这是步进电动机中结构最简单、应用最广泛的一种，其结构特点是定子有若干对（至少3对）磁极，其上装有控制绕组，极靴处带有均匀分布的小齿。转子则是周向上有均布小齿而无任何绕组，图3-2示出了典型的四相反应式步进电动机的结构。无论是定子磁极还是转子铁心，均由软磁材料的冲片叠制而成。

（2）永磁式步进电动机。永磁式步进电动机的特点是转子由一对或多对极的星形永久磁铁组成，定子上相应有二相或多相控制绕组。转子永久磁铁磁极数与定子每相控制绕组的极数对应相等，且通常两者的极宽也相同，典型的结构如图3-3所示。

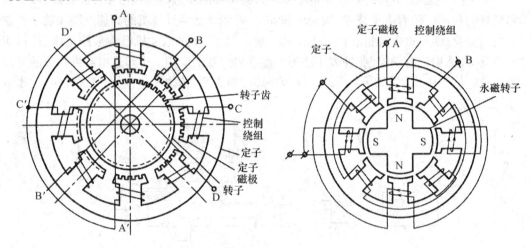

图3-2　四相反应式步进电动机　　　　图3-3　永磁式步进电动机

（3）永磁感应子式步进电动机。这种步进电动机无论是从结构，还是从运行原理来看，都具有反应式和永磁式的综合特点。它的结构形式是定子具有与反应式步进电动机类似的结构，即带小齿的磁极上装有集中的控制绕组；转子则是由环形永久磁铁且两端罩上二段帽式铁心构成。这两段铁心像反应式步进电动机那样，也带有均匀小齿，但两者装配位置的特点是从轴向看去彼此相互错开半个齿距。定子常制成四相八极，典型结构如图3-4所示。

此外，步进电动机还可按定子、转子结构分为单段式和多段式；按控制绕组的相数分为三相、四相、五相、六相等。

与交、直流电动机不同，步进电动机需要专门的电源和驱动器（包括环形分配器），使定子磁极上的控制绕组按顺序依次通电，在定子和转子的气隙空间里形成步进式磁极轴旋转，转子则在电磁转矩作用下实现步进式旋转。目前，环形分配器和输入控制回路的职能都由微处理机来完成，而且分配方式更加灵活，控制功能可以更加复杂，还可以具有各种判断功能。可以说，正是由于微型计算机的应用与普及，才使得步进电动机在现代各种控制系统中应用更为广泛。

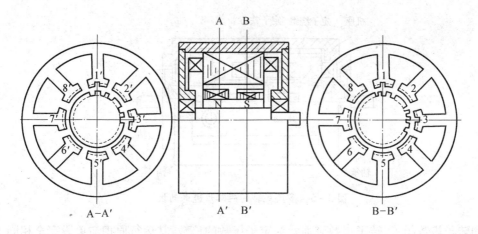

图 3-4 永磁感应子式步进电动机

3.1 反应式步进电动机的工作原理

3.1.1 反应式步进电动机的结构特点

反应式步进电动机按结构不同,可分为单段式和多段式两种。

1. 单段式结构

单段式又称为径向分相式,是步进电动机中使用最多的一种结构形式。图 3-2 给出了四相反应式步进电动机的单段式典型结构,它分为定子和转子两大部分。定子铁心内圆上分布着 4 对磁极,每个磁极上都装有绕组,称为控制绕组。每一相控制绕组包括两个磁极绕组,分别装在同一直径的相对两个磁极上(如图 3-2 中 AA′相控制绕组)。所有控制绕组共组成四相。因此,步进电动机的磁极对数 p 与相数 m 相等,即 $2p=2m$。在定子磁极的极靴上开有一些均匀分布的小齿,转子上没有绕组,转子外圆周上也有均布的小齿,转子的齿宽和齿距与定子上的小齿完全相同。

齿距就是相邻两齿中心线(或称齿轴线)的夹角,又称为齿距角,计算公式为

$$\theta_{ch} = \frac{360°}{Z_r} \tag{3.1}$$

式中 θ_{ch}—— 齿距角;

Z_r—— 转子齿数。

由于相数的增多将使电源和电机的结构变得复杂,因此,反应式步进电动机一般可做到六相,个别也有八相或更多相的。

2. 多段式结构

多段式又称为轴向分相式结构。定子和转子铁心均沿轴向按相数分成 3 段或 3 段以上,每相各自为独立的一段,在磁路上彼此绝缘。如图 3-5 所示,转子铁心分为 3 段,即三相步进电动机的典型定子、转子模型,每段的结构与单段式径向分相电动机结构类似。为使电动机能够旋转,定子各段彼此依次错开 $1/m$ 齿距,转子各段铁心的齿完全对齐。每一相控制绕组绕在本段定子的各个磁极上,定子磁极数则从结构合理性考虑决定,最多

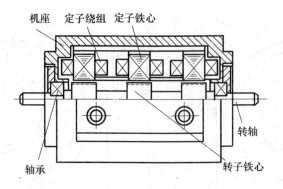

机座　定子绕组　定子铁心

转轴

轴承

转子铁心

图 3-5　多段式轴向磁路步进电动机

可以和转子齿数相等,转子齿数则通常为定子极数的倍数,其运行原理与单段完全相同。

下面仅就单段反应式步进电动机的工作原理进行分析。

3.1.2　径向分相反应式步进电动机的工作原理

反应式步进电动机是由通电相控制绕组使该相控制极建立磁场。由于转子齿和槽的磁阻(磁导)不同,当定子齿轴线与转子齿轴线不一致时,磁极对转子齿将产生吸力,进而形成电磁转矩——反应转矩(磁阻转矩),并最终使转子齿轴线转到与定子磁极齿轴线一致的位置,使磁路的磁导最大而磁阻最小。如果按照一定的顺序给各相控制绕组轮流通电,将在定子与转子气隙空间形成步进式磁极轴旋转,转子在反应式电磁转矩的作用下,随之做步进式转动。现在以四相步进电动机为例说明这一运行原理。

图 3-6 给出了四相反应式步进电动机局部展开图。它有 8 个控制磁极(图中仅画 5 个)。每极极靴上带有 5 齿 4 槽,转子上则有均布的 50 个齿槽,则每相邻相磁极中心线夹角——极距 $\alpha_\tau = 360°/8 = 45°$,转子齿距角为

$$\theta_{ch} = \frac{360°}{Z_r} = \frac{360°}{50}$$

定子相邻极距间所含转子齿数为

$$Z_r = \frac{\alpha_\tau}{\theta_{ch}} = 6\frac{1}{4}$$

不是整数。当 A 相处于通电状态时,建立以 AA′ 为轴线的磁场,转子齿轴线与 A 相定子齿轴线一一对齐,而 B 相定子齿轴线顺时针超前转子齿轴线 1/4 齿距(1.8°);C 相则超前 2/4 齿距(3.6°);D 相则超前 3/4 齿距,也即逆时针超前转子齿轴线 1/4 齿距(图 3-6)。当 A 相断电,换接 B 相通电时,转子将在 B 相控制磁场产生的磁阻转矩作用下顺时针转过 1/4 齿距,而与 B 相下定子齿一一对齐,这时 C 相磁极下的定子齿轴线顺时针超前转子齿轴线 1/4 齿距(1.8°)。如此依次按 C 相、D 相、A 相、……继续不断地换接,即按

$$A \rightarrow B \rightarrow C \rightarrow D \rightarrow A$$

的顺序轮流循环给各相通电时,转子将沿顺时针方向一步一步不停地转动起来。每一步转过的角度是 1/4 齿距(1.8°)。我们把换接一次通电状态时,转子转过角度的平均值称为步距角。

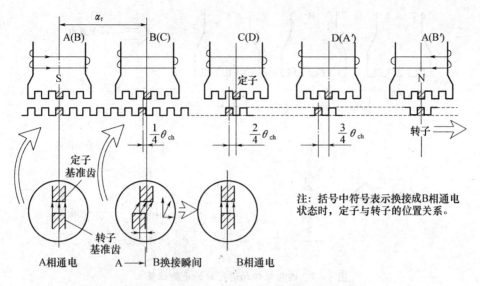

图 3-6 四相反应式步进电动机的工作原理

显然,经过 4 次换接通电状态,就完成了一个循环。我们称每一次通电状态的换接为拍,每一拍转子相应旋转一个步距角。把完成一个通电状态循环所需要换接的控制绕组相数或通电状态次数称为拍数,用 N 表示,则步距角可表示为

$$\theta_b = \frac{\theta_{ch}}{N} \tag{3.2}$$

$$\theta_b = \frac{360°}{NZ_r} \tag{3.3}$$

每完成一个循环,转子将沿 A→B→C→D 方向转过一个齿距角,如果当 A 相断电,不是换接 B 相通电,而是换接 D 相通电,并依次换接 C 相、B 相、……,即如按此规律循环通电,则步进电动机转子将反向旋转。显然,改变通电状态的相序可以改变步进电动机的转向。

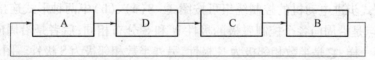

每次改变通电状态时只有一相控制绕组通电的方式称为四相单四拍。

两个控制绕组也可同时通电,即 A、B 两绕组同时建立磁场,然后换接 B、C 绕组同时通电,通电状态的变化规律为

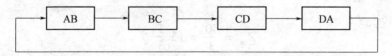

这种每次都有两相控制绕组同时通电的循环方式称为四相双四拍。从图 3-7 可见,当 A、B 两相同时通电时,转子稳定平衡位置的特点是转子齿既不与 A 相磁极齿对齐,也不与 B 相磁极齿对齐,而是与 A、B 两相的磁极齿分别错开 ±1/8 齿距角。当换接为 B、C 两相同时通电时转子齿相对 B、C 相也错开 ±θ_{ch}/8,显然步距角仍为 θ_{ch}/4。

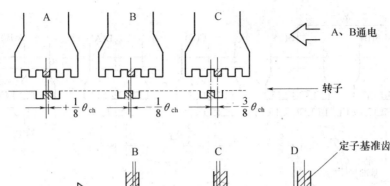

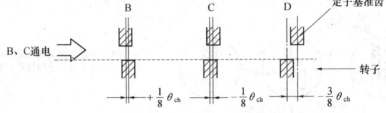

图 3-7　四相双四拍运行时的平衡位置

另外,四相步进电动机还可采用四相八拍的通电方式,即按

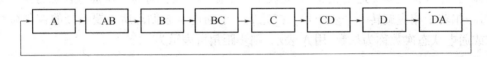

的顺序通电,这是四相单四拍和四相双四拍通电方式的结合。不难看出,它的每一拍,如 A 相通电换接成 A、B 相通电状态,步进电动机仅转过 $\theta_{\text{ch}}/8$(图 3-6 和图 3-7)。同样,A、B 相通电状态换接成 B 相通电状态也将如此。继续按上面的次序轮流通电,经过八拍将完成一个循环。显然,步距角仅是四相单四拍或四相双四拍的一半。

一般步进电动机可按两种基本方式进行:

(1)运行拍数等于相数,称为单拍制($p = m$)。

(2)运行拍数等于相数的 2 倍($p = 2m$),称为双拍制。

三相反应式步进电动机的控制绕组可按图 3-8(a)、(b)中两种形式连接。图 3-8(a)所示的特点是沿周向各个控制磁极的极性 N 和 S 分布相同;后者是沿周向控制磁极的极性分布不一样,它是半数相邻极为 N 极性,另外半数相邻极为 S 极性。图 3-8(a)中的控制绕组接法是一种正规接法,总按 A→B→C→A 循环方式轮流通电,循环一次,磁极轴沿 A→B→C 方向转过 360°空间角,而转子则沿 A→B→C 方向转过一个齿距。

如果转子有 40 个齿,按图 3-8(a)所示接法,相邻控制相极距所含齿数为

$$Z_{\tau\text{a}} = \frac{40}{3} = 13\,\frac{1}{3} \tag{3.4}$$

按图 3-8(b)所示接法,相邻控制相极距所含齿数为

$$Z_{\tau\text{b}} = \frac{40}{6} = 6\,\frac{2}{3} \tag{3.5}$$

显然,按三相单三拍方式通电,两种连接方法都将有相同的步距角。然而,转子转向

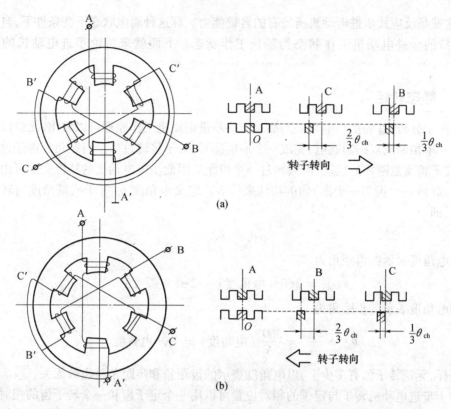

图 3 - 8 三相反应式步进电动机控制绕组连接和对应转向

却完全相反。一般来说,转子的旋转方向与控制相磁极轴旋转方向相同或者相反,判断转子转向规律是:当相邻控制相磁极轴夹角(极距)内所含转子齿数为正整数加 $1/m$ 个齿距时,见式(3.4),转子顺着磁极轴旋转方向旋转;而相邻控制相极距内所含转子齿数为正整数减 $1/m$ 齿距时,见式(3.5),则转子转向与磁极轴旋转方向相反。

步进电动机既可做单步运行(或者说按控制指令转过一定的角度),又可连续不断地旋转,实现速度控制。从式(3.3)可以看出,当外加一个控制脉冲时,即每一拍转子将转过一个步距角,这相当于整个圆周角的 $1/(NZ_r)$,也就是 $1/(NZ_r)$ 转。如果控制脉冲的频率为 f,转子的转速将是

$$n = \frac{60f}{NZ_r} \ (\text{r/min}) \tag{3.6}$$

可见,步进电动机的转速将由控制脉冲频率 f、运行拍数 N 和转子齿数 Z_r 决定。改变控制脉冲频率可对步进电动机实现均匀而宽范围的调速,快速起动、反转和制动也可由控制脉冲的频率变化灵活地实现。因此,步进电动机是数字控制系统良好的执行元件。

3.2 步进电动机的静态特性

对运行中的步进电动机停止输入控制脉冲,并保持最后一拍的控制绕组继续通入恒定不变的电流——直流电时,通电相磁极的径向电磁吸力将保持转子固定在某一位置上

不动,这就是反应式步进电动机所特有的自锁能力。称这种通电状态不变条件下,自锁能力所保持的步进电动机工作状态为静止工作状态。下面就来讨论步进电动机的静态特性。

3.2.1 静态转矩

为便于分析,首先提出电角度的概念。从步进电动机工作原理可以看出,无论以何种方式——单拍制或双拍制通电,完成一个通电循环,转子将转过一个齿距角。再经过一个循环,转子将重复刚才的运动,继续转过一个齿距。因此步进电动机的特性完全可由一个齿距范围(或一个齿与一个槽)内的特性来代表。定义电角度 θ_e 等于机械角度与转子齿数乘积,即

$$\theta_e = \theta Z_r \tag{3.7}$$

用电角度表示的齿距角为

$$\theta_{che} = 360°(电角度) = 2\pi(电弧度) \tag{3.8}$$

用电角度表示的步距角为

$$\theta_{be} = \frac{\theta_{che}}{N} = \frac{360°}{N}(电角度) = \frac{2\pi}{N}(电弧度) \tag{3.9}$$

这样,无论转子齿有多少个,以电角度表示的齿距角和步距角与齿数无关。

由于步进电动机转子与定子的相对位置可以用一个定子齿和一个转子齿的相对位置来描述,今后将用定子、转子齿轴线(或称齿中心线)的相对位置来表示转子的相对位置,用电角 θ_e 表示,如图3-9所示。

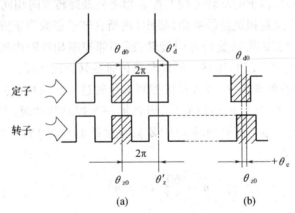

图3-9 用电角度表示的齿距角

反应式步进电动机定子对转子的径向吸力和切向反应力矩都是由控制相绕组通电建立的磁场产生的。当单相通电时,经推导可得

$$T_{em} = \frac{1}{2} Z_r F_k^2 \frac{d\Lambda_k}{d\theta_e} (N \cdot m) \tag{3.10}$$

式中 $\dfrac{d\Lambda_k}{d\theta_e}$——气隙磁导对转子偏转电角度的变化率;

80

F_k——控制磁势。

式(3.10)表明,步进电动机的静态转矩与控制磁势的平方和磁导变化率有关。当转子齿相对定子齿处于不同位置时,气隙磁导值是不同的。如转子齿与定子齿对齐时[见图3-9(a)],气隙磁导最大;转子齿与定子槽对齐时,磁导最小,其他位置介于两者之间。显然,气隙磁导是转子位置角 θ_e 的函数,欲提高静态转矩,可以设法提高控制磁势和磁导变化率。

3.2.2 矩角特性

步进电动机的静态运行性能可以由矩角特性来描述,矩角特性是不改变控制绕组通电状态,也就是保持一相或几相控制绕组通直流电流时,电磁转矩与偏转角的关系,即 $T_{em}=f(\theta_e)$。下面分别讨论单相和多相控制的矩角特性。

1. 单相控制的矩角特性

单相控制的矩角特性是在单相控制绕组通电状态不变的条件下,控制磁极对转子作用的电磁转矩与转子偏转角的关系。

现以步进电动机的 A 相控制绕组通电为例(图3-10),实验分析矩角特性。当转子不受任何外转矩的作用时,转子基准齿轴线 θ_{z0} 与定子基准齿轴线 θ_{d0} 重合,即偏转角 $\theta_e=0$。根据力学原理,转子所受切向电磁转矩 $T_{emA}=0[T_{emA}=f_q r,r$ 为转子半径,而 f_q 则为图3-10(c)中的静态电磁力],这是理想空载情况下的平衡位置,称为零位或初始稳定平衡位置[见图3-10(a)和(c)之2]。如果顺时针方向对转子施加外转矩,转子将偏转,使转子转至 θ_e 角时停止并保持平衡,同样,依据力学平衡原理,此刻步进电动机产生了与外转矩大小相等、方向相反的电磁转矩[见图3-10(c)之3],当撤去外转矩后,转子将在电磁转矩 T_{emA} 作用下向恢复初始平衡位置方向旋转。实验表明,继续增大外转矩,可在 $\theta_e=\pi/2$ 时,获得电磁转矩的最大值,称之为最大静态转矩(T_{jmax})。再继续使转子偏转($\theta_e>\pi/2$),逐渐减小外力矩也可使步进电动机处于新的平衡,这说明对应的电磁转矩也逐渐减小了。而且,当转子偏转至 $\theta_e=\pi$ 时,即使外转矩为零,步进电动机也可以处于平衡状态,这就是转子齿与定子槽对应的位置[见图3-10(c)之6]。此时转子受到相邻两个定子齿的相同的拉力,总的转矩为零。实践表明,这是一种很难得到的状态——不稳定平衡。继续增大 θ_e,则转子齿将受到另一个定子齿的作用,转矩将使转子齿与下一个定子齿对齐。因此,$\theta_e>\pi$ 时电机转矩改变了方向。如果逆时针向转子施加外转矩,重复上述的实验,也将得到类似的结果。于是可以得到如图3-10(b)中所示的步进电动机电磁转矩与转子位置关系的函数规律。显然,静态电磁转矩 T_{em} 与偏转角 θ_e 有近似正弦关系,可以解析地表示为

$$T_{em}=-T_{jmax}\sin\theta_e \tag{3.11}$$

式中负号表示步进电动机产生的电磁转矩是一种恢复性转矩,在一定范围内总是反抗转子偏离初始平衡位置,也可以说,具有正弹性力矩的性质。最大静态转矩表示了步进电动机所能承受的负载能力,它直接影响着步进电动机的性能,是步进电动机的性能指标之一。

实验和式(3.11)都说明,当 $\theta_e=\pm\pi$ 时,静态电磁转矩 T_{em} 均等于零,属平衡状态。

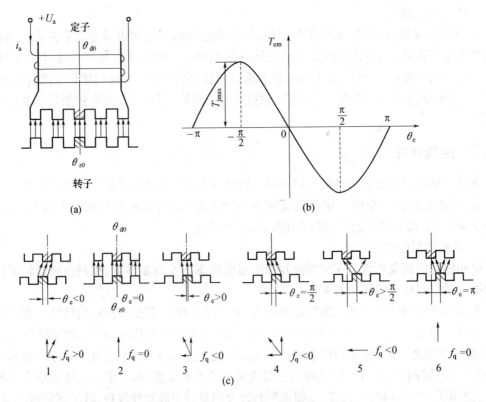

图 3 - 10 A 相通电时的矩角特性

当偏转角一旦出现 $\theta_e < -\pi$ 或 $\theta_e > \pi$ 的情况,转子基准齿将立刻转向定子基准齿的左、右相邻齿,并进入新的稳定平衡位置。在通电状态不变的情况下,当转子去掉外转矩后,能回到初始稳定平衡位置的转子偏转角范围,即 $-\pi < \theta_e < \pi$ 称为步进电动机的静稳定区。

2. 多相控制时的矩角特性

步进电动机的多相控制就是二相或三相以上控制绕组同时通电的控制状态。按照叠加原理,多相通电控制的矩角特性可近似地由单相通电控制时的矩角特性叠加得到。

下面以三相步进电动机为例展开讨论。当三相步进电动机单相控制,且 A 相控制绕组通电时,则 A 相控制的矩角特性可解析地表示为

$$T_{emA} = -T_{jmax}\sin\theta_e \tag{3.12}$$

$\theta_e = 0$ 时,B 相定子齿轴线与转子齿轴线将错开一个步距角,即 $\theta_{be} = \theta_{che}/3 = 2\pi/3$。
B 相通电时的矩角特性是

$$T_{emB} = -T_{jmax}\sin\left(\theta_e - \frac{2}{3}\pi\right) \tag{3.13}$$

如果 A 相控制的矩角特性是通过原点的一条正弦曲线,则 B 相控制的矩角特性是相对右移 $2\pi/3$ 的一条正弦曲线,如图 3 - 11(c) 所示。

当 A 与 B 两相控制绕组同时通电时,根据叠加原理,静态电磁转矩可解析地表示为

$$T_{AB} = T_{emA} + T_{emB}$$

将式(3.12)和式(3.13)代入得

82

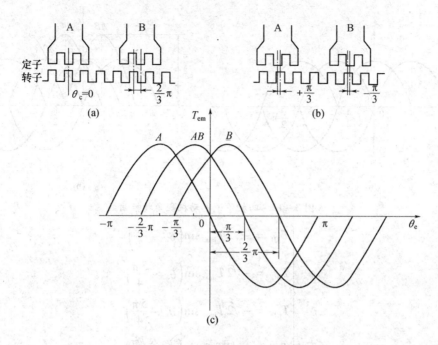

图 3-11 三相步进电动机的多相控制

$$T_{AB} = - T_{jmax} \sin\left(\theta_e - \frac{1}{3}\pi\right) \tag{3.14}$$

从以上分析可以看出,三相步进电动机无论是采用单相控制还是两相控制,其最大静态转矩都是一样的。因此,三相步进电动机不可能利用增加通电控制相数的方法提高静态电磁转矩,这是它的一个缺点。因此,人们广泛地利用四相、五相、甚至六相反应式步进电动机的多相控制,以增大静态电磁转矩,改善运行性能。

再以四相步进电动机为例,分析多相步进电动机静态转矩的变化规律。同三相步进电动机一样,当以 A 相控制为初始状态(基准),采用四相单四拍运行方式时,四相步进电动机的各相控制绕组单独通电的矩角特性可解析地表示为

$$\begin{cases} T_{emA} = - T_{jmax} \sin\theta_e \\ T_{emB} = - T_{jmax} \sin\left(\theta_e - \frac{\pi}{2}\right) \\ T_{emC} = - T_{jmax} \sin(\theta_e - \pi) \\ T_{emD} = - T_{jmax} \sin\left(\theta_e - \frac{3\pi}{2}\right) \end{cases} \tag{3.15}$$

还可用 4 条依次错开一个步距角 θ_{be} 的正弦曲线来描述[见图 3-12(a)]。称上述矩角特性曲线的组合为矩角特性曲线族,它是研究步进电动机性能的重要工具。

运用叠加原理,可以方便地得到四相双 4 拍的矩角特性曲线族[见图 3-12(b)]和它的解析表达式,即

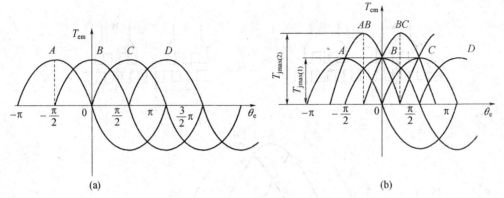

(a)   (b)

图 3 - 12   四相步进电动机矩角特性曲线

$$
\begin{cases}
T_{AB} = -\sqrt{2}\, T_{jmax}\sin\left(\theta_e - \dfrac{\pi}{4}\right) \\[2mm]
T_{BC} = -\sqrt{2}\, T_{jmax}\sin\left(\theta_e - \dfrac{3\pi}{4}\right) \\[2mm]
T_{CD} = -\sqrt{2}\, T_{jmax}\sin\left(\theta_e - \dfrac{5\pi}{4}\right) \\[2mm]
T_{DA} = -\sqrt{2}\, T_{jmax}\sin\left(\theta_e - \dfrac{7\pi}{4}\right)
\end{cases}
\tag{3.16}
$$

式中 $\sqrt{2}\, T_{jmax} = T_{jmax(2)}$ —— 两相通电控制时的最大静态转矩;

$T_{jmax(1)} = T_{jmax}$;

$\theta_e = \dfrac{\pi}{4}$ —— AB 两相同时通电的矩角特性稳态平衡位置。

显然,两相同时通电的四相双四拍最大静态转矩是四相单四拍的 $\sqrt{2}$ 倍。一般地说,四相以上的步进电动机采用多相同时通电的控制方式,都可以得到提高最大静态转矩的效果。如果 m 相步进电动机的矩角特性解析地表示为

$$
\begin{cases}
T_1 = -T_{jmax}\sin\theta_e \\[1mm]
T_2 = -T_{jmax}\sin(\theta_e - \theta_{be}) \\[1mm]
\vdots \\[1mm]
T_m = -T_{jmax}\sin\left[\theta_e - (m-1)\theta_{be}\right]
\end{cases}
\tag{3.17}
$$

按叠加原理,n 相($n < m$)同时通电控制的静态电磁转矩是

$$
\begin{aligned}
T_{1-n} &= T_1 + T_2 + \cdots + T_n \\[1mm]
&= -T_{jmax}\sin\left\{\sin\theta_e + \sin(\theta_e - \theta_{be}) + \cdots + \sin\left[\theta_e - (n-1)\theta_{be}\right]\right\} \\[1mm]
&= -T_{jmax}\frac{\sin\dfrac{n\theta_{be}}{2}}{\sin\dfrac{\theta_{be}}{2}}\sin\left[\theta_e - \frac{(n-1)}{2}\theta_{be}\right]
\end{aligned}
\tag{3.18}
$$

式中 T_{1-n} —— n 相同时通电控制的静态转矩;

θ_{be} —— 单拍制运行时的步矩角;

84

T_{jmax}——单相通电控制时的最大静态转矩。

因为单拍制运行时的步矩角 $\theta_{be} = 2\pi/m$，式(3.18)可变成

$$T_{1-n} = -T_{jmax} \frac{\sin \dfrac{n\pi}{m}}{\sin \dfrac{\pi}{m}} \sin\left[\theta_e - \frac{(n-1)}{m}\pi \right]$$

因此，m 相步进电动机单拍制运行且 n 相同时通电控制的最大静态转矩和单相通电控制的最大静态转矩之比是

$$\frac{T_{jmax(1-n)}}{T_{jmax}} = \frac{\sin \dfrac{n\pi}{m}}{\sin \dfrac{\pi}{m}} \tag{3.19}$$

例如，四相步进电动机两相同时通电控制时，有

$$T_{jmax(2)} = \frac{\sin \dfrac{2\pi}{4}}{\sin \dfrac{\pi}{4}} T_{jmax} = 1.41 T_{jmax}$$

式中 $T_{jmax(2)}$——两相同时通电控制的最大静态转矩。

五相步进电动机两相同时通电时，有

$$T_{jmax(2)} = \frac{\sin \dfrac{2\pi}{5}}{\sin \dfrac{\pi}{5}} T_{jmax} = 1.62 T_{jmax}$$

可见，多相步进电动机采用多相同时通电控制都能提高最大静态转矩，因而增大了输出转矩。所以一般功率较大的步进电动机多采用高于三相的步进电动机，并选择多相通电的控制方式。

3.3　步进电动机的动态特性

步进电动机运行的基本特点就是脉冲电压按照一定的分配方式加到各控制绕组上，产生电磁过程的跃变，形成磁极轴旋转，以反应式电磁转矩带动转子做步进式转动。电动机内磁极轴在空间的旋转运动是不均匀的，由于机械系统具有一定的转动惯量，步进电动机转子运动在大部分情况下都或多或少地具有振荡的性质。当加单脉冲时，转子运动是衰减的自由振荡；在连续脉冲作用下，运动则为强迫振荡。下面就来讨论这些动态过程的特点。

3.3.1　单脉冲作用下的运行

1. 空载状态

单脉冲作用下的运行又称单步运行，这是指按一定的分配方式对控制绕组进行单脉冲换接，即在带电不动的初始状态下，切换一次脉冲电压。例如，A 相控制绕组通电换接成 B 相控制绕组通电，则转子将随之转过一个步距角，并有足够的时间稳定下来。现在

以三相步进电动机为例,运用矩角特性分析单脉冲作用下的运行特点。在下面的讨论中,将忽略控制绕组电感,认为绕组中的电流是瞬时地建立和消除的。

图3-13中矩角特性曲线 A 表示 A 相通电时的矩角特性。如果步进电动机带电不动的初始状态是 A 相控制绕组通电,且 A 相定子齿轴线与转子齿轴线重合,即偏转角 $\theta = 0$,就称其为初始平衡位置 a_0。若此刻给一电脉冲信号,使 A 相控制绕组断电,B 相控制绕组通电,则步进电动机的工作状态可由图3-13中矩角特性曲线 B 来描述。显然,步进电动机转子将受电磁转矩 $T_{emB} = -T_{jmax}\sin(-120°)$[据式(3.13)]的作用,转向新的平衡位置 b_0,在旋转过程中,转子所受的电磁转矩将随 θ_e 角的改变按曲线 B 的规律变化,并最终趋于零,即 $T_{emB} = 0$。这时,转子将停止在新的平衡位置 $\theta_e = 120°$ 处。使转子转向新平衡位置的转矩称为同步(电磁)转矩,即

$$T_{emt} = -T_{jmax}\sin(\theta_e - \gamma) \tag{3.20}$$

式中　γ——通电相换接瞬间磁场轴线相对初始平衡位置的跃变角。当 A 相通电时,对应 $\gamma = 0$;换接 B 相通电瞬间,$\gamma = \theta_{be}$;换接 C 相通电瞬间,$\gamma = 2\theta_{be}$,用电角度表示;

　　$\theta_e - \gamma$——失调角,它等于通电控制相定子齿轴线与转子齿轴线间的夹角,用电角度表示;

　　T_{emt}——对应于失调角的同步(电磁)转矩。

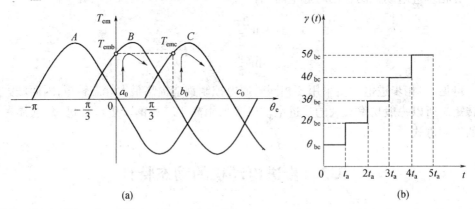

(a)　　　　　　　　　　　　(b)

图3-13　空载状态时的单步运行

可见,步进电动机在一个控制脉冲的作用下前进了一步($\theta_{be} = 2\pi/3$)。从图3-13中可以看出,通过新稳定平衡位置 b_0 的矩角特性曲线 B 相当于通过初始平衡位置 a_0 的矩角特性曲线 A 右移了一个步距角。十分明显,矩角特性的移动规律形象而确切地描述了步进电动机转子的运动规律,也代表了控制相磁极轴旋转的特点,还体现了同步(电磁)转矩变化的过程。如果控制脉冲一个一个不断地送入,控制绕组按 $A \to B \to C \to A$ 循环方式换接,步进电动机将一步一步转动,且每走一步转过一个步距角。这就是步进电动机在单脉冲作用下的单步运行状态[见图3-13(b)]。

2. 负载状态

若负载为 T'_f,在单脉冲作用下,当 A 相通电时,步进电动机一定要产生一电磁转矩与负载转矩相平衡,即

$$T_{emA} = T'_f = -T_{jmax}\sin\theta_{ea} \qquad (3.21)$$

步进电动机转子将有初偏转角 θ_{ea}，负载时 A 相控制绕组通电状态的初始平衡位置 a。当换接为 B 相通电瞬间，同步转矩将是

$$T_{emt} = -T_{jmax}\sin(\theta_{ea} - \gamma) \qquad (3.22)$$

式中 $\gamma = \theta_{be} = \dfrac{2}{3}\pi$。

此刻，由于同步转矩 $T_{emt} > T'_f$（图 3-14），步进电动机将在转矩 $(T_{emt} - T'_f)$ 的作用下转向新的平衡位置 b。继续换接 C 相控制绕组通电，转子又受图 3-14 中阴影部分变化着的同步转矩的作用，转向新的平衡位置 c。每换接一次通电状态，步进电动机都转过一个步距角。

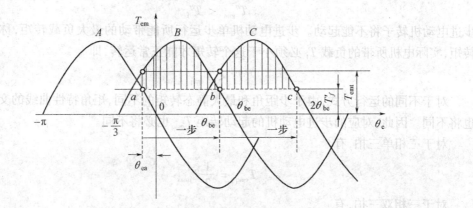

图 3-14 负载情况下的单脉冲运行

在此引入步进电动机步距精度的概念：实际旋转的步距角与理论步距角之间是有偏差的。这个偏差以角分或理论步距角的百分数来衡量，称之为静态步距角误差 $\Delta\theta_b$。它的值越小，说明精度越高，它是步进电动机的一项重要性能指标。现按静态步距角误差，把步进电动机的精度分为两级（见表 3-1）。

表 3-1 步进电动机的精度分级

步距角	1 级精度	2 级精度
$\theta_b < 1.5°$	±25%	±25%
$1.5° \leqslant \theta_b \leqslant 7.5°$	±15%	±25%
$7.5° \leqslant \theta_b \leqslant 15°$	±5%	±10%

3. 步进电动机的负载能力

步进电动机所能带动的最大负载 T_{fmax} 可由矩角特性曲线中相邻两矩角特性曲线的交点确定。从图 3-15 可见，相邻之 A、B 矩角特性曲线交于 q 点，对应的坐标是偏转角 θ_{eq}，静态转矩为 T_{emq}。

若负载阻转矩为 T'_f，且 $T'_f < T_{emq}$，对应的偏转角为 θ'_{ea}。当换接 B 相通电瞬间，将有同步电磁转矩 $T'_{emt} > T'_f$，步进电动机转子将起动，并转向新的平衡位置。然而，当负载转矩为 T''_f，且 $T''_f > T_{emq}$ 时，对应的偏转角为 θ''_{ea}，在换接 B 相通电时，则有同步电磁转矩

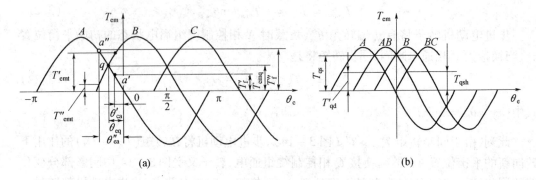

图 3 - 15　步进电动机起动转矩

$$T''_{emt} < T''_f$$

步进电动机转子将不能起动。步进电动机单步运行所能带动的最大负载转矩,称为起动转矩,实际电机所带的负载 T_f 必须小于这个转矩才能正常运转,即

$$T_f < T_{emq} \tag{3.23}$$

对于不同的运行方式,由于步距角和最大静态转矩的不同,矩角特性曲线的交点位置也将不同。因此,对应的步进电动机的起动转矩 T_{emq} 也必将不同。

对于三相单三拍,有

$$T_{emq} = \frac{1}{2} T_{jmax}$$

对于三相双三拍,有

$$T_{emq} = \frac{1}{2} T_{jmax}$$

对于三相六拍,有

$$T_{emq} = \frac{\sqrt{3}}{2} T_{jmax}$$

可见,由于三相单拍制两种运行方式步距角和最大静转矩相等,所以也有相同的起动转矩。而双拍制时尽管最大静转矩未变,但步距角缩小了,矩角特性曲线族包络线的最低点升高了,因此,起动转矩变大了。

在采用单拍制运行方式时,无论是几相步进电动机,各相都具有相等的最大静态转矩。这样,可利用两相邻相矩角特性公式联立求解起动转矩,即

$$T_A = - T_{jmax} \sin\theta_e$$
$$T_B = - T_{jmax} \sin(\theta_e - \theta_{be})$$

解得矩角特性交点($T_A = T_B = T_{emq}$)的横坐标为

$$\theta_{eq} = \frac{1}{2}(\theta_{be} - \pi)$$

所以,有

$$T_{emq} = T_{jmax} \cos\frac{\theta_{be}}{2} \tag{3.24}$$

因为用电弧度表示的步距角 $\theta_{be} = 2\pi/N$，式(3.24)可改写为

$$T_q = T_{emq} = T_{jmax} \cos \frac{\pi}{N} \tag{3.25}$$

可见，拍数 N 越多，起动转矩 T_q 越接近最大静态转矩 T_{jmax}。

注意式(3.24)和式(3.25)均是在单拍制或最大静态转矩相等的条件下建立的。因此，公式(3.25)对双拍制运行中具有不等的最大静态转矩值的情况是不适用的。

从图 3-15 和式(3.25)还可引伸出一个重要的结论，即两相反应式步进电动机由于仅能采用单拍制的两拍式运行，且步距角等于 π，矩角特性曲线的交点在横坐标轴上，起动转矩等于零，即 $T_{emq} = 0$，如果不采取特殊措施，这种步进电动机将不能运行。

4. 单脉冲作用下步进电动机的振荡现象

实际上，步进电动机的转动，或多或少地具有振荡的性质。为了研究步进电动机的动态特性，首先分析单步运行时动态微分方程式。

若步进电动机的负载阻转矩为零，在一相控制绕组通电的条件下，转子处在静态稳定平衡位置。设 θ 是步进电动机的偏转角（机械角度），考虑黏性摩擦产生的阻转矩 $B \dfrac{\mathrm{d}\theta}{\mathrm{d}t}$，在单脉冲作用下，转子的运动方程为

$$J \frac{\mathrm{d}^2\theta}{\mathrm{d}t^2} + B \frac{\mathrm{d}\theta}{\mathrm{d}t} = T_{emt} \tag{3.26}$$

式中 B——黏性摩擦系数；

　　　　J——转子的转动惯量。

当从 A 相通电换接为 B 相通电时，矩角特性曲线跃变了一个步距角 $\gamma = \theta_{be}$。

由于 $T_{emt} = -T_{jmax}\sin(\theta_e - \gamma) = -T_{jmax}\sin(Z_r\theta - \gamma)$，代入式(3.26)有

$$J \frac{\mathrm{d}^2\theta}{\mathrm{d}t^2} + B \frac{\mathrm{d}\theta}{\mathrm{d}t} + T_{jmax}\sin(Z_r\theta - \gamma) = 0$$

或

$$\frac{J}{Z_r} \frac{\mathrm{d}^2\theta_e}{\mathrm{d}t^2} + \frac{B}{Z_r} \frac{\mathrm{d}\theta_e}{\mathrm{d}t} + T_{jmax}\sin(\theta_e - \gamma) = 0 \tag{3.27}$$

转子将在图 3-16 中 a 点所示的同步转矩 $T_{emt} = -T_{jmax}\sin(-\gamma)$ 作用下开始运动。这是一个非线性方程，在平衡点附近可进行线性化处理，当 θ 变化很小时，有 $\sin\theta \approx \theta$，则式(3.27)变为

$$\frac{\mathrm{d}^2\theta_e}{\mathrm{d}t^2} + \frac{B}{J} \frac{\mathrm{d}\theta_e}{\mathrm{d}t} + \frac{T_{jmax}Z_r}{J}\theta_e = \frac{T_{jmax}Z_r}{J}\gamma$$

这是二阶常系数微分方程，它的齐次方程所对应的特征方程为

$$r^2 + \frac{B}{J}r + \frac{T_{jmax}Z_r}{J} = 0 \tag{3.28}$$

其根为

$$r_{1.2} = \frac{-\dfrac{B}{J} \pm \sqrt{\left(\dfrac{B}{J}\right)^2 - \dfrac{4T_{jmax}Z_r}{J}}}{2} \tag{3.29}$$

根据高等数学的知识可知：

（1）当 $B=0$，步进电动机处于无阻尼状态时，式（3.29）的根是一对共轭纯虚根，应用初始条件

$$\theta_e(t=0)=0$$
$$\dot{\theta}_e(t=0)=0$$

解出式（3.27）可得运动规律

$$\theta_e=\theta_{be}(1-\cos\omega_n t) \tag{3.30}$$

转子围绕新的平衡位置 O_b 做不衰减的自由振荡，振幅等于步距角 θ_{be}，振荡角频率为 ω_n，如图 3－16 所示。

$$\omega_n=\sqrt{\frac{T_{jmax}Z_r}{J}} \tag{3.31}$$

式中　ω_n——无阻尼自然振荡角频率（或故有振荡角频率）。

（2）当式（3.29）的根中

$$\left(\frac{B}{J}\right)^2<\frac{4T_{jmax}Z_r}{J}$$

即

$$B<2\sqrt{JT_{jmax}Z_r}$$

时，阻尼较小，特征方程式的根是一对共轭复根，可解出 $\theta_e(t)$ 是幅值不断衰减的振荡曲线，随着时间 t 的增长，步进电动机趋于新的平衡位置 $\theta_e=\theta_{be}$，如图 3－17 所示。振荡角频率

$$\omega_d=\omega_n\sqrt{1-\frac{B^2}{4JT_{jmax}Z_r}} \tag{3.32}$$

ω_d 称为有阻尼振荡角频率。

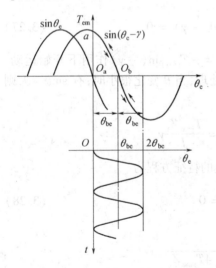

图 3－16　步进电动机的自由振荡

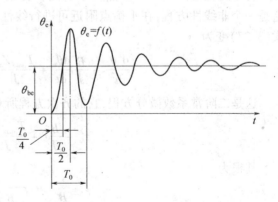

图 3－17　有阻尼作用的单步运行

（3）当 $B = 2\sqrt{JT_{jmax}Z_r}$ 时，特征方程(3.28)的根是两个相等的实根，步进电动机处于临界阻尼状态；当 $B > 2\sqrt{JT_{jmax}Z_r}$ 时，特征方程(3.28)的根是两个不相等的实根，阻尼较大。这两种情况下 $\theta_e(t)$ 都是单调上升的曲线，步进电动机转子的运动不出现振荡现象，随着时间 t 增大而趋于平衡位置。

需要指出的是，步进电动机的振荡现象引起了系统精度的降低，带来了振动与噪声。严重时，甚至使转子失步。为了使这种运行中的振荡现象加速衰减，步进电动机有专门设计的阻尼器。

3.3.2 连续运行时步进电动机的动态特性

1. 动稳定区和稳定裕度

前面已经引入控制绕组通电状态不变条件下的静稳定区概念。在图 3-18 中，矩角特性"n"所对应的静稳定区就是 $-\pi < \theta_e < +\pi$，下面将建立在通电状态换接瞬间条件下的动稳定区概念。

若步进电动机处于矩角特性曲线"n"所对应的稳定状态时，给一个控制脉冲，使其控制绕组改变通电状态，矩角特性将移动一个步距角 θ_{be}，如图 3-18 所示"$n+1$"曲线，新的稳定平衡点为 O_1，对应于它的静稳定区是 $(-\pi + \theta_{be}) < \theta_e < (\pi + \theta_{be})$。如果在第 n 相控制绕组通电状态换接为第 $n+1$ 相控制绕组通电状态瞬间，转子位置只要在这个区间内，它就能转向新的稳定平衡点 O_1，且不越过不稳定平衡点，把这个区域 $(-\pi + \theta_{be}) < \theta_e < (\pi + \theta_{be})$ 称为动稳定区。显然，运行拍数越多，步距角 θ_{be} 越小，动稳定区就越接近静稳定区。需要指出的是，实际的动稳定区与转子的角速度有关，可以稍大于上述区域。

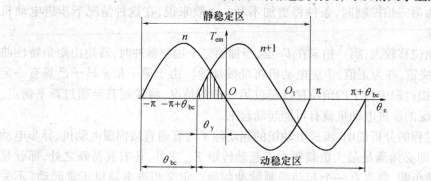

图 3-18 静稳定区和动稳定区

另外，将矩角特性曲线 n 的稳定平衡点 O 与 $(n+1)$ 相矩角特性曲线的不稳定平衡点 $(-\pi + \theta_{be})$ 的距离，即 $-\pi + \theta_{be} < \theta_{be} < 0$ 的范围叫做稳定裕度。显然，步距角 θ_{be} 越小，稳定裕度将越大。稳定裕度越大意味着新、旧稳定平衡点越靠近。在此，可以再一次看出，由于二相步进电动机步距角 $\theta_{be} = \pi$，其稳定裕度等于零，它将不能正常运行。因此，通常结构的反应式步进电动机最少的相数是三相。

2. 步进电动机的起动过程和起动频率

首先粗略地描述一下步进电动机的起动过程。如果步进电动机负载转矩为零，在一相控制绕组恒定通电的情况下，转子位于稳定平衡点 O_a 处，图 3-19 中矩角特性曲线

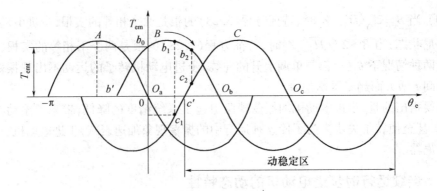

图 3-19 步进电动机的起动过程分析

"A"表示了这一初始状态。

当把第一个控制脉冲加给步进电动机,换接通电状态,在忽略控制电路时间常数的条件下,矩角特性曲线"A"跃变为曲线"B"。在 $t=0$ 瞬间,同步转矩(T_{emt})作用在转子上,并使之开始加速。角加速度的大小由同步转矩与转动部分的转动惯量之比(T_{emt}/J)决定。同步(电磁)转矩将沿着 $b_0b_1b_2$ 的方向变化。在第一拍末加第二个脉冲给步进电动机时,转子的位置取决于第一拍过程中,即 $t=0\sim t_a$ 之间(脉冲周期)转子的角位移,可能有两种情况:

(1)转子的角位移不大,第一拍末在 b_1 点,当换接到第二拍时,同步转矩由矩角特性曲线"C"上的 c_1 点决定,且为负值,转子将开始减速,如果依靠第二拍开始时转子的初速度不能使其超过 c' 点从而进入 B 相的动稳定区,那么,转子将肯定不能进入新稳定平衡点 O_c。继续改变为第三拍控制时,条件将更加不利。一般来说,在这种情况下步进电动机将不易起动起来。

(2)转子角位移较大,第一拍末在 b_2 点,当加第二个控制脉冲时,转矩由矩角特性曲线 C 上的 c_2 点决定,并为正值,步进电动机将继续加速。由于第一拍末转子已具有一定的角速度,第二拍过程中转子的角位移将超过第一拍的情况,将接近甚至超过新平衡点。因此,后一种情况的步进电动机就有可能起动起来。

上述起动过程的分析说明,步进电动机的起动除了与普通直流伺服电动机、异步电动机有相似之处,即必须满足最大负载要小于起动转矩 T_{emq} 之外,还有其特殊之处,那就是无论是空载还是负载,都将有一个起动控制脉冲频率。定义步进电动机正常起动(不失步)所能加的最高控制脉冲频率为起动频率。它是衡量步进电动机快速性能的重要技术数据。起动频率不仅与负载转矩的大小有关,而且负载的转动惯量对它也影响显著,同时还与步进电动机本身的参数以及驱动电源的条件有关。因此,步进电动机的起动性能不能简单地用起动转矩值标定,而是需要一系列起动特性来体现。这主要包括:

(1)起动矩频特性。在给定驱动电源的条件下,负载转动惯量一定时,起动频率与负载转矩的关系称为起动矩频特性。

(2)起动惯频特性。在给定驱动电源的条件下,负载转矩不变时,起动频率与负载转动惯量的关系,称为起动惯频特性。

当步进电动机带着一定的负载起动时,同步转矩与负载阻转矩之差作为加速转矩使转子起动并加速。负载阻转矩越大,加速转矩就越小,步进电动机就不易转起来。只有当每步有较长的加速周期——较低的控制脉冲频率时,步进电动机才能起动。因此,随着负载的增加,其相对加速周期要长,即起动频率是下降的,如图 3 - 20(a)所示。

同样,随着步进电动机转动惯量的增大,在一定脉冲周期内转子加速过程将变慢,趋向新平衡位置需要的时间也就变长。所以要使步进电动机起动,就需要较长的脉冲周期使它加速,即要求控制脉冲的频率低,如图 3 - 20(b)所示。

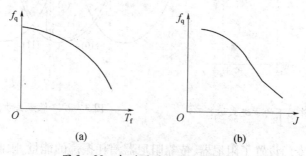

图 3 - 20　起动时的矩频和惯频特性

(a)起动矩频特性;(b)起动惯频特性。

3. 不同控制脉冲频率下的连续运行

步进电动机起动后,继续不断地送入控制脉冲,电机将连续运行,由于控制脉冲频率不同,电动机的连续运行可能出现许多复杂的情况,下面就来分析这些情况。

(1)极低频下的运行。极低频是指控制脉冲具有这样的周期 t_a,它使一拍的时间足够长,以至转子的振荡过程来得及完全衰减,使其进入新的稳定平衡位置,且角速度也变为零。像图 3 - 21 中所描述的那样,步进电动机将一步一步地转向新的平衡位置,具有步进式的特征,在欠阻尼的情况下,这是一个衰减的振荡过程,最大振幅不超过步距角 θ_{be},因此,不会出现丢步、越步现象。显然,在极低频控制脉冲作用下,步进电动机可以稳定地连续运行。

(2)低频丢步和低频共振。低频是指控制脉冲的频率 f 低于步进电动机振荡频率 f_0 的 2 倍即 $T > T_0/2$,但高于极低频的频带,由图 3 - 17 可知,此时,转子振荡还未衰减完时,下一个脉冲就来到,电机容易出现低频丢步和低频共振现象。下面以三相步进电动机为例来说明。

低频丢步的物理过程如图 3 - 22 所示,设开始时转子处于 A 相稳定平衡位置 a_0 点,第一拍通电相换为 B 相,矩角特性移动一个步距角 θ_{be},则转子向 B 相平衡位置 b_0 点运动。如果阻尼较小,则转子将在 b_0 点附近作衰减的振荡。当第一步转过的角度达到 $2b_0$ 之后,θ_e 开始减小,当转子振荡回摆,位于 b_0 点的动稳定区之外(如 k 点时),第二拍控制脉冲到来,换接为 C 相控制绕组通电,转子受到的电磁转矩为负值,即转矩方向不是使转子向 c_0 点位置运动,而是向 c'_0 点运动。第三拍时转子由 c'_0 点附近向 a_0 点位置运动。转子回到了原来位置 a_0 点,也就是丢了 3 步,此为低频丢步。

当控制脉冲频率等于电机振荡频率时,如果阻尼作用不强,即使电机不发生低频丢步,也会产生强烈振动,这就是低频共振现象。

一般不容许步进电动机在共振频率下运行。但是,如果采用较多拍数,再加上一定的阻尼和干摩擦负载,步进电动机振荡的振幅可以减小并能稳定运行。为了减小低频共振

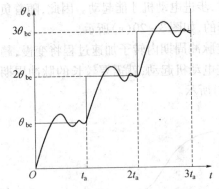

图 3 − 21 极低频作用下的步进式运行　　　　图 3 − 22 低频丢步现象

现象,步进电动机专门设置了阻尼器,依靠阻尼器消耗振荡的能量,限制振荡的振幅,从而改善步进电动机的运行性能。

(3) 连续控制脉冲作用下的稳定运行。在脉冲频率 f 接近或高于振荡频率的 2 倍的脉冲作用下运行,步进电动机转子前一步振荡尚未到达第一次振摆的最大值,下一个控制脉冲就到来了,转子将能稳定地连续运行。当 $f = 2f_0$,控制脉冲周期 $t_a = \dfrac{T_0}{2}$ 的运行规律描绘在图 3 − 23 中。在忽略衰减的情况下,第一拍末转子刚好转过 $2\theta_{be}$,第二拍控制脉冲到来时,转子已处于它的稳定平衡点了,而且,此刻转子的角速度也恰好为零。在第二拍整个控制过程中,转子将不动,而在第三拍控制时,又将重复第一拍的过程。尽管转子运动有不均匀的情况,但其动态误差在任何时候都不会超过 $\pm\theta_{be}$。显然,步进电动机将能稳定地运行。更高的运行频率,甚至转子的前一步振荡刚好转过一个步距,到达新的平衡位置,换接的第二个控制脉冲就接踵而来,此刻,位置角的初始状态与第一拍相似,但转子已具有一定的初速度了,因此,第二拍转过的角度将超过一个步距,产生超前的动态误差,动态误差增大到一定程度后就将减小,最大不可能超过 θ_{be}。显然,在这种情况下,步进电动机转子的运行也具有衰减振荡的特点。然而,运行的转速是平滑而稳定的。图 3 − 24(a)示出了一种理想的步进电动机平稳运行情况,但这几乎是不可能的,或多或少地具有衰减振荡的形式是步进电动机运行的特点,如图 3 − 24(b)所示。

(4) 动态转矩、矩频特性和最高连续运行频率。控制脉冲频率的升高是有限度的,随着输入控制脉冲频率的增加,带动负载的能力却逐步下降。步机电动机正常连续运行时(不丢步、不失步)所能加至的最高控制脉冲频率称为最高连续运行频率,它是步进电动机的重要技术数据。最大连续运行频率可以在 10000 步/s 以上,甚至高达 160000 步/s。

那么,为什么控制脉冲频率的升高会使动态转矩下降,因而使步进电动机负载能力降低呢? 主要的原因就是步进电动机每相控制绕组电感的影响。每当控制脉冲的作用使一相控制绕组换接通电时[见图 3 − 25(b)],尽管由于晶体管 T_1 导通,控制电压可瞬间加到控制绕组上,但其中的控制电流却因为绕组电感 L_k 的存在,不可能立刻上升至额定值,而

94

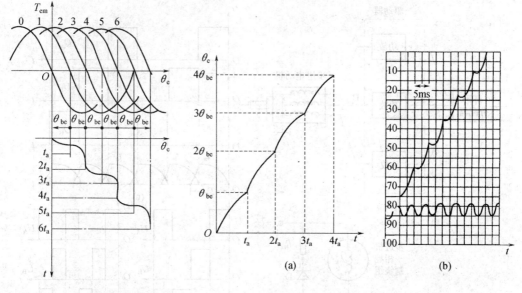

图 3 – 23　控制脉冲频率　　　　　　　图 3 – 24　步进电动机连续稳定运行
　　　　　$f = 2f_0$ 的运行规律

是按指数规律上升[见图 3 – 25(c)]。同样,当控制脉冲使其换接而使 T_1 管截止时,控制电压可立刻去掉,而绕组中的电流却只能按指数规律下降。控制电流 i_k 上升或下降的快慢是通过相应的时间常数 τ_{sh} 和 τ_j 衡量的,即

$$\tau_{sh} = \frac{L_k}{R_{sh}} \tag{3.33}$$

$$\tau_j = \frac{L_k}{R_j} \tag{3.34}$$

式中　τ_{sh}——电流 i_k 上升的时间常数;

　　　τ_j——电流 i_k 下降的时间常数;

　　　L_k——控制绕组的电感;

　　　R_{sh}——通电回路总电阻,包括绕组本身电阻、串联电阻 R_{t1} 及三极管内阻等;

　　　R_j——放电回路总电阻,包括绕组本身电阻、串联电阻 R_{t2}、二极管 D_1 的内阻等。

当输入的控制脉冲频率比较低时,每相绕组通电的时间 T_{tf} 较长,即 $T_{tf} > T_{sh}$,电流 i_k 有足够的时间可以升到额定值,波形接近矩形[见图 3 – 25(c)]。当频率升高后,通电时间变短(如 $T'_{tf} < T_{tf}$),电流的波形就变成如图 3 – 25(d)所示的情形。频率再提高,将导致通电时间进一步缩短,即 $T'_{tf} \ll T_{tf}$,如图 3 – 25(e)所示,电流的波形变成锯齿状,幅值也很低。控制脉冲频率越高,电流波形与矩形相差也越大,而其幅值则越来越小。这样,在控制绕组通电的时间内,电流将升不起来,因而产生的电磁转矩也变小;而在控制绕组断电后,电流又不能立刻降下来,必将产生阻碍旋转的反向转矩,最终使步进电动机的同步电磁转矩——动态转矩下降,负载能力降低。动态转矩随控制脉冲频率升高而下降的规律称为运行矩频特性,如图 3 – 26 所示。

另外,由于控制频率升高,步进电动机铁心中的涡流损耗也随之迅速增大,这也是使

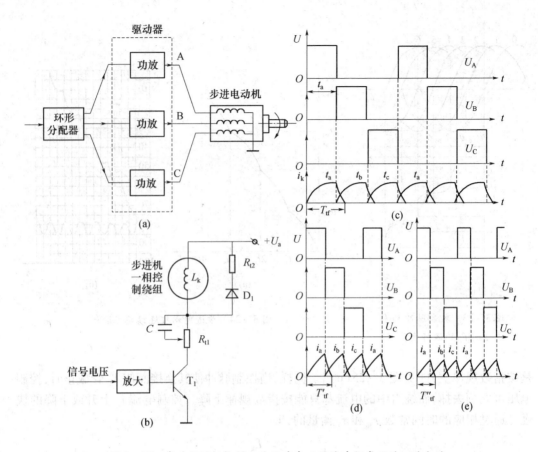

图 3 - 25　步进电动机控制回路及其在不同脉冲频率下的回路电流

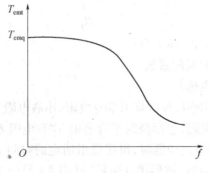

图 3 - 26　运行矩频特性

输出功率和动态转矩下降的因素之一。总之,控制脉冲频率的升高是获得步进电动机连续运行稳定和高效率所必需的,然而必须注意运行矩频特性的规律。

3.4　步进电动机驱动电路

步进电动机的起动和运行都要求把具有相当功率和一定频率的电脉冲按照选定的逻辑程序加给各控制绕组,因此,步进电动机使用的电源是一种专门的控制线路,又称为驱动器,步进电动机和它的驱动器是一个统一的整体。

驱动电路由脉冲发生器、门电路、脉冲放大、环形分配器和功率放大器等组成,如图 3-27 所示。脉冲发生器产生指定频率的脉冲信号,经过门电路、整形反相环节、脉冲放大后加给环形分配器。环形分配器按照步进电动机的分配方式要求的顺序输出电脉冲,控制相应的功率放大器。由功率放大器将功率放大了的脉冲电流送给步进电动机对应的控制绕组,驱动步进电动机正常运行。目前图 3-27 中虚线框内部分都由微处理器来完成,由于这部分知识(虚框内)可在有关课程中学到,这里就不再赘述了。

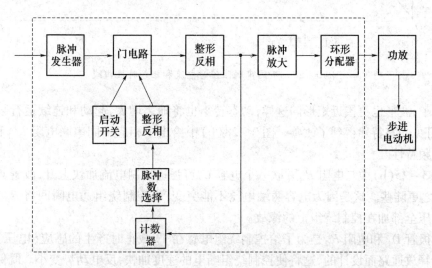

图 3-27　驱动电源的基本构成

步进电动机的驱动电源按脉冲的极性可分为单向脉冲电源和双极性电源。后者能提供正负脉冲,驱动永磁式或永磁感应子式步进电动机。而单向脉冲式驱动电源的主要特征是由功率放大器予以区分的,它对步进电动机性能影响很大。下面着重叙述两种典型的驱动电源。

3.4.1　单一电压型驱动电源

图 3-25(b)给出了单一电压型驱动电源的一相功放电路,m 相步进电动机将有 m 个类似的功放电路。经过几级放大的脉冲信号加到三极管 T_1 的基极上,控制其导通和截止。T_1 是功放电路的末级功放管,它与步进电动机的控制绕组串联,它们之中通过的电流波形如图 3-25(c)、(d)、(e)所示。从上节的分析已经知道,这样随频率改变而变化的电流使步进电动机动态转矩变小,以至动态特性变坏。为了提高动态转矩,应尽量缩短控制绕组中电流上升的时间常数 τ_{sh},使电流波形的前沿变陡,且最好接近矩形。从时间常数公式(3.33)可知,欲减小 τ_{sh} 就要求在设计步进电动机时尽量减小控制绕组电感 L_k,也可以增大串联电阻 R_{t1}。但增大电阻 R_{t1} 之后,为了达到原来的稳态控制电流值(稳态电流 $I_{kw} = U_k/R_{t1}$),电源电压 U_k 一定要相应提高。图 3-28(a)中示出了电流曲线 i'_k 和 i''_k,它们分别表示了串联电阻 R'_{t1} 和 R''_{t1}($R''_{t1} > R'_{t1}$)时,控制绕组中电流的波形变化特点。显然,当 R'_{t1} 增大至 R''_{t1},并适当提高控制电压 U_k 之后,电流幅

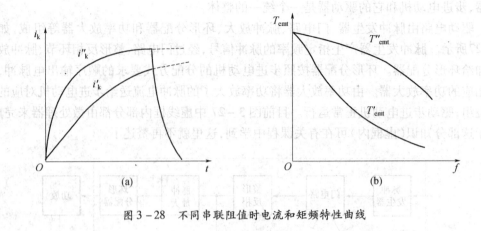

图 3-28 不同串联阻值时电流和矩频特性曲线

值增大了,波形也更接近矩形。这样,动态转矩也将随之增大,起动和连续运行频率也提高了,可见动态特性得到了改善。图 3-28(b)中给出了相应不同串联电阻 R'_{t1} 和 R''_{t1} 的运行矩频特性。

图 3-25(b)中与电阻 R_{t1} 并联一个电容 C,可强迫控制电流加快上升,改善其波形前沿,使之更陡些。这是因为电容两端电压不能突变,当控制绕组通电瞬间将 R_{t1} 短路,使电源电压全部加在控制绕组上的缘故。

二极管 D_1 和电阻 R_{t2} 是为了给控制绕组电感在 T_1 截止时产生的感应(电压)电流提供一个释放通路而设计的,这将使控制绕组断电的速度加快,反电动势变小。既保护了功放管,又起到了电磁阻尼的作用。这种结构简单,功放元件少的单一电压型驱动电源,由于串联 R_{t1} 能量消耗很大,降低了步进电动机的运行效率。因此,这种驱动电源只适用于驱动小功率步进电动机,通常称之为低功率驱动级。

3.4.2 高低压切换型驱动电源

高低压切换型驱动电源的原理线路如图 3-29 所示。每相控制绕组将串联两个功放元件,即 T_1 和 T_2。分别由高压 U_{gu} 和低压 U_t 两个电源供电。当来自分配器的输出控制信号 U_k 指令控制绕组通电时,功放管 T_1 和 T_2 的基极均有信号电压输入,使 T_1 和 T_2 饱和导通。于是,在高压电源电压 U_{gu} 的作用下(这时二极管 D_1 两端承受的是反向电压,处于截止状态,可使低压电源得到隔离),控制电流将迅速上升(见图 3-30),电源波形的前沿很陡。经过确定的短时间(高压脉冲宽度)或电流上升到一定值,即利用定时电路或电流检测等方法,使 T_1 基极上的信号消失,功放管 T_1 截止。但此时 T_2 管仍然是导通的,于是,低压电源将立即经二极管 D_1 向控制绕组供电。而当控制信号 U_k 消失时,功放管 T_2 也将截止。控制绕组中的电流将经过二极管 D_2 和 R_{t2},并与低压电源构成通路,向高压电源放电,电流将迅速下降。总之,由于利用了高低压切换型电源,高压电源用来加速控制电流的增长,低压电源用来维持额定稳态电流 I_{kw},控制电流的波形得到改善,矩频特性也很好,并且起动和运行频率也相应地提高了。控制回路中为平衡各相电流,控制绕组所串联的电阻 R_{t1} 也可以很小,为 $0.1\Omega \sim 0.5\Omega$,因而降低了电源功耗,提高了控制效率。

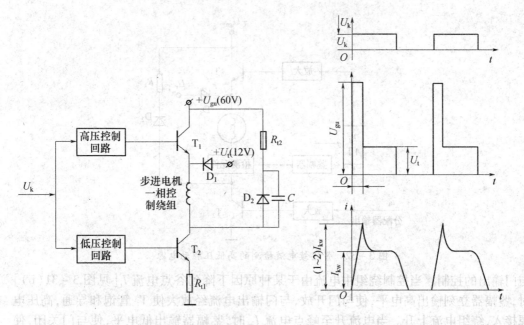

图 3-29　高低压切换型驱动电源的原理线路　　图 3-30　高低压电源的电压和电流波形

3.4.3　其他形式的驱动电源

驱动电源的深入研究和进一步改进是步进电动机使用中的重要课题。国内外使用和试制的其他新型驱动电源还有带连续电流检测的高低压切换型、斩波恒流型、调频调压型及平滑电路和细分电路等。

1. 带连续电流检测的高低压切换型驱动电源

这种线路利用对控制电流的连续检测,使高压电源断续地接入,即当控制电流低于 I_t 时,高压接入;高于 I_{gu} 时高压切断。于是可使控制电流维持在额定值左右,见图 3-31(b),因而可以消除控制绕组电流波形波顶的下凹现象,见图 3-31(a)。

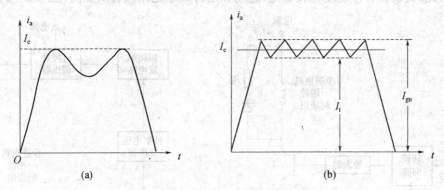

图 3-31　连续电流检测的控制电流
(a) 电流波形下凹现象;(b) 连续电流检测后的电流波形。

图 3-32 给出了连续电流检测的高低压切换型驱动电源的原理线路,其工作原理略述如下。

当分配器输出电压 U_k 指令控制绕组通电时,低压管 T_2 饱和导通,而高压管 T_1 是受

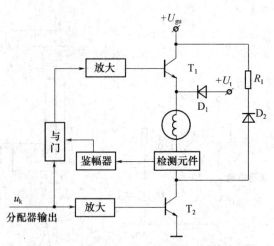

图 3 - 32　带连续电流检测的高低压驱动电源

与门输出的控制。当控制绕组中电流由于某种原因下降到谷点电流 I_t [见图 3 - 31（b）]时,鉴幅器立刻输出高电平,使与门开放,与门输出电流经放大使 T_1 管饱和导通,高压电源接入,绕组电流上升。当电流升至峰点电流 I_{gu} 时,鉴幅器输出低电平,使与门关闭,使 T_1 管截止,高压被切断,低压电源继续对控制绕组供电。利用控制电流的连续检测,实现了对高压电源通断的控制,使电流维持在额定值附近的小范围内波动。因此,步进电动机的动态特性得到了明显改善,起动和运行频率也得到相应的提高。

　　2. 斩波恒流型驱动电源

　　这种电路属单一电压型,通过电流反馈到斩波电路,使控制绕组电流维持在额定值附近（见图 3 - 33）。线路串联电阻 R_{t1} 很小,运行性能好、效率高。

　　3. 调频调压型驱动电源

　　这种电源的特点是随着脉冲频率的提高,控制回路的输入电压按一定函数关系增加,这样,步进电动机动态转矩因频率升高而下降的部分由于输入电压的升高而得到了适当补偿,因此,其机械特性硬度比较稳定,起动和运行频率也相应有所提高（见图 3 - 34）。

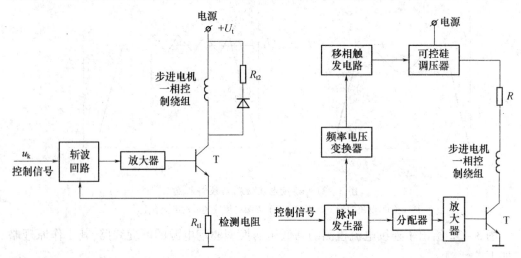

图 3 - 33　斩波恒流型驱动电源　　　　　图 3 - 34　调频调压型驱动电源原理

100

4. 细分电路、平滑电路和自动升降频电路

细分电路是为了得到小的脉冲当量 θ_{min}（每个脉冲使步进电动机带动负载所转过的转角或移动的直线位移）而采用的一种附加电路。它可以把步进电动机的步距角减小到几个角分，即把原来的一步再细分若干小步，这样步进电动机运动变为近似的匀速运动，并能使步进电动机在任何位置停止。采用这种线路改善了步进电动机的低频性能，并可实现机床加工的微量进给。

平滑电路则是为了抑制低频运行时脉冲前沿过陡而引起的步进电动机振荡所采用的一种附加电路。

自动升降频电路也是一种附加电路。由于步进电动机一般都是在一定的低频（起动频率）条件下起动的，为了使起动后的步进电动机迅速而平稳地进入连续运行状态，采用了自动升降频的驱动线路，它可以使控制频率以一定的速度连续地上升或下降，于是使步进电动机快速地进入正常运行。

3.5　步进电动机的选择

为数字控制系统选择一个最佳的执行元件——步进电动机，是一项艰巨的工作，需要综合的知识和丰富的经验。下面仅从步进电动机本身的性能特点提供一些选择准则。

首先，根据系统的特点、精度要求、使用场合等确定步进电动机类型。例如，反应式步进电动机制造简单、精度容易保证，步距角可做到 $0.75° \sim 15°$，起动和运行频率较高，但消耗功率大，效率低；永磁式步进电动机的步距角大，消耗功率小，起动、运行频率较低；永磁感应子式步进电动机则具有反应式和永磁式两种类型步进电动机的综合优点，即步距角小，有较高的起动和运行频率，且消耗功率小，但需正、负脉冲供电的双极性电源。因此，无论是电机本身还是驱动电源，都变得较为复杂。根据上述特点，恰当地选择机型可以达到既经济又实用的效果。

其次，根据系统的具体性能指标要求，选择确定步进电动机的规格型号。

表 3 - 2　步进电动机的比较

电 机 类 型	永 磁 式	永磁感应子式	反 应 式
步距角 θ_b	$7.5° \sim 15°$	$1.8° \sim 3.6°$	$0.75° \sim 15°$
电磁转矩 T_{em}	小	大	中 ~ 大
稳定时间	短 ~ 中	短	长
成本	低	高	中

（1）根据系统要求的脉冲当量 θ_{min} 和可能选择使用的运动变换装置的传动比 i，选择步进电动机的步距角 θ_b。

步距角应满足

$$\theta_b \leq i\theta_{min} \tag{3.35}$$

式中　i——运动变换装置的传动比；

　　　θ_{min}——脉冲当量。

（2）根据系统允许的最小角（或位移）误差 $\Delta\theta_f$ 确定步进电动机的精度等级。步进电动机的累积误差 $\Delta\theta_m$ 应满足

$$\Delta\theta_m < i \cdot \Delta\theta_f \tag{3.36}$$

式中　$\Delta\theta_f$——负载轴上所允许的最小角误差。

（3）根据系统负载力矩，考虑到初步选定的传动比和传动效率，按能量守恒原则求出负载折算到步进电动机轴上的等效负载转矩 T_{fi}。于是，可按式（3.37）计算欲选择的步进电动机的最大静态转矩，即

$$T_{jmax} \geqslant \frac{T_{fi}}{0.3 \sim 0.5} \quad \text{或} \quad T_{jmax} \geqslant \frac{T_f}{(0.3 \sim 0.5)i\eta} \tag{3.37}$$

式中　T_{fi}—— 等效负载转矩；

　　η —— 传动效率。

（4）根据系统负载需要的最大角速度或速度以及前面已考虑的传动比 i，利用公式（3.6）确定步进电动机的运行频率，即

$$f_y = \frac{6n}{\theta_b} \quad \text{或} \quad f_y = \frac{6n_f \cdot i}{\theta_b} \tag{3.38}$$

式中　n —— 步进电动机的转速；

　　n_f——负载轴的转速。

（5）根据负载和传动装置的转动惯量，按照动能总和不变的原则，求得折算到步进电动机转轴上的等效转动惯量 J_{fi}。

（6）综合以上计算结果，权衡 θ_b、$\Delta\theta_f$、J_{jmax}、f_y、J_{fi}、传动比 i 等，最后选定步进电动机的具体型号和驱动电源的类型。要注意：选定的 θ_b 和相数应尽量用表 3－2 中推荐的常用数据。

3.6　步进电动机的集成控制电路

图 3－35 是步进电动机驱动电路框图。控制器根据相应的应用来决定步进电动机的步数和方向，脉冲序列发生器把控制器的要求转换成具体的步进电动机的线圈电压，驱动放大器提高驱动信号的功率。很明显，步进电动机特别适合数字控制，它不需数字到模拟的转换，并且由于磁极可通可断，可以使用有效的 C 类驱动放大器。

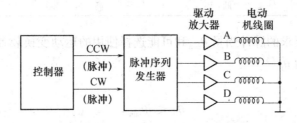

图 3－35　步进电动机驱动电路框图

3.6.1 控制四相步进电动机

图 3-36 给出了四相步进电动机中的线圈,并显示了简化的单激励顺时针步进的时序图。时序十分简单明了,并且能够通过图 3-37 中的译码器和计数器产生。译码器的输出端分别与 4 个达林顿驱动晶体管相连,当时序信号 A、B、C、D 按顺序变成高电平时,相应的晶体管导通,在步进电动机线圈中励磁(注意:当晶体管断开时二极管为线圈中的电流提供了一个泄放回路)。

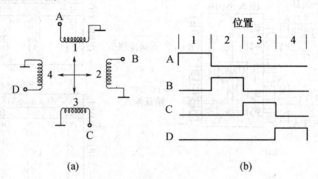

(a)　　　　　　　　　　(b)

图 3-36　四相(单极)步进电动机工作原理

(a)转子位置;(b)顺时针步进的时序。

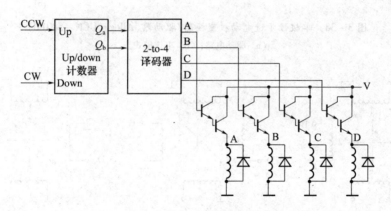

图 3-37　四相步进电动机的完整接口电路(简化图)

专门为驱动步进电动机设计的集成电路的封装中,包含时序逻辑和功率驱动器。图 3-38 所示 Allegro 公司生产的 UCN-5801B 就是一个例子,基本的输入端口是步进输入管脚 11 和步进方向管脚 14,步进电动机将会根据步进输入管脚的每一个输入脉冲前进一步,在步进方向管脚上的逻辑电平确定步进电动机按照顺时针还是逆时针转动。注意输出晶体管采用的是共射极配置(称为集电极开路),步进电动机线圈应当连接在输出管脚和供电电源两端。当输出晶体管导通时,它为步进电动机线圈电流提供了一条引向地的完整回路。在图 3-38 (b)中的表格显示了 UCN5804 的三种工作模式,可由图 3-39 给出进一步的解释。

(1) 图 3-39(a)显示了步进电动机在单激励模式下如何对波形驱动序列进行反应,单激励模式是指步进电动机线圈 A、B、C、D 中每次只给其中的一个线圈励磁。

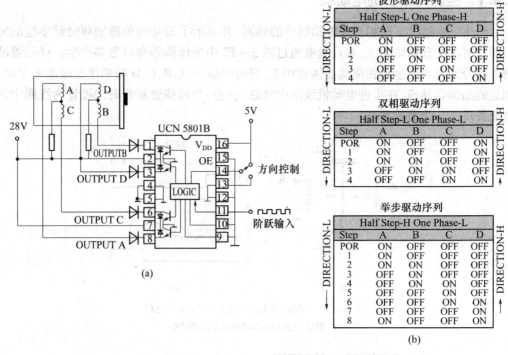

波形驱动序列				
Half Step-L One Phase-H				
Step	A	B	C	D
POR	ON	OFF	OFF	OFF
1	ON	OFF	OFF	OFF
2	OFF	ON	OFF	OFF
3	OFF	OFF	ON	OFF
4	OFF	OFF	OFF	ON

双相驱动序列				
Half Step-L One Phase-L				
Step	A	B	C	D
POR	ON	OFF	OFF	ON
1	ON	OFF	OFF	ON
2	ON	ON	OFF	OFF
3	OFF	ON	ON	OFF
4	OFF	OFF	ON	ON

举步驱动序列				
Half Step-H One Phase-L				
Step	A	B	C	D
POR	ON	OFF	OFF	OFF
1	ON	OFF	OFF	OFF
2	ON	ON	OFF	OFF
3	OFF	ON	OFF	OFF
4	OFF	ON	ON	OFF
5	OFF	OFF	ON	OFF
6	OFF	OFF	ON	ON
7	OFF	OFF	OFF	ON
8	ON	OFF	OFF	ON

图 3-38 单极性步进电动机变换器/驱动器(Alleglo UCN-5801B)
(a) 驱动电路;(b) 工作模式。

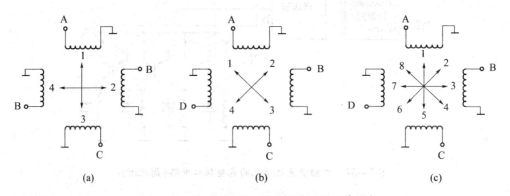

图 3-39 Alleglo UCN-5801B 的三种工作模式
(a) 波形驱动;(b) 双相;(c) 半步。

(2) 图 3-39(b)显示了步进电动机在双激励模式下如何对两相驱动序列进行反应,双激励模式是指步进电动机为了提供更大的转矩,让相邻的相电路同时励磁。

(3) 图 3-39(c)显示了步进电动机在单激励模式和双激励模式交替的情况下如何对半步驱动序列进行反应,这种模式下,步进电动机每周会产生 8 个半步。

3.6.2 微步步进

微步步进,是一种可以让步进电动机以微步进行转动的技术,通过使两个相邻的磁场磁极同时励磁来工作,类似于前面所介绍的半步进方式。如图 3-40 所示,在微步步进中,磁场磁极靠不同的电压来励磁。在图示情况下,磁极 1 的供电电压为 3V,磁极 2 的供电电压为 2V,这样会使转子像图中所示的那样对齐,也就是说转子靠近磁极 1 的 3/5 步位置。图 3-40(b)显示了在通常每一步中得到 5 个微步,磁极 1 和磁极 2 所需要的电压。不同电压可以通过脉宽调制(PWM)来合成,最常用的微步增量是一整步的 1/5、1/10、1/16、1/32、1/125 和 1/250。对于精细系统,微步步进的另一个好处就是它降低了步进一整步的振动幅度,也就是说,多个微步的叠加会产生一个更加"流畅"的运动。

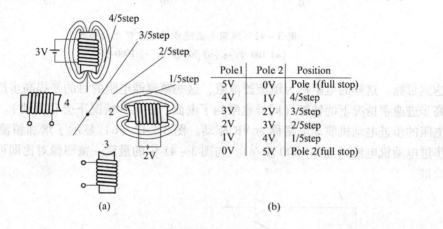

Pole1	Pole 2	Position
5V	0V	Pole 1(full stop)
4V	1V	4/5step
3V	2V	3/5step
2V	3V	2/5step
1V	4V	1/5step
0V	5V	Pole 2(full stop)

图 3-40 微步步进

关于微步步进还有两个要点:不需要一个专用的步进电动机;只需要专用的控制电路。在微步步进系统中,转子的实际位置主要是由负载来决定的。

3.6.3 高步进速率情况下改进转矩

步进电动机每转一步产生足够大的转矩来驱动负载是很重要的。如果步进电动机产生的转矩不够大,步进电动机就会制动(停止)。当出现失步时,控制器就不能确定负载的精确位置,这就会导致此系统失灵。

当步进电动机以更高速率步进时,会产生两个问题。首先,如果负载正在加速,需要额外的转矩来克服惯性;其次,在较高转速时,步进电动机的转矩实际上会减少。由于步进电动机转矩正比于步进电动机电流,步进电动机的平均电流会因为步进速率提高而下降。图 3-41 显示了三种步进速率所对应的步进电动机电流。问题就是电流的变化率受电路时间常数 τ 的限制。

$$\tau = L/R$$

式中 τ——时间常数;

  L——步进电动机的电感;

  R——步进电动机的线圈电阻。

可以看到当步进速率提高时,电流不能在磁场线圈中上升到很大值。如果减小步进电动机的时间常数,电流就可以上升得更快。通过提高线圈电阻 R,可以减小时间常数。可以像图 3-42(a)中显示的那样,也可以在步进电动机线圈上串联一个外部电阻 R 来

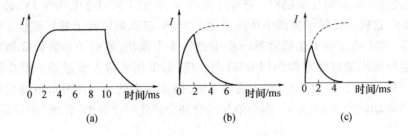

图 3-41　线圈电流随步进速度变化的函数

(a) 100 步/s；(b) 500 步/s；(c) 1000 步/s。

达到目标。这样的电阻称为镇流器电阻，这些镇流器电阻的目的是提高步进电动机在较高步进速率情况下的转矩（同样也限制了电流，在某种情况下会很重要）。使用镇流器电阻的步进电动机驱动电路称为 VR 驱动。图 3-42（b）显示了增加镇流器电阻后的步进电动机电流（速率 1000 步/s），与图 3-41 中的最后一幅图像对比即可看出转矩的改进。

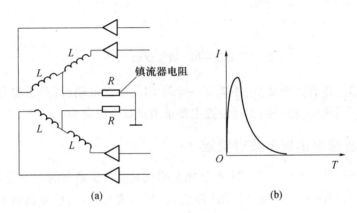

图 3-42　增加额外镇流器电阻的效果

(a) 电动机线圈和镇流器电阻；(b) 具有镇流器电阻的线圈在 1000 步/s 时的电流。

在较高步进速率的情况下，提高步进电动机转矩的另一个方法就是使用双驱动。在这种方法中，在步进开始，使步进电动机暂时工作在一个高电压下，以使电流上升得更快。然后，使步进电动机工作在一个较低的电压下，用来维持电流。图 3-43(a)显示了一个能够提供双驱动的简化电路。在图 3-43(b)中，接通 25V 电路时，电流快速上升。当电流达到期望值以后，断开 25V 电路，接通 12V 电路，这样使得电流在剩余步进时间里能够保持期望的电流值。

图 3-44 显示了一个双驱动接口电路。在图示情况下，较高的电压是 12V，较低的电压是 5V。通过时序电路(没有显示)中所产生的脉冲控制电压通/断，控制 12V 的切换。5V 的电压通过 D_1 和 D_2 来接入，这些二极管阻止 12V 的脉冲反向注入到 5V 的供电电源。双驱动的电路虽然更加复杂，但是它使步进电动机在较高步进速率的情况下获得更大的转矩。

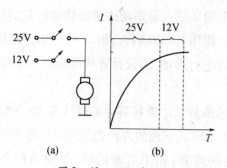

图 3 - 43 双驱动原理

（a）电路；（b）先供电 25V,然后是 12V。

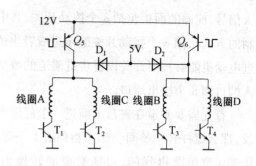

图 3 - 44 双驱动电路

在较高步进速率的情况下,提高步进电动机转矩的另一个方法就是常电流斩波驱动。使用 PWM 技术,这种驱动电路可以为步进电动机在任何转速下提供相同的电流。斩波驱动波形如图 3 - 45 所示,按照下面的模式工作:一个相对高的电压加给步进电动机线圈,然后监测其电流,当电流到达确定的电平时,电压断开。经过一会儿后,电压再次供电,电流再次升高,然后被切断,如此反复。因此,类似于通过控制电热炉的通/断,使恒温器保持恒定温度的方法,斩波驱动可以通过快速转换电压开关的通/断,从而保持每一个驱动脉冲内一个平均恒定电流。总之,斩波驱动是在较高步进速率的情况下,提高步进电动机转矩的另一种技术。可以得到的步进电动机驱动器集成电路,如 Allegro 公司生产的 A2919SB,具有内置 PWM 模块,能够提供恒定电流。

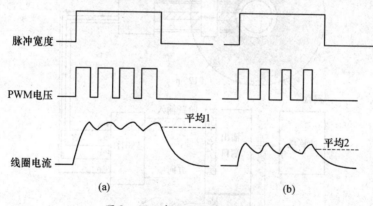

图 3 - 45 采用 PWM(斩波驱动)

（a）线圈较高平均电流；（b）线圈较低平均电流。

3.6.4 步进电动机的应用:磁盘驱动头的定位

例如 一个 15°四相步进电动机驱动软盘驱动器上的读/写头,如图 3 - 46 所示。进与出的线性移动通过与步进电动机轴直接连接的螺杆来完成。磁盘上每条磁道间隔 0.0125in（每英寸 20 条磁道）。而每英寸的螺杆上有 20 条螺纹（因为磁盘的尺寸通常以英寸表示,此处不再使用国际标准单位）。

步进电动机是通过 UCN - 5801B 步进电动机集成接口电路驱动的。这个集成电路只需要两个输入:步进输入和步进方向。一个计算机会根据拨动开关的设置提供相应的输入信号,前面的面板包括8个拨动开关,其中有7个用来输入要移动磁道的数量(以二进制的方式),第8个拨动开关确定进或者出的方向。使用BASIC语言,编写一个程序使步进电动机能够按照开关设置步进磁道的数量和方向进行移动,假设计算机硬件有8个输入端口和8个输出端口。

首先需要知道在磁盘上前进一个磁道所需要的步数。如果每英寸的螺杆有20条螺纹,那么螺杆转一整圈(360°)将前进1条螺纹,即1/20in。下面的方程式是由所有部件的传递函数相乘得到的,包括必要的转换因数(根据需要,如果可能的话,单位可以忽略),即

$$\frac{0.0125\text{in}}{磁道} \times \frac{20\ 螺纹}{\text{in}} \times \frac{360°}{螺纹} \times \frac{1\ 步}{15°} = \frac{6\ 步}{磁道}$$

因此,步进电动机必须步进6步才能在磁盘上前进一条磁道。

程序必须首先读取开关的状态,然后计算所需要步进的步数,最后向UCN-5801B依次输出步进命令脉冲。方向位必须是既可以读出,又可以通过它传递数据给UCN-5801B。

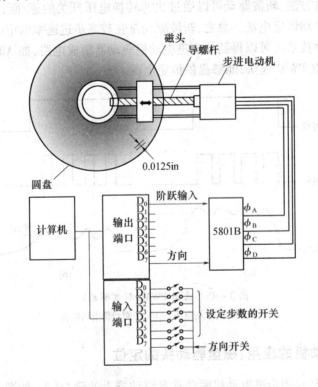

图3-46　步进电动机的硬件设置

表3-3所示为相应的BaSic程序及解释。输入端口接收来自8个开关的状态信息,对于输出端口,只使用8位之中的2位:最低有效位(LSB)DO用于步进输入脉冲和最高有效位(MSB)D7,用于方向控制。步进输入脉冲是通过使输出端DO置"高"一个周期,

然后再使其置"低"一个周期得到的。方向位来自开关的 MSB,只是简单传送程序和发送 MSB,并行 I/O 接口的地址当然要根据所使用的系统。在本例中,输入开关端口地址是 208(十进制),连接到步进电动机的输出端口地址为 208(十进制)。

表 3-3　控制磁盘驱动头的 BaSic 程序

程　序	解　释
10 SW = INP(209)	输入 8 位开关数据
20 IF SW < 128 THEN	如果 MSB = 0,那么方向位 = 0
EIR = 0	
ELSE	
D1R = 128	否则,设置方向位 = 1(10000000 = 128)
SW = SW - 128	并且移走 MSB,而保留磁道的数目
END IF	
30 PUL = S * 6	在每磁道 6 个脉冲的情况下,计算所需脉冲数目
49 REM SEND FILES	
50 B0RI = 1TOPUL	准备发送 PUL(脉冲数目)
60 HIGH = 1 + DIR	设置 LSB 为 1,并添加一个方向位
70 0UT 208,1	为接收步进脉冲发送一个"高"电平
80 FOR J = 1 To 100	这是一个脉冲宽度的延时循环
90 NEXT J	
100 HIGH = 1 + DIR	设置 LSB 为 0,并添加一个方向位
110 0UT 208,0	为定义脉冲结束发送一个"低"电平
120 FOR J = 1 To 100	这是一个脉冲为"低"的延时循环
130 NEXT J	
140 NEXT I	
150 END	返回,并发送下一个脉冲

习　题

3-1　反应式步进电动机的结构特点如何? 试述其基本工作原理。

3-2　何谓拍? 单拍制和双拍制区别如何?

3-3　什么叫步距角? 它有几种表示法? 其关系如何?

3-4　什么叫矩角特性和矩角特性曲线族?

3-5　何谓静稳定区、动稳定区及稳定裕度? 它们与步距角的关系怎样?

3-6　何谓起动转矩、最大静态转矩、它们与相数、运行方式都有什么关系?

3-7 何谓运行矩频特性、起动矩频特性和起动惯频特性? 什么是最高运行频率?

3-8 某五相步进电动机转子有48个齿,试计算其单拍制(即采用二相——三相运行方式)的步距角,并画出它们的矩角特性曲线族。

3-9 上题中,已知五相单五拍运行时的最大静态转矩为0.2 N·m,试问负载为0.18 N·m时,上述运行方式中哪一种能使该步进电动机正常运行?

3-10 四相反应式步进电动机,转子有50个齿,试计算各种运行方式的步距角。

第4章　旋转变压器

　　旋转变压器是一种输出电压与角位移呈连续函数关系的感应式微电机。说它是微电机，原因在于它的结构与绕线式异步电动机相似，由定子和转子两大部分组成，每一大部分又有自己的电磁部分和机械部分。从物理本质上看，旋转变压器也可以看成一种可以转动的变压器。原边绕组放置在定子上，副边绕组放置在转子上，原、副边绕组之间的电磁耦合程度与转子的转角有关，副边绕组输出电压的幅值将与转子的转角有关。

　　旋转变压器可以单机运行，也可以成对或三机组合使用。在随动系统中，它是一种精密测位用的机电元件，可以进行角度的测量及传输；在解算装置中，它可以作为解算元件，主要用于坐标变换、三角函数运算等；此外，还可以作为移相器和角度—数字转换装置。

4.1　变压器工作原理

　　变压器不是控制元件，但是变压器的工作原理和旋转变压器、自整角机、交流伺服电动机有很多相似的地方。甚至可以说，很多重要的控制元件的运行是基于变压器的工作原理，它们的分析方法也和变压器有相似之处。所以，在这一节中介绍变压器的工作原理，为以后的学习做理论准备。

4.1.1　变压器结构及种类

　　变压器是一种静止的电器，和电机一样，是以电磁定律作为理论基础。它是由铁心和绕在铁心上的两个或两个以上的绕组构成，并通过交变磁场联系着，用以把某一等级的电压和电流信号变换成另一种等级的电压和电流信号，有时也用于阻抗匹配。

　　绕组和铁心是变压器的最基本部件，称为电磁部分。变压器的绕组是变压器主要的电路部分，用绝缘铜导线绕制，绕组由原边和副边两部分组成。原边绕组接入输入电压（励磁电压），副边绕组接负载。原边绕组只有一个，而副边绕组可以有一个或多个，也可以与原边绕组有共同部分。原、副边绕组各有一个的绕组叫双绕组变压器，这是最常见的，也是本节重点分析的变压器，如图4-1(a)所示；副边有两个绕组的变压器叫三绕组变压器，如图4-1(c)所示；若原、副边绕组只有一套，副边绕组是从此绕组中的某一位置引出的就叫自耦变压器，如图4-1(b)所示。原、副边绕组一般都是绕成筒状，再经绝缘处理成为固体后套装在同一铁心柱上，如图4-2所示，图中，两个铁心柱上的原、副边绕组可分别进行串联或并联成为单独的一套原、副边绕组。

　　铁心是变压器磁场部分，一般由具有一定规格的硅钢片叠制而成，以减少交变磁通引起的铁心损耗。变压器铁心本身由铁心柱和铁轭组成。被绕组包围着的部分称为铁心，而铁轭则作为构成闭合磁路用。

　　按照硅钢片形状可将铁心分为C形和E形，相应的变压器可分为C形变压器和E形变压器，如图4-3及图4-4所示。

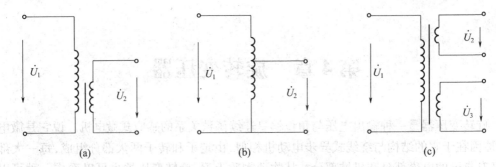

图 4-1　变压器绕组分类示意图

(a) 双绕组变压器；(b) 自耦变压器；(c) 三绕组变压器。

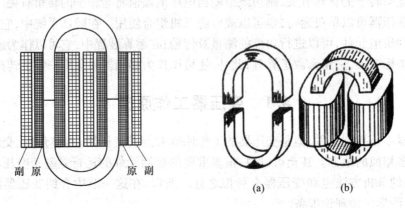

图 4-2　变压器的绕组

图 4-3　环形变压器结构示意图

(a) C 形铁心；(b) 环形变压器。

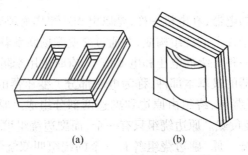

图 4-4　E 形铁心变压器结构示意图

(a) E 形铁心；(b) E 形变压器。

变压器还可以根据用途进行分类：

（1）电力变压器。用于输配电系统，容量从几十千伏安到十多万千伏安以上，电压等级从百伏到 500kV 以上。

（2）供特殊电源用的变压器。如电炉变压器，电焊变压器。

（3）调压变压器。用来调节电网电压，小容量调压器也应用在实验室中，如自耦变压器。

（4）量测变压器。电流互感器、电压互感器。

（5）实验用高压变压器。

（6）控制用变压器。即用于自动控制系统里的小功率变压器。

4.1.2 变压器的运行

变压器的运行状态主要有两种，即空载运行和负载运行。

1. 变压器惯例

为了研究变压器运行状态的规律，在列写方程式时有统一的符号和形式，首先要正确地表示变压器中电压、电流、电动势、磁通等物理量之间的相位关系，因此必须规定它们的正方向。图4－5中各物理量的箭头方向表示它们的正方向。

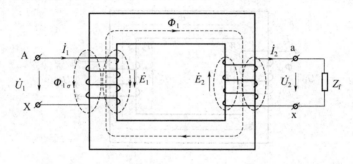

图4－5 变压器惯例

尽管正方向的规定是任意的，但由于电磁现象是有规律的，所以，选定的箭头方向必须与表示电磁规律的方程式相配合。只有这样，才能正确地描述真实的规律。因此，为了在各种电机中使用同一方程式表示同一电磁现象，就采用了选定箭头表示各物理量的方法，这就是所谓的"惯例"。

图4－5给出了变压器惯例，在原边绕组 AX 中，首先规定 $\dot{U}_1$ 的正方向，当 $\dot{U}_1$ 为正时，A 端电位高于 X 端电位。今后，将总是用 $\dot{U}_1$ 的正方向标示端电压的压降。第二步规定 $\dot{I}_1$ 的方向，当 $\dot{I}_1$ 和 $\dot{U}_1$ 同时为正时，电流从高电位点 A 流入变压器，这个惯例称为"电动机惯例"。尽管 A 和 X 交替地成为高电位点，但是 $\dot{U}_1$ 和 $\dot{I}_1$ 同时为正和同时为负时，功率都是自电源流入变压器。第三步规定 $\dot{\Phi}$ 的方向，根据右手定则和电流的正方向确定，即正电流产生正磁通，所以，磁通 $\dot{\Phi}$ 的正方向是顺时针方向。最后确定 $\dot{E}_1$ 的方向，若图4－5中的磁通 $\dot{\Phi}$ 正在增长，电动势的方向应产生削弱的磁通，即实际 e_1 此时是向上的。但习惯上往往标 $\dot{E}_1$ 正方向和 $\dot{I}_1$ 为同一方向，这样，$\dot{E}_1$ 的正方向将是向下的。根据这个惯例 $e_1 = -W_1 \dfrac{\mathrm{d}\Phi}{\mathrm{d}t}$，前面的负号就是这样得出的。今后，将总是用 $\dot{E}_1$ 的正方向标示绕组中的电动势升高。

在副边绕组 ax 中，首先规定 $\dot{E}_2$ 的正方向，由于副边绕组的绕法与原边绕组相同（左手螺旋），所以，$\dot{E}_2$ 的正方向同 $\dot{E}_1$ 一样；第二步规定 $\dot{I}_2$ 的方向，按照正电动势产生正电流的原则，$\dot{I}_2$ 的正方向按图4－5规定；第三步规定 $\dot{U}_2$ 的正方向，因为在副边采用"发电机惯例"，即 $\dot{U}_2$ 和 $\dot{I}_2$ 同时为正（或负）时，功率自变压器输出，这就要求电流自变压器流出。

113

2. 变压器的空载运行

变压器原边绕组接上规定的交流电源,而副边绕组开路时的运行方式称为变压器的空载运行状态。原边电流用 $\dot{I}_0$ 表示,副边电流 $\dot{I}_2 = 0$。相当于一个铁心线圈。图4-6表示变压器空载运行时的物理模型。空载时,在原边绕组上加有交流电压 $\dot{U}_1$,空载电流 $\dot{I}_0$,空载磁势 $W_1\dot{I}_0$ 产生交变磁通,其中大部分交变磁通在铁心中通过,同时与原、副边绕组匝链,称为主磁通,用 Φ 表示。还有少量磁通仅与原边绕组匝链而通过空气形成闭路,称为漏磁通,用 $\Phi_{1\sigma}$ 表示。

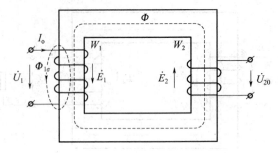

图4-6　变压器的空载运行

交变的磁通 Φ 和 $\Phi_{1\sigma}$ 将在其匝链的绕组中产生感应电动势。主磁通 Φ 在原、副边绕组中产生的感应电动势为

$$e_1 = -\frac{\mathrm{d}\psi_1}{\mathrm{d}t} = -W_1\frac{\mathrm{d}\Phi}{\mathrm{d}t}$$

$$e_2 = -\frac{\mathrm{d}\psi_2}{\mathrm{d}t} = -W_2\frac{\mathrm{d}\Phi}{\mathrm{d}t} \tag{4.1}$$

而漏磁通 $\Phi_{1\sigma}$ 只在原边绕组中产生感应电动势,即

$$e_{1\sigma} = -W_1\frac{\mathrm{d}\Phi_{1\sigma}}{\mathrm{d}t} \tag{4.2}$$

如果

$$\Phi = \Phi_{\mathrm{m}}\sin\omega t$$

则

$$e_1 = -W_1\frac{\mathrm{d}}{\mathrm{d}t}(\Phi_{\mathrm{m}}\sin\omega t) = -\omega W_1\Phi_{\mathrm{m}}\cos\omega t = \omega W_1\Phi_{\mathrm{m}}\sin\left(\omega t - \frac{\pi}{2}\right)$$

若令 $E_{1\mathrm{m}} = \omega W_1\Phi_{\mathrm{m}}$ 为感应电动势最大值,则

$$e_1 = E_{1\mathrm{m}}\sin\left(\omega t - \frac{\pi}{2}\right) \tag{4.3}$$

考虑到 $\omega = 2\pi f$,于是其有效值为

$$E_1 = \frac{E_{1\mathrm{m}}}{\sqrt{2}} = 4.44fW_1\Phi_{\mathrm{m}} \tag{4.4}$$

式中　f —— 电源频率;

114

W_1—— 原边绕组的匝数；

$\varPhi_m$—— 主磁通的最大值。

同理可得

$$E_2 = 4.44fW_2\varPhi_m \tag{4.5}$$

式中　W_2—— 副边绕组的匝数。

由于漏磁通所对应的磁势大部分消耗在空气磁阻上，则对应的漏电感相当于线性的，于是

$$\dot{E}_{1\sigma} = -\,\mathrm{j}\,\dot{I}_0\omega L_{1\sigma} = -\,\mathrm{j}\,\dot{I}_0 x_{1\sigma} \tag{4.6}$$

式中　$L_{1\sigma} = \dfrac{W_1\varPhi_{1\sigma m}}{\sqrt{2}\,I_0}$；

$x_{1\sigma} = \omega L_{1\sigma}$——对应于漏磁通的原边绕组漏电抗，它是一个常数。

在图 4-5 中，考虑原边绕组本身的电阻压降、漏感抗压降及感应电动势 $\dot{E}_1$，应用基尔霍夫第二定律，可列出原边的电压平衡方程式为

$$\dot{U}_1 = -\,\dot{E}_1 - \dot{E}_{1\sigma} + \dot{I}_0 r_1 \tag{4.7}$$

利用式(4.6)，并整理得

$$\dot{U}_1 = -\,\dot{E}_1 + \dot{I}_0(r_1 + \mathrm{j}x_{1\sigma}) = -\,\dot{E}_1 + \dot{I}_0 z_1 \tag{4.8}$$

式中　z_1——原边绕组的漏阻抗，$z_1 = r_1 + \mathrm{j}x_{1\sigma}$。

同理可得，副边绕组电压平衡方程式为

$$\dot{U}_{20} = \dot{E}_2$$
$$U_{20} = E_2 = 4.44fW_2\varPhi_m \tag{4.9}$$

在实际运行中，空载电流 $\dot{I}_0$ 低于额定值的 1/10，所以，它所产生的压降相对于 $\dot{E}_1$ 而言也很小，可忽略不计，则

$$\dot{U}_1 \approx -\,\dot{E}_1$$
$$U_1 \approx E_1 = 4.44fW_1\varPhi_m \tag{4.10}$$

比较式(4.9)和式(4.10)，有

$$\frac{U_1}{U_2} \approx \frac{E_1}{E_2} = \frac{W_1}{W_2} = k \tag{4.11}$$

式中　k——变压器变比。

3. 变压器的负载运行

当变压器的副边绕组接上负载 z_f 时，如图 4-5 所示，变压器就变成了负载运行。

在负载运行的副边回路中，由于电动势 $\dot{E}_2$ 的作用，将有电流 $\dot{I}_2$ 流过，于是产生了副边磁势 $\dot{I}_2 W_2$。根据楞次定律，$\dot{I}_2 W_2$ 的方向与原边绕组的磁势方向相反。因此，主磁通 $\varPhi$ 将

有减小的趋势,于是,$-\dot{E}_1$ 也将相应地有减小的趋势,这将引起原边绕组中电流的增大(因为 $\dot{I}_1 = \dfrac{\dot{U}_1 - (-\dot{E}_1)}{z_1}$)。所以,在负载运行时,原绕组的磁势将随负载电流的增大而自动地增加,以保证 $\varPhi_m$ 不变。电流的增大直至感应电动势 $\dot{E}_1$ 与电源电压 $\dot{U}_1$ 之间再次恢复平衡为止。正是由于电源电压 $\dot{U}_1$ 恒定不变,主磁通 $\varPhi$ 才能保证恒定不变。实际上,由于原边电流 $\dot{I}_1$ 的增大,使 $\dot{E}_1$ 略有减小,因此,$\varPhi$ 也略减小。

根据上面的分析,负载时,作用在主磁路上的磁势有两个,即原边绕组磁势 $\dot{I}_1 W_1$ 和副边绕组磁势 $\dot{I}_2 W_2$。铁心内主磁通 $\varPhi$ 是由上述两个磁势的合成磁势所产生。这样,将有磁势平衡方程

$$\dot{I}_1 W_1 + \dot{I}_2 W_2 = \dot{I}_0 W_1 \tag{4.12}$$

式中　$\dot{I}_1 W_1$——负载情况下原边绕组产生的磁势;

$\quad\;\dot{I}_2 W_2$——负载情况下副边绕组产生的磁势;

$\quad\;\dot{I}_0 W_1$——空载情况下原边绕组产生的磁势。

将式(4.12)移项后,整理得

$$\dot{I}_1 = \dot{I}_0 + \left(-\frac{W_2}{W_1} \dot{I}_2 \right) \tag{4.13}$$

或

$$\dot{I}_1 = \dot{I}_0 + \left(-\frac{1}{k} \dot{I}_2 \right) = \dot{I}_0 + \dot{I}_f \tag{4.14}$$

根据基尔霍夫定律,负载时变压器原、副边绕组的电压平衡方程为

$$\dot{U}_1 = -\dot{E}_1 + \dot{I}_1 (r_1 + jx_{1\sigma}) = -\dot{E}_1 + \dot{I}_1 z_1$$

$$\dot{U}_2 = \dot{E}_2 - \dot{I}_2 (r_2 + jx_{2\sigma}) = \dot{E}_2 - \dot{I}_2 z_2$$

式中　z_1,z_2——原、副边绕组的漏阻抗;

$\quad\; r_1,r_2$——原、副边绕组的电阻;

$\quad\; x_{1\sigma},x_{2\sigma}$——原、副边绕组的漏电抗。

4.2　旋转变压器结构和分类

4.2.1　旋转变压器的分类

旋转变压器有多种分类方法。若按有无电刷与滑环之间的滑动来分,可分为接触式和无接触式两种;按电机的极对数多少来分,可分为单对极和多对极两种;大多数情况下按输出电压与转子转角之间的函数关系来分,可分为以下 4 种:

1）正余弦旋转变压器

当旋转变压器的原边绕组外施单相交流电压励磁时，其副边两个绕组的输出电压分别与转子的转角呈正弦和余弦函数关系。

2）线性旋转变压器

它是在一定工作转角范围内，输出电压与转子转角呈线性函数关系的一种旋转变压器。

3）比例式旋转变压器

它除了在结构上增加了一个带有调整和锁紧转子位置的装置之外，其他都与正、余弦旋转变压器相同。在系统中作为调整电压的比例元件，相当于可调变比的旋转变压器。

4）特殊旋转变压器

它是在一定转角范围内，输出电压与转子转角呈某一给定函数关系（如正割函数、倒函数、圆函数及对数函数等）的旋转变压器。

4.2.2 旋转变压器的结构

接触式正、余弦旋转变压器结构如图 4-7 所示。

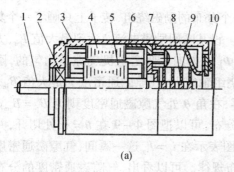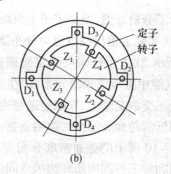

(a) (b)

图 4-7　旋转变压器的结构示意图

1—转轴；2—挡圈；3—机壳；4—定子；5—转子；6—波纹垫圈；
7—挡圈；8—集电环；9—电刷；10—接线柱。

旋转变压器的结构和绕线式异步电动机相似，由定子和转子两大部分组成，定子、转子铁心是采用高磁导率的铁镍软磁合金片或高硅钢片冲制，绝缘处理后叠压装配而成的。定子铁心内圆和转子铁心外圆都布有齿槽，分别嵌放着两个轴线在空间互相垂直的分布绕组，即两极两相绕组，其电气原理如图 4-8 所示。图中 D_1D_2 及 D_3D_4 分别为定子励磁绕组和定子补偿绕组，它们的结构参数完全相同；Z_1Z_2 及 Z_3Z_4 分别为转子的余弦输出绕组和正弦输出绕组，它们的结构和参数也完全相同。定子、转子间的气隙是均匀的，气隙磁场为两极（两极旋转变压器）。定子绕组引出线直接接到接线板上，而转子绕组要通过滑环和电刷接到接线板上。

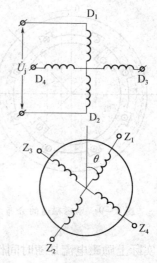

图 4-8　旋转变压器电气原理

117

4.3　正、余弦旋转变压器

旋转变压器可以看做是原边(这里是在定子上)与副边(在转子上)绕组之间的电磁耦合程度能随转子转角变化而改变的变压器。正、余弦旋转变压器则能满足输出电压与转子转角保持正、余弦函数关系。

4.3.1　正、余弦旋转变压器的空载运行

1. 空载运行时的气隙磁场

如果输出绕组 Z_1Z_2、Z_3Z_4 开路,定子补偿绕组 D_3D_4 也开路,只有定子励磁绕组 D_1D_2 施加交流励磁电压 u_j 时,这种工作状态为空载运行。

和普通变压器一样,励磁电流 i_j 流过励磁绕组后,产生励磁磁势,并建立起沿励磁绕组轴线(此轴线定义为直轴,用 d 表示;与直轴正交的轴定义为交轴,用 q 表示)方向的励磁磁通 Φ_j。由于其他 3 个绕组都开路,因此,电机气隙中只有励磁磁通 Φ_j,如图 4-9 所示。

为了分析方便,图中定子上只画了一个分布的励磁绕组,转子上只画了一个集中的输出绕组(实际上输出绕组也为分布绕组)。设某瞬间励磁电流 i_j 达到最大值 I_{jm},方向如图 4-9 所示,由右手定则可确定励磁磁通 Φ_j 的方向。假定电机气隙是均匀的,励磁磁通 Φ_j 在气隙中按余弦规律分布,即在励磁绕组轴线上,气隙磁通密度为最大值 B_{jm},而与励磁轴线正交的交轴上,气隙磁通密度为零,在角 θ 处气隙磁通密度则为 $B_j = B_{jm}\cos\theta$。为了用图形清楚地表示出气隙磁通密度的分布,可以把图 4-9 在 $\theta = \pi$ 处切开,并展开成如图 4-10 所示的磁通密度分布图。该图表示在 $i_j = I_{jm}$ 这一瞬间,气隙磁通密度沿定子内圆周和转子外圆周所环绕的空间的分布规律。可以看出,气隙磁通密度的分布对称于磁场轴线(即磁通密度分布曲线的幅值位置),而磁场轴线与励磁绕组的轴线重合。这种分布规律虽然是在 $i_j = I_{jm}$ 这一特定瞬间得到的,但它并不因观察时刻的不同而变化。

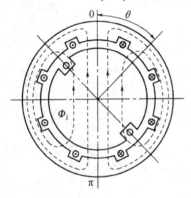

图4-9　励磁磁通的分布

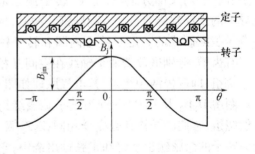

图4-10　励磁磁通密度分布展开图

实际上励磁电流是随时间作正弦交变的,而气隙磁通密度与励磁电流的瞬时值成正比,因此,气隙中各点的磁通密度也必定随时间作正弦变化。当励磁绕组通入如图 4-11

（a）所示的正弦电流时，在 t_1、t_2、t_3、t_4、t_5 这 5 个时刻来观察气隙磁通密度分布，可得到图 4-11（b）所示的 5 个不同时刻气隙磁通密度 B_{jt_1}、B_{jt_2}、B_{jt_3}、B_{jt_4}、B_{jt_5} 的空间分布曲线。

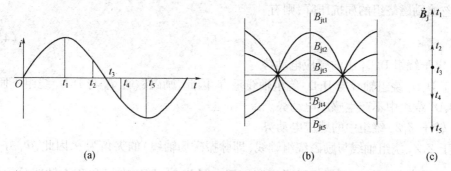

图 4-11　脉振磁场的分析

（a）励磁电流曲线；（b）气隙磁通密度分布曲线；（c）磁通密度空间向量 $\boldsymbol{B}_j$。

由此可见，空载时旋转变压器励磁磁场是一个磁场轴线在空间固定不动，磁通密度分布曲线幅值随时间作正弦交变的磁场。通常把这种磁场称为脉振磁场。其特点如下：

（1）对某一瞬间（如 t_1）而言，气隙各点磁通密度沿定子内圆周呈余弦分布，即

$$B_j = (B_{jm}\sin\omega t_1)\cos\theta \tag{4.15}$$

（2）对气隙中的某一点（如 θ_1）而言，该点的磁通密度随时间按正弦规律变化，即

$$B_j = (B_{jm}\cos\theta_1)\sin\omega t \tag{4.16}$$

总之，

$$B_j = B_{jm}\cdot\sin\omega t\cdot\cos\theta \tag{4.17}$$

概括地描述了脉振磁场的一般规律。

可以用一个空间向量 $\dot{\boldsymbol{B}}_j$ 表示脉振磁场，这个向量固定地位于磁场轴线上，其方向和 t 时刻的磁通方向相同，其大小与 t 时刻气隙磁通密度分布曲线的幅值 $B_{jm}\sin\omega t$ 成比例，这个向量称为磁通密度空间向量。在以后学习中，将用磁通密度空间向量来形象地描述脉振磁场。在一般分析中，都画励磁电流达到正向最大值时所对应的气隙磁通密度分布曲线和磁通密度空间向量。

2. 空载运行时各绕组的感应电动势

1）励磁绕组 D_1D_2 中的感应电动势

根据变压器的基本理论，在励磁绕组 D_1D_2 中，由交变磁通 Φ_j 产生的感应电动势的有效值 E_j 可表示为

$$E_j = 4.44fW_D\Phi_{jm} = 4.44fW_Dk_sB_{jm} \tag{4.18}$$

式中　Φ_{jm}——励磁磁通的幅值；

　　　B_{jm}——励磁磁通密度的幅值；

　　　k_s——磁通与磁通密度之间的比例系数。

由电压平衡方程式

$$\dot{U}_j = -\dot{E}_j + \dot{I}_j(r_j + jx_{j\sigma}) \tag{4.19}$$

式中 r_j—— 励磁绕组的电阻;

$x_{j\sigma}$—— 励磁绕组的漏电抗。

若忽略励磁绕组的漏抗压降,则有

$$\dot{U}_j \approx -\dot{E}_j \tag{4.20}$$

2) 定子绕组 D_3D_4 中的感应电动势

由于 D_3D_4 绕组轴线与 D_1D_2 绕组轴线垂直,因此,励磁磁通 Φ_j 与 D_3D_4 绕组不匝链,Φ_j 在 D_3D_4 绕组中不产生感应电动势。

3) 转子 Z_1Z_2 绕组中的感应电动势

由于 Z_1Z_2 绕组轴线与励磁绕组轴线(即脉振磁场轴线)的夹角为 θ,因此,Φ_j 并不完全与 Z_1Z_2 绕组相匝链。可以把磁通密度空间向量 $\boldsymbol{B}_j$ 沿 Z_1Z_2 轴线和 Z_3Z_4 轴线分解成两个分量 $\dot{\boldsymbol{B}}_{jc}$ 和 $\dot{\boldsymbol{B}}_{js}$,如图 4-12 所示,可见

$$B_{jc} = B_j \cdot \cos\theta$$
$$B_{js} = B_j \cdot \sin\theta$$

或

$$\Phi_{jcm} = k_s B_{jcm} = k_s B_{jm} \cdot \cos\theta$$
$$\Phi_{jsm} = k_s B_{jsm} = k_s B_{jm} \cdot \sin\theta$$

式中 Φ_{jcm}—— 与磁通密度 $\boldsymbol{B}_{jc}$ 所对应的磁通 Φ_{jc} 的幅值;

Φ_{jsm}—— 与磁通密度 $\boldsymbol{B}_{js}$ 所对应的磁通 Φ_{js} 的幅值。

由于磁通 Φ_{jc} 与 Z_1Z_2 绕组完全匝链,故在 Z_1Z_2 绕组中产生感应电动势的有效值 E_c 为

$$E_c = 4.44 f W_z \Phi_{jcm} = 4.44 f W_z k_s B_{jm} \cos\theta \tag{4.21}$$

由式(4.18)和式(4.20),式(4.21)可改写为

$$E_c = E_j \frac{W_z}{W_D} \cos\theta \approx k_u U_j \cos\theta \tag{4.22}$$

式中 $k_u = W_z/W_D$—— 旋转变压器转、定子的匝数比,即变比。

可见,空载且 $\dot{U}_j$ 保持不变时,转子输出绕组 Z_1Z_2 的输出电压与转子转角呈余弦函数关系。因此,称 Z_1Z_2 绕组为余弦输出绕组。

4) 转子绕组 Z_3Z_4 中的感应电动势

由于磁通 Φ_{js} 与 Z_3Z_4 绕组完全匝链,在 Z_3Z_4 绕组中产生的感应电动势 E_s 为

$$E_s = 4.44 f W_z \Phi_{jsm} \approx k_u U_j \sin\theta \tag{4.23}$$

可见,在空载且 $\dot{U}_j$ 恒定不变的条件下,转子绕组 Z_3Z_4 上的输出电压与转子转角呈正弦函数关系。因此,称 Z_3Z_4 绕组为正弦输出绕组。

4.3.2 正、余弦旋转变压器的负载运行

通过上面的分析可知,空载时旋转变压器的输出电压与转子的转角 θ 之间可以精确地呈正弦或余弦函数关系。但是,实际使用时总要接上一定的负载或放大器,或是另一个

旋转变压器等,实验表明,带上负载的旋转变压器,其输出电压不再与转子转角成正弦或余弦关系,出现了一定的偏差。偏差的大小与转角 θ 和负载电流有关。一般把这种输出特性偏离理想正、余弦规律的现象称为输出特性的畸变。正弦输出绕组接负载后线路如图 4-13 所示。畸变的输出特性曲线如图 4-14 所示。

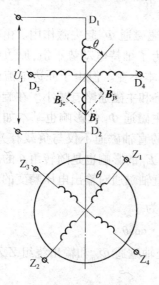

图 4-12 $\boldsymbol{B}_\mathrm{j}$ 的分解

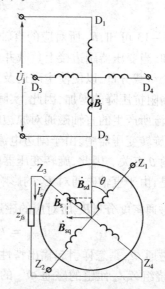

图 4-13   正弦绕组接负载

1. 畸变产生的原因

实验显示,这种畸变不但与转子转角 θ 有关,而且随着负载电流的增大而严重,可以断定,这种畸变是由转子输出绕组电流引起的。因此,必须分析电流流过转子绕组时产生的磁场及其对气隙磁场的影响。

如图 4-13 所示,当转子输出绕组 $Z_3 Z_4$ 接上负载 z_fs 时,在绕组 $Z_3 Z_4$ 中将有电流 $\dot{I}_\mathrm{s}$ 流过,且

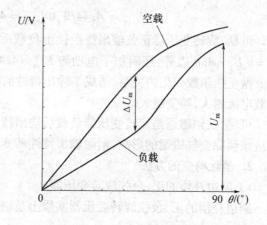

图 4-14   输出特性的畸变

$$\dot{I}_\mathrm{s} = \frac{\dot{E}_\mathrm{s}}{z_\mathrm{fs} + z_\mathrm{s}}$$

式中 z_s —— 转子正弦绕组的漏阻抗。

$\dot{I}_\mathrm{s}$ 在气隙中也将产生脉振磁场。该磁场的磁通密度沿定子内圆周同样按余弦分布,其曲线的幅值位于 $Z_3 Z_4$ 绕组的轴线上,也可用位于 $Z_3 Z_4$ 轴线上的磁通密度空间向量 $\boldsymbol{B}_\mathrm{s}$ 来表示,把 $\boldsymbol{B}_\mathrm{s}$ 看做在该位置和该负载下的转子电流达到最大时的磁通密度空间向量,并知 $\dot{B}_\mathrm{s}$ 正比于 $\dot{I}_\mathrm{s}$。把 $\dot{B}_\mathrm{s}$ 分解成两个分量:一个分量 $\boldsymbol{B}_\mathrm{sd}$ 与励磁绕阻 $D_1 D_2$ 轴线一致称为直轴

121

分量，由图 4 - 13 可知

$$B_{sd} = B_s \sin\theta$$

另一个分量 $\boldsymbol{B}_{sq}$ 与励磁绕组 $D_1 D_2$ 轴线正交，称为交轴分量

$$B_{sq} = B_s \cos\theta$$

由图 4 - 13 可知，$\boldsymbol{B}_{sd}$ 所对应的直轴磁通 $\boldsymbol{\Phi}_{sd}$ 对励磁磁通 $\boldsymbol{\Phi}_j$ 起去磁作用。由变压器基本原理可知，当变压器副边接上负载并通过电流时，为了维持电动势平衡，原边电流将自动增加一个负载分量，以便使主磁通及感应电动势基本不变。但由于原边电流的增加会引起原边漏阻抗压降的增加，因此，实际上感应电动势和主磁通略有减小。在旋转变压器中，副边电流所产生的直轴磁通对原边电动势 $\boldsymbol{E}_j$ 及主磁通 $\boldsymbol{\Phi}_j$ 的影响也基本如此。所不同的是，在旋转变压器中，由于副边电流及其所产生的直轴磁通不仅与负载有关，而且还与转子转角 θ 有关。因此，旋转变压器中直轴磁通对 $\boldsymbol{E}_j$ 的影响也是随转角 θ 的改变而变化的。但是，由于直轴磁通对 $\boldsymbol{E}_j$ 的影响很小，所以，直轴磁通对输出电压畸变的影响也很小。交轴磁通密度分量 $\boldsymbol{B}_{sq}$ 所对应的磁通 $\boldsymbol{\Phi}_{sq}$，其幅值为

$$\Phi_{sqm} = k_s B_{sqm} = k_s B_{sm} \cdot \cos\theta$$

交轴磁通 $\boldsymbol{\Phi}_{sq}$ 是怎样引起输出特性畸变的呢？交轴磁通 $\boldsymbol{\Phi}_{sq}$ 和输出绕组 $Z_3 Z_4$ 的夹角为 θ，故与绕组 $Z_3 Z_4$ 匝链的磁通 $\boldsymbol{\Phi}'_{sq}$ 的幅值为

$$\Phi'_{sqm} = \Phi_{sqm} \cdot \cos\theta = k_s B_{sm} \cdot \cos^2\theta$$

磁通 $\boldsymbol{\Phi}'_{sq}$ 在绕组 $Z_3 Z_4$ 中产生感应电动势，即

$$E'_{sq} = 4.44 f W_z \Phi'_{sqm} = 4.44 f W_z k_s B_{sm} \cos^2\theta \tag{4.24}$$

可见，旋转变压器正弦输出绕组接上负载后，除由直轴磁通在 $Z_3 Z_4$ 绕组产生电动势 $E_s = k_u U_j \cdot \sin\theta$ 以外，还附加了电动势 $E'_{sq} = 4.44 W_z k_s B_{sm} \cos^2\theta$，$E'_{sq}$ 破坏了输出电压随转角 θ 做正弦函数变化的关系，造成了输出特性的畸变。由于 $E'_{sq} \propto B_{sm}$，而 $B_{sm} \propto I_{sm}$，所以，负载电流越大，畸变越大。

可见，交轴磁通是旋转变压器负载后输出特性畸变的主要原因。为了改善系统性能，就应该消除交轴磁通的影响，消除输出特性畸变的方法也称为补偿。

2. 消除畸变的方法

1）副边补偿的正、余弦旋转变压器

副边补偿的正、余弦旋转变压器实质上是副边对称的正、余弦旋转变压器。其电气接线如图 4 - 15 所示，励磁绕组 $D_1 D_2$ 加交流励磁电压 $\dot{U}_j$，$D_3 D_4$ 绕组开路，转子 $Z_1 Z_2$ 绕组接阻抗 z_{fc}，应使阻抗 z_{fc} 等于负载阻抗 z_{fs} 以便得到全面补偿。

假设转子两相绕组电流所产生的交轴磁通正好相互补偿，这样电机气隙中只有合成的直轴磁通 $\boldsymbol{\Phi}_{\Sigma d}$，而 $\boldsymbol{\Phi}_{\Sigma d}$ 基本与空载时的励磁磁通 $\boldsymbol{\Phi}_j$ 一样，$\boldsymbol{\Phi}_{\Sigma d}$ 在正弦输出绕组和余弦输出绕组中分别产生感应电动势 E_s 和 E_c，在励磁绕组中产生 E_j，它们的时间相位相同，大小也和空载时一样，即

$$\begin{cases} \dot{E}_s = -k_u \dot{U}_j \sin\theta \\ \dot{E}_c = -k_u \dot{U}_j \cos\theta \end{cases} \tag{4.25}$$

这时,转子绕组中的负载电流$\dot{I}_c$和$\dot{I}_s$分别为

$$\begin{cases} \dot{I}_c = \dfrac{\dot{E}_c}{z_{fc} + z_c} = -\dfrac{k_u \dot{U}_j}{z_{fc} + z_c}\cos\theta \\[4mm] \dot{I}_s = \dfrac{\dot{E}_s}{z_{fs} + z_s} = -\dfrac{k_u \dot{U}_j}{z_{fs} + z_s}\sin\theta \end{cases} \tag{4.26}$$

在余弦绕组中,由负载电流$\dot{I}_c$产生的磁通密度是$\dot{\boldsymbol{B}}_c$,它的交轴分量$\dot{\boldsymbol{B}}_{cq}$为

$$B_{cq} = B_c\sin\theta = k_c \dot{I}_c\sin\theta$$

式中　k_c——B_c和$\dot{I}_c$之间的比例系数。

代入式(4.26)有

$$B_{cq} = B_c\sin\theta = -\frac{k_c k_u \dot{U}_j}{z_{fc} + z_c}\cos\theta\sin\theta \tag{4.27}$$

在正弦绕组中,由负载电流$\dot{I}_s$产生的磁通密度为$\boldsymbol{B}_s$,它的交轴磁通密度$\boldsymbol{B}_{sq}$为

$$B_{sq} = B_s\cos\theta = k_s \dot{I}_s\cos\theta$$

代入式(4.26)中,有

$$B_{sq} = -\frac{k_c k_u \dot{U}_j}{z_{fs} + z_s}\sin\theta\cos\theta \tag{4.28}$$

假定交轴磁通已经完全补偿,应有$\dot{\boldsymbol{B}}_{cq} = \dot{\boldsymbol{B}}_{sq}$,即

$$-\frac{k_c k_u \dot{U}_j}{z_{fc} + z_c}\cos\theta\sin\theta = -\frac{k_c k_u \dot{U}_j}{z_{fs} + z_s}\sin\theta\cos\theta$$

由此可得

$$z_{fc} + z_c = z_{fs} + z_s$$

由于旋转变压器定子、转子绕组都是两相对称绕组,即$z_c = z_s = z_z$,故有

$$z_{fc} = z_{fs} = z_f \tag{4.29}$$

式(4.29)表明,在负载情况下,旋转变压器正弦输出特性可通过余弦绕组实现完全补偿,其条件是余弦绕组的负载阻抗必须与正弦绕组的负载阻抗相等。这种补偿称为副边对称补偿。

在副边对称补偿时,转子绕组电流所产生的磁通密度直轴分量$\boldsymbol{B}_{cd}$和$\boldsymbol{B}_{sd}$分别为

$$B_{cd} = -\frac{k_c k_u \dot{U}_j\cos\theta}{z_f + z_z}\cos\theta$$

$$B_{sd} = -\frac{k_c k_u \dot{U}_j\sin\theta}{z_f + z_z}\sin\theta \tag{4.30}$$

转子绕组电流所产生的合成去磁直轴磁通密度为

$$B_{zd} = B_{cd} + B_{sd} = -\frac{k_c k_u \dot{U}_j}{z_f + z_z} \tag{4.31}$$

可见,在副边对称补偿时,直轴去磁磁通密度与转子转角 θ 无关,当电源电压 $\dot{U}_{\mathrm{j}}$ 和负载 z_{f} 不变时,B_{zd} 是一个常数,因此,励磁电流 I_{j} 也将是常数,与转子转角 θ 无关。

由以上分析可以得出结论:

① 在旋转变压器副边接入对称负载时,副边电流产生磁通的交轴分量正好得到完全补偿。

② 副边电流产生的合成磁通始终在直轴去磁通方向上(与 $\varPhi_{\mathrm{j}}$ 方向相反),在电源电压及负载不变的情况下,副边电流产生的合成磁通是与 θ 角无关的常量。

③ 副边补偿时,旋转变压器的励磁电流、输入功率和输入电阻均不随转角的改变而变化。

以上的结论,也同样适用于一般电机。

在副边补偿时,要求两个输出绕组的负载必须完全相同,若其中一个负载阻抗有变化,则要求另一个负载阻抗也同样变化,这在实际使用中往往不易达到。对于变动的负载阻抗,副边补偿不易实现时,可采用原边补偿的方法。

2)原边补偿的正、余弦旋转变压器

用原边补偿的方法也可以消除交轴磁通的影响。其接线如图 4-16 所示,此时定子 $\mathrm{D_1 D_2}$ 励磁绕组接通交流电压 $\dot{U}_{\mathrm{j}}$;定子交轴绕组 $\mathrm{D_3 D_4}$ 接阻抗 z_{q};转子 $\mathrm{Z_3 Z_4}$ 绕组接负载 z_{fs},而 $\mathrm{Z_1 Z_2}$ 绕组开路。

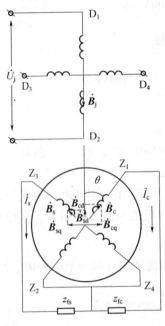
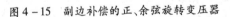

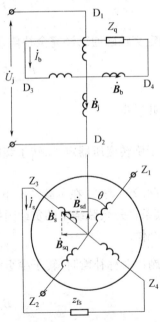

图 4-15 副边补偿的正、余弦旋转变压器   图 4-16 原边补偿的旋转变压器

正弦输出绕组中负载电流 $\dot{I}_{\mathrm{s}}$ 所产生的磁通密度 $\boldsymbol{B}_{\mathrm{s}}$ 可以分解为 $\boldsymbol{B}_{\mathrm{sd}}$ 和 $\boldsymbol{B}_{\mathrm{sq}}$。因磁通密度的直轴分量与励磁磁通密度 $\boldsymbol{B}_{\mathrm{j}}$ 方向相反,起去磁作用,它将由励磁绕组中的电流的改变

124

而予以补偿。而交轴磁通密度方向和定子补偿绕组 D_3D_4 的轴线方向一致,并在 D_3D_4 绕组中产生感应电动势 E_b,又因在补偿绕组中接入了阻抗 z_q,便有电流 I_b 通过,因而,产生交轴方向的磁通密度 $\boldsymbol{B}_b$,其方向与 $\boldsymbol{B}_{sq}$ 的方向相反,对 $\boldsymbol{B}_{sq}$ 起去磁作用。通常阻抗 z_q 很小,使补偿绕组近于短路状态,因此,产生的去磁作用很强,致使合成的交轴磁通 $\boldsymbol{\Phi}_{\Sigma q}$ 趋于零。

可以证明,当定子两相绕组的参数相同,阻抗 z_q 与交流励磁电源内阻抗 z_j 相等时,则转子输出绕组电流产生的交轴磁通对输出电压的影响就能得到完全补偿,从而消除了输出电压的畸变。由于原边补偿条件为 $z_q = z_j$,因为一般电源内阻抗 z_j 很小,所以实际应用中经常把交轴绕组直接短路,同样可以达到补偿的目的。

3)原、副边补偿的正、余弦旋转变压器

原、副边补偿的正、余弦旋转变压器如图 4-17 所示,此时,4 个绕组全部用上,转子两个绕组接有外阻抗 z_{fs} 和 z_{fc},允许 z_{fs} 有所改变。

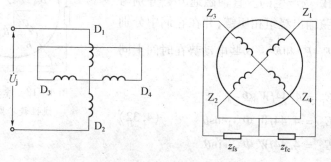

图 4-17 原、副边同时补偿的正、余弦旋转变压器

与单独副边和单独原边补偿的两种方法比较,采用原、副边都补偿的方法,对消除输出特性的畸变效果更好。这是因为,单独副边补偿所用阻抗 z_{fc} 与旋转变压器所带的负载阻抗 z_{fs} 的值必须相等。对于变动的负载阻抗来说,这样不能实现完全补偿。而单独原边补偿时,交轴绕组短路,此时负载阻抗改变将不影响补偿程度,而与负载阻抗值的改变无关,所以原边补偿显得容易实现。但同时采用原、副边补偿,对于减小误差,提高系统性能,将是更有利的。

4.4　线性旋转变压器

线性旋转变压器是指输出电压与转子转角 θ 成正比的旋转变压器。

实际上,当外施励磁电压不变时,正、余弦旋转变压器的输出电压与转子转角的正弦或余弦成正比,当转角 θ 很小时,$\sin\theta \approx \theta$,则正、余弦旋转变压器的输出电压与转角 θ 成正比。但是它与理想的线性输出是有偏差的。当 $|\theta| \leqslant 14°$ 时,偏差为 1%;当 $|\theta| \leqslant 4.5°$ 时,偏差为 0.1%。为了能在较大的转角范围内得到线性度较高的输出,必须改变正、余弦旋转变压器的接线而成线性旋转变压器。

如图 4-18 所示,将正、余弦旋转变压器的励磁绕组 D_1D_2 与转子余弦绕组 Z_1Z_2 串联后接励磁电源 U_j,补偿绕组 D_3D_4 仍短接,起补偿作用,正弦绕组 Z_3Z_4 接负载 z_{fs}。

4.4.1 空载时线性旋转变压器的输出电压表达式

当图 4-18 所示线性旋转变压器 Z_3Z_4 绕组开路时,将励磁绕组和转子余弦绕组串联

后接到交流电源 $\dot{U}_j$ 上,将有电流流过这两个绕组,分别产生 $\dot{B}_j$ 和 $\dot{B}_c$,磁通密度 $\dot{B}_j$ 为直轴磁通密度,而 $\dot{B}_c$ 可分解为直轴分量 $\dot{B}_{cd}$ 和交轴分量 $\dot{B}_{cq}$。因补偿绕组短接作为原边补偿,可以认为交轴分量磁通密度 $\dot{B}_{cq}$ 得到完全补偿,所以气隙中不存在交轴磁场。这时,在旋转变压器中只有合成的直轴磁通 $\Phi_{\sum d}$,它只是 $\dot{B}_j$ 和 $\dot{B}_{cd}$ 合成的直轴磁场产生的。直轴磁通 $\Phi_{\sum d}$ 分别与励磁绕组,正、余弦输出绕组相匝链,并在它们中分别产生感应电动势 $\dot{E}_j$、$\dot{E}_c$ 和 $\dot{E}_s$。这些电动势在时间上同相位,分别为

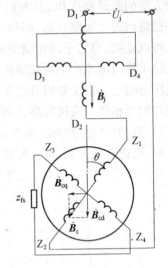

图 4-18 原边补偿的
线性旋转变压器

$$\begin{cases} E_j = 4.44fW_D\Phi_{\sum d} \\ E_c = 4.44fW_z\Phi_{\sum d}\cos\theta \\ E_s = 4.44fW_z\Phi_{\sum d}\sin\theta \end{cases} \qquad (4.32)$$

若忽略绕组中的阻抗压降,则

$$U_j = E_j + E_c = 4.44fW_D\Phi_{\sum d} + 4.44fW_z\Phi_{\sum d}\cos\theta$$
$$= 4.44fW_D\Phi_{\sum d}(1 + k_u\cos\theta)$$

式中:$k_u = W_Z/W_D$,于是得

$$\Phi_{\sum d} = \frac{U_j}{4.44fW_D(1 + k_u\cos\theta)} \qquad (4.33)$$

将式(4.33)代入式(4.32)得

$$U_{sco} = E_s = \frac{k_u U_j \sin\theta}{1 + k_u\cos\theta} \qquad (4.34)$$

经数学推导证明,当 $k_u = 0.52$ 时,在 $\theta = \pm60°$ 范围内,输出电压与转子转角成线性关系,与理想直线相比较,误差不超过 0.1%。但式(4.34)是在忽略了绕组阻抗压降后得出的,所以,结果是近似的。在实际的线性旋转变压器中,为了获得最佳的线性特性,在电源内阻很小时,其变比 k_u 一般取 0.56～0.57。所以,一台变比为 0.56～0.57 的正、余弦旋转变压器,若按图 4-18 所示接线,就可以作为线性旋转变压器使用。

4.4.2 负载时线性旋转变压器的输出电压表达式

当图 4-18 所示的正、余弦旋转变压器 Z_3Z_4 绕组接负载 z_{fs} 后,因采用原边对称补偿,其负载电流 I_s 所产生的磁通密度交轴分量 B_{sq} 也可以得到完全补偿,在气隙中仍然只有直

126

轴磁通 $\Phi_{\Sigma d}$。不过,此时 $\Phi_{\Sigma d}$ 是由 $\dot{B}_j$、$\dot{B}_{cd}$ 和 $\dot{B}_{sd}$ 合成的直轴磁通密度。而式(4.32)~(4.34)均没有变化。因此,在忽略绕组阻抗条件下,负载时输出电压 U_{sc} 仍和空载时 U_{sco} 一样。

线性旋转变压器的输出电压 U_{sc} 与转子转角 θ 的关系曲线如图 4-19 所示,当转子转角 θ 在 $\pm60°$ 范围内变化时,输出电压 U_{sc} 与转子转角 θ 的关系可以足够精确地符合线性关系。

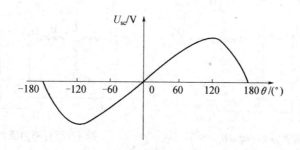

图 4 - 19　线性旋转变压器的输出特性

4.5　旋转变压器的应用

旋转变压器广泛应用于解算装置和高精度随动系统以及系统的电压调节和阻抗匹配等。在解算装置中主要用来求解矢量或进行坐标变换、求反三角函数、进行加减乘除及函数的运算等;在随动系统中进行角差测量或角度数据传输。下面以旋转变压器角差测量为例介绍其应用。

用一对相同的正、余弦旋转变压器,按图 4-20 所示方式接线,即两机定子绕组对应连接。第一台旋转变压器的转轴与发送轴相连,其转子绕组 Z_1Z_2 接励磁电源,Z_3Z_4 绕组短接作原边补偿。第二台旋转变压器的转轴与接收轴相连,从其转子绕组 $Z'_3Z'_4$ 上输出电压。通常把与发送轴相连的旋转变压器称为旋变发送机,把与接收轴相连的旋转变压器称为旋变变压器。下面来分析用一对旋转变压器测量角差的工作原理。

1. $\theta_1 = \theta_2 = 0°$ 的情况(图 4 - 20)

此时,旋变发送机和旋变变压器定子绕组的轴线分别与相应的转子轴线重合。当旋变发送机转子绕组 Z_1Z_2 接交流电源 $\dot{U}_j$ 后,产生沿 Z_1Z_2 绕组轴线磁通。在 $\theta_1 = 0°$ 的情况下,定子绕组只有 D_1D_2 产生感应电动势。由于 D_1D_2 绕组已和 $D'_1D'_2$ 绕组相连组成闭合回路,故有电流 $\dot{I}_D$ 流过该闭合回路,并产生沿这两个绕组轴线方向的磁通。由于 $\dot{I}_d$ 在这两个绕组中流动的方向相反,因而磁通方向也相反(设从 D_1 端流出,则从 D'_1 端流入),如图 4 - 20 所示。由于 $\theta_2 = 0°$,即输出绕组 $Z'_3Z'_4$ 与定子绕组 $D'_1D'_2$ 轴线互相垂直,感应电动势也为零,所以,$Z'_3Z'_4$ 绕组输出电压为零。

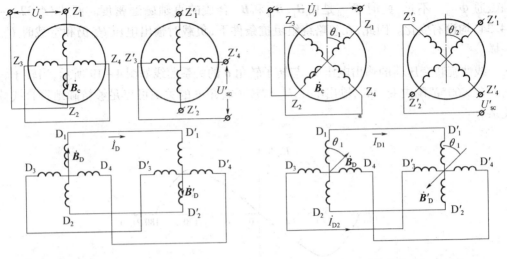

图 4-20　测角差线路$(\theta_1 = \theta_2 = 0^0)$　　　　图 4-21　测角差线路$(\theta_1 \neq \theta_2)$

2. $\theta_1 \neq \theta_2$ 的情况(图 4-21)

此时,定子绕组 D_1D_2 和 D_3D_4 均有感应电动势。由于 D_1D_2 和 $D'_1D'_2$ 相连,D_3D_4 和 $D'_3D'_4$ 相连,于是,在定子两闭合回路中将有电流通过。由于旋转变压器定子、转子绕组都是两相对称绕组,因而,对旋变发送机来说,其副边接有对称负载,相当于副边完全补偿,则定子两闭合回路中电流 I_{D1} 和 I_{D2} 产生的合成磁通密度将沿着励磁绕组 Z_1Z_2 的轴线方向,而且数值不变,同 $\theta_1 = 0°$ 时一样。所以,发送机转子转动 θ_1 角的结果是使定子绕组产生的磁通密度也相应地跟随转过 θ_1 角,但大小基本不变。由于旋变变压器定子绕组中的电流与旋变发送机定子绕组中的电流大小相等而方向相反,则旋变变压器定子电流产生的合成磁通密度必定与旋变发送机定子电流的合成磁通密度大小相等,方向相反。这里所指的相反,是指“相对于对接绕组的基准相轴线”而言,并不是相对于空间。这里的基准相轴线即 D_1D_2 和 $D'_1D'_2$ 对接相绕组的轴线。因此,旋变变压器定子绕组电流产生的合成磁通密度也将随送机转子转角改变而变化。如果旋变变压器转子所处的位置角度 $\theta_2 \neq \theta_1$,则由图 4-21 可知,旋变变压器定子绕组电流产生的合成磁通密度 $\boldsymbol{B}'_D$ 与其转子输出绕组 $Z'_3Z'_4$ 轴线夹角为 $90° - (\theta_1 - \theta_2)$。因此,当忽略绕组阻抗时,其输出电压 U'_{sc} 为

$$U'_{sc} = E'_s = E_{max}\cos[90° - (\theta_1 - \theta_2)]$$
$$= E_{max}\sin(\theta_1 - \theta_2) = E_{max}\sin\delta \qquad (4.35)$$

式中　δ——发送轴与接收轴转角差,$\delta = \theta_1 - \theta_2$;

　　　E_{max}——角差 $\delta = 90°$ 时,输出绕组中的感应电动势的有效值。

当 δ 很小时,$U'_{sc} \approx E_{max}\delta$。由此可见,利用图 4-21 所示的一对旋转变压器线路,可以测量两个转轴之间的转角差,测量精度可达 $3' \sim 5'$。

4.6　旋转变压器的选用

要正确使用旋转变压器,除了要了解其输出电压与转子转角的各种函数关系之外,还

要了解其误差特性,以及这些误差随使用条件(如温度、频率、电压等)的变化情况,以便根据不同的用途和要求合理选用适当精度的旋转变压器。

4.6.1 旋转变压器的误差特性

旋转变压器的误差主要有正、余弦函数误差,线性误差,电气误差,零位误差和相位误差等。

1. 正、余弦函数误差

正、余弦函数误差是指正、余弦旋转变压器的原边一相绕组以额定频率的额定电压励磁,另一相绕组短接,在不同转角时,副边两输出绕组电压值与理论正、余弦函数值之差对最大理论输出电压值之比,有时简称为函数误差。

图 4 – 22 中曲线①表示旋转变压器的正弦绕组实际输出曲线,曲线②表示理论正弦函数曲线,两者之差在 θ_0 处最大,差值为 ΔU_{max},故函数误差为

$$\frac{\Delta U_{max}}{U_{max}} \times 100\%$$

目前,我国的精密旋转变压器产品的函数误差为 $0.02\% \sim 0.05\%$。

2. 零位电压和零位误差

正、余弦旋转变压器的原边一相绕组以额定频率、额定电压励磁,另一相绕组短接,

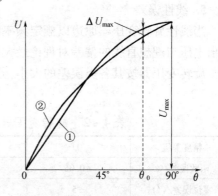

图 4 – 22　旋转变压器的函数误差

副边正弦输出绕组在转角为 0°和 180°时,输出电压应为零,则称 0°和 180°为正弦绕组的零位,余弦输出绕组在转角为 90°和 270°时,输出电压为零,称 90°和 270°为余弦绕组的零位。由于制造工艺和材料缺陷,实际的旋转变压器找不到一个角度,使其输出电压为零,而只能找到一个角度使输出电压最小。这个最小的电压值称为零位电压或剩余电压。对应零位电压的转子角位置称为旋转变压器的实际电气零位。这些零位的角度值不一定正好是 0°、180°、90°和 270°,而是有一定的误差,如可能是 0°5′、180°3′、89°56′、270°5′。这些误差(+5′、+3′、−4′、+5′)中最大正负偏差的绝对值之和称为旋转变压器的零位误差。零位误差表征了定子与转子两相绕组磁轴的正交性,因此,有时又称为正交误差。零位误差的大小将直接影响到解算装置和角度传输系统的精度。

零位电压由两部分组成:一部分是与励磁电源频率相同,但相位却相差 90°电角度的基波正交分量;另一部分是频率为励磁电源频率奇数倍的高次谐波分量。零位电压过高,将引起输出外接的放大器饱和。因而,旋转变压器的最大零位电压与额定输出电压 $k_u U_{je}$ (U_{je} 为额定励磁电压)之比不得超过表 4 – 1 中的规定值。

表 4 – 1　旋转变压器零位电压的允许值

机座号	12	20	28	36	45	55	70
$\dfrac{零位电压(mV)}{k_u U_{je}(V)}$	4	2.5	2	1.5	1	1	1.5

129

3. 输出相位误差

当正、余弦旋转变压器原边一相绕组以额定频率的额定电压励磁,另一相绕组短接时,其副边输出电压(基波)与励磁电压(基波)之间的相位差,称为输出相位误差。引起输出电压相位误差的主要因素是励磁绕组的电阻和铁心的铁损耗。

4. 电气误差

正、余弦旋转变压器原边一相绕组以额定频率的额定电压励磁,另一相绕组短接时,其副边两个绕组输出电压之比的反正切值与实际转角之差称为电气误差,以角分表示。电气误差包括了函数误差、零位误差、变比误差及阻抗不对称等因素的综合影响。它直接影响到角度传输系统的精度。

5. 线性误差

当线性旋转变压器原边以额定频率的额定电压励磁时,在工作转角范围内副边绕组输出电压与理想直线的偏差对理论最大输出电压之比。工作转角范围一般为 ±60°。

旋转变压器按其各类误差的大小,分为 4 个精度等级。各级精度的各类误差范围见表 4 – 2。

表 4 – 2　旋转变压器精度等级与各类误差允许范围

精度等级	0	1	2	3
函数误差/%	±0.05	±0.1	±0.2	±0.3
零位误差/(′)	±5	±10	±20	±30
电气误差/(′)	±5	±10	±20	±30
线性误差/%	±0.05	±0.1	±0.2	±0.3

不同类型的旋转变压器,对误差特性的要求也不同。例如,对角度数据传输用的旋转变压器,主要要求电气误差要小;对计算用的旋转变压器,主要要求函数误差和零位误差要小;对线性旋转变压器,主要要求线性误差要小等。这些误差特性之间不是孤立的,而是有联系的,因此,在设计时考虑的出发点及采取的措施并不完全相同。

4.6.2　使用条件对误差特性的影响

旋转变压器的工作环境(温度、气压等)一般是不断变化的。此外,旋转变压器在系统中工作时,其励磁电压和频率也不一定是恒定值,这对其误差特性会带来一些影响。

1. 励磁电压的影响

励磁电压的变化主要影响零位电压、变比和相位移,其表现为:

(1)零位电压随励磁电压的升高而增大。

(2)励磁电压在额定值以下较大范围内变化时,变比基本不变。当励磁电压超过额定值很多时,由于阻抗压降增大,变比将略有下降。

(3)当励磁电压低于额定值时,其相位移的值将变大。随着励磁电压的升高相位移呈下降的趋势,在较大的励磁电压范围内,相位移基本上保持不变,如图 4 – 23 所示。

旋转变压器的励磁电压一般不要高于额定值的 30% ~ 50%,励磁电压过高,将引起磁路饱和,使旋转变压器的性能变坏。

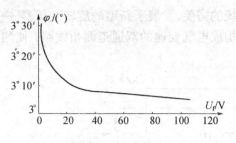

图 4 – 23　相位移随电压的变化

2. 励磁频率的影响

除特殊设计的旋转变压器能工作在很宽的频率范围内而保持变比基本不变之外,频率的变化将会影响一般旋转变压器的变比和相位移,如图 4 – 24 和图 4 – 25 所示。

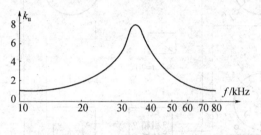

图 4 – 24　变比随频率的变化

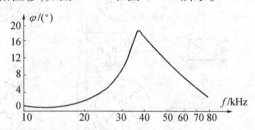

图 4 – 25　相位移随频率的变化

在额定频率附近,零位电压与频率无关,函数误差也不变。

值得注意的是,当励磁电压不变时,励磁电源频率不能低于额定值很多,因为 $U_j = 4.44fW\Phi_m$,显然,当频率下降很多而 U_j 不变时,Φ_m 将上升很多,致使电机磁路饱和,励磁电流增加很多,造成电机烧毁。

3. 温度变化对旋转变压器性能的影响

温度变化将影响变比和相位移,这主要是因为输入绕组的电阻受温度的影响变化较大(约为 0.4%/℃)。

4.7　多极旋转变压器及其在随动系统中的应用

4.7.1　双通道测角线路

在旋转变压器的应用一节中已经谈到,用一对旋转变压器测量角差可以获得较高的精度,如几个角分。但对于更高精度的同步随动系统,用上述一对旋转变压器组成的测角线路就不能满足要求了。这是由旋转变压器的制造精度所决定的。例如,即使零级精度的正、余弦旋转变压器,当旋转变压器输出电压为最小时,也可能有 5′的零位误差(见表 4 – 2)。这样,发送轴与接收轴就可能有 5′的误差。为了进一步提高精度,人们最初使用带有机械变速的双通道测角线路,如图 4 – 26 所示。这种机械变速的双通道测角系统虽然提高了测量精度,但其精度仍然不超过 2′~ 3′。因为这种机械变速式的双通道测角系统的精度受到减速齿轮制造误差的限制,目前,齿轮的制造误差最小可达 2′~ 3′。为了满足更高精度的角随动系统的需要,发展了新型的旋转变压器——多极旋转变压器。利用它可以不用减速齿轮而构成电气变速的双通道测角线路,使测量精度大为提高,最高可达 $3'' \sim 7''$。

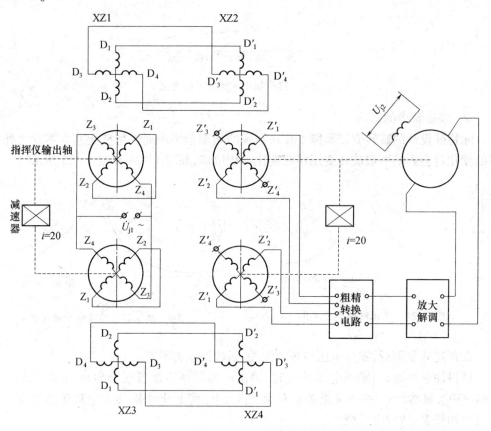

图 4 - 26 机械变速双通道系统

顾名思义,多极旋转变压器就是当其定子一相绕组加上交流励磁电压时,沿定子内圆周产生多对极的脉振磁场,其工作原理与一对极的旋转变压器完全相同,只是输出电压的有效值随转子转角变化的周期不同而已。一对极的旋转变压器,当其定子一相绕组励磁时,产生的是一对极的磁场,转子在空间旋转一周时,转子绕组中的电动势也按正弦(或余弦)规律交变一次,即输出电压的有效值随转子空间角位置变化的周期是 $360°$,如图 4 - 27(a)所示。p 对极的旋转变压器,当其定子一相绕组励磁时,产生 p 对极的磁场,转子在空间旋转一周时,转子绕组中的电动势要按正弦(或余弦)规律交变 p 次,即输出电压的有效值随转子空间角位置变化的周期为 $360°/p$,如图 4 - 27(b)所示。

众所周知,正(余)弦函数的变化周期是 $360°$电角度,在写正(余)弦函数表达式时,是用电角度表示的,由图 4 - 27 可知,一对极的旋转变压器的电角度与空间角度相等,而 p 对极旋转变压器的电角度为空间角的 p 倍,因此有

$$U_{s(1)} = U_{m(1)}\sin\theta$$
$$U_{s(p)} = U_{m(p)}\sin p\theta \qquad (4.36)$$

式中 $U_{m(1)}$ —— 只有一对极的旋转变压器最大输出电压的有效值;

132

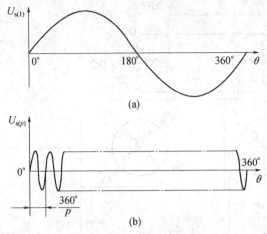

图 4 – 27　旋转变压器输出电压与转子空间转角的关系

(a) 1 对极；(b) p 对极。

$U_{m(p)}$ —— p 对极旋转变压器最大输出电压的有效值。

电气变速的双通道同步随动系统如图 4 – 28 所示。图中 XFS 和 XBS 是两个一对极的旋转变压器，它们组成粗测通道；XFD 和 XBD 是两个 p 对极的旋转变压器，它们组成精测通道。两个通道的旋变发送机 XFS、XFD 以及旋转变压器 XBS、XBD 分别直接耦合，图 4 – 28 中虚线表示机械连接。两个通道的输出端通过粗精转换电路后接至解调放大器，其输出电压控制直流伺服电动机转动，伺服电动机转轴直接和负载以及粗测旋转变压器 XBS 耦合。

当发送轴转角为 θ_1 时，XFS 定子电动势的电角度也为 θ_1，而 XFD 定子电动势的电角度为 $p\theta_1$，当接收轴转角为 θ_2 时，XBS 定子电动势的电角度为 θ_2，而 XBD 定子电动势的电角度为 $p\theta_2$，据一对极旋转变压器测角差的原理可知，输出电压的有效值是两机转子转角差的正弦函数，用一对多极旋转变压器测角差时，输出电压的有效值也是转子转角差的正弦函数。但角差是电角度之差而不是机械角之差，因此有

$$U_{cs} = U_{m(1)}\sin(\theta_1 - \theta_2) = U_{m(1)}\sin\delta \qquad (4.37)$$

$$U_{js} = U_{m(p)}\sin(p\theta_1 - p\theta_2) = U_{m(p)}\sin p\delta \qquad (4.38)$$

式中　U_{cs} —— 粗测通道输出电压；

　　　U_{js} —— 精测通道输出电压。

图 4 – 29 中曲线①和曲线②分别为失调角 δ 较小时 U_{cs} 和 U_{js} 的波形。假定在差角 δ_0 时，一对极旋转变压器的输出电压 U_0，经解调放大后刚好不能驱动直流伺服电动机转动，造成系统有误差 δ_0。如果改用多对极旋转变压器，当差角为 δ_0 时，其电气差角被放大了 p 倍，应有较大的输出 $U_{js} = U_{m(p)}\sin p\delta_0$（见图 4 – 29 中 A 点）。显然，经解调放大后能驱动直流伺服电动机继续转动，直到 $U_{js} = U_0$ 时（见图 4 – 29 中 B 点）伺服电动机才停转，此时，系统的误差为 δ'_0。由图 4 – 29 可以看出，δ'_0 比 δ_0 小得多，因而，系统的精度大大提高了。一般说来，多极旋转变压器的极对数越多，系统的精度就越高。

那么，为什么需要粗、精两条通道呢？只用精测通道行不行呢 我们说不行。因为精测通道的高精度并不是在任何情况下都能保证的。下面就来分析这个问题。

133

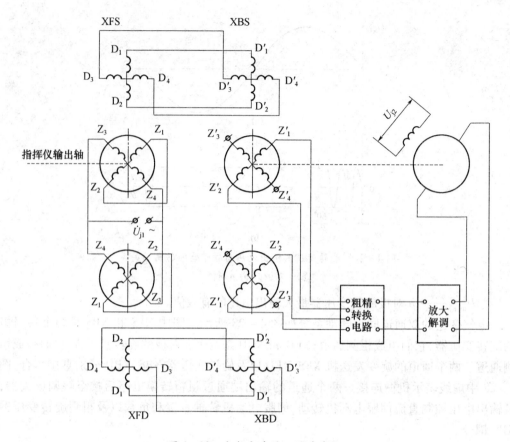

图 4 - 28 电气变速的双通道系统

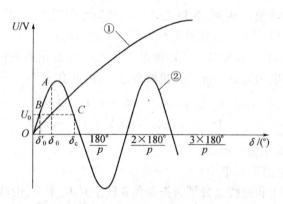

图 4 - 29 粗精通道输出电压与转角差的关系曲线

假设直流伺服电动机的死区电压为零,即说明只要 XBD 有输出电压,就可以使伺服电动机转动。这里再强调指出,若测角线路输出正电压,伺服电动机就带着负载及旋转变压器朝消除角差方向(设为正方向)旋转;反之,若输出负电压,伺服电动机就将向相反的方向(设为负方向)旋转。由图 4 - 29 可知,当角差为 $k \cdot 180°/p (k = 1,2,3,\cdots)$ 时,XBD 输出都是零,伺服电动机都不能转动,但这些都不是发送轴与接收轴的协调位置,称为虚假协调位置。由此可知,若只有精测通道时,当角差大于 $180°/p$ 以后,系统就有可能在虚假协调位置上稳定。实际上是丧失了协调能力,也就谈不上精度了。

假设 U_0 经解调放大后正好是伺服电动机的死区电压,由图 4-29 可知,只要角差 $\delta > \delta_e$,精测通道测量精度就会低于粗测通道了。因此,为了保证精度,必然将粗、精两条通道配合使用,即在大失调角时,由粗测通道的输出来控制执行电机,当执行电机将负载及接收机带入小失调角范围后,再由精测通道输出来控制执行电机。这两种输出电压的转换任务由粗精转换电路来完成。关于粗精转换电路,可参阅有关书籍。

4.7.2 多极旋转变压器的结构

多极旋转变压器除了在角度数据传输的同步系统中得到广泛的应用之外,还可以用于解算装置和模/数转换装置中。用于伺服系统的多极旋转变压器,一般是 30、40、50、60、72 极;用于解算装置和模数转换装置中的多极旋转变压器,一般是 16、32、64、128 极。

多极旋转变压器有粗、精机分装式的结构和粗、精机结合在一起的组合结构。多极旋转变压器几种基本结构形式如图 4-30 所示。

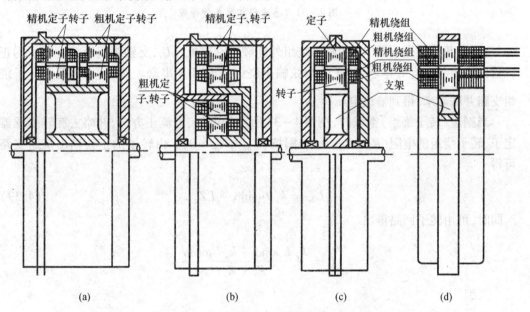

图 4-30 多极旋转变压器的基本结构形式

(a) 机械组合(平行式);(b) 机械组合(重叠式);(c) 磁路组合(盘式);(d) 磁路组合(环式)。

4.8 感应移相器

感应移相器是一种输出电压的幅值恒定、而相位角与转子转角成线性函数关系的交流控制电机。它的结构形式和正、余弦旋转变压器相同。实际上,它是旋转变压器的一种特殊工作方式。

感应移相器在自动控制系统中作为移相元件用。它有多种分类方法,如按所使用的电源来分,有单相感应移相器、两相感应移相器、三相感应移相器 3 种;如按电机的极对数来分,有单对极和多对极两种;如按结构上有无滑环、电刷的滑动接触来分,包括有接触式感应移相器和无接触式感应移相器。此外,还有双通道感应移相器。

我国目前生产的感应移相器有 YG 系列,它是一种接触式的单对极感应移相器。

4.8.1　感应移相器的工作原理

将正、余弦旋转变压器作为移相器使用,其接线如图 4-31 所示。

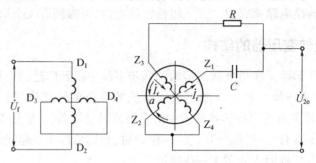

图 4-31　感应移相器工作原理

正、余弦旋转变压器 RT 的励磁绕组外施额定励磁电压 $\dot{U}_\mathrm{f}$,交轴绕组短接。转子的正弦输出绕组与电容 C 串联,转子的余弦输出绕组与电阻 R 串联。然后,再将两个转子绕组支路并联起来,得到输出电压 $\dot{U}_{2\mathrm{o}}$。

当副边(转子绕组)空载时,按图 4-31 所示的电压、电流正方向,并略去旋转变压器定子、转子绕组的电阻($R_\mathrm{s} = R_\mathrm{r} = 0$)和漏抗($X_{\sigma\mathrm{s}} = X_{\sigma\mathrm{r}} = 0$),由转子的正弦输出绕组支路可得

$$\dot{U}_{2\mathrm{o}} = k_\mathrm{u} \dot{U}_\mathrm{f}\sin\alpha - \dot{I}_\mathrm{r}Z_\mathrm{c} \qquad (4.39)$$

同时,可由转子回路得出

$$\dot{I}_\mathrm{r} = \frac{k_\mathrm{u} \dot{U}_\mathrm{f}\sin\alpha - k_\mathrm{u} \dot{U}_\mathrm{f}\cos\alpha}{Z_\mathrm{r} + Z_\mathrm{c}}$$

又因

$$\begin{cases} Z_\mathrm{r} = R \\ Z_\mathrm{c} = \dfrac{1}{\mathrm{j}\omega C} = -\mathrm{j}\dfrac{1}{\omega C} \end{cases}$$

所以

$$\dot{U}_{2\mathrm{o}} = k_\mathrm{u} \dot{U}_\mathrm{f}\left[\sin\alpha - (\sin\alpha - \cos\alpha)\frac{-\mathrm{j}\dfrac{1}{\omega C}}{R - \mathrm{j}\dfrac{1}{\omega C}}\right]$$

若调节电阻 R 的大小,使 $R = \dfrac{1}{\omega C}$,则上式将变为

$$\dot{U}_{2\mathrm{o}} = k_\mathrm{u} \dot{U}_\mathrm{f}\left[\sin\alpha - (\sin\alpha - \cos\alpha)\frac{-\mathrm{j}}{1 - \mathrm{j}}\right]$$

136

$$= \frac{k_u \dot{U}_f}{\sqrt{2}} [\cos(\alpha - 45°) + j\sin(\alpha - 45°)] = \frac{k_u \dot{U}_f}{\sqrt{2}} e^{j(\alpha - 45°)} \qquad (4.40)$$

由式(4.40)可以看出:

(1) 如果将正、余弦旋转变压器按图 4-31 所示接线,且使电阻 $R = \frac{1}{\omega C}$ 时,便可作移相器用。

(2) 作移相器使用时,输出电压 $\dot{U}_{2o}$ 相对于电压 $\dot{U}_f$ 在时间相位上移过了 $\alpha - 45°$ 的相角,其中 α 即为转子转角。

(3) 输出电压 $\dot{U}_{2o}$ 的大小固定不变,它为正、余弦旋转变压器最大输出电压的 $\frac{1}{\sqrt{2}}$。

4.8.2 感应移相器的应用举例

感应移相器在自动控制系统中作为移相元件,它除了广泛应用于需要调节电源相位的装置外,还可以用在角度测量和脉冲测距方面,下面举例说明。

1. 控制电机的测试设备

在控制电机的性能测试中,常常需要测定输出电压的基波同相分量和正交分量,这时就要用到相敏电压表(相敏指零仪),而相敏电压表又要通过移相器作为它的供电电源。

相敏电压表是为测定不同相位电压而专门设计的一种高灵敏度仪表。它的面板上有两只指示表头:一只是普通的晶体管电压表,可测量电压;另一只是相敏指零表头,它的读数 U 为

$$U \propto U_m U_{ref} \cos\varphi \qquad (4.41)$$

式中　U_m—— 待测定的信号电压;

　　　U_{ref}—— 参考的基准电压,即相敏电压表的供电电压,也就是移相器的输出电压;

　　　φ—— 待测定的信号电压 U_m 与参考的基准电压 U_{ref} 之间的相位角。

当调节移相器的转子转角,使相敏电压表的参考基准电压 U_{ref} 和被测定的信号电压 U_m 中的基波同相分量的相位一致时,相敏指零表头上的读数就是基波同相分量电压的数值。而这时基波正交分量电压与参考基准电压 U_{ref} 之间的相位角 $\varphi = 90°$,它在指零表头上的读数应为零。

若要测试被测信号电压 U_m 中的基波正交分量,只需转动移相器的转角,由上述位置转过 $90°$,使参考基准电压 U_{ref} 的相位角也相应移过 $90°$,这时相敏指零表头上的读数就是基波正交分量电压的数值。

相敏电压表(相敏指零仪)还可用于异步测速发电机输出电压线性误差的测量,自整角机基准电气零位的确定及电气误差、零位误差的测量,旋转变压器的函数误差、零位误差、电气误差和输出相位移的测量。

2. 用多极感应移相器测试步进电动机的步距角精度

步进电动机当定子绕组中输入一个电脉冲后,转子就转过一定的角度,此角度就称为步距角。在数控机床中为了保证加工工件的精度,对步进电动机的步距角精度要有一定要求。步距角的精度包括相邻角误差和累计角误差,它有许多种测量方法。这里仅介绍

用多极感应移相器来测量它的步距角精度。

图 4-32 是步进电动机步距角精度测量装置的框图。当步进电动机随着所给的电脉冲每转过一个步距角 θ_b 时,和它同轴的多极感应移相器也转过同样的空间角度,而其输出电压的相位角变化则为 $\varphi = p\theta_b$,其中 p 为极对数。输出电压经选频器再送入相位计,就将其相位角变化量 φ 转换成相应的直流电压。因此,数字电压表的读数就表示了输出电压的相位角变化量。经过简单的折算即可得到所需的步距角误差。数字电压表测得的每一步距角和起始角度之差再与标准值相比较,由其差值就可以确定出步距角的累计误差。数字电压表所显示的前一步与后一步之差与标准步距角相比,其差值就是相邻步矩角误差。

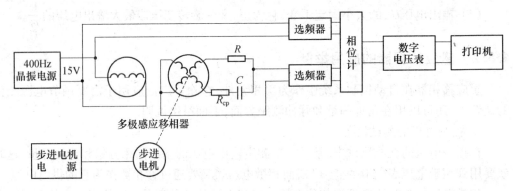

图 4-32   用多极感应移相器测量步进电动机步距角误差的框图

3. 雷达脉冲测距系统

雷达脉冲测距原理是由发射机发出的探测脉冲遇到目标后形成反射波,再通过雷达接收机接收,因电磁波在空间的传播速度为光速,即 $c = 3 \times 10^8 \mathrm{m/s}$,所以测量电波由发出至到达目标,再由目标返回所需的时间间隔 t,便可测定目标的距离 s,即

$$2s = ct$$

则

$$s = \frac{1}{2}ct \tag{4.42}$$

若目标与雷达之间相距为 1km,此时间间隔应为

$$t = \frac{2s}{c} = \frac{2 \times 10^3}{3 \times 10^8}\mathrm{s} = 6.67 \times 10^{-6}\mathrm{s} = 6.67\mu\mathrm{s}$$

雷达发射的探测脉冲经目标反射后再返回雷达接收机称为反射脉冲,这个过程所需的时间可以从雷达显示管上确定,如图 4-33 所示。所以通过显示管可直接测出雷达与目标之间的距离。

为了能精确地测定雷达与目标之间的距离值,通常采用由粗测距管和精测距管组成的顺序测距法。先通过粗测距管测定目标距离的公里数,再由精测距管测定其余的米数,这种方法的测量精度可达几十米。通过在精测距管的水平极板上加有一定频率的正弦电压进行扫描,若显示一次扫描所需的时间为 $6.67\mu\mathrm{s}$,即正弦扫描电压的半个周期,在此相应的时间内,脉冲经过的距离为 1km,如图 4-34 所示。

138

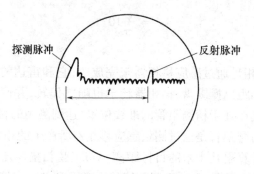

图 4 – 33　雷达显示管上表示的探测脉冲和反射脉冲

如果雷达接收机接收到反射脉冲时恰好是正弦扫描电压的零值,此时在精测距管上反射波的光点就位于中心处,即位于准线上。一般情况是当正弦扫描电压的相位角为 φ 时才接收到反射脉冲。这样,反射波的光点就出现在精测距管准线的一侧,如图 4 – 35 所示。为了精确地测定目标的距离,一般并不是通过测量准线和反射波光点之间的位移来确定,而是设法将反射波的光点移至准线位置处。

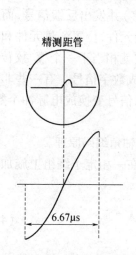

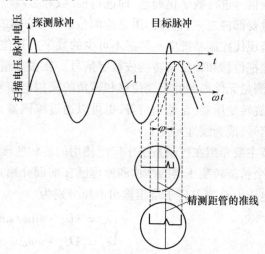

图 4 – 34　精测距管中用
正弦扫描电压来测量距离

图 4 – 35　用感应移相器使正弦扫描
电压产生相位移进行测距的原理
1—正弦扫描电压;2—改变相位角 φ 后正弦扫描电压。

为达到这一要求需要将正弦扫描电压的相位角移过 φ 角,使移相后的正弦扫描电压为零值时,正好出现反射波光点,如图 4 – 35 所示。根据正弦扫描电压所移过的相位角 φ 的大小便可确定相应的距离值,并由雷达距离操纵盘上直接读出。

设正弦扫描电压的周期为 T,当正弦波扫描电压移相 φ 角时,与此相对应的距离值为

$$s' = \frac{\varphi}{2\pi} T \frac{c}{2} = \frac{cT}{4\pi} \varphi$$

若正弦扫描电压的频率 $f = 75\mathrm{kHz}$,其周期 $T = \frac{1}{f} = \frac{4}{3} \times 10^{-5}\mathrm{s}$,并代入上式中可得

$$s' = \frac{\varphi}{\pi} 10^3$$

式中,s'的单位是 m。

正弦扫描电压的移相是通过感应移相器来完成的,它和雷达的距离操纵盘同轴。雷达观测员在测距时,转动距离操纵盘,移相器转子也随之偏转,并使正弦扫描电压产生相位移,从而使反射波的光点处于精测距管的准线位置,达到测距的目的。

在顺序测距法中,精测距管是通过测量感应移相器所产生的相位移,确定扫描电压在一个周期中的时差,并计算出几十米的目标距离。与正弦扫描电压周期成整数倍的时差 nT 以及相对应的整公里的距离,可在粗测距管的距离操纵盘上直接读出。两者之和为目标的全距。

4.9　轴角编码器

在自动控制和自动检测领域中,数字技术和微型计算机、单片机的广泛应用,需要对各种检测信号进行数字化处理,即进行模/数和数/模转换。位置测量元件是闭环控制系统中的重要部件之一,它的作用是检测位移(角位移或线位移)并发出反馈信号,而轴角编码器是现代控制系统中一种必不可少的数字式角位移测量元件,位置测量元件和轴角编码器能把位移和轴转角转换成数字信号。在很多情况下它就相当于一个模/数转换装置,把从测量元件得到的有关位移和转角的模拟电信号转换成数字信号。有一些非线性元件,如旋转变压器、自整角机等,也可以通过编码器,将输出信号变换成电脉冲个数,变成数字信号,成为线性元件。

本节主要介绍在控制系统中广泛使用的旋转变压器及其轴角编码原理。

正、余弦旋转变压器的结构和原理已在前面介绍过。若在一相定子绕组上施加一交流参考电压 U_{ref},则其转子绕组输出电压分别为

$$\begin{cases} e_{\mathrm{s}} = kU_{\mathrm{m}} \cdot \sin\omega t \sin\theta \\ e_{\mathrm{c}} = kU_{\mathrm{m}} \cdot \sin\omega t \cos\theta \end{cases} \tag{4.43}$$

式中　k —— 变压比(以下假设 $k=1$);

　　　ω —— 励磁电压(亦称为参考电压)角频率;

　　　U_{m} —— 励磁电压的幅值。

当轴角 θ 固定时,旋转变压器的输出电压波形为正弦波,幅值大小与 θ 角的正弦或余弦有关。应当明确的是,旋转变压器输出信号仅仅引入了空间上的相移而不是时间上的相移。

如果对式(4.43)表示的电压进行相敏解调,即可用于模拟位置闭环控制。若采用直接数字闭环,则必须将轴角 θ 编码为数字量 D,使 $D \approx \theta$。那么如何寻找 e_{s}、e_{c} 与 θ 的关系,这就是要解决 $D = f(\theta)$ 的问题。由式(4.43)不难看出,当取正峰值时,即 $\sin\omega t = 1$ 时,则有

$$\begin{cases} e_{\mathrm{s}} = U_{\mathrm{m}} \cdot \sin\theta \\ e_{\mathrm{c}} = U_{\mathrm{m}} \cdot \cos\theta \end{cases} \tag{4.44}$$

其曲线可描绘成图 4-36 所示,可见 e_s、e_c 单个而言都不是 θ 的单值函数。但 e_s、e_c 可确定唯一的 θ 值,或者说 e_s、e_c 两者联合,其值是 θ 的单值函数。因此 θ 在 0°~360°时,单值的 e_s、e_c 对应于一个确定的 θ,即用 e_s、e_c 的编码就可以确定 θ 的大小。

1. 编码原理

假如要编码的轴角具有电压信号发生器的功能,且电压信号发生器的信号 e 是 θ 的某一单值函数,当 $e=f(\theta)$ 是已知(图 4-37)时,为了对轴角 θ 进行编码,可通过对电压 e 进行编码,即将电压 e 转换为与其成比例的数字量 D,然后通过微处理器将函数 $e=f(\theta)$ 事先存到存储器中,将电压 e 的数码 D 作为存储器的地址码,数字量 θ 作为该地址码的内容,通过"查表法"得到轴角 θ 的编码。表 4-3 给出了 θ 在 0°~45°范围内时,$e=f(\theta)=\sin\theta$ 的 8 位地址码与对应的轴角 θ 值的关系。

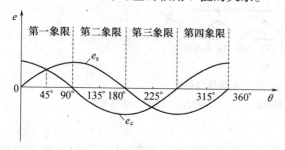

图 4-36　旋转变压器 $e_s-\theta$、$e_c-\theta$ 曲线 　　　　图 4-37　$e=f(\theta)$ 曲线

表 4-3　8 位地址与轴角值关系

地址码	存储器内容	地址码	存储器内容
0	0°	⋮	⋮
1	9.5′	248	43°26.5′
2	19′	249	43°40′
3	28.5′	250	43°53′
4	38′	251	44°6.5′
5	47.5′	252	44°20′
6	57′	253	44°33.5′
7	1°6.5′	254	44°46.5′
8	1°16′	255	45°

然而,旋转变压器输出电压 e_s、e_c 在 0°~360°范围内都不是轴角 θ 的单值函数,所以不能简单地直接用上述"计算法"或"查表法"来得到轴角 θ 的数字量编码。但这一思路还是有用的。

由图 4-36 可变换为图 4-38 所示波形,可见图 4-36 所示的函数是在 0°~360°范围内呈周期性变化,整个函数在 0°~360°范围内等分为 8 个区间(称为卦限)。在每个 45°卦限内,此函数是单值的。为根据此函数求得 θ 值,首先要判断轴角 θ 处于第几个卦限,再依据函数值求出第一卦限 0°~45°范围内轴角值,这样就将研究 0°~360°范围内轴角编码缩小为研究 0°~45°范围内轴角编码,从而可以根据"计算法"或"查表法"得到 0° ~360°间任何轴角的编码。

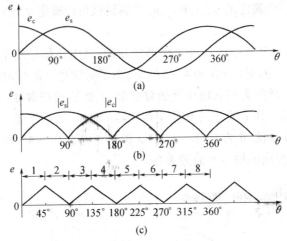

图 4-38　e_s、e_c 信号变换后的波形

(a) e_s、e_c 的波形;(b) e_s、e_c 绝对值的波形;(c) 卦限表示的周期性单值函数。

2. 实现方法

表 4-4 绘出了 8 个卦限轴角的计算公式,其中 $\Delta\theta$ 为第一卦限(0°~45°)范围内的角度,利用微处理机按表 4-4 中所列公式即可计算出轴角 θ 来。所以,问题的关键在于 θ 角所处的卦限怎样来确定。

表 4-4　8 卦限轴角计算公式

卦限	轴角范围	计算公式	卦限	轴角范围	计算公式
1	0°~45°	$0° + \Delta\theta$	5	180°~225°	$180° + \Delta\theta$
2	45°~90°	$90° - \Delta\theta$	6	225°~270°	$270° - \Delta\theta$
3	90°~135°	$90° + \Delta\theta$	7	270°~315°	$270° + \Delta\theta$
4	135°~180°	$180° - \Delta\theta$	8	315°~360°	$360° - \Delta\theta$

判定 θ 所处的卦限通常有两种方法:

1) 对分法

利用 0°~360°可分为 8 个卦限,即可用 3 位二进制码来表征 θ 所处的封限(见表 4-5),而 3 位二进制码 $D_1 D_2 D_3$ 如何获得呢?图 4-39 给出了取得 $D_1 D_2 D_3$ 所需的总的逻辑电路。它由 3 个电压比较器、3 个 D 触发器和若干个逻辑门电路及两个绝对值电路构成。

表 4-5　3 位二进制码表示 θ 所处卦限的编码

卦限	轴角范围	二进制编码		
		D_1	D_2	D_3
1	0°~45°	0	0	0
2	45°~90°	0	0	1
3	90°~135°	0	1	0

142

卦限	轴角范围	二进制编码		
		D_1	D_2	D_3
4	$135° \sim 180°$	0	1	1
5	$180° \sim 225°$	1	0	0
6	$225° \sim 270°$	1	0	1
7	$270° \sim 315°$	1	1	0
8	$315° \sim 360°$	1	1	1

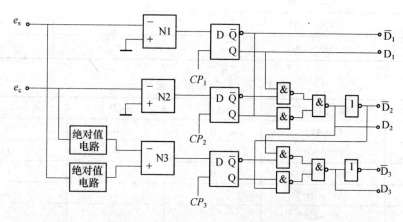

图 4 – 39　对分法卦限二进制编码电路

图 4 – 39 中第一位编码 D_1 是利用 e_s 信号把 $0° \sim 360°$ 对分为二的方法实现的，$0° \sim 180°$ 时，$D_1 = $ "0"；$180° \sim 360°$ 时，$D_1 = $ "1"。D_2 则是利用 e_c 信号及 D_1 电路实现的，D_3 是利用 $|e_s|$、$|e_c|$ 及 D_1、D_2 电路实现的，可见该编码为串行编码。

值得注意的是，图 4 – 39 中的 $D_1 D_2 D_3$ 是由高位至低位逐位确定的，时钟 $\mathrm{CP}_1 \sim \mathrm{CP}_3$ 脉冲的时间关系安排如图 4 – 40 所示，u_{ref} 为旋转变压器的励磁电压。

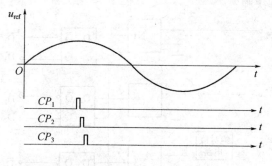

图 4 – 40　$CP_1 \sim CP_3$ 的时间关系

2）循环码方法

根据图 4 – 38(c)所示，可以用 e_s、e_c、$|e_c| - |e_s|$ 这 3 个函数的符号作为 8 个卦限判别的依据。表 4 – 6 给出了这 3 个函数在各个卦限的符号，假设用"0"表示"＋"，用"1"表示"－"，即可用表 4 – 7 所示来对 8 个卦限进行编码，它实际上是一种循环码。

表 4-6　e_s、e_c 与 $|e_c|-|e_s|$ 在各卦限的符号

卦限	轴角范围	e_s 符号	e_c 符号	$|e_c|-|e_s|$ 符号
1	0°~45°	+	+	+
2	45°~90°	+	+	-
3	90°~135°	+	-	-
4	135°~180°	+	-	+
5	180°~225°	-	-	+
6	225°~270°	-	-	-
7	270°~315°	-	+	-
8	315°~360°	-	+	+

表 4-7　8 个卦限的循环码

卦限	轴角范围	$e_s(D_1)$	$e_c(D_2)$	$|e_c|-|e_s|(D_3)$
1	0°~45°	0	0	0
2	45°~90°	0	0	1
3	90°~135°	0	1	1
4	135°~180°	0	1	0
5	180°~225°	1	1	0
6	225°~270°	1	1	1
7	270°~315°	1	0	1
8	315°~360°	1	0	0

实现表 4-7 所列的逻辑电路如图 4-41 所示，D_1、D_2、D_3 这 3 位码是同时得到的，即为并行编码。根据表 4-5 和表 4-7 即可判定轴角 θ 在 8 个卦限的大范围，那么，小区间角度 $\Delta\theta$ 的编码怎样解决呢？

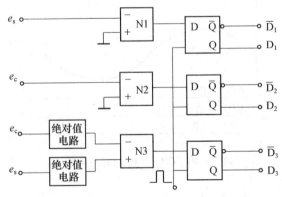

图 4-41　确定 θ 所处卦限的并行编码（循环码）电路

小角度范围 $\Delta\theta$ 的编码思路在于如何选取每个卦限内 $|e_s|$ 与 $|e_c|$ 的较小值。显然，由图 4-38 可得表 4-8，它表示了各卦限应选取的较小值函数。

144

表4-8 卦限与较小值函数对应表

卦限	较小值函数 $e_X(\theta)$	卦限	较小值函数 $e_X(\theta)$
1	e_s	5	$|e_s|$
2	e_c	6	$|e_c|$
3	$|e_c|$	7	e_c
4	e_s	8	$|e_s|$

当采用"对分法"和"循环码法"来判定 θ 的卦限时,可以用表4-9来判定较小函数。

表4-9 对分法和循环码法的较小值编码

对分法时较小值编码			循环码法时较小值编码	
D_2	D_3	较小值 e_X	D_3	较小值 e_X
0 1	0 1	$|e_s|$	0	$|e_s|$
1 0	0 1	$|e_c|$	1	$|e_c|$

实现表4-9中两种判定 θ 卦限方法所对应的逻辑电路如图4-42和图4-43所示。对于图4-42所示电路,当 D_2、D_3 为"0 0"或"1 1"时通道开关 SA1 接通,选取 $|e_s|$ 作为较小值 e_X;当 D_2D_3 为"1 0"或"0 1"时,通道 SA2 接通,则选取 $|e_c|$ 作为较小值 e_X。

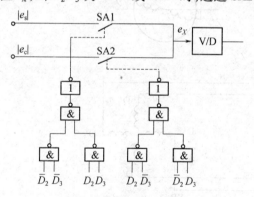

图4-42 用"对分法"时取
较小值函数 e_X 的电路

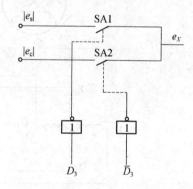

图4-43 用"循环码法"时取
较小值函数 e_X 的电路

对于图4-43所示电路,当 D_3 为"0"时,通道开关 SA1 接通,则选取 $|e_s|$ 作为 e_X;当 D_3 为"1"时,通道开关 SA2 接通,则选取 $|e_c|$ 作为较小值 e_X。

把所获得的较小值函数 e_X 进行电压—数字转换,便得到相应数码表,利用微处理机"计算"或"查表"即可得到 $\Delta\theta$ 值,再根据表4-4所列计算公式得到轴角 $0° \sim 360°$ 中的 θ 数字值。

在高精度伺服系统中,经常利用旋转变压器的粗精双通道组合编码来提高测量精度。有关双通道组合编码问题在有关资料上也有介绍,感兴趣的读者可以查找相关资料。

习　题

4－1　脉振磁场有何特点？如何表示？

4－2　负载时，正、余弦旋转变压器输出特性产生畸变的原因是什么？如何消除畸变？

4－3　证明：副边补偿的正、余弦旋转变压器的输入阻抗和转角 θ 无关。

4－4　线性旋转变压器是如何从正、余弦旋转变压器演变过来的？线性旋转变压器的转子绕组输出电压与转子转角 θ 的关系式是什么？当要求误差小于0.1%时，转角 θ 的角度范围是多少？

4－5　为什么双通道测角系统的精度比单通道高？只用精测通道能否保证测量的精度？

4－6　有一只旋变发送机 XF 和一只旋转变压器 XB 定子绕组对应连接作控制式运行，如题图4－1所示，已知：图中的 $\theta_1 = 15°$，$\theta_2 = 10°$，试求：

（1）旋转变压器转子输出绕组的协调位置 XT。

（2）失调角 γ。

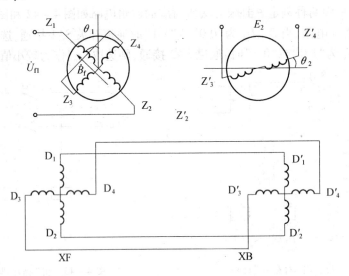

题图4－1

第5章 自整角机

自整角机是一种感应式同步微型电机。它广泛应用于显示装置和随动系统中,使机械上不相连的两根或多根轴能自动保持相同的转角变化,呈同步旋转。在系统中,通常是两台或多台组合使用,产生信号的一方称为发送机,接收信号的一方称为接收机。

自整角机按使用要求不同,可分为力矩式自整角机和控制式自整角机两大类。按结构、原理的特点,又可分为控制式、力矩式、霍尔式、多极式、无刷式、四线式等7种,而前两种是自整角机最常用的运行方式。

1. 力矩式自整角机

力矩式自整角机主要用于同步指示系统,可以作为两地或更多地点之间的"机械连接"使用,通常适用于不宜采用纯机械连接的场合,以便实现远距离同步传递轴的转角,即将机械角度变换为力矩输出,但自整角机本身没有力矩放大能力,要想带动接收机轴上的机械负载,必须由发送机一方的驱动装置供给转矩,因而接收误差较大,负载能力较差,其静态误差范围为 $0.5° \sim 2°$。因此,力矩式自整角机只适用于轻负载转矩及精度要求不高的开环控制的伺服系统中。例如,舰船上的分罗经把罗经指示的航向角远距离传递到其他部位;远距离指示液面高度、阀门的开度、电梯和矿井提升机的位置等。

力矩式自整角机按其用途可分为4种。

(1) 力矩式发送机(ZLF)。它的功能是发送指令转角,并改变转角为电信号输出。

(2) 力矩式接收机(ZLJ)。它被用来接收发送机输出的电信号,产生与失调角相应的转矩,使其转子自动转到与发送机转子相对应的位置。

(3) 力矩式差动发送机(ZCF)。将发送机的转角及自身转角之和或差变成电信号输出给接收机。

(4) 力矩式差动接收机(ZCJ)。它串接于两台发送机之间,接收它们输出的电信号,使自身转角为两台发送机转角之和或差。

2. 控制式自整角机

控制式自整角机,主要在随动系统中作为角度和位置的检测元件。其接收机转轴不直接带动负载,而是当发送机和接收机转子之间存在角度差(即失调角)时,接收机将与此失调角呈正弦函数规律的电压输出,并将此电压发送给伺服放大器,放大后的电压控制伺服电动机,并驱动负载,同时也带动接收机向减小失调角的方向转动,直到发送机与接收机协调时,伺服电动机才停止转动。接收机工作在变压器状态,通常称其为自整角变压器。控制式自整角机精密程度较高,误差范围仅有 $3' \sim 14'$,经常用于精密的闭环控制伺服系统中。

控制式自整角机按其用途可分为3种。

(1) 控制式发送机(ZKF)。其功能是发送指令转角,并把该转角转换为电信号输出。

(2) 控制式自整角变压器(ZKB)。其功能是接收发送机发出的电信号,并使之变成与失调角呈正弦函数规律的电压输出。

（3）控制式差动发送机（ZKC）。将发送机转子转角与其自身转子转角的和或差变换成电信号送入自整角变压器。

自整角机按其装配方式可分为整体式结构和分装式结构。整体式自整角机的定子、转子都装在一个机壳里，构成一个整体，其基本结构如图 5-1 所示。

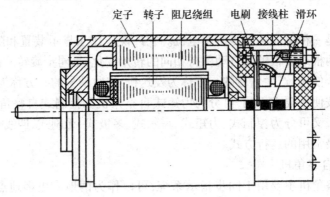

定子　转子　阻尼绕组　　电刷　接线柱　滑环

图 5-1　整体式自整角机的结构

分装式自整角机的定子和转子不安装在同一机壳内，而是可分的，转子不带轴，由用户自配。转子的外径及内孔较大，厚度较小，因此，呈圆盘形，又称盘式自整角机，如图 5-2 所示。

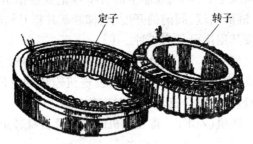

定子　　　　　转子

图 5-2　分装式自整角机的定子和转子

自整角机按其结构的不同，又可分为接触式和无接触式两大类。

无接触式自整角机没有电刷与滑环的滑动接触。因此，具有可靠性强，寿命长，不产生无线电干扰等优点。其缺点是结构复杂，电气性能较差。接触式自整角机的结构比较简单，性能较好，所以应用较为广泛。

5.1　力矩式自整角机

5.1.1　力矩式自整角机的结构

单相整体接触式自整角机的结构可分成定子和转子两大部分。定子包括定子铁心、绕组、电刷和机壳等。转子包括转子铁心、绕组、转轴和滑环等。定子与转子之间有很小的工作气隙。

力矩式自整角发送机和接收机的结构基本相同。它们的定子一般是由隐极铁心及三相对称绕组所组成;转子一般则由凸极铁心及单相集中绕组所组成。定子、转子铁心都是由高磁导率、低损耗的硅钢片冲制成型,经片间绝缘处理后叠装而成。定子、转子冲片如图 5-3(a)所示。定子三相绕组为短距分布绕组,星形连接。转子的单相集中绕组作为励磁绕组,由两个滑环经相应的电刷引出。

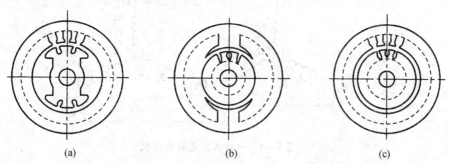

图 5-3 力矩式自整角机铁心结构形式

(a)定子隐极转子凸极;(b)定子凸极转子隐极;(c)定子、转子均为隐极。

还有一种如图 5-3(b)所示的结构,定子包括有凸极铁心和作为励磁绕组的单相集中绕组;转子包括有隐极铁心及接成星形的三相对称绕组,由 3 个滑环经相应的电刷引出。

第一种结构形式的优点是:转子重量轻,滑环数少,因此,摩擦力矩小,精度高。其缺点是转子的单相励磁绕组长期经电刷、滑环通过励磁电流,尤其是在发送机和接收机的转子处于协调位置而停转时,长期通过电刷和滑环的固定接触点的电流使触点发热,容易烧坏滑环。因此,这种结构适用于容量较小的自整角机。

第二种结构形式的优点是转子的滑环与电刷仅在系统有失调角时,即在自整角机转动时才有电流通过,滑环的工作条件较好。此外,转子采用隐极铁心,其上嵌有三相对称绕组,平衡条件较好。缺点是转子重量大,滑环数目多,摩擦力矩大,影响精度。这种结构大都用于容量较大的自整角机。

力矩式自整角机通常都在转子上装有交轴阻尼绕组。阻尼绕组对转子的运动起阻尼作用,可以消除接收机转子在跟随发送机转子的运动中可能发生的振荡,减少阻尼时间。有的接收机在转轴上还装有机械阻尼器。

在力矩式差动发送机和接收机的定子、转子上,都绕制三相对称绕组,因此只能采用图 5-3(c)所示的结构,转子绕组通过 3 个滑环经相应的电刷引出。

由于差动自整角机的定子、转子都是三相绕相,所以不能装配阻尼绕组,所以为了保证力矩差动接收机对阻尼时间的要求,在它的转轴上装设机械阻尼器。

5.1.2 力矩式自整角机的工作原理

力矩式自整角机主要用于角度位置的指示系统,所以,也称为指示式自整角机。最简单的指示系统由两台自整角机组成。其原理接线如图 5-4 所示。

1. 一对力矩式自整角机系统

如图 5-4 所示,将两机励磁绕组接到同一交流励磁电源,它们的定子三相绕组(整

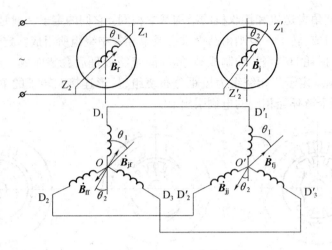

图 5 - 4   一对力矩式自整角机

步绕组)对应连接。假定这一对自整角机的结构参数完全相同,设电机气隙中的励磁磁场的磁通密度沿定子内圆周按余弦规律分布,并忽略磁饱和的影响。

在分析时,通常以 D_1 相整步绕组轴线与励磁绕组轴线之间的夹角作为转子的位置角。把这两轴线重合的位置叫基准零位。因此,也称 D_1 相为基准相,规定顺时针方向的转角为正。两机转子转角之差 $\delta = \Delta\theta = \theta_1 - \theta_2$,称为失调角。

1)发送机单独励磁

在发送机励磁绕组两端加上交流励磁电压时,绕组中将有电流流过。交变的励磁电流在电机的工作气隙中建立起脉振磁场。即磁通密度沿定子内圆周(工作气隙)呈余(正)弦分布,且磁通密度幅值处于励磁绕组的轴线上,同时,气隙中任一点的磁通密度随时间做正弦规律变化。用磁通密度空间向量 $\dot{\boldsymbol{B}}_{\mathrm{f}}$ 来描述发送机的励磁磁场。假设某瞬间 $\dot{\boldsymbol{B}}_{\mathrm{f}}$ 的方向如图 5 - 5 所示。发送机的励磁磁场与其定子三相整步绕组具有不同的耦合程度。因此,三相整步绕组中感应电动势的大小取决于各相绕组的轴线与励磁绕组轴线之间的相对位置,即

$$\begin{cases} E_{\mathrm{f1}} = E\cos\theta_1 \\ E_{\mathrm{f2}} = E\cos(\theta_1 + 120°) \\ E_{\mathrm{f3}} = E\cos(\theta_1 + 240°) \end{cases} \tag{5.1}$$

式中　$E_{\mathrm{f1}},E_{\mathrm{f2}},E_{\mathrm{f3}}$——发送机 D_1、D_2、D_3 各相整步绕组感应电动势的有效值;

　　E——整步绕组最大感应电动势有效值,即当某相整步绕组轴线与励磁绕组轴线重合时,在该相整步绕组中产生的感应电动势的有效值。

$$E = 4.44 f W_{\mathrm{D}} \Phi_{\mathrm{m}}$$

式中　f——电源频率;

　　W_{D}——某一相整步绕组的有效匝数;

　　Φ_{m}——励磁磁通的幅值。

根据变压器基本理论,E_{f1}、E_{f2}、E_{f3} 的相位均落后于励磁磁通 Φ_{m} 相位 90°,因此,感应电动势 E_{f1}、E_{f2}、E_{f3} 具有相同的相位,并设 φ_{e} 为它们的初相角,则

150

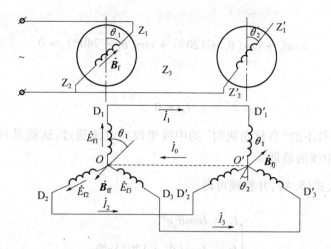

图 5 – 5　只有发送机励磁

$$\begin{cases} \dot{E}_{f1} = E\cos\theta_1 \mathrm{e}^{\mathrm{j}\varphi_e} \\ \dot{E}_{f2} = E\cos(\theta_1 + 120°)\mathrm{e}^{\mathrm{j}\varphi_e} \\ \dot{E}_{f3} = E\cos(\theta_1 + 240°)\mathrm{e}^{\mathrm{j}\varphi_e} \end{cases} \qquad (5.2)$$

由于发送机和接收机整步绕组对应连接,所以,这些电动势必定在整步绕组中产生电流,为了分析方便,先假定两机整步绕组星形中点有导线连接,如图 5 – 5 中的 OO' 虚线,并设各电动势、电流的参考方向如图 5 – 5 所示,则两机整步绕组各相回路电动势平衡式为

$$\begin{cases} \dot{E}_{f1} = \dot{I}_1(Z_f + Z_j + Z_1) + \dot{I}_0 Z_0 \\ \dot{E}_{f2} = \dot{I}_2(Z_f + Z_j + Z_1) + \dot{I}_0 Z_0 \\ \dot{E}_{f3} = \dot{I}_3(Z_f + Z_j + Z_1) + \dot{I}_0 Z_0 \end{cases} \qquad (5.3)$$

式中　Z_f——发送机一相整步绕组阻抗;

　　　Z_j——接收机一相整步绕组阻抗;

　　　Z_1——单相连接阻抗;

　　　Z_0——OO' 连线阻抗。

把式(5.2)代入式(5.3),并记 $Z = Z_f + Z_j + Z_1 = |Z|\mathrm{e}^{\mathrm{j}\varphi_z}$,则有

$$\begin{cases} \dot{I}_1 Z + \dot{I}_0 Z_0 = E\cos\theta_1 \mathrm{e}^{\mathrm{j}\varphi_e} \\ \dot{I}_2 Z + \dot{I}_0 Z_0 = E\cos(\theta_1 + 120°)\mathrm{e}^{\mathrm{j}\varphi_e} \\ \dot{I}_3 Z + \dot{I}_0 Z_0 = E\cos(\theta_1 + 240°)\mathrm{e}^{\mathrm{j}\varphi_e} \end{cases} \qquad (5.4)$$

3 个方程式的两边分别相加,并注意到 $\dot{I}_1 + \dot{I}_2 + \dot{I}_3 = \dot{I}_0$,则有

$$\dot{I}_0 = \frac{E}{Z + 3Z_0}[\cos\theta_1 + \cos(\theta_1 + 120°) + \cos(\theta_1 + 240°)]\mathrm{e}^{\mathrm{j}\varphi_e}$$

因为

$$\cos\theta_1 + \cos(\theta_1 + 120°) + \cos(\theta_1 + 240°) \equiv 0$$

所以

$$\dot{I}_0 = 0$$

可见,对称条件下的"自整角机对"的中线里没有电流通过,这就是自整角机在成对使用时无需连接中线的道理。

将 $\dot{I}_0 = 0$ 代入式(5.4),并整理可得

$$\begin{cases} \dot{I}_1 = I\cos\theta_1 e^{j\varphi_i} \\ \dot{I}_2 = I\cos(\theta_1 + 120°)e^{j\varphi_i} \\ \dot{I}_3 = I\cos(\theta_1 + 240°)e^{j\varphi_i} \end{cases} \tag{5.5}$$

式中 I —— 相电流的最大有效值,$I = \dfrac{E}{|Z|}$;

φ_i —— 相电流的初相角,$\varphi_i = \varphi_e - \varphi_z$。

可见,整步绕组各相电流的时间相位相同。式(5.5)有效值形式为

$$\begin{cases} I_1 = I\cos\theta_1 \\ I_2 = I\cos(\theta_1 + 120°) \\ I_3 = I\cos(\theta_1 + 240°) \end{cases} \tag{5.6}$$

在感应电动势 E_{f1}、E_{f2} 和 E_{f3} 的作用下,各相电流将流过相应的整步绕组,并将沿各相绕组的轴线方向建立起脉振磁场。显然,在发送机和接收机整步绕组的对接相绕组中,电流大小相等,方向相反。因此,对接相的脉振磁场磁通密度向量也必将幅值相等,方向相反。那么,发送机和接收机整步绕组的合成磁场磁通密度空间向量方向又如何呢?

在上一章讨论旋转变压器副边补偿时,曾得出一个重要结论:原边由单相交流电源励磁,副边为多相对称绕组,并接入对称负载阻抗时,由副边多相对称绕组中的电流所产生的合成磁场为直轴(励磁轴线)方向的脉振磁场,并且当励磁电压恒定、负载阻抗恒定时,合成磁通的幅值为常数,即不随转子转角而变化。具有对称特点的"自整角机对"完全符合上述结论的条件。所以,自整角发送机定子合成磁场也必定是一个幅值恒定的直轴脉振磁场。因此,当只有发送机励磁时,可用与励磁磁通密度 $\dot{\boldsymbol{B}}_f$ 方向相反的磁通密度空间向量 $\dot{\boldsymbol{B}}_{ff}$ 来代表发送机定子的合成磁场(见图 5-5)。另外,可以用 $\dot{\boldsymbol{B}}_{fj}$ 来表示接收机定子合成磁场。显然,在校准共同基准零位条件下,磁通密度向量 $\dot{\boldsymbol{B}}_{fj}$ 将与发送机励磁磁通密度向量 $\dot{\boldsymbol{B}}_f$ 的方向相同。

同理,可以分析只有接收机励磁绕组加交流电压时,接收机整步绕组中的感应电动势、电流及两机定子的合成磁场如图 5-6 所示。

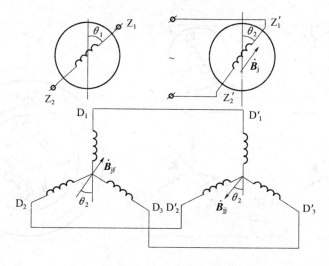

图 5-6　接收机单独励磁

在图 5-6 中，$\dot{B}_{\mathrm{j}}$ 为接收机励磁磁通密度空间向量，$\dot{B}_{\mathrm{jj}}$ 为接收机单独励磁时，接收机定子合成磁场的磁通密度空间向量。$\dot{B}_{\mathrm{jj}}$ 与 $\dot{B}_{\mathrm{j}}$ 在空间方向上相反。$\dot{B}_{\mathrm{jf}}$ 为接收机单独励磁时，发送机定子合成磁场的磁通密度空间向量。$\dot{B}_{\mathrm{jf}}$ 与 $\dot{B}_{\mathrm{jj}}$ 大小相等，相对对接基准相的方向相反。

2）发送机和接收机同时励磁

当 $\theta_1 = \theta_2$ 时，磁通密度空间向量分布情况如图 5-7 所示。在发送机中，$\dot{B}_{\mathrm{ff}}$ 和 $\dot{B}_{\mathrm{jf}}$ 均在励磁轴线上，且大小相等、方向相反，因此，相互抵消，定子合成磁通密度为零。同理，接收机中定子合成磁通密度也为零。这样，在两机的气隙中，只有励磁磁通密度存在，并在两机整步绕组对中产生大小相等、相位相反的感应电动势，因此，相电流为零，发送机和接收机都不能产生转矩，两机处于协调状态。

当 $\theta_1 \neq \theta_2$ 时，由图 5-4 可知，两机定子合成磁通密度都不为零。定子合成磁场与转子励磁磁场相互作用，产生电磁转矩，使两机转至 $\theta_1 = \theta_2$ 的协调位置。

3）力矩式自整角机的整步转矩、失调角和协调位置

力矩式自整角机的接收机转子在失调时能产生转矩 T 来促成转子和发送机转子协调，称之为整步转矩。如图 5-8 所示，接收机定子的磁通密度空间向量 $\dot{B}_{\mathrm{jj}}(180° + \theta_2)$ 和 $\dot{B}_{\mathrm{fj}}(\theta_1)$ 不在同一轴线上，发送机建立的磁通密度空间向量 $\dot{B}_{\mathrm{fj}}$ 与接收机励磁磁通密度空间向量 $\dot{B}_{\mathrm{j}}$ 有偏差角 $\Delta\theta = \theta_1 - \theta_2$。$\dot{B}_{\mathrm{fj}}$ 的交轴分量为

$$B_{\mathrm{fjq}} = B_{\mathrm{fj}}\sin\Delta\theta \tag{5.7}$$

它将与其正交的励磁磁场相互作用，对接收机转子产生电磁转矩。根据左手定则判断，接收机转子将顺时针转过 $\Delta\theta$ 角，使励磁磁通密度空间向量 $\dot{B}_{\mathrm{j}}$ 最终转至同发送机励磁磁通密度空间向量 $\dot{B}_{\mathrm{fj}}$ 一致的方向上。

153

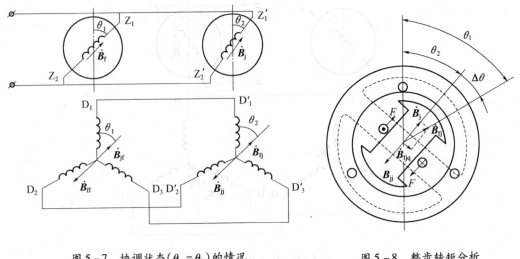

图 5 - 7 协调状态($\theta_1 = \theta_2$)的情况   图 5 - 8 整步转矩分析

整步转矩与 $\sin\Delta\theta$ 成正比,即

$$T = KB_{fj}\sin\Delta\theta \tag{5.8}$$

因为 $\Delta\theta = 0$ 时,$T = 0$,所以当接收机的转子受到的转矩为零时,称自整角发送机与接收机处于协调位置;当 $\Delta\theta \neq 0$ 时,$T \neq 0$,此时称自整角发送机和接收机失调,$\Delta\theta$ 角称为失调角。图 5 - 9 所示为整步转矩与失调角的关系。

当失调角较小时,$\sin\Delta\theta \approx \Delta\theta$,有

$$T = KB_{fj}\sin\Delta\theta \approx KB_{fj}\Delta\theta \tag{5.9}$$

当失调角 $\Delta\theta = 1°$ 时,力矩式自整角机所具有的整步转矩称为比整步转矩,用 T_θ 表示,即

$$T_\theta = KB_{fj}\sin1° = 0.01745KB_{fj}$$

4)力矩式自整角机的应用

力矩式自整角机广泛用作测位器。下面以测水塔水位的力矩式自整角机为例说明其应用。图 5 - 10 所示为测量水塔内水位高低的测位器示意图。图中浮子随着水面升降而上下移动,并通过绳子、滑轮和平衡锤使自整角发送机转子旋转。依据力矩式自整角机的工作原理知,由于发送机和接收机的转子是同步旋转的,所以接收机转子上所固定的指针能准确地指向刻度盘所对应的角度,也就是发送机转子所旋转的角度。若将角位移换算成线位移,就可方便地测出水面的高度,实现远距离测量的目的。这种测位器不仅可以测量水面或液面的位置,也可以用来测量阀门的位置、电梯和矿井提升机的位置、变压器分接开关的位置等。

2. 力矩式差动自整角机

当需要自整角机指示的角度为两个已知角的和或差时,就要在一对力矩式自整角机之间加入一个力矩式差动自整角机。

154

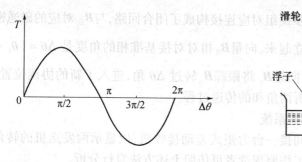

图 5-9　整步转矩与失调角的关系

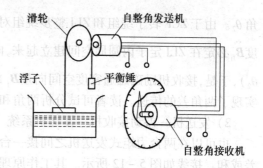

图 5-10　作为测位器的力矩式自整角机

1）发送机—差动发送机—接收机系统

如果要求力矩式接收机显示两个输入角的"和"或"差"时，可以在发送机和接收机之间接一只力矩式差动发送机，如图 5-11 所示。

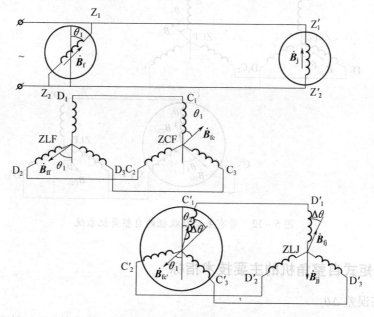

图 5-11　带有差动发送机的力矩式自整角机系统

力矩式发送机 ZLF 和接收机 ZLJ 的励磁绕组接到同一个交流电源上，它们的整步绕组分别和差动发送机 ZCF 的定子、转子三相绕组对应连接。

若 ZLF 转子从基准零位顺时针旋转 θ_1，ZCF 转子从基准零位顺时针旋转 θ_2，图 5-11中示出了此刻磁通密度空间向量的分布。发送机 ZLF 的励磁磁通密度空间向量 $\dot{\boldsymbol{B}}_\mathrm{f}$ 有偏转角 θ_1，显然，由发送机 ZLF 励磁所引起的差动式自整角发送机的定子磁通密度空间向量 $\dot{\boldsymbol{B}}_\mathrm{fc}$ 相对对接基准相的偏角也为 θ_1，即与 ZLF 的励磁磁通密度空间向量 $\dot{\boldsymbol{B}}_\mathrm{f}$ 有相同的方向。而 $\dot{\boldsymbol{B}}_\mathrm{fc}$ 作为差动式自整角发送机的励磁磁通密度，在其转子中引起相应磁通密度空间向量 $\dot{\boldsymbol{B}}_\mathrm{fc}'$ 的方向（相对 C_1' 轴线）是 $180° + (\theta_1 - \theta_2)$，这是因为差动式发送机已转过了发送

155

角 θ_2。由于 ZCF 转子绕组和 ZLJ 整步绕组对应连接构成了闭合回路,与 $\boldsymbol{B}_{fc'}$ 对应的磁通密度 $\boldsymbol{B}_{fj}$ 必定在 ZLJ 定子内圆周空间建立起来,向量 $\boldsymbol{B}_{fj}$ 相对对接基准相的角度是 $\Delta\theta = (\theta_1 - \theta_2)$,于是,接收机励磁磁通密度空间向量 $\boldsymbol{B}_j$ 将跟踪 $\boldsymbol{B}_{fj}$ 转过 $\Delta\theta$ 角,进入了新的协调位置,实现了两角差的传递。读者可试分析两角和的传递过程。

2)发送机—差动接收机—发送机系统

也可以在两台力矩式发送机之间接一台力矩式差动接收机,以显示两发送机的转角差或和。接线如图 5 - 12 所示。其工作原理读者可仿照上述方法自行分析。

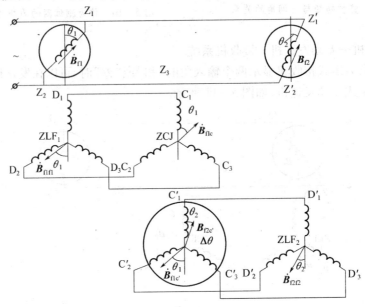

图 5 - 12 带有差动接收机的自整角机系统

5.1.3 力矩式自整角机的主要技术指标

1. 静态误差 $\Delta\theta_s$

发送机处于停转或转速很低时的工作状态称为静态。静态协调时,接收机相对于发送机的失调角称为静态误差,用角分(或度)表示。力矩式自整角机按其静态误差大小可分为 3 个精度等级,见表 5 - 1(见后)。

2. 比整步转矩 T_θ

比整步转矩又称为比转矩,是指力矩式自整角机系统中,接收机与发送机的失调角为 $1°$ 时,接收机轴上的输出转矩,单位是 N·m/(°)。比转矩也是整步转矩 T 与失调角 $\Delta\theta$ 的关系曲线在 $\Delta\theta = 0°$ 处的切线斜率。比转矩是力矩式自整角机的一个重要性能指标,发送机和接收机对这一指标都有要求。在接收机中,比转矩与摩擦转矩的大小决定静态误差,也就决定了接收机的精度。

3. 阻尼时间 t_z

阻尼时间 t_z 是指力矩式接收机与相同电磁性能指标的标准发送机同步连接后,失调角为 177°±2°时,力矩式接收机由失调位置进入到离协调位置±0.5°范围,并且不再超出这个范围所需要的时间。阻尼时间越短,接收机的跟踪性能越好。为此,在力矩式接收机上,都装有阻尼绕组,即电气阻尼,有的力矩式接收机在接收机轴上装有机械阻尼器。

4. 零位误差 $\Delta\theta_0$

力矩式自整角发送机励磁后,从基准零位开始,转子转过 60°,在理论上整步绕组中有两根线间的电动势为零,此位置称为理论电气零位。由于设计或工艺等因素的影响,实际电气零位与理论电气零位有差异,此差值即为零位误差,以角分表示。力矩式发送机的精度等级是由零位误差来确定的。

5.2 控制式自整角机

力矩式自整角机系统作为角度的直接传递还存在着许多缺点,主要是角度的传递精度还不够高,即使在接收机空载的情况下,静态误差有时可达 1°,并且随着负载转矩的增大或转速的升高还有变大的趋势。力矩式自整角机系统没有力矩的放大作用,克服负载所需要的转矩必须由发送机的原动机供给。当一台发送机带多台接收机并联工作时,每台接收机的比整步转矩随着接收机台数的增多而降低,因而,静态误差增大。这种系统中,若有一台接收机因意外原因被卡住,则系统中所有其他并联工作的接收机都受到影响。力矩式自整角机属于功率元件,阻抗低,温升将随负载转矩的增大而很快上升。

为了克服力矩式自整角机的缺点,在随动系统中,广泛采用由伺服机构和控制式自整角机组成的系统,这种系统具有较高的精度,通常可达几个角分。系统带负载的能力取决于伺服机构中的放大器和执行电机的功率。控制式自整角机只输出电压信号,属于信号元件,在工作时它的温升相当低。在一台发送机分别控制多个伺服机构的系统中,即使有一台接收机发生故障,通常也不至于影响其他接收机正常运行。

下面就来讨论控制式自整角机系统的原理及特性。

5.2.1 控制式自整角机的结构及分类

1. 控制式自整角发送机

控制式自整角发送机的结构形式和力矩式自整角发送机很相近,可以采用凸极式转子结构,也可以采用隐极式转子结构。通常,在转子上放置有单相励磁绕组。为了提高自整角机的精度,有时也在其交轴方向装设短路绕组。控制式自整角发送机比力矩式自整角发送机有较高的空载输入阻抗、较多的励磁绕组匝数和较低的磁通密度。如果力矩式自整角发送机的电气误差和剩余电压符合控制系统的要求,或对于精度和剩余电压要求不太高的控制系统,可以用力矩式自整角发送机代替控制式自整角发送机使用。但应注意,控制式自整角发送机一般不能作为力矩式自整角发送机使用,因为设计时没有考虑比整步转矩及阻尼时间的要求,直接带负载的能力很低。如过载很大,则容易烧毁。

2. 控制式自整角变压器

由于控制式自整角接收机不像力矩式自整角接收机那样直接驱动负载,而只是输出电压信号,它的工作状态类似变压器,因此,常称它为自整角变压器。

为了提高电气精度,降低零位电压,自整角变压器均采用隐极式转子结构,并在转子上设置单相高精度正弦绕组作为输出绕组。

自整角变压器的定子铁心为隐极式，以便放置三相整步绕组。整步绕组具有较多的匝数和较低的磁通密度，空载输入阻抗较高。

3. 控制式差动发送机

控制式差动发送机与力矩式差动发送机的结构相同，只是绕组数据不同。前者选用较低的磁通密度，要求零位电压较小。

5.2.2 控制式自整角机的工作原理

1. 一对控制式自整角机系统

控制式自整角机的工作原理可用图5-13加以说明。在图5-13中，控制式自整角发送机的励磁绕组由单相交流电源励磁，其三相整步绕组与自整角变压器的整步绕组对应连接。而自整角变压器的输出绕组则接至放大器的输入端，放大器的输出与伺服电动机的控制绕组相连。伺服电动机通过减速器带动负载及自整角变压器的转子转动。当转到与发送机位置协调时，输出绕组的电压信号变为零，伺服电动机停止转动。

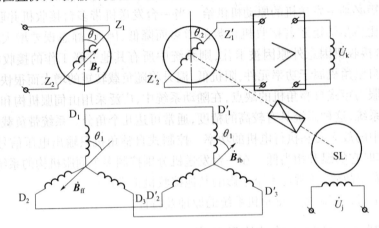

图5-13 控制式自整角机系统

下面分析自整角变压器输出电压的产生及其与两机失调角的关系。

当控制式自整角发送机励磁之后，励磁磁场在发送机定子整步绕组中产生感应电动势。于是，在两机整步绕组构成的回路中有电流流过。同力矩式"自整角机对"一样，在自整角发送机和自整角变压器的整步绕组所在的空间里将建立起合成磁场，且发送机定子合成磁场与其励磁磁场方向相反；而自整角变压器定子合成磁场与发送机定子合成磁场相对对接基准相的方向相反。

若发送机转子的位置角为 θ_1，自整角变压器转子的位置角 θ_2，自整角变压器定子合成磁通密度 $\boldsymbol{B}_{fb}$ 与转子输出绕组轴线夹角为 $\Delta\theta(\Delta\theta = \theta_1 - \theta_2)$，因而，$\boldsymbol{B}_{fb}$ 在输出绕组中产生的变压器电动势的有效值为

$$E_{sc} = E_{scm}\cos\Delta\theta \tag{5.10}$$

式中 E_{scm} —— 失调角 $\Delta\theta = 0$ 时，输出绕组感应电动势的有效值。

由式(5.10)可知，输出绕组中的感应电动势为失调角 $\Delta\theta$ 的余弦函数。这种余弦函

数关系有以下缺点:① 随动系统总是希望在失调角为零时,输出电压也为零,使伺服电动机不动。有了失调角以后,才有输出电压,并使伺服电动机转动。而现在正好相反,当失调角为零时,输出的电压却最大。② 当发送机转子由协调位置向不同方向偏转时,失调角应有正、负之分,但因余弦函数为偶函数,即 $\cos\theta = \cos(-\theta)$,输出电压分不出正负,所以无法从自整角变压器的输出电压来判别发送机转子的实际偏转方向。为了克服以上的缺点,在实际使用中,总是先把自整角变压器的转子由协调位置转动 $90°$,并把此位置定义为协调位置。因此,控制式自整角机的工作原理图一般都画成图 5 - 14 所示的形式,作为两机的初始协调位置。把两机偏离这个初始协调位置的角度作为两机转子的位置角,并仍用 θ_1 和 θ_2 表示,如图 5 - 15 所示。自整角变压器中的 $\boldsymbol{B}_{\mathrm{fb}}$ 与输出绕组轴线夹角为

$$90° + \theta_2 - \theta_1 = 90° - (\theta_1 - \theta_2) = 90° - \Delta\theta$$

故输出绕组中感应电动势 E_{sc} 为

$$E_{\mathrm{sc}} = E_{\mathrm{scm}}\cos(90° - \Delta\theta) = E_{\mathrm{scm}}\sin\Delta\theta \tag{5.11}$$

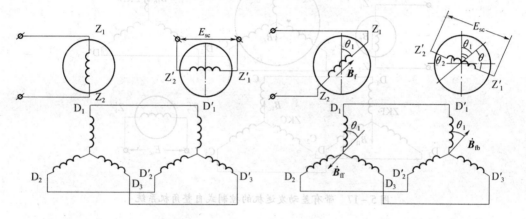

图 5 - 14　控制式自整角机的协调位置　　　　图 5 - 15　"控制式自整角机对"原理

式(5.11)即为输出电动势与失调角的关系。当失调角 $\Delta\theta$ 很小时,$\sin\Delta\theta \approx \Delta\theta$,式(5.11)变为

$$E_{\mathrm{sc}} \approx E_{\mathrm{scm}}\Delta\theta$$

当自整角变压器输出绕组接上高输入阻抗的放大器时,输出绕组两端的输出电压与绕组中电动势近似相等,即

$$U_{\mathrm{sc}} \approx E_{\mathrm{scm}}\sin\Delta\theta \tag{5.12}$$

U_{sc} 与 $\Delta\theta$ 的关系曲线如图 5 - 16 所示。

2. 差动式自整角机系统

当角度随动系统需要传递两个发送轴角度的和或差时,则需要采用差动发送机,带有控制式差动发送机的控制式自整角机系统工作原理如图 5 - 17 所示。控制式发送机的定子三相整步绕组与差动发送机定子三相绕组对应连接,差动发送机转子三相绕组与自整角变压器的定子三相绕组对应连接。

若初始状态控制式发送机 ZKF 的转子角位置 $\theta_1 = 0°$,差动式发送机 ZKC 的转子角

159

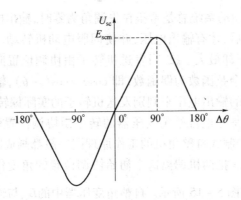

图 5-16 自整角变压器的输出电压

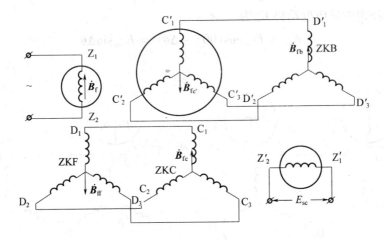

图 5-17 带有差动发送机的控制式自整角机系统

位置 $\theta_2 = 0°$，自整角变压器 ZKB 的转子输出绕组的轴线与其定子 D'_1 相轴线垂直，此时，由 ZKF 的励磁磁通密度 $\boldsymbol{B}_f$ 引起的定子合成磁通密度 $\boldsymbol{B}_{ff}$ 在空间上与 $\boldsymbol{B}_f$ 方向相反，在 ZKC 定子三相绕组中产生的合成磁通密度 $\boldsymbol{B}_{fc}$ 的大小与 $\boldsymbol{B}_{ff}$ 相等，而方向（相对对接基准相）相反。磁通密度 $\boldsymbol{B}_{fc}$ 又作为 ZKC 的励磁磁通密度，将在其转子三相绕组中产生感应电动势，并在与 ZKB 定子三相绕组连接的回路中产生电流，此电流又将分别在 ZKC 转子及 ZKB 定子中产生磁通密度 $\boldsymbol{B}_{fc'}$ 和 $\boldsymbol{B}_{fb}$。$\boldsymbol{B}_{fc'}$ 和 $\boldsymbol{B}_{fc}$ 在空间上方向相反，$\boldsymbol{B}_{fb}$ 与 $\boldsymbol{B}_{fc'}$ 大小相等，方向（相对对接基准相）相反。$\boldsymbol{B}_{fb}$ 与 ZKB 输出绕组轴线垂直，故输出电动势 $E_{sc} = E_{scm}\cos90° = 0$，经放大器加给伺服电动机的控制电压也为零，因此伺服电动机不转动。

现在将发送机转子顺时针转过 θ_1，差动发送机转子顺时针转过 θ_2，如图 5-18 所示。

此时，$\boldsymbol{B}_{fc}$ 与 C_1 相轴线夹角为 θ_1，$\boldsymbol{B}_{fc'}$ 与 C'_1 相轴线夹角为 $180° + (\theta_1 - \theta_2)$，$\boldsymbol{B}_{fb}$ 与 D'_1 相轴线夹角为 $\Delta\theta = \theta_1 - \theta_2$，$\boldsymbol{B}_{fb}$ 与 $Z'_1 Z'_2$ 绕组轴线夹角为 $90° - \Delta\theta$。因此，输出电动势 $E_{sc} = E_{scm}\cos(90° - \Delta\theta) = E_{scm}\sin\Delta\theta$。经放大器放大后，输出给交流伺服电动机的控制绕组，交流伺服电动机将带着负载及自整角变压器的转子按顺时针方向转动，当转过 $\Delta\theta$ 角

160

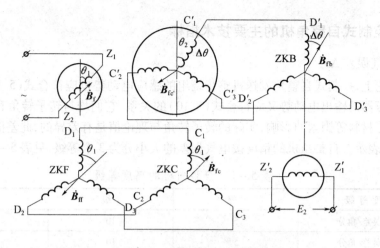

图 5-18　带差动发送机的控制式自整角机系统原理

时,输出绕组轴线与 $\boldsymbol{B}_{fb}$ 垂直,输出电动势 $E_{sc}=0$,伺服电动机停转。可见,通过这个系统可以实现两个发送轴角度差的传递。

如果差动发送机从初始位置按逆时针方向转 θ_2 角,则自整角变压器转子转过的角度为

$$\Delta\theta = \theta_1 + \theta_2$$

下面以舰艇上火炮自动瞄准系统为例说明上述系统的应用。

图 5-19 是该系统的控制原理。其中 θ_1(取为 45°)是火炮目标相对于正北方向的方位角,θ_1 作为自整角发送机 ZKF 的输入角;θ_2(取为 15°)是罗盘指针相对于舰头方向的角度(也就是舰的方位角),θ_2 作为 ZKC 的输入角。则 ZKB 的输出电动势为

$$E_2 = E_{2max}\sin(\theta_1 - \theta_2) = E_{2max}\sin 30°$$

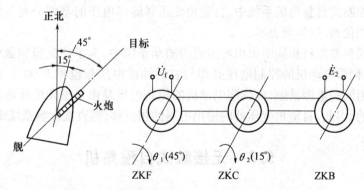

图 5-19　火炮相对于罗盘方位角的控制原理

伺服电动机在 E_2 的作用下带动火炮转动。因为 ZKB 的转轴和火炮轴耦合,当火炮相对舰头转过 $\theta_1 - \theta_2 = 30°$ 时,ZKB 也将转过 $\theta_1 - \theta_2$,则此时输出电动势 $\dot{E}_2$ 为零。伺服电动机停止转动,火炮所处的位置正好对准目标,此时即可命令火炮开炮。由此可见,尽管舰艇的航向不断变化,但火炮始终能自动对准某一目标。

5.2.3 控制式自整角机的主要技术指标

1. 电气误差 $\Delta\theta_e$

在理论上，控制式自整角发送机整步绕组的感应电动势也应符合式(5.1)的关系，而自整角变压器的输出电动势又应符合式(5.10)的关系，它们均与转子转角有关。但由于设计、工艺、材料等因素的影响，实际的转子转角与理论值是有差异的，此差值即为电气误差，以角分表示。自整角机的精度按电气误差的大小分为3个等级，见表5-1。

表5-1　自整角机的精度等级

精 度 等 级	0 级	1 级	2 级
电气误差/角分	5	10	20
零位误差/角分	5	10	20
静态误差/角分	0.5	1.2	2

2. 零位电压 U_0

它是指控制式发送机与自整角变压器处于实际协调位置时，输出绕组的输出电压。零位电压又称剩余电压，它主要是由高次谐波电动势和基波电动势中的正交分量形成的。零位电压是由于电路、磁路的不对称，铁心材料的不均匀性及铁心中的磁滞、涡流所引起的。零位电压会使伺服放大器饱和，降低系统的灵敏度，故通常采用移相器、滤波器减弱其影响，必要时还可用补偿电压来部分抵消它的作用。

3. 比电压 k_v

自整角变压器的比电压是指它与同型号的发送机处于协调位置附近，失调角为1°时的输出电压，单位为 V/(°)。它实际上就是图5-16的输出电压曲线在 $\Delta\theta = 0$ 处的斜率。

4. 输出相位移 φ

它是指控制式自整角机系统中，自整角变压器输出电压的基波分量与励磁电压的基波分量间的相位差，以角度表示。

在控制式自整角机和伺服机构所组成的随动系统中，为了使交流伺服电动机有较大的起动转矩，伺服电动机的控制电压必须与它的励磁电压相位相差90°。由于伺服电动机和发送机由同一电源励磁，而伺服电动机的控制电压是由自整角变压器的输出电压经放大后供给的，因此，自整角变压器的输出电压的相位移，将直接影响系统中的移相措施。

5.3　无接触式自整角机

接触式自整角机的优点在于结构简单、制作方便，但是因电刷和滑环之间存在着滑动接触，使摩擦力矩增加，影响到角度传输的精度。其次，在同步回转系统中，由于自整角机的单相励磁绕组位于转子上，当处于协调位置时，电刷和滑环之间在固定位置上长期通过电流，容易发生氧化和灼痕，致使接触电阻增大，影响到角度传输的精度。此外，从安全观点来考虑，接触式自整角机也不宜用于有爆炸危险的环境中。无接触式自整角机由于没有电刷、滑环间的滑动接触，故有可靠性高、寿命长、稳定性好、不会产生无线电干扰等优点。其缺点是结构复杂，电气性能指标较低。我国生产的无接触式自整角机有：BD型无接触式自整角发送机;BS 型无接触式自整角接收机;BS - 405 无接触式自整角变压器。在无接触式自整角机中没有差动自整角机。

常见的无接触式自整角机的结构形式有两种。图 5 - 20 所示的无接触式自整角机,是使用环形变压器 T 代替接触式自整角机中的电刷和滑环。它是通过变压器原理,使转子单相励磁绕组获得外施电源励磁,其余部分与接触式自整角机的结构相同。

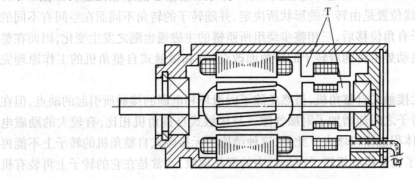

图 5 - 20 带有环形变压器的无接触式自整角机

在图 5 - 21 所示的为另一种无接触式自整角机。转子 1 由硅钢片叠成两部分,中间由非导磁体 6 相间隔。转子的各硅钢片平面均与电机的轴线平行,转子叠片由塑料压紧并加工成圆柱形,转子上没有绕组。电机的定子由定子铁心 4 和两个端导磁环 2 所组成。定子铁心和端导磁环也是由硅钢片叠成,各冲片的平面和普通电机一样垂直于转子的轴线。在定子铁心 4 的内圆周上冲有槽,槽内安放三相整步绕组。端导磁环上也没有绕组。沿着电机的轴向由硅钢片叠成的外磁轭 3 与端导磁环相连接,并一起装在铝合金制成的圆筒形外壳中。在定子铁心和端导磁环之间放置环形的励磁绕组 5,该绕组由绝缘导线绕制并包围着转子。如同接触式自整角机一样,两个励磁绕组串联后再接到单相交流电源励磁,发送机和接收机的整步绕组在运行时对应连接。

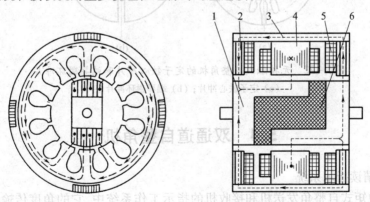

图 5 - 21 具有轴向磁路的无接触式自整角机
1—转子;2—端导磁环;3—外磁轭;4—定子铁心;5—励磁绕组;6—非导磁体。

为了说明这种无接触式自整角机的工作原理,必须先介绍由励磁绕组所产生的主磁通经过的磁路。假设在某一瞬时,磁通的方向由转子的左侧部分沿轴向行进,当遇到非导磁体 6 以后,因这里磁阻较大磁通便转向上极面穿出,再经过气隙进入定子铁心 4,并由齿部转向定子铁心轭部而到达定子铁心的下半部,磁通又经过定子齿、定子、转子之间的气隙进入转子右侧的下极面,并继续在转子右侧部分沿轴向行进。然后,磁通再通过气隙进入右端导磁环和外磁轭3回到左端导磁环,再一次通过气隙到达转子的左侧部分,这就形成了主磁通的闭合磁路。

当励磁绕组产生的主磁通进入定子铁心后,就与三相整步绕组相匝链。如图5-21所示,主磁通的轴线位置是由转子的形状所决定,并随转子的转角不同而在空间有不同的位置。所以当转子有角位移后,三相整步绕组所匝链的主磁通也随之发生变化,因而在整步绕组中的感应电动势也将随着转子的转角而改变,这和接触式自整角机的工作原理完全一样。

这种结构的无接触式自整角机,虽然免除了因滑环和电刷的接触所引起的缺点,但在两个端导磁环和转子之间却增加了附加气隙。与接触式自整角机相比,有较大的励磁电流,因而使电机的体积也相应增大。此外,这种结构的无接触式自整角机的转子上不能再装设阻尼绕组,为了消除接收机转子在运行中的振荡现象,通常是在它的转子上再装有机械阻尼器。

从图5-21中还可以看出,因这种无接触式自整角机存在着脉振的轴向磁通,它会在定子铁心和端导磁环的叠片中产生感应电动势,铁心冲片本身犹如短路线匝。为了消除由此产生的短路线匝的影响,通常需要在定子铁心冲片和端导磁环的冲片上开有缝隙,如图5-22所示。

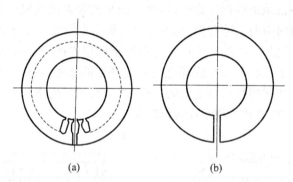

(a)   (b)

图5-22　无接触式自整角机的定子铁心冲片和端导磁环冲片
(a)定子铁心冲片;(b)端导磁环冲片。

5.4　双通道自整角机

1. 粗—精读指示系统

简单的力矩式自整角发送机和接收机的指示工作系统中,它的角度传输误差通常为0.2°~1°。在需要更高精度的使用场所,可以采用比第一系统增速的第二系统,即"精读"系统。而第一系统则称为"粗读"系统,如图5-23所示。

假如不计齿轮的误差,传动比为1:30,精读系统的力矩式发送机就相当于把输入量(角位移)信号放大了30倍。因此,精读系统的指示误差为1°时只相当于粗读系统的(1/30)°,从而使指示系统精度显著提高。可见,精读系统的角度传输误差与传动比是成反

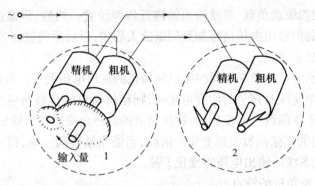

图 5-23 粗—精特读指示系统
1—力矩式自整角发送机；2—力矩式自整角接收机。

比的。

在实际使用中,先由粗读系统得到某一个指示值,再用精读系统读出它的精确值。因为精读系统用了齿轮升速后,对应一个输入角度值,在电气角度上就有 i(即传动比)个对应位置角,而粗读系统却只有单一的对应关系。所以,没有粗读系统就会出现错调现象,无法正确判定指示值的大小。

2. 双通道自整角机

1)双通道伺服系统

利用齿轮增速可以大大提高力矩式自整角机系统的指示精度。在采用了适当的切换装置后可以防止错调。类似的方法也经常使用在控制式自整角机和伺服机构所组成的系统中,如图 5-24 所示。

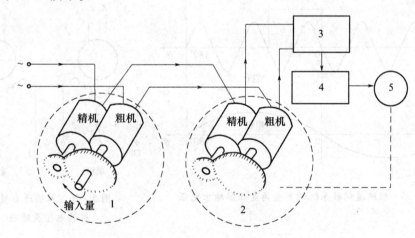

图 5-24 粗—精通道的伺服系统
1—控制式自整角发送机；2—控制式自整角变压器；
3—通道切换装置；4—伺服放大器；5—伺服电动机。

在通常成对工作的控制式自整角发送机和自整角变压器系统中,再利用齿轮增速按同样的传动比分别啮合另一组成对工作的控制式自整角发送机和自整角变压器系统。后者称为精机系统(又称精通道);前者称为粗机系统(又称粗通道)。

当系统中失调角较大时,先由粗机的自整角变压器的输出电压信号加到伺服放大器

165

中,再经伺服电动机驱动负载,并使输出轴接近协调位置。然后,再通过通道切换装置将精机自整角变压器的输出电压信号加到伺服放大器中,以后系统就转为由精机来控制,使角度传输的精度显著提高。

图 5 – 25 所示为自整角变压器的粗机和精机的输出电压关系。若输出轴的位置角和粗机通道的自整角变压器转子的位置角相同,则粗机通道的自整角变压器的输出电压将随输出轴转角按正弦函数关系变化;而精机通道的自整角变压器的输出电压即按 i 倍(传动比)输出轴转角的正弦函数关系变化。因此,当输出轴转动一周,粗机系统的输出电压变化一周,而精机系统的输出电压将变化 i 周。

2)双通道自整角机的特点

由齿轮增速的两套自整角发送机和接收机(或自整角变压器),组成了粗机和精机的双通道系统,可以得到高精度的随动系统。但是这种系统采用齿轮变速器以后,其体积和重量都有较大的增加。而且小模数齿轮的加工和齿轮啮合又通常分别存在着 $2' \sim 5'$ 和 $0.5' \sim 1'$ 的误差,这就影响到整机的综合精度。

为了解决上述的缺点,可以采用高精度的电气双速系统。它的主要特点是在高速系统中,利用多对极元件代替齿轮增速的单对极元件。在电气原理上单对极与多对极结构的双通道系统和上述机械双速系统是一样的,因为采用了多对极元件,转子转动一周,就相当于在电气角度上旋转了 p(极对数)转,同时在结构上又将单对极与多对极系统合一,还可省去齿轮变速器。这种结构的自整角机就称为双通道自整角机,它的电气原理如图 5 – 26 所示。

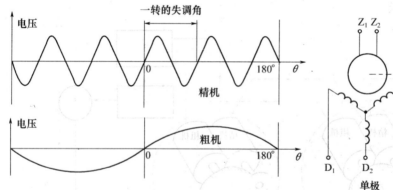

图 5 – 25　双通道伺服系统的自整角变压器输出电压

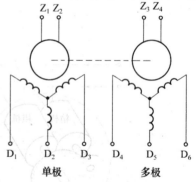

图 5 – 26　双通道自整角机的电气原理图

在这种双通道自整角机的气隙磁场中,既有单对极磁场,又存在多对极磁场。对于单对极的整步绕组,可以通过选用正弦绕组或同心式不等匝的分布绕组来消除多对极磁场对它的影响。而对于多对极的整步绕组,又因各极对中的同一相元件相互串联,对于单对极磁场而言,这就起到了分布作用,所以在一定程度上可削弱其影响。通常为了使多对极整步绕组能更有效地削弱单对极磁场对它的影响,在设计时可使单对极磁场的气隙磁通密度大幅度降低,通常取单对极时气隙磁通密度仅为多对极时的 1/3 左右,这样可使电气双通道自整角机有较高的精度。

166

目前我国已生产的双通道自整角机有:型号为110ZFS001、110ZFS002的双通道自整角发送机;型号为110ZBS001、110ZBS002的双通道自整角变压器;型号为ZCS001的双通道差动自整角发送机等。它们工作在多对极通道时,极对数为20。还有型号为130ZFS001的双通道自整角发送机;型号为130ZBS001的双通道自整角变压器等。它们工作在多对极通道时,极对数为30。

3)双通道的切换

由粗通道切换到精通道可以采用多种方式来实现。这里仅选取两种切换方式作为例子介绍。第一种是采用继电器切换,这是一种有触点式的切换方式,其线路如图5-27所示。

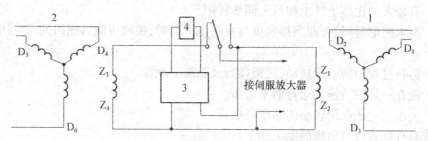

图5-27 采用继电器切换粗、精通道的线路

1—自整角变压器的粗机;2—自整角变压器的精机;3—继电器放大器;4—继电器。

在图5-27中,继电器的放大器是由粗机的输出电压来控制的。只有当粗机的输出电压超过预先调整好的整定值时,放大器才能使继电器动作并进行通道切换,若粗机的输出电压信号较小时,继电器未动作,它的触点是与精机通道相接,并由精机的输出电压加到伺服放大器中。而当粗机的输出电压信号较大时,继电器动作并进行通道切换,这时就由粗机的输出电压加到伺服放大器中。切换通常发生在精机的失调角为90°～120°之间。当用继电器进行切换时,相应会在伺服放大器的输入端有一个电压的突变,但由于伺服放大器已处于饱和状态时,这一突变并不致影响到伺服电动机的转速。

第二种通道切换电路是利用半导体二极管的非线性特性,属于无触点式的切换方式,如图5-28所示。

在图5-28中,精机通道电路中电阻R_2的阻值选取得远大于电阻R_1。当失调角较大时,粗机的输出电压较高,二极管VD_3、VD_4为正向导通状态,它的输出电压大部分降在电阻R_3上。此时精机输出电压不论多高,电阻R_2的电压降最大等于二极管VD_1、VD_2的管压降。所以在输出端实际上只有粗机的输出电压。当失调角降到很小时,粗机的输出电压很低,二极管VD_3、VD_4处于截止状态。此时精机的输出电压就有部分降在电阻R_2上,使输出端实际上就反映了精机的输出电压。这种线路可以自动进行通道的切换。

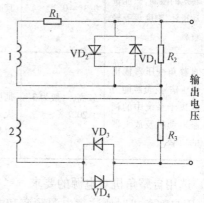

图5-28 利用半导体二极管的切换方式

167

5.5 自整角机的选择

1. 自整角机类型的选择

力矩式自整角机和控制式自整角机在使用上各有不同的特点,应根据使用的电源、负载的种类、所要求的精度、系统的造价及其他要求等综合考虑。

使用者首先应考虑系统对力矩式自整角机和控制式自整角机的要求各有不同,一般系统对力矩式自整角机的要求如下:

(1)有较高的静态和动态角传递精度。

(2)有较大的比整步转矩和最大同步转矩。

(3)要求阻尼时间短,即当接收机与发送机失调时,接收机能迅速回到与发送机协调的位置上。

(4)运行过程中转子无抖动、缓慢爬行及黏滞等现象。

(5)能在一定的转速下运行而不失步。

(6)要求从电源取用较小的功率或电流。

系统对控制式自整角机的要求如下:

(1)电气误差尽可能小。

(2)零位电压的基波值及总值尽可能小。

(3)自整角变压器应有较高的比电压和较低的输出阻抗,以满足放大装置对灵敏度的要求。

表5-2对控制式和力矩式自整角机进行了比较。

表5-2 控制式和力矩式自整角机进行了比较

形式	带负载	精度	系统结构	励磁功率	励磁电流	系统造价
力矩式	接收机的负载能力受到精度及比整步转矩的限制,只能带动指针、刻度盘等轻负载	较低,一般为 $0.3° \sim 0.2°$	较简单,不需用其他辅助元件	一般为 3W ~ 10W,最大可达 16W	一般大于 100mA,最大可达2A	较低
控制式	自整角变压器输出电压信号,负载能力取决于系统中的伺服电动机及放大器的功率	较高,一般为 3′ ~ 20″	较复杂,需要用伺服电动机、放大器、减速装置等	一般小于2W	一般小于200mA	较高

2. 选用自整角机对电源的要求

选用自整角机时要注意电源频率和电压等级。不同频率和电压等级的产品不能互相混用。自整角机电源的频率主要有工频 50Hz 和中频 400Hz 两种。使用时一定不要将 400Hz 的产品用于 50Hz,否则极易引起烧毁。力矩式自整角机的励磁电流和功率较大,选用时应考虑电源容量的要求。

3. 选用自整角机时如何考虑精度的要求及各类误差之间的区别

自整角机用于角度的传递、接收和变换时,精度是很重要的指标。但是,由于自整角机的类型和使用要求各不相同,其精度的定义和误差考核的指标也不一样。控制式自整角机考核电气误差;力矩式自整角机中的发送机考核零位误差,而接收机则考核静态误差。自整角机的精度分为 3 个等级,参见表 5 – 1。

4. 多台力矩式接收机的并联使用

力矩式发送机除了与接收机成对使用之外,还可以与多台接收机并联使用。一台力矩式发送机所带接收机的个数,受到下列因素限制:

(1)接收机轴上的比整步转矩将会降低。

(2)由于比整步转矩的降低,以及各个接收机之间的相互影响,其精度将会降低。

(3)发送机的输入功率和励磁电流都将增加,温度也会升高。

(4)容易引起振荡,应注意阻尼时间是否符合要求。

一般产品目录上给出的是单个自整角机的比整步转矩数值,它是在发送机与接收机为同机座号、同一类型产品的条件下规定的,又叫固有比整步转矩,当接收机与不同型号的(单个)发送机连接时,所得到的比整步转矩数值将发生变化,它们之间有以下关系,即

$$T_{zb} = \frac{2T_{jb}T_{fb}}{T_{jb} + T_{fb}} \tag{5.13}$$

式中 T_{zb}—— 组合后的比整步转矩;

　　　T_{fb}—— 发送机本身固有的比整步转矩;

　　　T_{jb}—— 接收机本身固有的比整步转矩。

由式(5.13)可知,比整步转矩较小的接收机与比整步转矩较大的发送机成对连接时,可在接收轴上得到较大的比整步转矩。在实际应用中,为了得到较大的比整步转矩,除了选用机座号较大的接收机之外,也可以通过选用机座号较大的发送机来达到。

当一台发送机与多台相同的接收机并联时,比整步转矩按式(5.14)计算,即

$$T_{zb} = \frac{2T_{jb}T_{fb}}{nT_{jb} + T_{fb}} \tag{5.14}$$

式中 n —— 并联接收机的个数。

当发送机与接收机为同一型号时,式(5.14)可表示为

$$T_{zb} = \frac{2T_{fb}}{n + 1}$$

应当说明的是,规定发送机允许并联接收机个数的标准,要考虑上述 4 个因素,其中应着重考虑的是第一个因素,即比整步转矩的要求。一般规定为:组合后接收机比整步转矩不应小于接收机本身固有比整步转矩的 2/3,即

$$T_{zb} \geqslant \frac{2}{3}T_{jb}$$

表 5 – 3 和表 5 – 4 给出一个发送机能并联接收机的数目,供使用者选用自整角机时参考。

表 5 - 3　400Hz 力矩式发送机允许并联接收机的台数

并联台数		接收机					
		90 号	70 号	55 号	45 号	36 号	28 号
发送机	90 号	1	2	6	16	48	—
	70 号	—	1	4	9	32	—
	55 号	—	—	1	4	13	—
	45 号	—	—	—	1	5	21
	36 号	—	—	—	—	1	6
	28 号	—	—	—	—	—	1

表 5 - 4　50Hz 力矩式发送机允许并联接收机的台数

并联台数		接收机			
		90 号	70 号	55 号	45 号
发送机	90 号	1	4	11	40
	70 号	—	1	4	16
	55 号	—	—	1	5
	45 号	—	—	—	1

5. 多台控制式自整角变压器的并联使用

控制式发送机除了与自整角变压器成对连接使用之外，也可以与多台自整角变压器并联使用。在这种情况下，由于阻抗的影响，自整角变压器的比电压将要降低。并且，由于各个自整角变压器之间的相互作用，对精度和零位电压也略有影响。但这种影响是随机的，没有一定的规律。因此，确定所允许并联自整角变压器的数目，主要考虑比电压的降低。当然，多台自整角变压器并联后，发送机的输入功率和励磁电流都将相应增加。

多台自整角变压器并联后，其比电压按式(5.15)计算，即

$$[k_v]_{F-nB} = \frac{(Z_{sc})_F + (Z_{sr})_B}{n(Z_{sc})_F + (Z_{sr})_B}[k_v]_{F-B} \tag{5.15}$$

式中　$(Z_{sr})_B$——自整角变压器的输入阻抗；

　　　$(Z_{sc})_F$——发送机的输出阻抗；

　　　$[k_v]_{F-B}$——发送机与单台自整角变压器连接时，后者的比电压；

　　　$[k_v]_{F-nB}$——发送机与 n 台同机座号的自整角变压器连接时，后者的比电压；

　　　n——并联自整角变压器的台数。

一般，考虑控制式发送机与同机座号的控制式自整角变压器并联工作时，以带 2 台 ~ 3 台为好。若并联自整角变压器的台数增多，将使比电压降低严重。对不同的比电压允许降低值，所能并联的自整角变压器的台数也不同。为使用方便，在表 5 - 5 中给出了当并联自整角变压器为 2 台和 3 台，且其比电压降低值为 0.7 ~ 0.95 时，自整角变压器输入阻抗与发送机输出阻抗之比。

170

表 5-5　自整角变压器输入阻抗与发送机输出阻抗之比

$\dfrac{[k_v]_{F-nB}}{[k_v]_{F-B}}$		0.95	0.90	0.85	0.80	0.75	0.70
$\dfrac{(Z_{sr})_B}{(Z_{sc})_F}$	$n=2$	18	8	4.66	3	2	1.33
	$n=3$	37	17	10.35	7	5	3.67

由表 5-5 可以看出,两者阻抗比值越高,所能带的自整角变压器的台数越多,或者比电压降低得越小。当并联自整角变压器的台数大于 3 时,比电压降低与阻抗比之间的关系可由式(5.15)求得。

6. 自整角机的基准电气零位的正确选用

任何自整角机系统,在使用之前都要求调整到基准电气零位,以免造成使用混乱。众所周知,自整角机的整步绕组为三相对称绕组,共有 6 个电气零位。规定其中之一为基准的电气零位,以便在多个自整角机组成的系统中,判断相互之间的接线正确性、调整电机所要求的转向、计算电机的转角位置等。制造厂在产品的轴上和端盖上都标有印记,表示在两者印记重合处附近即为正确的电气零位。因印记总有一定的范围,它不可能十分准确地落在电气零位上,所以,印记重合位置称为近似基准电气零位。使用时,可根据近似电气零位找出实际的电气零位。

习　题

5-1　在一对力矩式自整角机中,接收机整步转矩是怎样产生的? 发送机受不受整步转矩的作用?

5-2　一对控制式自整角机的协调位置是如何定义的? 为什么与力矩式自整角机不同?

5-3　3 台自整角机如题图 5-1 所示接线。中间一台为力矩式差动接收机,左、右两台为力矩式发送机,试问:当左、右两台发送机分别转过 θ_1、θ_2 角度时,中间的接收机将转过的角度 θ 与 θ_1 和 θ_2 之间是什么关系?

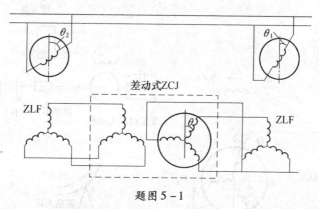

题图 5-1

5-4　一对控制式自整角机如题图 5-2 所示接线。当发送机转子绕组通上励磁电流,在气隙中产生磁场 $\Phi = \Phi_m \sin\omega t$ 后,转子绕组的感应电动势为 E_j。设定转子绕组的变比 $k = W_D/W_Z$,定子回路总阻抗为 $z\angle\theta_d$。

（1）写出发送机定子绕组各相电流的瞬时值 i_1、i_2、i_3 的表达式。

（2）画出自整角变压器转子的协调位置。

（3）写出如题图 5-2 所示位置时，输出电压瞬时值 u_2 的表达式。式中用 U_{2m} 表示最大电压值，不考虑铁耗。

（4）求失调角。

5-5 某力矩式自整角机接线如题图 5-3 所示。

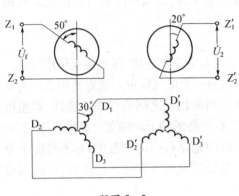

题图 5-2

（1）画出接收机转子所受的转矩方向。

（2）画出接收机的协调位置。

（3）若把 D_1 和 D'_2 连接，D_2 和 D'_1 连接，D_3 和 D'_3 连接，再画出接收机转子的协调位置。

（4）求失调角。

5-6 对于题图 5-4 所示自整角测量线路，CX 为自整角发送机，CT 为自整角变压器，它们的转子转角分别为 θ_1 和 θ_2。画出三相绕组合成磁场轴线的位置，并写出输出电动势的有效值 E_0 与转角 θ_1、θ_2 之间的关系式。

5-7 如题图 5-5 所示的雷达俯仰角自动显示系统，试分析其工作原理。

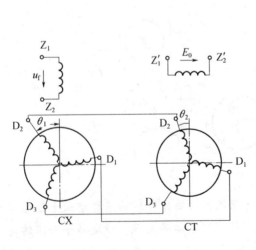

题图 5-4

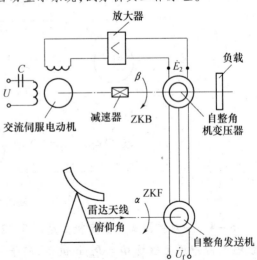

题图 5-5

第6章 交流伺服电动机

交流伺服电动机一般是指两相交流伺服电动机,它和直流伺服电动机一样,作为控制系统的执行元件。但由于两相异步电动机功率较小,一般均在100W以下,多应用于各种自动化记录仪表的伺服机构中,其功能是将输入的电信号转换为机械角位移或线位移输出,带动自动记录笔或指针。因此,交流伺服电动机又常被称为仪表伺服电机。

由于直流伺服电动机有电刷和换向器,这就给它带来了以下缺点:

(1)结构和制造工艺复杂,电刷和换向器容易发生故障,需要经常维修;

(2)换向器和电刷之间有火花,对附近的放大器和计算机产生无线电干扰,火花还能引起可燃气体的燃烧或爆炸;

(3)电刷和换向器之间的摩擦转矩使电机存在较大的死区。

上述缺点使直流伺服电动机的应用受到一定限制,而交流伺服电动机不需要电刷和换向器,结构简单,避免了直流伺服电动机的上述缺点。

根据交流伺服电动机在自动控制系统中的作用,自动控制系统对它的要求主要有以下几点:

(1)转速和转向能很方便地受控制信号的控制,调整范围要宽;

(2)在整个运行范围内,特性应接近线性,并保证运行的稳定性;

(3)当控制信号消失时,伺服电动机应停转,即无"自转"现象;

(4)控制功率要小,起动转换要大;

(5)死区要小,机电时间常数要小,快速性要好。

6.1 交流伺服电动机的结构与原理

6.1.1 交流伺服电动机的结构

交流伺服电动机有定子和转子两大部分,在定子、转子之间有很小的工作气隙。定子的结构与旋转变压器的定子基本相同,在均匀分布的铁心槽中,安放着空间互成90°电角度的两相分布绕组。图6-1所示为用集中绕组表示的两极电机定子示意图,其中 j_1j_2 为励磁绕组;k_1k_2 为控制绕组。两相绕组的匝数可以相等,也可以不等。前者称为两相对称绕组;后者称为两相不对称绕组。可见,交流伺服电动机是一种两相交流电动机。

转子的结构有鼠笼式转子和杯形转子两种。因此,交流伺服电动机就以转子形式的不同分成两大类:一类称为鼠笼转子交流伺服电动机,另一类称为空心杯转子伺服电动机。鼠笼转子的结构如图6-2所示。笼型绕组由插入到每个转子槽中的导条和两端的环形端环组成。导条两端由两个端环固联在一起,成为一个整体,进而形成闭合导电回路。如果去掉转子铁心,整个绕组外形像一个关松鼠的笼子,故而得名"鼠笼转子"。

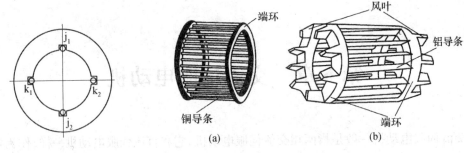

图 6-1 两相绕组分布图

图 6-2 鼠笼转子
(a) 铜条鼠笼转子；(b) 铸铝鼠笼转子。

根据制成杯子的材料是磁性材料还是非磁性材料,空心杯转子交流伺服电动机可分为磁性杯转子和非磁性杯转子两种。磁性杯转子相对非磁性杯转子而言,杯壁厚,重量大,机电时间常数大,一般较少采用。非磁性杯转子交流伺服电动机的结构如图 6-3 所示,它由外定子、空心杯转子及内定子等部分组成。

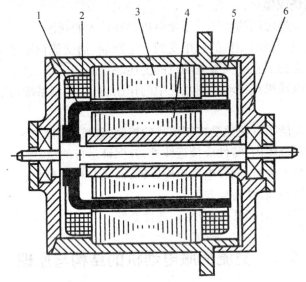

图 6-3 杯形转子交流伺服电动机
1—杯形转子；2—定子绕组；3—外定子；4—内定子；5—机壳；6—端盖。

杯由铝或铜制成,杯壁很薄,一般在 0.5mm 以下,杯子底部固定在转轴上,杯形转子便可在内、外定子之间自由旋转。

两相绕组通常都安放在外定子铁心上,但对机座号较小的非磁性杯转子交流伺服电动机,为了绕组下线的方便,可将两相绕组安放在内定子铁心上,或内、外定子铁心各安放一相绕组。

安放内定子的目的是为了缩短空气隙,以减小磁阻,降低励磁电流。

虽然安放了内定子,非磁性杯转子交流伺服电动机的气隙仍然较鼠笼转子交流伺服电动机的气隙大得多。这是由于非磁性杯不导磁,气隙实际上由三部分组成,即杯本身及杯与内、外定子之间的两个气隙。因此,非磁性空心杯转子交流伺服电动机的磁阻很大,因而,气隙磁通密度相对来说较小。功率相同时,非磁性空心杯转子交流伺服电动机的尺寸要比鼠笼转子电机大,效率也低。空心杯转子伺服电动机的转动惯量远比鼠笼转子伺服电动机的转动惯量小,但因前者的气隙磁通密度小,起动转矩并不大,所以,其机电时间常数不一定比后者的机电时间常数小。另外,空心杯转子伺服电动机的结构和制造工艺比较复杂。因此,目前我国主要生产和广泛应用的是鼠笼转子交流伺服电动机。然而,非磁性空心杯转子交流伺服电动机转子的转动惯量小,轴承摩擦阻转矩小,又由于它的转子没有齿和槽,所以定子、转子间没有齿槽效应。通常,转矩不随转轴的位置而发生变化,因此,运转平稳,多用于对运转的稳定性要求严格的场合。

杯形转子与鼠笼转子从外表形状来看虽然不同,但实际上,杯形转子可以看成是鼠笼条数非常多,条与条之间彼此紧靠在一起的鼠笼转子。可见,杯形转子只是鼠笼转子的一种特殊形式。因此,在下面的分析中,将仅以鼠笼转子伺服电动机为例,分析的结果对杯形转子电机也完全适用。

6.1.2 交流伺服电动机的工作原理

交流伺服电动机的工作原理图示于图 6-4 中,W_j 为励磁绕组,W_k 为控制绕组,圆圈代表转子。

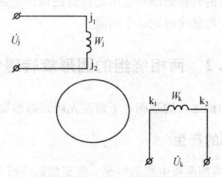

图 6-4 交流伺服电动机原理图

在使用时,伺服电动机的励磁绕组两端施加幅值恒定的交流励磁电压 U_j,而控制绕组两端则施加变化的交流控制电压 U_k。当定子两相绕组都加有交流电压时,伺服电动机将很快地转动起来,把电信号转换成机械转角或转速。

交流伺服电动机是怎样转起来的呢? 下面做一个简单的实验。图 6-5(a)中有一个可旋转的马蹄形磁铁,在磁极中间有一个可自由旋转的鼠笼转子。我们顺时针方向摇动手柄,使马蹄形磁铁旋转,由它建立的磁场也随之旋转,转速为 n_t。当磁铁旋转时,"鼠笼"对磁极有相对运动,"鼠笼"条就切割旋转着的磁通,根据电磁感应定律,"鼠笼"条中将产生感应电动势。从图 6-5(b)中可以看出,当磁场顺时针旋转时,"鼠笼"相对旋转磁铁做逆时针旋转,按右手定则,在 N 极下的"鼠笼"条中将感应出指向读者的电动势,在 S 极下的"鼠笼"条中感应出指向纸面的电动势。按左手定则,N 极下的"鼠笼"条将受向右的电磁力,S 极下的"鼠笼"条将受向左的电磁力,它们对转子轴形成电磁转矩,使鼠笼转子顺时针方向旋转。显然,这和磁铁的旋转方向是一致的。转子的转速只有在理想空载时才能达到旋转磁场的转速 n_t(同步转速),在负载时,转子的转速总比旋转磁场的转速 n_t 低。这是因为,如果"鼠笼"转速同磁场转速相等,则它相对旋转磁场静止,"鼠笼"

条就不再切割旋转的磁通,感应电动势也就不能产生,感应电流就没有了,电磁转矩也就随之消失。正是旋转磁场与转子的转速之差,使转子导条中能产生感应电流,且后者与旋转磁场相互作用,产生一定的电磁转矩,以维持与负载转矩的平衡。这就是"异步"二字的来历。

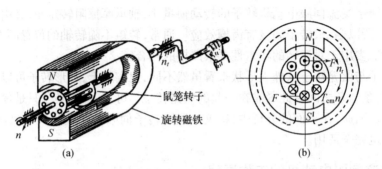

图 6-5 异步电动机原理演示及分析
(a) 旋转的马蹄形磁铁;(b)"鼠笼"条中将产生感应电动势。

实际交流伺服电动机的旋转磁场不是由旋转的磁体产生的,而是由定子两相绕组通以交流电流后产生的。下面就来讨论这个问题。

6.2 两相绕组的圆形旋转磁场

旋转磁场是交流电动机运行的基础。下面首先研究圆形旋转磁场的特点。

6.2.1 圆形旋转磁场的产生

讨论极对数 $p=1$ 时两相两极电机的情况。假定励磁绕组 W_j 和控制绕组 W_k 是两相对称绕组,即它们的结构参数相同,其轴线在空间上互成 $90°$。同时,又假定励磁电流 $\dot{I}_j$ 和控制电流 $\dot{I}_k$ 为两相对称电流,即它们的幅值相等,相位相差 $90°$,数学表示为

$$\begin{cases} i_k = I_{km}\sin\omega t \\ i_j = I_{jm}\sin(\omega t - 90°) \\ I_{km} = I_{jm} = I_m \end{cases} \tag{6.1}$$

式中 I_{km} —— 控制电流 I_k 的幅值;

I_{jm} —— 励磁电流 I_j 的幅值;

ω —— 电流交变角频率。

各相电流随时间变化的曲线如图 6-6 所示。由于两相电流随时间变化是连续的、快速的,为了考察两相对称电流产生的合成磁场,可以通过几个特定的瞬间,以窥见全貌。为此,选择 $\omega t_1 = 90°(t_1 = T/4)$,$\omega t_2 = 180°(t_2 = T/2)$,$\omega t_3 = 270°(t_3 = 3T/4)$,$\omega t_4 = 360°$($t_4 = T$)4 个特定瞬间,其中 T 为电流交变周期。并规定,电流为正时,从每相绕组的始端(k_1 或 j_1)流入,经末端(k_2 或 j_2)流出;电流为负时则相反。且用 ⊗ 表示电流向纸面流入,

用⊙表示电流从纸面流出。按照以上规定,把 t_1、t_2、t_3 和 t_4 这 4 个瞬间各相电流的方向表示在图 6-7 所示的定子图中。

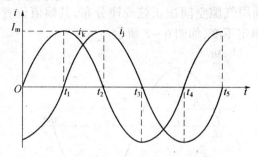

图 6-6 各相电流随时间变化的曲线

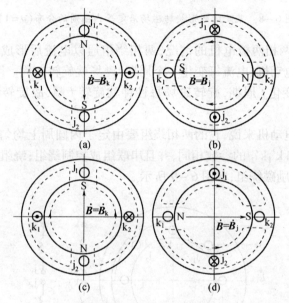

图 6-7 两相绕组产生的圆形旋转磁场 $(p=1)$

(a) t_1 时刻;(b) t_2 时刻;(c) t_3 时刻;(d) t_4 时刻。

根据绕组电流的方向,按照右手螺旋法则,可画出具有虚线所示方向的磁力线,根据第 4 章的分析,励磁绕组和控制绕组通入交流电流后,各产生一个脉振磁场,并分别用磁通密度空间向量 $\dot{\boldsymbol{B}}_k$ 和 $\dot{\boldsymbol{B}}_j$ 表示。它们分别位于各自绕组的轴线上,向量长度则正比于各相电流的瞬时值,方向与磁通方向一致,两相绕组的合成磁场用磁通密度空间向量 $\dot{\boldsymbol{B}}$ 表示。这 4 个特定瞬间的电流和磁通密度分别为(见图 6-7)

$t_1 : i_j = 0, i_k = +I_m, B_j = 0, B_k = B_m, B = B_k = B_m$,方向朝下

$t_2 : i_j = +I_m, i_k = 0, B_j = B_m, B_k = 0, B = B_j = B_m$,方向朝左

$t_3 : i_j = 0, i_k = -I_m, B_j = 0, B_k = B_m, B = B_k = B_m$,方向朝上

$t_4 : i_j = -I_m, i_k = 0, B_j = B_m, B_k = 0, B = B_j = B_m$,方向朝右

t_5 与 t_1 时的情况完全相同。电流随时间变化了一个周期,合成磁场的磁通密度空间向量在空间也旋转一周,磁通密度空间向量的轨迹是一个圆。

从上面的分析可以明显地看出,当两相对称电流通入两相对称绕组时,在电动机定子内圆周气隙空间里建立起一个圆形旋转磁场。如果忽略谐波的作用,在某一瞬间,该磁场的磁通密度在定子内圆周气隙空间按正弦规律分布,其幅值位置则随时间以转速 n_t 旋转,而幅值 B_m 的大小恒定不变,如图 6-8 所示。

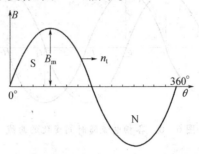

图 6-8　某瞬间圆形旋转磁场沿定子内圆周的分布($p=1$)

前面所述的是两相两极电机的情况,两相绕组通以电流后形成的磁场如同两级磁场。对于两相两极电动机,电流每变化一个周期,磁场就旋转一周。因而,当电源频率为 $f(\mathrm{Hz})$ 时,电流每秒变化 f 周期,旋转磁场每秒钟就旋转 f 圈,故旋转磁场的每分钟转数为 $60f$。

对于一台 4 极电动机来说,它的两相绕组要由定子内圆周上均匀分布的 4 套绕组构成,其中绕组 $k_1 k_2$ 和 $k'_1 k'_2$ 的参数相同,并且串联组成控制绕组;绕组 $j_1 j_2$ 及 $j'_1 j'_2$ 的参数相同,并且串联组成励磁绕组,如图 6-9 所示。

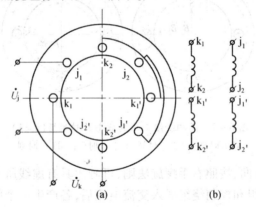

图 6-9　4 极电动机绕组

(a) 四极电动机绕组横截面;(b) 四套绕组。

若四极电动机的两相绕组仍然是对称绕组,通入图 6-6 所示的两相对称电流,并分别画出 t_1、t_2、t_3 和 t_4 这四个特定瞬间的绕组电流及其对应的电动机磁场分布(见图 6-10)。比较图 6-7 和图 6-10 将会发现,电流同样变化一个周期,四极电动机的旋转磁场在空间只转过了半圈。可见,四极电动机旋转磁场的转速仅是二极电机的一半,即

$$n_t = \frac{60f}{2} \, \mathrm{r/min}$$

四极电动机的基波气隙磁通密度沿圆周有两个正弦分布的磁通密度波(图 6-11)。如果是 p 对极的磁场,沿圆周就有 p 个正弦分布的磁通密度波。

178

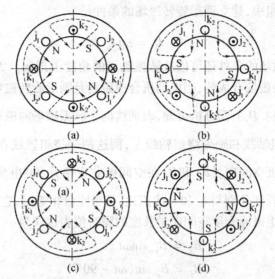

图 6-10 四极电动机的旋转磁场

(a) t_1 时刻；(b) t_2 时刻；(c) t_3 时刻；(d) t_4 时刻。

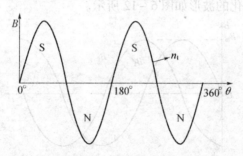

图 6-11 四极电动机旋转磁场的瞬时磁通密度波

进一步推理,可得 p 对极两相伺服电动机旋转磁场转速的一般表达式为

$$n_t = \frac{60f}{p} \ (\text{r/min}) \tag{6.2}$$

一般称 n_t 为同步转速。

电机圆周实际的空间角度为 360°,这个角度称为机械角度。具有 p 对极的电机,当它的两相绕组通入电流时,在定子内圆上形成 p 对极即 $2p$ 个磁极,每个磁极占有的空间角度为 360°/$2p$,每两个相邻的异性磁极轴线间相隔的角度为 360°/$2p$,两个相邻的异性磁极占有的角度为 360°/p。从电磁观点看,若磁场在空间按正弦波分布,则经过 N、S 一对磁极恰好相当于正弦曲线的一个周期。如有导体去切割这种磁场,经过 N、S 一对磁极,导体中感生的电动势的变化亦为一个周期,变化一个周期即经过 360°电角度。因而一对磁极占有的空间是 360°电角度,若电机有 p 对磁极,电机圆周按电角度计算为 $p \times$ 360°,而机械角度总是 360°。因此有

电角度 = $p \times$ 机械角度

这样,无论是多少极的电机,当电流变化一个周期时,旋转磁场转过一对磁极的空间是 360°电角度。两相电机相邻绕组轴线间的夹角为 90°电角度。由此可知,从电流的角

度看,在两相对称绕组中,建立圆形旋转磁场的条件是

$$\dot{I}_k = \pm j\dot{I}_j \tag{6.3}$$

建立圆形旋转磁场的条件还可以从脉振磁场的角度去理解。大家知道,电动机内的总磁场是由两个脉振磁场合成的,当电动机合成磁场是圆形旋转磁场时,这两个脉振磁场应满足怎样的关系呢? 从上面分析可知,表征这两个脉振磁场的磁通密度空间向量$\dot{B}_k$和$\dot{B}_j$分别位于控制绕组轴线和励磁绕组轴线上,而这两个绕组轴线在空间彼此错开90°电角度。因此,磁通密度空间向量$\dot{B}_k$和$\dot{B}_j$在空间彼此也错开90°电角度,又由于磁通密度空间向量$\dot{B}_k$和$\dot{B}_j$的长度分别与i_k和i_j成正比,且当匝数相等时,它们的比例系数也必然相等。于是,两相绕组磁通密度空间向量长度的瞬时值表达式为

$$B_k = B_{km}\sin\omega t$$
$$B_j = B_{jm}\sin(\omega t - 90°)$$
$$B_{km} = B_{jm} = B_m$$

磁通密度随时间变化的波形如图6-12所示。

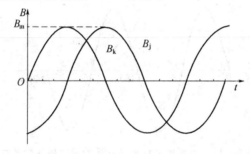

图6-12 磁通密度随时间变化的曲线

由于磁通密度空间向量$\dot{B}_k$和$\dot{B}_j$在空间错开90°电角度,所以,任意时刻t,电机定子内圆周气隙空间合成磁场磁通密度空间向量的长度为

$$B = \sqrt{B_k^2 + B_j^2} = \sqrt{[B_{km}\sin\omega t]^2 + [B_{jm}\sin(\omega t - 90°)]^2} = B_m = \text{const}$$

合成磁场磁通密度空间向量与励磁轴线的夹角θ(电角度)为

$$\tan\theta = \frac{B_k}{B_j} = \frac{B_m\sin\omega t}{B_m\sin(\omega t - 90°)} = \tan\omega t$$

即

$$\theta = \omega t$$

由此可知,合成磁场是一个幅值不变、转速恒定的磁场——圆形旋转磁场。

综上所述,在两相伺服电动机中建立圆形旋转磁场的条件还可以认为:如果有两个幅值相等的脉振磁场,它们的轴线在空间上相差90°电角度,在时间上相差90°相位差,则它们必然合成一个圆形旋转磁场。

若两相绕组匝数不相等,且有效匝数比为

180

$$\frac{W_j}{W_k} = k_z \qquad (6.4)$$

时,要建立圆形旋转磁场,相位相差90°的两相交流电流的幅值应满足什么条件呢

由上面的分析可以知道,只要两个脉振磁场的磁势幅值相等,即 $F_{km} = F_{jm}$,则产生的磁通密度空间向量幅值也相等。因而,这两个脉振磁场的合成磁场就必然是圆形旋转磁场。由于磁势的幅值为

$$F_{km} = I_{km}W_k$$
$$F_{jm} = I_{jm}W_j$$

式中 I_{km}、I_{jm}——分别为控制电流和励磁电流的幅值。

所以,当 $F_{km} = F_{jm}$ 时,必有

$$I_{km}W_k = I_{jm}W_j \qquad (6.5)$$

或

$$\frac{I_{km}}{I_{jm}} = \frac{W_j}{W_k} = k_z \qquad (6.6)$$

用复数式表示为

$$\dot{I}_k = \pm k_z \dot{I}_j \qquad (6.7)$$

式(6.7)表明,当两相绕组匝数不等时,建立圆形旋转磁场的两相电流的幅值与两相绕组的匝数成反比。

6.2.2　圆形旋转磁场的特点

(1) 转向。如果绕组轴线的正方向规定为该绕组流过正向电流时磁通的方向,则从图6-12可以看出,旋转磁场的转向是从控制绕组轴线转向励磁绕组轴线,也就是从流过超前电流的绕组轴线转向流过落后电流绕组轴线。

(2) 转速。p 对极伺服电动机旋转磁场转速的一般表达式为

$$n_t = \frac{60f}{p} \; (\text{r/min})$$

(3) 幅值。圆形旋转磁场的幅值是恒定不变的,其值与每相脉振磁场的幅值相等,即

$$B = B_{km} = B_{jm} = B_m$$

实际上,对于普通三相异步电动机,将三相对称电流通入其定子三相对称绕组中也会产生圆形旋转磁场,只是由于其转速的调节比较困难,因而三相异步电动机一般不作为控制装置中的伺服电动机使用。

6.3　圆形旋转磁场作用下的电动机特性

本节将研究在圆形旋转磁场作用下的电动机特性,如电磁转矩、电压平衡方程、机械特性及控制特性等,为以后研究椭圆形旋转磁场作用下的电动机特性打下基础。

1. 转速和转差率

众所周知，交流伺服电动机转子跟着旋转磁场转动的转速总是低于同步转速 n_t，转速与同步转速之差 $\Delta n = n_t - n$，称为转差。分析异步电动机特性时，通常不直接用转速或转差，经常使用相对转差，即转差率 s，它是转差与同步转速的比值，即

$$s = \frac{\Delta n}{n_t} = \frac{n_t - n}{n_t} \tag{6.8}$$

转差率 s 是决定伺服电动机运行性能的一个十分重要的参量。

由式(6.8)，转子转速可以表示为

$$n = n_t(1 - s) \tag{6.9}$$

从式(6.9)可见，当 $s = 0$ 时，$n = n_t$，即转子转速与同步转速相同。此时，转子导条与旋转磁场没有相对运动，因此，导条将不产生感应电动势和电流，也就不能产生电磁转矩，这相当于理想空载的情况。必须指出，理想空载的条件实际上是不存在的，即使外加负载转矩为零，交流伺服电动机本身仍存在着阻转矩(如轴承摩擦、空气阻力等)。因此，电动机转速必然小于同步转速，即必须有一定的转差(或转差率)，以产生与阻转矩相平衡的电磁转矩。一般，交流伺服电动机的实际空载转速只有同步转速的 5/6 左右。当 $s = 1$ 时，$n = 0$，即转子不动，这种工作状态称为堵转状态。此时，旋转磁场以同步转速 n_t 切割转子，在转子导条中的感应电动势和电流很大，此时的电磁转矩称为堵转转矩或起动转矩。

2. 定子、转子导体中感应电动势的频率

圆形旋转磁场在旋转过程中要切割定子、转子导体，并在导体中产生感应电动势和感应电流。由于旋转磁场的磁通密度在电动机气隙中是按正弦分布的，导体中的电动势和电流也是随时间正弦交变的。交变的频率是多少呢？与电源频率 f 的关系是怎样的呢？

1）转子不转动时，定子、转子导体中电动势的频率

当转子不动时，旋转磁场切割定子、转子导体的速度都等于同步转速 n_t，因而在定子、转子导体中感应电动势的频率是相等的，即

$$f_{z0} = f_d \tag{6.10}$$

式中 f_{z0}—— 转子不转动时，转子导体中感应电动势的频率；

f_d—— 定子导体中感应电动势的频率。

如前所述，若交流伺服电动机的极对数 $p = 1$，旋转磁场在空间旋转一周，定子、转子导体中感应电动势也交变一次；若极对数 $p = 2$，旋转磁场在空间旋转一周，定子、转子导体中感应电动势交变两次。依此类推，若极对数为 p 时，旋转磁场在空间旋转一周，定子、转子导体中感应电动势交变 p 次。所以，当转子不动时，定子、转子导体中感应电动势的频率为

$$f_{z0} = f_d = \frac{pn_t}{60}\text{Hz}$$

据式(6.2)，可知

$$f_{z0} = f_d = f \tag{6.11}$$

即转子不动时，定子、转子导体中感应电动势的频率等于电源频率。

182

2) 转子转动时,定子、转子导体中感应电动势的频率

当转子以转速 n 旋转时,由于旋转磁场相对于定子导体的速度仍然是同步转速 n_t,故定子导体中感应电动势的频率仍为电源频率 f。

转子导体感应电动势的频率 f_{zn} 为

$$f_{zn} = \frac{p\Delta n}{60}$$

将 $\Delta n = n_t - n$ 及式 $n_t = \frac{60f}{p}$ 代入上式,整理得

$$f_{zn} = sf \qquad (6.12)$$

即转子转动时,转子导体中感应电动势的频率等于电源频率与转差率的乘积。

综上所述,定子导体感应电动势的频率与转子是否转动无关,始终等于电源频率。因此,在以后的分析中,为了方便起见,电源频率与定子导体中电动势的频率不加以区别,二者都用 f 表示。而对转子的各电量,当加下标"0"时,表示转子不动($n=0$)时的电量,当加下标"n"时,表示转子(以转速 n)转动时的电量。

3. 电压平衡方程式

电压平衡方程式是电机中的一个很重要的规律,利用它可以分析电机运行中的许多物理现象。

众所周知,交流伺服电动机的定子边和转子边的电磁关系与变压器类似,定子边相当于变压器的原边,而转子边相当于变压器的副边,由于转子导条两端由端环连在一起,所以相当于变压器副边短路。

首先列写图 6 – 13 所示的副边短路的变压器的电压平衡方程式,根据图 6 – 13 所规定的正方向,并考虑到绕组本身的电阻压降,应用基尔霍夫电压定律,可列出原边、副边电压平衡方程式为

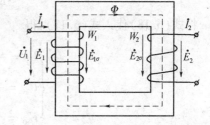

$$\begin{cases} \dot{U}_1 = -\dot{E}_1 - \dot{E}_{1\sigma} + \dot{I}_1 r_1 \\ \dot{E}_2 = \dot{I}_2 r_2 - \dot{E}_{2\sigma} \end{cases} \qquad (6.13)$$

图 6 – 13　副边短路的变压器

原边及副边漏磁通电动势 $\dot{E}_{1\sigma}$、$\dot{E}_{2\sigma}$ 分别用漏电抗压降表示为

$$\begin{cases} \dot{E}_{1\sigma} = -\mathrm{j}\,\dot{I}_1 x_{1\sigma} \\ \dot{E}_{2\sigma} = -\mathrm{j}\,\dot{I}_2 x_{2\sigma} \end{cases} \qquad (6.14)$$

将式(6.14)代入式(6.13),得

$$\begin{cases} \dot{U}_1 = -\dot{E}_1 + \dot{I}_1(r_1 + \mathrm{j}x_{1\sigma}) \\ \dot{E}_2 = \dot{I}_2(r_2 + \mathrm{j}x_{2\sigma}) \end{cases} \qquad (6.15)$$

式中,$\dot{E}_1$,$\dot{E}_2$ 的有效值为

$$\begin{cases} E_1 = 4.44fW_1\Phi_m \\ E_2 = 4.44fW_2\Phi_m \end{cases} \tag{6.16}$$

式中　Φ_m—— 变压器铁心中主磁通的幅值;

　　r_1、$x_{1\sigma}$—— 原边绕组的电阻和漏电抗;

　　r_2、$x_{2\sigma}$—— 副边绕组的电阻和漏电抗。

与图 6 - 13 所示的副边短路的变压器类似,可以列出交流伺服电动机的电压平衡方程式。

1) 转子不动时的电压平衡方程式

转子不动时,定子、转子边电量的频率都与电源频率相同,定子、转子边的电压平衡方程式可以联立求解,即

$$\begin{cases} \dot{U}_j = -\dot{E}_j - \dot{E}_{j\sigma} + \dot{I}_j r_j \\ \dot{U}_k = -\dot{E}_k - \dot{E}_{k\sigma} + \dot{I}_k r_k \\ \dot{E}_{z0} = \dot{I}_{z0} r_z - \dot{E}_{z\sigma0} \end{cases} \tag{6.17}$$

各相绕组的漏磁通电动势 $\dot{E}_{j\sigma}$、$\dot{E}_{k\sigma}$、$\dot{E}_{z\sigma0}$ 分别用漏抗压降表示,即

$$\begin{cases} \dot{E}_{j\sigma} = -j\dot{I}_j x_{j\sigma} \\ \dot{E}_{k\sigma} = -j\dot{I}_k x_{k\sigma} \\ \dot{E}_{z\sigma0} = -j\dot{I}_{z0} x_{z0} \end{cases} \tag{6.18}$$

将式(6.18)代入式(6.17),得

$$\begin{cases} \dot{U}_j = -\dot{E}_j + \dot{I}_j(r_j + jx_{j\sigma}) \\ \dot{U}_k = -\dot{E}_k + \dot{I}_k(r_k + jx_{k\sigma}) \\ \dot{E}_{z0} = \dot{I}_{z0}(r_z + jx_{z0}) \end{cases} \tag{6.19}$$

式中　$\dot{E}_j, \dot{E}_k$—— 励磁绕组和控制绕组的感应电动势;

　　$\dot{E}_{z0}$—— 当转子不动时,转子绕组的感应电动势。

此式即为交流伺服电动机在转子不动时的电压平衡方程式。

它们的有效值为

$$\begin{cases} E_j = 4.44fW_j\Phi_m \\ E_k = 4.44fW_k\Phi_m \\ E_{z0} = 4.44fW_z\Phi_m \end{cases} \tag{6.20}$$

式中　Φ_m—— 圆形旋转磁场每极磁通的幅值;

　　$r_j, x_{j\sigma}$—— 励磁绕组电阻和漏电抗;

　　$r_k, x_{k\sigma}$—— 控制绕组电阻和漏电抗;

　　r_z, x_{z0}—— 转子不动时,转子绕组的电阻和漏电抗。

184

而

$$\begin{cases} x_{j\sigma} = 2\pi f L_{j\sigma} \\ x_{k\sigma} = 2\pi f L_{k\sigma} \\ x_{z0} = 2\pi f L_{z\sigma} \end{cases} \tag{6.21}$$

式中　$L_{j\sigma}$，$L_{k\sigma}$，$L_{z\sigma}$——分别为励磁绕组、控制绕组及转子绕组的漏电感。

2）转子转动时的电压平衡方程式

转子转动时，定子边电压平衡方程式与转子不动时没有区别，即

$$\begin{cases} \dot{U}_j = -\dot{E}_j + \dot{I}_j(r_j + jx_{j\sigma}) \\ \dot{U}_k = -\dot{E}_k + \dot{I}_k(r_k + jx_{k\sigma}) \end{cases} \tag{6.22}$$

而转子边电压平衡方程式则变为

$$\dot{E}_{zn} = \dot{I}_{zn}(r_z + jx_{zn}) \tag{6.23}$$

式中　$\dot{E}_{zn}$和x_{zn}——分别为转子转动时，转子绕组的感应电动势和漏电抗。

依据式（6.12）和式（6.20），有

$$\begin{cases} E_{zn} = 4.44 f_{zn} W_z \Phi_m = s E_{z0} \\ x_{zn} = 2\pi f_{zn} L_{\sigma z} = s x_{z0} \end{cases} \tag{6.24}$$

由于定子、转子边电量的频率不同，因而式（6.22）和式（6.23）不能联立求解。因为不同频率的电量联立求解是没有意义的。

为了与定子边方程式联立求解，必须将式（6.23）中的电量变换成频率为 f 的电量，即进行"频率归算"，也就是把转动着的转子等效成不动的转子，列出等效转子的电压平衡方程式，然后才能与定子边电压平衡方程式联立求解。经"频率归算"处理后，式（6.23）可变为

$$s\dot{E}_{z0} = \dot{I}_{z0}(r_z + jsx_{z0}) \tag{6.25}$$

这样，转子转动时，交流伺服电动机的电压平衡方程式为

$$\begin{cases} \dot{U}_j = -\dot{E}_j + \dot{I}_j(r_j + jx_{j\sigma}) \\ \dot{U}_k = -\dot{E}_k + \dot{I}_k(r_k + jx_{k\sigma}) \\ s\dot{E}_{z0} = \dot{I}_{z0}(r_z + jsx_{z0}) \end{cases} \tag{6.26}$$

4. 对称状态时定子两相绕组电压之间的关系

当交流伺服电动机的两相绕组建立起圆形旋转磁场时，就称交流伺服电动机处于对称状态。在对称状态时，加在定子两相绕组上的电压应满足什么关系呢？

1）对称绕组

当定子两相绕组为两相对称绕组，即 $W_j = W_k$ 时，建立圆形旋转磁场的两相电流应为两相对称电流，即电流应满足幅值相等、相位相差为 90° 的条件，用复数表示为

$$\dot{I}_k = \pm j \dot{I}_j。$$

若控制电流 $\dot{I}_k$ 的相位超前励磁电 $\dot{I}_j$ 的相位 $90°$，则圆形旋转磁场的转向应该从控制绕组轴线转向励磁绕组轴线。显然，控制绕组的感应电动势 $\dot{E}_k$ 在时间相位上应超前励磁绕组感应电动势 $\dot{E}_j 90°$，而它们的大小相等。用复数表示为

$$\dot{E}_k = j \dot{E}_j \tag{6.27}$$

由于两相绕组为对称绕组，所以有

$$r_k = r_j \tag{6.28}$$

$$x_{k\sigma} = x_{j\sigma} \tag{6.29}$$

将式(6.27)~式(6.29)代入式(6.26)中的控制绕组电压平衡方程式

$$\dot{U}_k = - j \dot{E}_j + j \dot{I}_j(r_j + jx_{j\sigma})$$

$$= j[- \dot{E}_j + \dot{I}_j(r_j + jx_{j\sigma})] = j \dot{U}_j \tag{6.30}$$

这表明两绕组对称时，建立圆形旋转磁场的条件是两相电压大小相等，相位差为 $90°$，称这样的电压为两相对称电压。

2）不对称绕组

当两相绕组匝数不相等，即 $\dfrac{W_j}{W_k} = k_z \neq 1$ 时，要建立圆形旋转磁场，两相电流相位相差 $90°$，幅值与匝数成反比，用复数表示为 $\dot{I}_k = \pm jk_z \dot{I}_j$。仍然假设控制电流 $\dot{I}_k$ 相位超前励磁电流 $\dot{I}_j$ 相位 $90°$，因此，$\dot{E}_k$ 相位也超前 $\dot{E}_j$ 相位 $90°$。再由式(6.20)，绕组中的感应电动势与绕组有效匝数成正比，于是，$\dot{E}_k$ 和 $\dot{E}_j$ 可表示为

$$\dot{E}_k = j \dfrac{\dot{E}_j}{k_z} \tag{6.31}$$

另外，当两相绕组在定子铁心中对称分布时，每相绕组占有相同的槽数，因为电阻

$$r = \rho \dfrac{l}{S}$$

由于总长度 l 正比于绕组匝数 W，导线截面积 S 反比于绕组匝数 W，所以绕组电阻 r 正比于绕组匝数的平方 $(r \propto W^2)$，由此可得

$$\dfrac{r_j}{r_k} = \left(\dfrac{W_j}{W_k} \right)^2 = k_z^2 \qquad \text{或} \qquad r_k = \dfrac{r_j}{k_z^2} \tag{6.32}$$

同时，定子绕组漏电抗为

$$x_\sigma = 2\pi f L_\sigma = 2\pi f \dfrac{W\Phi_\delta}{I}$$

因为

$$\Phi_\delta = \dfrac{WI}{R_\delta}$$

所以

186

$$x_\delta = 2\pi f W^2 \frac{1}{R_\delta}$$

式中 R_δ——气隙磁阻,为常数。

显然,漏电抗 $x_\delta \propto W^2$,由此可得

$$\frac{x_{j\sigma}}{x_{k\sigma}} = \left(\frac{W_j}{W_k}\right)^2 = k_z^2 \qquad \text{或} \qquad x_{k\sigma} = \frac{x_{j\sigma}}{k_z^2} \qquad (6.33)$$

将式(6.31)~式(6.33)代入式(6.26)中的控制绕组电压平衡方程式,并注意到 $\dot{I}_k = \pm jk_z\dot{I}_j$,则

$$\dot{U}_k = -j\frac{1}{k_z}\dot{E}_j + jk_z\dot{I}_j\left(\frac{1}{k_z^2}r_j + \frac{1}{k_z^2}jx_{j\sigma}\right)$$

$$= j\frac{1}{k_z}\left[-\dot{E}_j + \dot{I}_j(r_j + jx_{j\sigma})\right] = j\frac{1}{k_z}\dot{U}_j \qquad (6.34)$$

这表明当定子两相绕组匝数不等时,要得到圆形旋转磁场,两相电压的相位差应是 $90°$,其大小应与匝数成正比,如图 6-14(b)所示。

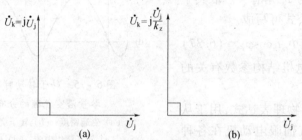

图 6-14 圆形旋转磁场时的两相电压

(a) 对称绕组; (b) 不对称绕组。

一般规定,励磁绕组上加上额定励磁电压 $\dot{U}_{je}$,控制绕组加上额定控制电压 $\dot{U}_{ke}$ 时,交流伺服电动机处于对称状态。由上述分析可知

当 $W_k = W_j$ 时

$$U_{ke} = U_{je} \qquad (6.35)$$

而当 $\frac{W_j}{W_k} = k_z$ 时

$$U_{ke} = \frac{1}{k_z}U_{je} \qquad \text{或} \qquad \frac{U_{ke}}{U_{je}} = \frac{W_k}{W_j} \qquad (6.36)$$

在选用交流伺服电动机时,式(6.36)是很有用的。当控制系统采用晶体管伺服放大器时,为减轻放大器的负担,希望控制功率要小。因此,要求控制电压比励磁电压低,根据式(6.36),这时应选用控制绕组匝数少于励磁绕组匝数的交流伺服电动机。

5. 电磁转矩

大家知道,交流伺服电动机两相绕组建立的圆形旋转磁场的磁通密度在气隙空间按正弦规律分布。这个正弦波的幅值不变,并以同步转速 n_t 旋转,它切割转子导体,产生感

应电动势 E_z，并在转子导体中产生电流 I_z。旋转磁场与转子电流 I_z 相互作用，产生电磁转矩。交流伺服电动机的电磁转矩 T_{em} 也正比于磁通密度 B 与电流 I_z 的乘积，即 $T_{em} \propto BI_z$（或 $\propto \Phi_m I_z$）。但必须注意，由于交流伺服电动机的转子导条有感抗，电流 I_z 总比电动势 E_z 落后一个相位角 φ_z。当旋转磁场以 n_1 自左向右运动时，则在鼠笼转子的每根导条上感应的电动势 E_z 在空间也将按正弦规律分布[见图 6-15(b)]。转子导条中的电流 I_z 在空间的分布较 E_z 落后 φ_z 角，如图 6-15(c) 所示，其电磁转矩分布如图 6-15(d) 所示。

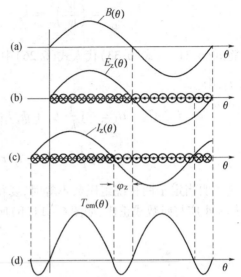

由图 6-15 可见，由于 $\varphi_z \neq 0$，出现了部分负转矩。显然，整个转子上所受的总电磁转矩为各导条所受电磁转矩之和，即电磁转矩不仅与 B、I_z 的分布及大小有关，而且还与 φ_z 角有关。取其平均值计算，则转矩公式可写成

$$T_{em} = C_1 \Phi_m I_z \cos\varphi_z \quad (6.37)$$

式中 C_1—— 与电机结构参数有关的常数。

图 6-15 转子转动时各种电磁
参量沿空气隙的分布波形
(a) 磁通密度；(b) 转子绕组电动势；
(c) 转子绕组电流；(d) 电磁转矩。

式(6.37)称为物理表达式，用于从物理角度分析交流伺服电动机在各种运转状态下转矩与磁通 Φ_m 及转子电流的有功分量 $I_z\cos\varphi_z$ 之间的关系。但物理表达式不能直接反映交流伺服电动机与电机一些参数（如定子相电压 U_j、s、r_z、x_z 等）间的关系，为此进一步推导转矩的参数表达式。

由励磁绕组电压平衡方程式可知，当忽略励磁绕组阻抗压降时，电源电压 U_j 与励磁绕组感应电动势 E_j 相平衡，即

$$\dot{U}_j \approx -\dot{E}_j \quad \text{或} \quad U_j \approx E_j = 4.44 f W_j \Phi_m$$

当电源频率 f 不变时

$$\Phi_m \approx C_2 U_j \quad (6.38)$$

式中 C_2——与电机结构参数及电源频率有关的常数。

由式(6.38)可知，当电源电压 U_j 不变时，Φ_m 也基本不变。此时，电磁转矩仅仅决定于转子的有功电流。

由于 I_z 及 $\cos\varphi_z$ 都与转子转速有关，因此，交流伺服电动机的电磁转矩也与转速有关。将式(6.38)中的 I_z 及 $\cos\varphi_z$ 用转差率 s 的函数表示，由式(6.23)和式(6.24)可知

$$I_z = \frac{sE_{z0}}{\sqrt{r_z^2 + (sx_{z0})^2}} = \frac{E_{z0}}{\sqrt{\left(\dfrac{r_z}{s}\right)^2 + x_{z0}^2}} \quad (6.39)$$

又由式(6.20)可知

$$\frac{E_{z0}}{E_j} = \frac{W_z}{W_j} = C_3 \quad 或 \quad E_{z0} = C_3 E_j \tag{6.40}$$

将式(6.40)代入式(6.39)可得

$$I_z = \frac{C_3 E_j}{\sqrt{\left(\dfrac{r_z}{s}\right)^2 + x_{z0}^2}} \tag{6.41}$$

又

$$\cos\varphi_z = \frac{r_z}{\sqrt{r_z^2 + (sx_{z0})^2}} = \frac{\dfrac{r_z}{s}}{\sqrt{\left(\dfrac{r_z}{s}\right)^2 + x_{z0}^2}} \tag{6.42}$$

将式(6.38)、式(6.41)和式(6.42)代入式(6.37)可得

$$T_{em} = C_1 C_2 C_3 \frac{U_j^2}{\sqrt{\left(\dfrac{r_z}{s}\right)^2 + x_{z0}^2}} \cdot \frac{\dfrac{r_z}{s}}{\sqrt{\left(\dfrac{r_z}{s}\right)^2 + x_{z0}^2}}$$

$$= C_m \frac{r_z U_j^2}{s\left[\left(\dfrac{r_z}{s}\right)^2 + x_{z0}^2\right]} \tag{6.43}$$

式中 C_m —— 与电机结构及电源频率有关的常数,$C_m = C_1 C_2 C_3$。

此式称为电磁转矩的参数表达式,它表示了交流伺服电动机电磁转矩与电源电压、电机参数及转差率的关系。对已制成的电动机来说,电机参数是一定的,电源频率也是不变的。因此,当电动机转速一定,即 s 一定时,电磁转矩正比于电源电压的平方,即

$$T_{em} \propto U_j^2 \tag{6.44}$$

又由式(6.38)可知

$$T_{em} \propto \Phi_m^2 \propto B_m^2 \tag{6.45}$$

6. 机械特性

当励磁电压和控制电压都不变时,交流伺服电动机的电磁转矩 T_{em} 与转差率 s(或转速 n)的关系曲线,即 $T_{em} = f(s)$ 曲线[或 $T_{em} = f(n)$ 曲线],称为交流伺服电动机的机械特性。根据式(6.43),当电压一定时,可作出对应各种转子电阻 r_z 的机械特性曲线,如图6-16所示。

由图6-16中可以得出:

(1)理想空载时,即 $s = 0$($n = n_t$)时,电磁转矩 $T_{em} = 0$。

(2)随着转子电阻 r_z 的增大,机械特性曲线的最大转矩 T_{max} 值不变,但取得最大转矩的转差率 s_m 在增大。

T_{max} 和 s_m 可利用求最大值的方法得出,由式(6.43)对 s 求一次导数,即

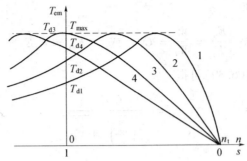

图 6-16 不同转子电阻的机械特性曲线

1—r_{z1}；2—r_{z2}；3—r_{z3}；4—r_{z4}（$r_{z4} > r_{z3} > r_{z2} > r_{z1}$）。

$$\frac{\mathrm{d}T_{em}}{\mathrm{d}s} = \frac{C_m r_z U_j^2 \left[\left(\frac{r_z}{s}\right)^2 - x_{z0}^2 \right]}{s^2 \left[\left(\frac{r_z}{s}\right)^2 + x_{z0}^2 \right]^2}$$

令 $\dfrac{\mathrm{d}T_{em}}{\mathrm{d}s} = 0$，得

$$s_m = \frac{r_z}{x_{z0}} \tag{6.46}$$

将 $s = s_m$ 代入式(6.43)得

$$T_{max} = \frac{C_m}{2x_{z0}} U_j^2 \tag{6.47}$$

因此，$s_m \propto r_z$，而 T_{max} 与 r_z 无关。

（3）堵转转矩 T_d。把 $s = 1$ 代入式(6.43)得

$$T_d = \frac{C_m r_z U_j^2}{r_z^2 + x_{z0}^2} \tag{6.48}$$

当 $s = s_m = 1$ 时，$r_z = x_{z0}$，堵转转矩与最大转矩相等，如图 6-16 中曲线 3 所示。

（4）稳定区和不稳定区。当 $0 < s_m < 1$ 时，机械特性的峰值点分布在第 I 象限，如图 6-16 中的曲线 1 和 2 所示，普通三相异步电动机的机械特性就是这种形状。普通异步电动机在 $0 < s < 1$ 的运行范围内，有稳定区和不稳定区之分，如图 6-17 所示。曲线的上升段 ac（$s_m < s < 1$）为不稳定区，如果电动机运行在这个转速范围内，其运行状态将是不稳定的。例如，电动机轴上的负载转矩为 T_{L1}，这时电动机在 b 点运行，此时，电磁转矩正好与负载转矩相平衡。但这种平衡是不稳定的。一旦受到干扰，如使负载转矩增大到 $T_{L2} > T_{L1}$，电磁转矩小于负载转矩，电动机转速将下降，由图 6-17 可知，转速下降的结果使电磁转矩进一步下降。显然，电

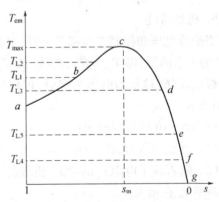

图 6-17 稳定区和不稳定区

190

动机转速将一直下降,直至停车。如果扰动是使负载转矩下降到 $T_{L3} < T_{L1}$,则电磁转矩大于负载转矩,电动机转速将上升。由图 6 – 17 可知,转速上升的结果是导致电磁转矩继续增大,转速也将继续上升,而当 $s < s_m$ 以后,随着转速的升高,电磁转矩将减小,一直降到与负载转矩 T_{L3} 相平衡为止,电动机将稳定运行在 d 点。可见,电动机运行在特性曲线上升段 ac,即 $s_m < s < 1$ 区间时,将不可能稳定,因此,称 ac 段为不稳定区。

曲线的下降段 cg,即 $0 < s < s_m$ 段为稳定区。例如,电动机的负载转矩为 T_{L4},在 f 点运行,电磁转矩与负载转矩相平衡。如果扰动使负载转矩增大到 $T_{L5} > T_{L4}$,于是电磁转矩小于负载转矩,电动机转速将下降。由图 6 – 17 可见,转速的下降导致电磁转矩的增大,当电磁转矩与负载转矩 T_{L5} 相平衡时,电动机就稳定在 e 点运行。如果扰动消失,负载又降到 T_{L4},电磁转矩大于负载转矩,电动机转速回升,电磁转矩减小,直至与负载转矩 T_{L4} 相等,电动机在 f 点能稳定运行。因此,特性曲线的下降段 cg,即 $0 < s < s_m$ 区间,称为稳定区。

显然,作为自动控制系统执行元件的交流伺服电动机,要求在 $0 < s < 1$ 整个运行范围内都能稳定地工作。因此,它的机械特性在 $0 < s < 1$ 范围内都必须是下倾的。这样,就要求它的转子电阻足够大,使 $s_m > 1$,这一特点是交流伺服电动机与其他驱动用异步电动机的主要区别。

图 6 – 18 所示的机械特性与图 1 – 21 中直流伺服电动机机械特性的区别还在于前者的非线性,至于机械特性曲线斜率的作用与直流伺服电动机完全类似,读者可参照图 6 – 18 自行分析。

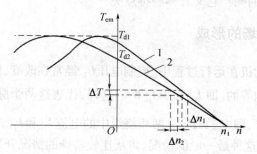

图 6 – 18 机械特性斜率与运行稳定性

为了分析交流伺服电动机运行的稳定性,常引入阻尼系数的概念。具有负斜率的下倾机械特性曲线描述了伺服电动机的黏性阻尼特性,阻尼系数 D 就是这种阻尼特性的量度,即

$$D = \left| \frac{\mathrm{d}T}{\mathrm{d}\Omega} \right|$$

式中　　Ω—— 电动机角速度。

或

$$D = 9.55 \left| \frac{\mathrm{d}T}{\mathrm{d}n} \right|$$

如把对称工作状态时的机械特性曲线视为直线,则有

191

$$D = 9.55 \frac{T_{dm}}{n'_0}$$

式中 n'_0 —— 对称状态时的空载转速;

T_{dm} —— 对称状态时的堵转转矩。

这是交流伺服电动机的理想阻尼系数。

若在一定转速范围内,机械特性可看做直线,则在该范围内的阻尼系数为

$$D = 9.55 \frac{T_2 - T_1}{n_1 - n_2}$$

式中 T_1、T_2——分别为在机械特性曲线上与 n_1、n_2 相对应的转矩。

由于交流伺服电动机的机械特性是非线性的,因而,其阻尼系数也具有非线性的特点,这对电动机的稳定运行和过渡特性都是有影响的。

6.4 椭圆旋转磁场及其分析方法

前面已经分析了在圆形旋转磁场作用下的交流伺服电动机的运行情况,这种状态称为对称状态。此时,在励磁绕组和控制绕组上所施加的电压都是额定值。这仅是伺服电动机的一种特殊工作状态。大家知道,在自动控制系统中,需要对转速进行控制,因此,加在控制绕组上的电压是经常改变的,即电动机经常处在不对称状态。那么,在不对称状态下,旋转磁场是什么样的呢?它又有哪些特点呢?

6.4.1 椭圆旋转磁场的形成

由于交流伺服电动机在运行过程中,控制电压 $\dot{U}_k$ 经常在改变,因此,两相绕组所产生的磁势幅值一般是不相等的,即 $I_{km} W_k \neq I_{jm} W_j$。这样,代表这两个脉振磁场的磁通密度空间向量的幅值也将不等,即 $B_{km} \neq B_{jm}$。两相绕组中的电流 $\dot{I}_k$ 和 $\dot{I}_j$,在时间上的相位差也不一定是 $90°$。为了分析这种最一般的情况,将从比较特殊的情况开始。

1. 控制电流和励磁电流相位相差 $90°$

$\dot{I}_k$ 和 $\dot{I}_j$ 相位相差 $90°$,即 $\dot{B}_k$ 和 $\dot{B}_j$ 相位差 $\beta = 90°$,磁通密度幅值不等,用数学公式表示为

$$\begin{cases} B_k = B_{km} \sin\omega t \\ B_j = B_{jm} \sin(\omega t - 90°) \\ B_{km} = \alpha B_{jm} \end{cases} \tag{6.49}$$

式中 α —— 小于 1 的常数。

磁通密度波形如图 6-19 所示。仿照图 6-6 所示的分析方法,可以画出对应于 $t_0 \sim t_6$ 各瞬间的合成磁场磁通密度空间向量 $\boldsymbol{B}$,如图 6-20 所示。如果把对应于各瞬间的磁通密度空间向量 $\boldsymbol{B}$ 画在一个图形中,磁通密度空间向量 $\boldsymbol{B}$ 的轨迹就是一个椭圆,见图 6-21。这样的旋转磁场称为椭圆旋转磁场。可以看出,椭圆的短轴与长轴之比为

$$\alpha = \frac{B_{km}}{B_{jm}} \qquad (6.50)$$

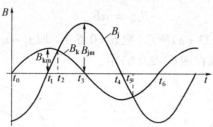

图 6-19 幅值不等的两相脉振磁场（$\beta = 90°$）

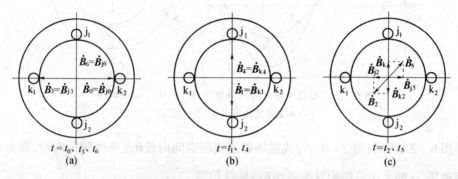

图 6-20 椭圆旋转磁场的形式

α 的大小决定了磁场的椭圆度。当 $\alpha = 1$ 时，两相绕组脉振磁通密度空间向量的幅值相等，将建立图形旋转磁场，它是椭圆旋转磁场的特殊情况；当 $\alpha = 0$ 时，只剩下励磁绕组的脉振磁场，是椭圆磁场的又一特殊情况。图 6-22 画出了几种不同 α 值的椭圆旋转磁场。

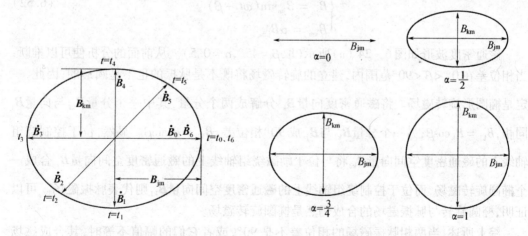

图 6-21 椭圆旋转磁场

图 6-22 不同 α 值的椭圆旋转磁场

2. 控制电流和励磁电流同相位

$\dot{I}_k$ 和 $\dot{I}_j$ 同相位，即 $\dot{B}_k$ 和 $\dot{B}_j$ 相位差 $\beta = 0°$，幅值不相等，可用数学公式表示为

193

$$\begin{cases} B_{\mathrm{k}} = B_{\mathrm{km}}\sin\omega t \\ B_{\mathrm{j}} = B_{\mathrm{jm}}\sin\omega t \\ B_{\mathrm{km}} = \alpha B_{\mathrm{jm}} \end{cases} \tag{6.51}$$

磁通密度波形如图 6 – 23（a）所示（取 $\alpha = 0.5$）。取 $t_1 \sim t_6$ 之间的几个特定瞬间，对应的磁通密度空间向量被画在图 6 – 23（b）中。

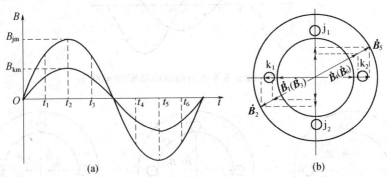

图 6 – 23　幅值不等的两相脉振磁场（$\beta = 0°$）合成磁场

（a）磁通密度波形；（b）合成磁场。

由图 6 – 23 可见，当 $\beta = 0°$，合成磁场磁通密度空间向量 $\boldsymbol{B}$ 是一个脉振向量，即形成一个脉振磁场，α 的大小只影响脉振磁场 $\boldsymbol{B}$ 的轴线位置。

3. 控制电流和励磁电流相位差在 $0° \sim 90°$ 之间

$\dot{I}_{\mathrm{k}}$ 和 $\dot{I}_{\mathrm{j}}$ 的相位差在 $0° \sim 90°$ 之间，即 $\dot{B}_{\mathrm{k}}$ 和 $\dot{B}_{\mathrm{j}}$ 相位差为 $0° < \beta < 90°$，且它们的幅值不相等，可用数学公式表示为

$$\begin{cases} B_{\mathrm{k}} = B_{\mathrm{km}}\sin\omega t \\ B_{\mathrm{j}} = B_{\mathrm{jm}}\sin(\omega t - \beta) \\ B_{\mathrm{km}} = \alpha B_{\mathrm{jm}} \end{cases} \tag{6.52}$$

磁通密度波形如图 6 – 24（a）所示（取 $\beta = 45°, \alpha = 0.5$）。从前面的分析便可以推断，当相位差在 $0° < \beta < 90°$ 范围内，建立的旋转磁场将既不是脉振的也不是圆形的，因此，一定是椭圆形旋转磁场。将磁通密度向量 $\dot{\boldsymbol{B}}_{\mathrm{k}}$ 分解成两个分量：其中一个分量 $\dot{\boldsymbol{B}}_{\mathrm{k1}}$ 与向量 $\dot{\boldsymbol{B}}_{\mathrm{j}}$ 同相，$B_{\mathrm{k1}} = B_{\mathrm{k}}\cos\beta$；另一个分量 $\dot{\boldsymbol{B}}_{\mathrm{k2}}$ 与 $\dot{\boldsymbol{B}}_{\mathrm{j}}$ 成 $90°$ 相位差，$B_{\mathrm{k2}} = B_{\mathrm{k}}\sin\beta$。显然，位于控制绕组轴线上的磁通密度空间向量 $\dot{\boldsymbol{B}}_{\mathrm{k2}}$ 将与位于励磁绕组轴线上的磁通密度空间向量 $\dot{\boldsymbol{B}}_{\mathrm{j}}$ 合成一个椭圆旋转磁场，而位于控制绕组轴线上的磁通密度空间向量 $\dot{\boldsymbol{B}}_{\mathrm{k1}}$ 则代表脉振磁场。可以证明，椭圆旋转与脉振磁场的合成仍然是椭圆旋转磁场。

综上所述，当两相脉振磁场的相位差不是 $90°$，或者它们的幅值不等时，其合成磁场是一个椭圆旋转磁场。

6.4.2　椭圆旋转磁场的特点

（1）转向。椭圆旋转磁场的转向与圆形旋转磁场的转向一样，也是从通有相位超前

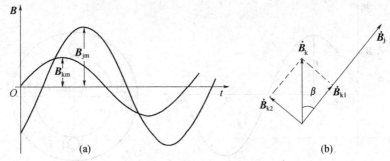

图 6 − 24 幅值不等、相位差为 β 的两相脉振磁场
(a) 波形；(b) 相量图。

电流的绕组轴线转向通有相位落后电流的绕组轴线。

(2) 幅值。椭圆旋转磁场的幅值是变化的，其变化范围是从 αB_{jm} 至 B_{jm}。

(3) 转速。由图 6 − 20 可知，当电流交变一个周期时，一对极的椭圆旋转磁场也在空间旋转了一周。可见，椭圆旋转磁场的同步转速也为 $n_t = \dfrac{60f}{p}(\mathrm{r/min})$。但椭圆旋转磁场的转速在一周内是不均匀的，由图 6 − 19 和图 6 − 20 可以看出，从 $t_0 \sim t_1$，时间用了 1/4 周期，合成磁通密度向量 $\boldsymbol{B}$ 在空间已转过了 90°。可是，从 $t_1 \sim t_2$，时间用了不到 1/8 周期，合成磁通密度向量 $\boldsymbol{B}$ 在空间已转过了 45°，显然，后者的平均速度要高于前者。

这种幅值和转速都在变化着的椭圆旋转磁场，对分析伺服电动机的特性是很不方便的。因此，需要采用分解法，把它分成正向和反向两个圆形旋转磁场，再利用圆形旋转磁场的规律和叠加原理，对运行在椭圆旋转磁场条件下的交流伺服电动机特性进行分析。

6.4.3　椭圆旋转磁场的分析方法 ——分解法

1. 脉振磁场的分解

当控制电压 $\dot U_k = 0$，仅励磁绕组加有电压 $\dot U_j$ 时，在定子内圆周气隙空间将产生一个脉振磁场，磁通密度空间向量 $\dot{\boldsymbol{B}}_j$ 位于励磁绕组轴线上，其瞬时值随时间做正弦规律变化，即 $B_j = B_{jm}\sin\omega t$，如图 6 − 25 所示。可用幅值等于脉振磁场幅值的一半、转速为同步转速、转向彼此相反的两个圆形旋转磁场来等效上述脉振磁场，见图 6 − 26。将在下面的分析中证明这种等效。

在 $t_0(\omega t_0 = 0)$ 时刻，磁通密度空间向量 $\dot{\boldsymbol{B}}_j$ 为零，即 $B_{j0} = 0$。两个圆形旋转磁场的磁通密度空间向量 $\dot{\boldsymbol{B}}_+$ 和 $\dot{\boldsymbol{B}}_-$ 正好处于垂直于励磁绕组轴线的直线上，且方向相反，相互抵消，即

$$\boldsymbol{B}_{j0} = \boldsymbol{B}_{+0} + \boldsymbol{B}_{-0} = 0$$

在 $t_1\left(\omega t_1 = \dfrac{\pi}{4}\right)$ 时刻，$\dot{\boldsymbol{B}}_{j1}$ 的幅值为 $B_{j1} = B_{jm}\sin\dfrac{\pi}{4} = \dfrac{\sqrt{2}}{2}B_{jm}$，$\dot{\boldsymbol{B}}_+$ 从 t_0 的位置正转 45°，$\dot{\boldsymbol{B}}_-$ 则反转 45°，此时，$\dot{\boldsymbol{B}}_{+1}$ 与 $\dot{\boldsymbol{B}}_{-1}$ 的合成向量的幅值为

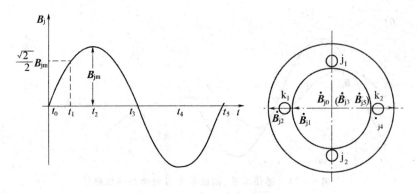

图 6 - 25　单相脉振磁场

(a) 磁通密度波形图；(b) 磁通密度相量图。

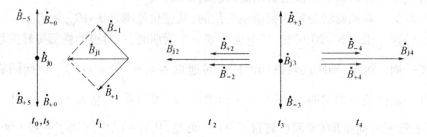

图 6 - 26　脉振磁场的分解

$$\sqrt{B_{+1}{}^2 + B_{-1}{}^2} = \sqrt{\left(\frac{1}{2}B_{jm}\right)^2 + \left(\frac{1}{2}B_{jm}\right)^2} = \frac{\sqrt{2}}{2}B_{jm}$$

即

$$\dot{B}_{+1} + \dot{B}_{-1} = \dot{B}_{j1}$$

在 $t_2\left(\omega t_2 = \dfrac{\pi}{2}\right)$，$\dot{B}_{j2}$ 为最大，即 $B_{j2} = B_{jm}$，$\dot{B}_+$ 从 t_1 时的位置又正转了 $45°$，$\dot{B}_-$ 则又反转了 $45°$，此刻 $\dot{B}_{+2}$ 和 $\dot{B}_{-2}$ 已处在励磁绕组轴线上，方向相同，于是 $B_{+2} + B_{-2} = \dfrac{1}{2}B_{jm} + \dfrac{1}{2}B_{jm}$ $= B_{jm}$

即

$$\dot{B}_{+2} + \dot{B}_{-2} = \dot{B}_{j2}$$

其余的几个时刻，即 t_3，t_4，$\cdots$，读者可参照图 6 - 26 所示进行分析。

显然，无论在什么时刻，两个旋转的磁通密度空间向量之和都等于脉振磁通密度空间向量。这样，一个脉振磁场就等效地由两个等幅反向的圆形旋转磁场代替了。

2. 椭圆旋转磁场的分解

前面已经述及，式(6.49)描述了一个椭圆形旋转磁场。其中，脉振磁通密度 B_j 可写成

$$B_j = \alpha B_{jm}\sin(\omega t - 90°) + (1 - \alpha)B_{jm}\sin(\omega t - 90°)$$

$$= B_{j1} + B_{j2} \tag{6.53}$$

式中

196

$$\begin{cases} B_{j1} = \alpha B_{jm} \sin(\omega t - 90°) \\ B_{j2} = (1 - \alpha) B_{jm} \sin(\omega t - 90°) \end{cases} \tag{6.54}$$

由式(6.49)和式(6.54)可以得到组合

$$\begin{cases} B_k = B_{km} \sin\omega t \\ B_{j1} = \alpha B_{jm} \sin(\omega t - 90°) \end{cases} \tag{6.55}$$

显然,该式描述了一个圆形旋转磁场,其幅值为 αB_{jm},转速和转向均与椭圆旋转磁场相同。在以后的分析中,把与椭圆旋转磁场转向相同的圆形旋转磁场称为正向旋转磁。$\boldsymbol{B}_{j2}$ 则是一个沿着励磁绕组轴线的脉振磁场,其幅值为 $(1 - \alpha) B_{jm}$。可见,一个椭圆旋转磁场可以分解为一个圆形旋转磁场和一个脉振磁场,如图 6-27(a)所示。

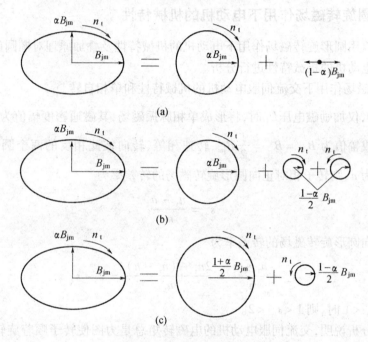

图 6-27 椭圆旋转磁场的分解

再根据前面的分析,脉振磁场 $\dot{\boldsymbol{B}}_{j2}$ 又可用转速等于同步转速、转向彼此相反且幅值等于 $\frac{1}{2}(1 - \alpha) B_{jm}$ 的两个圆形旋转磁场等效。因此,椭圆旋转磁场就可以用两个正向圆形旋转磁场和一个反向圆形旋转磁场进行等效,见图 6-27(b),其中,两个正向圆形旋转磁场转速相同,磁场轴线一致,可以合成为一个圆形旋转磁场,其转速和转向不变。若其幅值用 B_+ 表示,则

$$B_+ = \alpha B_{jm} + \frac{1 - \alpha}{2} B_{jm} = \frac{1 + \alpha}{2} B_{jm}$$

这样,一个椭圆旋转磁场最终可用一个正向圆形旋转磁场和一个反向圆形旋转磁场进行等效,它们的幅值分别是

$$\begin{cases} B_+ = \dfrac{1+\alpha}{2} B_{jm} \\ B_- = \dfrac{1-\alpha}{2} B_{jm} \end{cases} \tag{6.56}$$

综上所述,可以得出以下结论:交流伺服电动机在一般的运行情况下,两组绕组在定子内圆周气隙空间里建立一个椭圆旋转磁场。这个椭圆旋转磁场可用幅值由式(6.56)决定、转向相反、转速相同的两个圆形旋转磁场进行等效。α 越接近 1,正向圆形旋转磁场的幅值越大,反向圆形旋转磁场的幅值越小,磁场的椭圆度越小,当 $\alpha = 1$ 时,$B_- = 0$,即反向圆形旋转磁场的幅值为零,此时的磁场就是幅值为 B_{jm} 的圆形旋转磁场。当 $\alpha = 0$ 时,正、反向旋转磁场的幅值相等,$B_+ = B_- = \dfrac{1}{2} B_{jm}$,它就是一个单相脉振磁场。

6.4.4 椭圆旋转磁场作用下电动机的机械特性

现在可以用圆形旋转磁场作用下电动机的机械特性及叠加原理对椭圆旋转磁场作用下交流伺服电动机的机械特性进行分析。

1. 脉振磁场作用下交流伺服电动机的机械特性和单相自转

当 $\dot{U}_k = 0$,仅加励磁电压 $\dot{U}_j$ 时,将形成单相脉振磁场,其磁通密度幅值为 B_{jm}。显然可以将其分解成幅值为 $B_+ = B_- = \dfrac{1}{2} B_{jm}$、转速相等、转向彼此相反的两个圆形旋转磁场。若转子转速为 n,则转子相对正向圆形旋转磁场的转差率为

$$s_+ = \frac{n_t - n}{n_t}$$

相对反向圆形旋转磁场的转差率为

$$s_- = \frac{n_t + n}{n_t} = \frac{2n_t - (n_t - n)}{n_t} = 2 - s_+ \tag{6.57}$$

当 $0 < s_+ < 1$ 时,则 $1 < s_- < 2$。

前面的分析说明,交流伺服电动机的电磁转矩总是力图使转子顺着旋转磁场的转向转动。因此,在脉振磁场作用下,电动机所受到的总电磁转矩是

$$T_{em} = T_+ - T_-$$

式中　T_+—— 正向圆形旋转磁场对转子作用的驱动转矩;

T_-—— 反向圆形旋转磁场对转子作用的驱动转矩。

参照图 6-16 所示的圆形旋转磁场作用下电动机的机械特性曲线,可在同一直角坐标系中用虚线分别作出 $T_+ = f(s_+)$ 和 $T_- = f(s_-)$ 曲线,见图 6-28。它们的形状应该是一样的,都是中心对称的。图 6-28 中实线是合成的转矩 T_{em}

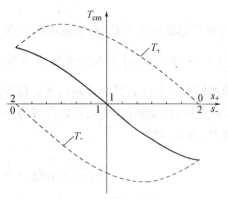

图 6-28　脉振磁场作用下电动机的机械特性

198

$f(s)$曲线,它就是单相脉振磁场作用下电动机的机械特性曲线。

众所周知,圆形旋转磁场作用下电动机机械特性曲线的形状与转子电阻的大小有很大关系。因此,单相脉振磁场作用下的电动机机械特性曲线也必然与转子电阻有关。图6-29表示了3个不同转子电阻的单相脉振磁场作用下的电动机机械特性,其中 $r_{z3} > r_{z2} > r_{z1}$。在图6-29(a)中,r_{z1} 比较小,对应的 $s_{+m} = 0.4$。从图6-29(a)中可以看出,在电机工作的转速范围内,即 $0 < s_+ < 1$ 时,总电磁转矩 T_{em} 的绝大部分都是正的。如果转子电阻为 r_{z1} 的电动机带着某一负载 T_L 以 $s_+ < 0.4$ 的转速转动,即运行于图6-29(a)中机械特性曲线 L 上的 A 点。若突然去除控制电压,即 $U_k = 0$,因为图中的 $T_L < T_m$,所以,电动机就不会停转,而是以转差率 s_1 稳定运行在 B 点,这种现象称为自转。因此,当转子电阻 r_z 比较小时,会产生自转。

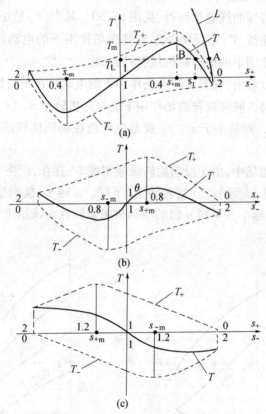

图6-29 自转与转子电阻值的关系

(a) $r_z = r_{z1}$;(b) $r_z = r_{z2}$;(c) $r_z = r_{z3}$;($r_{z3} > r_{z2} > r_{z1}$)。

在图6-29(b)中,$r_{z2} > r_{z1}$,转子电阻有所增大,$s_{+m} = 0.8$。总电磁转矩已减小很多,但与图6-29(a)一样,仍有可能产生自转。

在图6-29(c)中,转子电阻继续增大,使 $s_{+m} > 1$,由图6-29(c)可以看出,在 $0 < s_+ < 1$ 的整个范围内,总电磁转矩 T_{em} 均为负值,表示电磁转矩与转速方向相反,是制动转矩,将阻止电动机转动;而当电动机反转,即在 $1 < s_+ < 2$ 范围内运行时,总电磁转矩 T_{em} 变成正值。因此,电磁转矩仍然与转速方向相反,还是制动转矩。这样,在切除控制电压时,就不会发生自转现象。

无自转是控制系统对交流伺服电动机的基本要求之一。所以,为了消除自转,交流伺服电动机的转子电阻要求设计得足够大。

除了由于转子电阻不够大引起自转以外,定子绕组有短路匝、铁心有短路片或各向磁导不等等工艺上的原因都可能引起自转。在这种情况下,当控制电压切除时,产生的已不是单相脉振磁场,而是微弱的椭圆旋转磁场。在这种微弱的椭圆旋转磁场作用下,对于负载及转子惯性极小的交流伺服电动机也会产生自转。因此,应精心加工来避免这种工艺性自转。

2. 椭圆旋转磁场作用下的电动机机械特性

前面已经述及,椭圆旋转磁场可由两个幅值不等、转速相同、转向相反的圆形旋转磁场等效。因此,椭圆旋转磁场作用下的电动机机械特性曲线就可由这两个圆形旋转磁场作用下的电动机机械特性曲线叠加而得,见图 6 – 30。其中,T_+ 是正向圆形旋转磁场作用下的电动机机械特性曲线,T_- 是反向圆形旋转磁场作用下的电动机机械特性曲线,T 是合成的椭圆旋转磁场作用下的电动机机械特性曲线。

从图 6 – 30 中可以看出,椭圆旋转磁场作用下的电动机机械特性具有以下特点:

(1) 在理想空载时,椭圆旋转磁场作用下的电动机转速 n_0($s_+ = s_0$)永远不能达到同步转速 n_t($s_+ = 0$),而是小于 n_t,n_0 就是电动机在椭圆旋转磁场作用下的理想空载转速。

(2) 在椭圆旋转磁场中,由于反向旋转磁通密度 B_- 存在,产生了制动转矩 T_-,因而,使电机的输出转矩减小,起动转矩(堵转转矩)下降。α 越小,椭圆度越大,B_- 越大,T_- 也越大,输出电磁转矩就越小。不同 α 值的电动机机械特性曲线示于图 6 – 31 中。

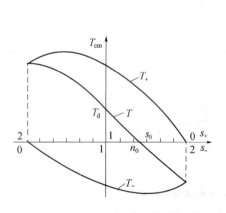

图 6 – 30 椭圆旋转磁场作用下
的电动机机械特性曲线

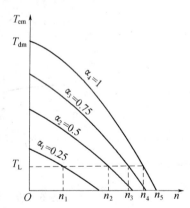

图 6 – 31 不同 α 时电动机
的机械特性曲线

若电动机负载转矩为 T_L,电动机稳定运行时,$T_{em} = T_L$,稳定运行的转速 n 由负载线 $T_{em} = T_f$ 与机械特性曲线交点的横坐标决定,如图 6 – 31 所示。$\alpha = \alpha_1$ 时,转速为 n_1,$\alpha = \alpha_2$ 时,转速为 n_2,……,而且,$n_1 < n_2 < n_3 < n_4 < n_t$。

可见,改变 α 时,即改变了椭圆旋转磁场的椭圆度,可以使机械特性曲线上升或下降,从而改变电动机的转速。这就是交流伺服电动机转速的控制原理。

6.5 交流伺服电动机的控制方法及静态特性

6.5.1 交流伺服电动机的控制方法

作为控制系统执行元件的交流伺服电动机,在运行中,转速通常不是恒定不变的,而是随控制电压的改变在不断地变化着。从上节的分析可知,控制交流伺服电动机转速的过程,就是改变椭圆旋转磁场椭圆度的过程。从两相脉振磁场合成椭圆旋转磁场的分析,可以得出改变椭圆旋转磁场椭圆度的方法有 3 种:改变脉振磁场(通常是控制相)的幅值;改变两相脉振磁场的时间相位差;脉振磁场的幅值及相位差同时改变。

1. 幅值控制

幅值控制就是将励磁绕组加上恒定的额定励磁电压 $\dot{U}_{je}$,并保持励磁电压和控制电压的相位相差 90°不变,改变控制电压幅值的大小,以实现对伺服电动机转速的控制,图 6–32 所示为幅值控制的原理线路及电压相量图。

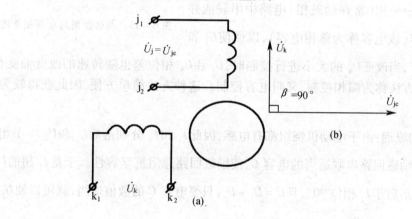

图 6–32　幅值控制原理图和电压相量图
(a) 原理图;(b) 电压相量图。

幅值控制需要有相位差 90°的两相电源,但在实际工作中,很少有现成的 90°相移的两相电源,经常利用三相电源相电压和线电压之间的关系来制造两相电源。例如,对于有中点的三相电源,可取一相相电压和另外两相的线电压来构成相位差为 90°的两相电源,如图 6–33 中的 $\dot{U}_A$ 和 $\dot{U}_{BC}$。

如果三相电源无中点,可把一个带中心抽头 D 的铁心电抗线圈(或变压器绕组)两端接到三相电源的 BC 两相上,如图 6–34 所示,这时,$\dot{U}_{AD}$ 和 $\dot{U}_{BC}$ 相位相差 90°。此外,还可以采用电子移相网络移相,请参考有关书籍。

2. 相位控制

相位控制是保持控制电压和励磁电压的幅值为额定值不变,改变它们之间的相位差。相位控制的电压相量图示于图 6–35 中。图 6–35 中 $\dot{U}_{kN}$、$\dot{U}_{jN}$ 即为 $\dot{U}_{ke}$、$\dot{U}_{je}$。

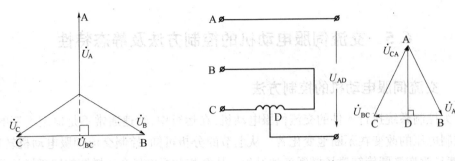

图6-33　$\dot{U}_A$与$\dot{U}_{BC}$构成的两相电源　　　　图6-34　$\dot{U}_{AD}$和$\dot{U}_{BC}$构成的两相电源

相位控制中两相电压相位差角的改变需要一套移相器,而且这种控制方式的控制功率较大,效率较低,一般很少采用。

3. 幅相控制

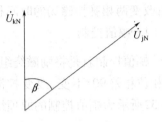

图6-35　相位控制的电压相量图

幅相控制是励磁绕组和控制绕组接在同一个单相电源上,并在其中一相(常在励磁相)电路中串联或并联上一定的电容(该电容称为移相电容),以便使$\dot{U}_j$和$\dot{U}_k$相位相差90°,当改变$\dot{U}_k$的大小进行控制时,$\dot{U}_j$和$\dot{U}_k$相位差也随转速的改变而变化,因此,这种控制方法称为幅相控制,又叫电容控制。这种方法简单方便,因此获得较为普遍的应用。

电容移相的原理:由于电动机绕组都有电感,因此$\dot{I}_j$和$\dot{I}_k$分别落后$\dot{U}_j$和$\dot{U}_k$一个相位角φ_j和φ_k。在励磁回路串联适当的电容C,使励磁回路总阻抗呈容性。于是$\dot{I}_j$超前$\dot{U}$一个角度φ,而$\dot{U}_c$落后于$\dot{I}_j$相位90°,且$\dot{U} = \dot{U}_j + \dot{U}_c$,只要电容$C$的数值适当,就可以使$\dot{U}_j$和$\dot{U}$相位差为90°。

下面推导$\dot{U}_j$和$\dot{U}_k$相位差为90°时,移相电容的计算公式。由图6-36所示的电压相量图可知,当$\dot{U}$和$\dot{U}_j$相位差为90°时,有

$$\frac{U_j}{U_c} = \sin\varphi_j$$

将$U_j = I_j z_j$,$U_c = I_j x_c$代入上式得

$$\frac{U_j}{U_c} = \frac{z_j}{x_c} = \frac{z_j}{\dfrac{1}{\omega C}} = 2\pi f C z_j = \sin\varphi_j$$

所以

$$C = \frac{\sin\varphi_j}{2\pi f z_j}(\mathrm{F}) = \frac{\sin\varphi_j}{2\pi f z_j} \times 10^6 (\mu\mathrm{F}) \tag{6.58}$$

值得注意的是,串联电容移相后,励磁绕组上的电压U_j,特别是电容器上的电压U_c,往往高于电源电压U,这是因为

202

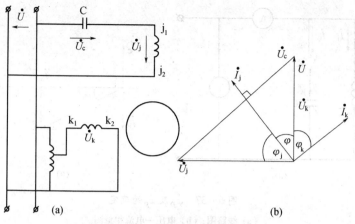

图 6-36　幅相控制线路及电压相量图

(a) 线路图；(b) 电压相量图。

$$U_c = U\sec\varphi_j \tag{6.59}$$

$$U_j = U\tan\varphi_j \tag{6.60}$$

由于 $\sec\varphi_j > 1$，则 $U_c > U$，通常 $\tan\varphi_j$ 也大于 1，因此，U_j 也常常大于 U。此外，还必须指出，由于转子电流是随转速而变化的，因而励磁电流也随转子转速而变化。因此，励磁阻抗 z_j 及其幅角 φ_j 也都随转速而改变，这样，在某一转速下所确定的移相电容值，只能在该转速下保证 $\dot{U}_j$ 和 $\dot{U}_k$ 移相 90°，当转速改变之后，$\dot{U}_j$ 和 $\dot{U}_k$ 的相位差就不是 90° 了。那么，所串联的移相电容究竟在什么转速下确定呢？通常要求电动机起动时建立圆形旋转磁场，以便产生最大的起动转矩。因此，移相电容通常在转速为零时确定，并用 C_0 表示。由式 (6.58) 有

$$C_0 = \frac{\sin\varphi_{j0}}{2\pi f z_{j0}} \times 10^6 (\mu F) \tag{6.61}$$

式中　z_{j0}—— 转速为零时励磁阻抗的模；

　　　φ_{j0}—— 转速为零时励磁阻抗的幅角。

由式 (6.61) 可知，只要知道了 φ_{j0} 及 z_{j0}，就可以计算出 $\dot{U}_j$ 和 $\dot{U}_k$ 相位差 90° 所需要的电容值 C_0。

下面研究用实验的方法确定 φ_{j0} 及 z_{j0}，实验线路示于图 6-37 (a) 中。控制绕组上不加电压，因而转子不动，励磁绕组并联一个带开关的可变电容器。保持电源电压 U 不变，先打开开关 K，用电压表和电流表测 U_{j0} 和 I_{j0}，于是 z_{j0} 为

$$z_{j0} = \frac{U_{j0}}{I_{j0}} \tag{6.62}$$

合上开关 K，调节可变电容器 C，使电流表指示最小，记下此时电流值 I_{ja}，I_{ja} 是励磁电流的有功分量。因为 $\dot{I}_j$ 落后于 $\dot{U}_j$ 一个 φ_j 角，把 $\dot{I}_j$ 分解成有功分量 $\dot{I}_{ja}$ 和无功分量 $\dot{I}_{jr}$。$\dot{I}_{ja}$ 与 $\dot{U}_j$ 同相，$\dot{I}_{jr}$ 落后 $\dot{U}_j$ 90°。而并联电容 C 之后，电容器中有电流 $\dot{I}_c$ 流过，$\dot{I}_c$ 超前 $\dot{U}_j$ 90°，改变电容量的大小，可以使 $\dot{I}_c$ 和 $\dot{I}_{jr}$ 相等，即 $\dot{I}_c$ 补偿了 $\dot{I}_{jr}$，此时电流即为最小，就是 $\dot{I}_{ja}$。此时

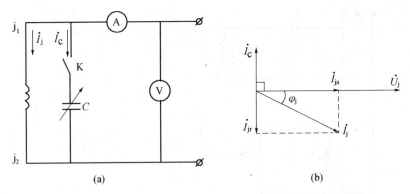

图 6 - 37 φ_{j0} 及 z_{j0} 的确定

(a) 线路图；(b) 电压—电流相量图。

的电流相量图示于图 6 - 37(b) 中。由图 6 - 37(b) 可知

$$\cos\varphi_{j0} = \frac{I_{ja}}{I_j}$$

所以

$$\sin\varphi_{j0} = \sqrt{1 - \cos^2\varphi_{j0}} = \sqrt{1 - \left(\frac{I_{ja}}{I_j}\right)^2} \tag{6.63}$$

将式(6.62)及式(6.63)代入式(6.61)得

$$C_0 = \frac{\sqrt{1 - \left(\frac{I_{ja}}{I_j}\right)^2}}{2\pi f \dfrac{U_j}{I_j}} \times 10^6 \, (\mu\text{F}) \tag{6.64}$$

除了用上述方法确定 C_0 之外，还可以用示波器观察李萨如图形来确定。实验线路示于图 6 - 38 中。控制绕组不加电压，电机不转，将 $\dot{U}$ 和 $\dot{U}_j$ 分别送入示波器的 X 轴和 Y 轴，改变电容值，使示波器上出现直立的椭圆。此时表明 $\dot{U}$ 和 $\dot{U}_j$ 有 90° 相位差，电容值即为 C_0。

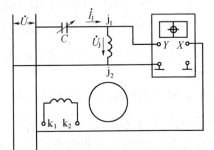

图 6 - 38 用示波器确定 C_0

6.5.2 交流伺服电动机的静态特性

交流伺服电动机的静态特性主要有机械特性和控制特性，控制方法不同，电动机的静态特性也有所不同。

1. 幅值控制时的机械特性和控制特性

1）有效信号系数 α_e

幅值控制是指 $\dot{U}_j = \dot{U}_{je}$，$\dot{U}_j$ 与 $\dot{U}_k$ 的相位差 $\beta = 90°$ 不变，用改变 $\dot{U}_k$ 的幅值来控制电动机转速。为了方便，$\dot{U}_k$ 的大小常用其相对值 α_e 来表示，即

$$\alpha_e = \frac{U_k}{U_{ke}} \tag{6.65}$$

式中 U_k —— 实际控制电压;

U_{ke} —— 额定控制电压。

由于 U_k 表征对伺服电动机所施加的控制电信号,所以 α_e 又称有效信号系数。U_k 在 $0 \sim U_{ke}$ 之间变化,则 α_e 在 $0 \sim 1$ 之间变化。当 $U_k = 0$ 时,$\alpha_e = 0$,电动机磁场是一个脉振磁场;当 $U_k = U_{ke}$ 时,$\alpha_e = 1$,电动机处于对称状态,是圆形旋转磁场;又当 $0 < U_k < U_{ke}$ 时,即 $0 < \alpha_e < 1$ 时,电动机处于不对称的椭圆旋转磁场状态。由此可见,α_e 的大小不但表示控制电压的大小,而且也描述了旋转磁场的椭圆度。因此,可以说 α_e 与表示磁场椭圆度的 α ($\alpha = \frac{B_{km}}{B_{jm}}$) 是一样的,证明从略。

2) 幅值控制时的机械特性

幅值控制时,当 U_k 不变,即 α_e 一定时,电磁转矩与转差率 s(或转速 n)的关系曲线 $T_{em} = f(s)$ [或 $T_{em} = f(n)$] 是一条椭圆旋转磁场作用下的电动机机械特性,上一节已经分析过椭圆旋转磁场作用下的电动机机械特性,并作出了不同 α 时的机械特性曲线族(见图 6-31)。由于 $\alpha_e \approx \alpha$,因此,不同有效信号系数 α_e 时的机械特性曲线族也和图 6-31 所示的曲线相似,见图 6-39。

$\alpha_e = 1$ 为圆形旋转磁场,此时,反向旋转磁场磁通密度 $B_- = 0$,理想空载转速为 n_t,堵转转矩为 T_{dm}。随着 α_e 的减小,磁场椭圆度增大,B_- 也随着增大,机械特性曲线下降,理想空载转速 n_0 和堵转转矩 T_d 也下降,可以证明

$$T_d = \alpha_e T_{dm} \tag{6.66}$$

$$n_0 = \frac{2\alpha_e}{1 + \alpha_e^2} n_t \tag{6.67}$$

3) 机械特性的实用表达式

通常,制造厂提供给用户的是对称状态下($\alpha_e = 1$)的机械特性曲线。但是,在系统设计时,常常需要不对称状态下的电动机机械特性曲线,那么,能否由对称状态下的机械特性曲线求出不对称状态下的机械特性曲线呢?下面就分析这个问题。

若对称状态下电动机的机械特性是图 6-40 中的曲线 T_1,用数学方法处理,T_1 可以用转速 n 的高次多项式来近似表达。对于一般的交流伺服电动机,由于机械特性接近直线,故取高次多项式的前 3 项已有足够的精度,即

$$T_1 = T_{dm} + bn + an^2 \tag{6.68}$$

式中,系数 a、b 可由下面两个条件确定:

当 $n = \frac{n_t}{2}$ 时,$T_1 = \frac{T_{dm}}{2} + H$。

当 $n = n_t$ 时,$T_1 = 0$。

将上面两个条件代入式(6.68),得到下面方程组,即

$$\begin{cases} \dfrac{T_{dm}}{2} + H = T_{dm} + b\dfrac{n_t}{2} + \dfrac{an_t^2}{4} \\ 0 = T_{dm} + bn_t + an_t^2 \end{cases}$$

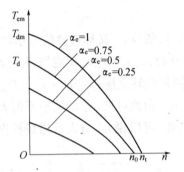

图 6 – 39　不同 α_e 时电动机的机械特性曲线

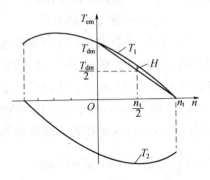

图 6 – 40　机械特性实用表达式曲线

解此方程组，可得

$$a = \frac{-4H}{n_t^2} \tag{6.69}$$

$$b = \frac{4H - T_{dm}}{n_t} \tag{6.70}$$

若对称状态下的圆形旋转磁场逆着转子转向旋转，其机械特性为图 6 – 40 中的 T_2，则 T_2 的表达式为

$$T_2 = T_{dm} - bn + an^2 \tag{6.71}$$

此式是将 $-n$ 代入式（6.68）而得。依据式（6.45）可得

$$T_1 \propto B_m^2 \quad \text{或} \quad T_1 = k_1 B_m^2 = k_1 B_{jm}^2$$

同理

$$T_2 \propto B_m^2 \quad \text{或} \quad T_2 = k_2 B_{jm}^2$$

式中　k_1, k_2——比例常数。

当电动机处于不对称运行时，椭圆旋转磁场可分解为 B_+ 和 B_-，它们所对应的电磁转矩 T_+ 和 T_- 应该正比于 B_+ 和 B_- 幅值的平方，即

$$T_+ \propto B_+^2 \quad \text{或} \quad T_+ = k_1 \left(\frac{1 + \alpha}{2} B_{jm} \right)^2$$

$$T_- \propto B_-^2 \quad \text{或} \quad T_- = k_2 \left(\frac{1 - \alpha}{2} B_{jm} \right)^2$$

所以

$$\frac{T_+}{T_1} = \left(\frac{1 + \alpha}{2} \right)^2$$

或

$$T_+ = \left(\frac{1 + \alpha}{2} \right)^2 T_1 = \left(\frac{1 + \alpha}{2} \right)^2 (T_{dm} + bn + an^2)$$

206

同理

$$\frac{T_-}{T_2} = \left(\frac{1-\alpha}{2}\right)^2$$

或

$$T_- = \left(\frac{1-\alpha}{2}\right)^2 T_2 = \left(\frac{1-\alpha}{2}\right)^2 (T_{dm} - bn + an^2)$$

椭圆旋转磁场作用下的合成转矩为

$$T = T_+ - T_- = \left(\frac{1+\alpha}{2}\right)^2 (T_{dm} + bn + an^2) - \left(\frac{1-\alpha}{2}\right)^2 (T_{dm} - bn + an^2)$$

$$= \alpha T_{dm} + \frac{b}{2}(1+\alpha^2)n + \alpha an^2$$

因为 $\alpha_e \approx \alpha$，所以

$$T \approx \alpha_e T_{dm} + \frac{b}{2}(1+\alpha_e^2)n + \alpha_e an^2 \tag{6.72}$$

这就是要推导的机械特性实用表达式。只要知道对称状态下的电动机机械特性曲线 T_1，就有了 T_{dm} 和 n_t 这两个参数，然后通过作图确定出 H，利用 T_{dm}、n_t 和 H，根据式(6.69)及式(6.70)就可确定 a 和 b 两个常数，于是就可列出任意有效信号系数 α_e 作用下的电动机机械特性曲线的近似表达式，对应的机械特性曲线也就可以画出来了。

下面证明式(6.66)和式(6.67)。

为了方便，在求 $\alpha_e < 1$ 的理想空载转速 n_0 和堵转转矩 T_d 时，用直线代替实际的机械特性曲线，如图6-41所示，此时直线的方程式应去掉式(6.72)中的转速平方项，即 $a = 0$，可得

$$T = \alpha_e T_{dm} + \frac{b}{2}(1+\alpha_e^2)n \tag{6.73}$$

式中，常数 b 可由式(6.70)求得(因为 $a = 0$，所以 $H = 0$)，即

$$b = \frac{-T_{dm}}{n_t}$$

代入式(6.73)得

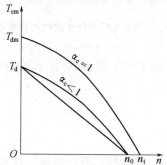

图6-41 $\alpha_e < 1$ 时机械特性的线性化

$$T = \alpha_e T_{dm} - \frac{T_{dm}}{n_t}\frac{1+\alpha_e^2}{2}n \tag{6.74}$$

当 $n = 0$ 时，$T = T_d$，由式(6.74)可得

$$T_d = \alpha_e T_{dm}$$

当 $T = 0$ 时，$n = n_0$，由式(6.74)可得

$$n_0 = \frac{2\alpha_e}{1+\alpha_e^2}n_t$$

4) 幅值控制时的控制特性

当交流伺服电动机的负载转矩 T_L 恒定时，转速随控制电压(或 α_e)的变化曲线，即 $n = f(U_k)$ [或 $n = f(\alpha_e)$] 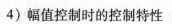称为控制特性。转速随控制电压(或 α_e)变化的物理过程可由机械特性曲线族进行分析，见图6-42。若电动机的负载转矩为 T_L，有效信号系数 $\alpha_e = 0.25$

时,电动机在机械特性曲线的 a 点运行,转速为 n_a。这时,电动机给出的电磁转矩与负载转矩相平衡。如果控制电压突然升高,如有效信号系数 α_e 从 0.25 突变到 0.5,若忽略电磁惯性,电磁转矩的增大可以认为瞬时完成,而此刻转速尚未来得及改变,因此,电动机运行的工作点就从 a 点突跳到 c 点。在 c 点,电动机给出的电磁转矩大于负载转矩,于是电动机加速,使工作点从 c 点沿着 $\alpha_e = 0.5$ 的机械特性曲线下移,电磁转矩随之减小,直至电磁转矩重新与负载转矩相平衡。最终,电动机将稳定运行在 b 点处。电动机转速已经上升为 n_b,实现了转速的控制。

实际上,常用控制特性描述转速随控制信号连续变化的关系。幅值控制时,交流伺服电动机的控制特性曲线如图 6-43 所示。与直流伺服电动机一样,交流伺服电动机的控制特性也可以由机械特性曲线族求得。

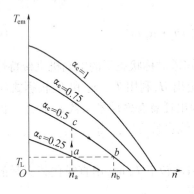

图 6-42　转速控制的物理过程

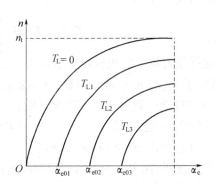

图 6-43　幅值控制的控制特性曲线

将 $T = T_L$ 和 $n = 0$ 代入式(6.73),就可得到交流伺服电动机的死区有效信号系数 α_{e0},即

$$\alpha_{e0} = \frac{T_L}{T_{dm}} \tag{6.75}$$

2. 幅相控制时的机械特性和控制特性

1)励磁相电压、电流随转速变化的情况

幅相控制时,移相电容通常只保证起动时建立圆形旋转磁场。当电动机起动后,旋转磁场就由圆形变为椭圆形。在控制过程中,虽然只改变控制电压的幅值,但理论和实践表明,转速变化时,励磁相的电压、电流都要随着变化。图 6-44 所示为它们随转速变化的曲线。

2)机械特性和控制特性

虽然伺服电动机的励磁绕组是通过移相电容接在恒定的交流电源上,但由于励磁绕组两端的电压随转速升高而增高,相应地磁场椭圆度也发生很大的变化,这就使幅相控制时电动机的特性与幅值控制时有些差异,见图 6-45(a)、(b)。幅相控制时电动机的特性比幅值控制时非线性更为严重,这是由于励磁绕组两端的电压随转速升高而升高,磁场的椭圆度也随着增大,其中反向磁场的阻转矩作用在高速段更为严重,从而使机械特性在低速段随着转速的升高转矩下降很慢,而在高速段,转矩下降得很快,于是,机械特性在低

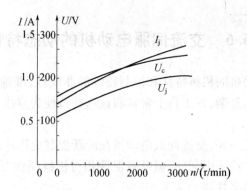

图 6 - 44　幅相控制时励磁相电压和电流的变化

速段出现鼓包现象。这会使阻尼系数下降,时间常数增大,影响电动机运行的稳定性及反应的快速性。图 6 - 46(a)、(b)分别为同一台电动机幅值控制和幅相控制时的控制特性。

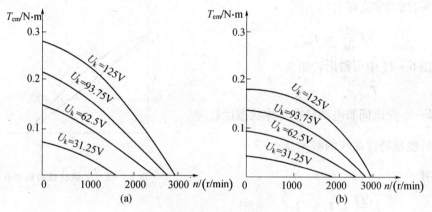

图 6 - 45　机械特性的比较

(a) 幅值控制；(b) 幅相控制。

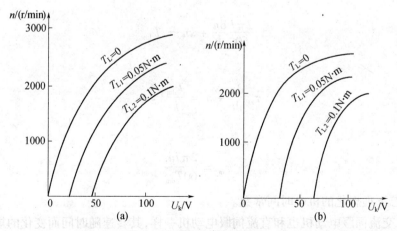

图 6 - 46　控制特性的比较

(a) 幅值控制；(b) 幅相控制。

6.6　交流伺服电动机的动态特性

由于交流伺服电动机的机械特性和控制特性的非线性,准确地分析交流伺服电动机的动态特性就变得相当复杂,在工程上常常假设这些特性为直线,即将非线性的特性进行线性化处理。

和直流伺服电动机一样,交流伺服电动机在阶跃控制电压作用下,转速的过渡过程也是由电磁惯性和机械惯性所引起的,但电磁惯性相对机械惯性可以忽略不计。下面分析幅值控制时电动机的动态性能。

1. 幅值控制时电动机的动态特性

首先将幅值控制方式下有效信号系数 $\alpha_e = 1$(即对称状态)时的机械特性理想化,进行线性化处理,即把堵转点($n=0$,$T=T_{dm}$)和同步转速点($n=n_t$,$T=0$)连一直线,如图6－47所示,这就和直流伺服电动机一样。令阻转矩为零,按力学定律有

$$J\frac{\mathrm{d}\Omega}{\mathrm{d}t} = T_{em}$$

从图6－47中可得出转矩为

$$T_{em} = T_{dm} - kn$$

式中　k——交流伺服电动机在对称状态运行时线性化后机械特性曲线的斜率,$k=\dfrac{T_{dm}}{n_t}$。

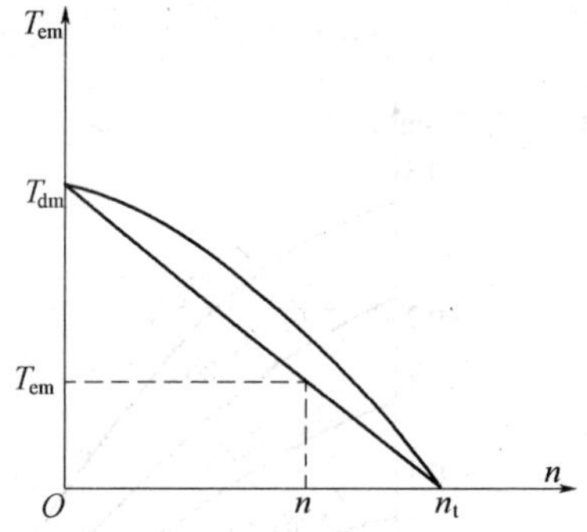

则有

$$J\frac{\mathrm{d}\Omega}{\mathrm{d}t} = T_{dm} - kn$$

图6－47　机械特性的线性化

整理得

$$\frac{2\pi J}{60}\frac{\mathrm{d}n}{\mathrm{d}t} + kn = T_{dm}$$

即

$$\tau_m\frac{\mathrm{d}n}{\mathrm{d}t} + n = \frac{T_{dm}}{k} = n_t \tag{6.76}$$

式中

$$\tau_m = \frac{2\pi J n_t}{60 T_{dm}} \tag{6.77}$$

为对称状态下理想化的机电时间常数。

这样,交流伺服电动机也和直流伺服电动机一样,其转速随时间而变化的规律仍为指数函数关系。

2. 特性的非线性对伺服电动机动态特性的影响

若考虑特性的非线性,则交流伺服电动机转速随时间的变化规律就不再是指数函数

210

关系。

另外，机械特性和控制特性的非线性对动态性能的影响还体现在机电时间常数 τ_m 和斜率 k 上。幅值控制时，随着有效信号系数 α_e 不同，理想空载转速 n_0 和堵转转矩 T_d 也不同，则机械特性曲线的斜率也不一样。根据式(6.66)、式(6.67)及式(6.77)，可得出

$$\tau'_m = \frac{2}{1 + \alpha_e^2} \cdot \tau_m \tag{6.78}$$

式中 τ'_m —— 有效信号系数为 α_e 时，理想化交流伺服电动机的机电时间常数。

可见，交流伺服电动机的机电时间常数 τ'_m 与控制电压有关，这是因为理想化伺服电动机的机械特性的斜率不是常数，而与控制电压有关，因此，当 $\alpha_e = 1$ 时，由式(6.78)有

$$\tau'_m = \frac{2}{1 + 1} \cdot \tau_m = \tau_m$$

当 α_e 很小时，$\alpha_e^2 \approx 0$，由式(6.78)有

$$\tau'_m \approx \frac{2}{1 + 0} \cdot \tau_m = 2\tau_m$$

可见，在 α_e 很小时，交流伺服电动机的机电时间常数是 $\alpha_e = 1$ 时的 2 倍，在性能指标中给出的交流伺服电动机的机电时间常数指的是电动机空载且 $\alpha_e = 1$（即对称状态）时的时间常数 τ_{m0}。因此，在分析自动控制系统动态特性时，应该注意，交流伺服电动机的机电时间常数应该由性能指标中给定值 τ_{m0} 及折算到电动机轴上的负载转动惯量 J_f 计算出 τ_m。

$$\tau_m = \tau_{m0} \frac{J_0 + J_f}{J_0} \cdot \frac{n_t}{n'_0}$$

式中 $\tau_{m0} = \dfrac{2\pi J_0 n'_0}{60 T_{dm}}$；

J_0 ——电动机本身的转动惯量。

然后，再由 τ_m 及有效信号系数 α_e，并利用式(6.78)决定 τ'_m。

6.7 交流伺服电动机的选择

在进行控制系统设计时，选择交流伺服电动机应注意以下几个问题：

1. 交、直流伺服电动机的比较

作为自动控制系统的执行元件，交、直流伺服电动机都被广泛地使用着，应根据它们各自的特点及使用的具体情况进行合理的选用。下面从以下几个方面把交、直流伺服电动机进行对比，供选用时参考。

1）机械特性和控制特性

直流伺服电动机的机械特性和控制特性都是直线，且在不同的控制电压下，机械特性曲线相互平行，斜率不变；交流伺服电动机的机械特性和控制特性都是非线性的，且在不同的控制电压下，理想的线性机械特性也不平行，机械特性和控制特性的非线性都将直接影响到系统的动态精度。一般来说，特性的非线性越大，系统的动态精度就越低。同时，控制电压不同时，交流伺服电动机的理想线性机械特性斜率的变化，也会给控制系统的稳

定和校正带来麻烦。

图6-48中实线为ADP-362交流伺服电动机的幅值控制机械特性曲线,虚线表示S-365直流伺服电动机电枢控制的机械特性,这两台电动机的体积、重量和额定转速都很接近,可以看出,直流伺服电动机的机械特性为线性硬特性,而交流伺服电动机的机械特性为非线性软特性,特别是它经常运行的低速段特性更软,这会使系统的品质降低。

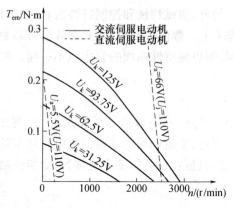

图6-48 交、直流伺服电动机的机械特性

2)动态响应

电动机动态响应的快速性常常以机电时间常数来度量,由于 $\tau_{\mathrm{m}} = \dfrac{2\pi J n_{\mathrm{t}}}{60 T_{\mathrm{dm}}}$,直流伺服电动机的转子上带有电枢绕组和换向器,因此,它的转动惯量要比交流伺服电动机大得多。但由于直流伺服电动机的机械特性比交流伺服电动机硬得多,因此,若两机的空载转速相同,则直流伺服电动机的堵转转矩要比交流伺服电动机大得多,这样,综合比较来看,它们的机电时间常数就较为接近。在负载时,若电动机所带负载的转动惯量较大,这时,两种电动机系统的总惯量(即负载与电动机转动惯量之和)就相差不太多,可能会出现直流伺服电动机系统的机电时间常数反而比交流伺服电动机系统机电时间常数小的情况。

3)体积、重量及效率

为了满足控制系统对电动机性能的要求,交流伺服电动机的转子电阻要足够大,而且电动机经常运行在椭圆旋转磁场下,由于反向圆形旋转磁场的存在,要产生制动转矩。因此,电动机的输出转矩降低,损耗增大。当输出功率相同时,交流伺服电动机要比直流伺服电动机的体积大,重量重,效率低。所以,交流伺服电动机只适用于小功率系统,而对于功率较大(100W以上)的控制系统,则普遍采用直流伺服电动机。

4)自转现象

对于交流伺服电动机,若参数选择不当,或制造工艺不良,都会使电动机在单相励磁状态下产生自转现象,而直流伺服电动机无自转现象。

5)电刷和换向器的滑动接触

由于直流伺服电动机有电刷和换向器,结构复杂,制造困难,电刷和换向器之间的滑动接触使电刷接触电阻不稳定,因而,影响电动机运行的稳定性。又由于换向时产生火花,引起无线电干扰,甚至导致可燃气体燃烧或爆炸,摩擦阻力矩的增大会使死区增大,而交流伺服电动机没有电刷和换向器,因此无上述缺点。

2. 幅值控制时 I_{k} 和 Z_{k} 随转速变化情况

通常,控制绕组直接与放大器输出端相连,因此,控制相电路就成为放大器的直接负载,伺服电动机所需要的控制电流和功率都是由放大器供给的。为了减轻放大器的负担,就必然尽可能减小控制电流和功率。从最大功率传递的角度考虑,放大器输出阻抗应与控制绕组输入阻抗相匹配。因此,有必要了解控制电流及输入阻抗随转速的变化情况。

212

1) 对称状态

对称状态是保持 $U_j = U_{je}$、$U_k = U_{ke}$、$\beta = 90°$ 不变,此时磁场为圆形旋转磁场。用改变负载转矩的办法来改变转速。因此,电动机工作点是在 $\alpha_e = 1$ 的机械特性上变动。由于交流伺服电动机内部电磁关系相当于一台变压器,因此,可以把控制绕组看成一个变压器的原边绕组,转子相当于该变压器的副边。由于控制绕组有电感,控制相电路相当于电感性负载,所以,控制电流由无功分量 I_{kr} 及有功分量 I_{ka} 两部分组成,I_{kr} 产生磁通 Φ_k。由于 $U_k \approx E_k = 4.44 f W_k \Phi_{km}$,当电压 $U_k = U_{ke}$ 不变时,Φ_{km} 也基本不变,所以,I_{kr} 也基本不变。I_{ka} 是补偿转子电流有功分量的(转子电阻很大,其电流的无功分量可以忽略),当转速上升时,转子电流要减小。由于 $\dot{I}_k = \dot{I}_{kr} + \dot{I}_{ka}$,$I_{kr}$ 基本不变,I_{ka} 随转速上升而减小,因此,I_k 也随转速上升而减小,如图 6-49 所示。

控制绕组输入阻抗 $Z_k = \dfrac{U_k}{I_k}$,由于 $U_k = U_{ke}$,U_{ke} 与转速无关,I_k 随转速的升高而减小,因此,Z_k 随转速的升高而增大,如图 6-50 中曲线①所示。

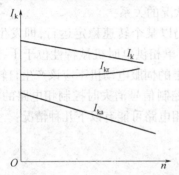

图 6-49 控制电流随转速的变化曲线

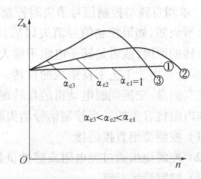

图 6-50 输入阻抗随转速的变化曲线

2) 不对称状态

保持 $U_j = U_{je}$、$U_k < U_{ke}$(即 $\alpha_e < 1$)及 $\beta = 90°$ 不变,此时为不对称状态,改变负载转矩使电动机转速改变。由于磁场为椭圆旋转磁场,它可以分解为正向及反向圆形旋转磁场,正向圆形旋转磁场切割转子导体产生的转子电流随转子转速的升高而减小。但对反向圆形旋转磁场来说,转子转速升高时,磁场相对转子的转速升高,因此,它所产生的转子电流也随着转子转速的升高而增大。这样,当 $\alpha_e < 1$ 时,转子电流随着转速的升高就不是单调地变化了,图 6-50 中的曲线②和③为 $\alpha_e < 1$ 时 Z_k 随转速变化的实验曲线。

既然控制绕组的输入阻抗随转速和控制电压变化,因此,想与放大器在任何时候都匹配是不可能的。考虑到伺服电动机经常在低控制电压和低转速状态下工作,同时,从图6-50可以看出,转速为零时,输入阻抗与控制电压无关,是个常数,因此,如果要强调功率匹配,一般也只是在转速为零时使放大器与控制绕组实现阻抗匹配。

为了减轻放大器的负担,可以在控制绕组两端并联电容 C_k 来补偿无功电流 I_{kr},以提高控制相功率因数。补偿电容 C_k 在最大控制电压时选取,因这时放大器负担最大,如果电容选择适当,可以使 $I_c = I_{kr}$,即实现完全补偿。由于 U_k 不变时,I_{kr} 基本不变,因此,实现完全补偿所需要的电容值也不随转速变化。

一般用实验方法确定补偿电容值,如图 6-51 所示,即在控制绕组两端并联一个可变电容器,改变电容值,观察总电流的变化,当电流表 A 指示最小值时,此时的 C_k 值就是所需的电容值。对于相位控制的伺服电动机,控制绕组两端也可用并联电容来补偿 I_{kr},但由于这时 I_{kr} 受转速变化的影响较大,所以用固定电容来补偿的效果不如幅值控制理想。

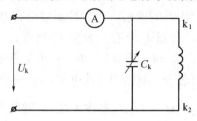

图 6-51 补偿电容 C_k 的确定

这种在控制绕组两端并联电容器的电路对提高功率因数是很有益的,但如果电动机参数选择不当,可能会发生自转。下面再分析一下交流伺服电动机的自转现象。

3. 单相自转与控制信号消失时控制相电路状况的关系

众所周知,如果控制信号消失以后,电动机仍以某个转速稳定运行,即发生了自转。发生自转的原因,或者是转子电阻不够大,出现了单相供电时机械特性位于 Ⅰ、Ⅳ 象限的情况;或者是由于工艺不良造成的自转。一台正常的伺服电动机不应该产生自转。但是,值得注意的是,交流伺服电动机的自转现象是与控制信号消失时控制相电路的状况及放大器的内阻抗有关的。当控制信号消失时,控制相电路可能有以下几种情况:

(1) 控制绕组直接短接。

(2) 控制绕组通过纯电阻或感性负载连接。

(3) 控制绕组开路。

(4) 控制绕组通过容性负载连接。

实验及理论分析表明,在不同情况下,满足不自转的条件也不同。第(1)种情况最容易实现不自转,即 r_z 可以小一些;第(2)种情况要比第(1)种情况困难些,即 r_z 要大些;第(3)种情况又比第(2)种情况更困难些;第(4)种情况是最不容易满足不自转的,因为转子电阻要相当大,要用电阻率很大的材料。电阻太大,损耗也大,效率也低。故一般交流伺服电动机不满足第(4)种情况下不自转的条件。因此,幅相控制时,一般在励磁相串联移相电容。如果要在控制绕组两端并联电容以提高功率因数时,为了满足无自转的要求,就要选转子电阻大的电动机。

除此之外,交流伺服电动机自转现象还与放大器内阻抗有关。控制信号消失后,放大器内阻越大,控制相电路越接近开路,伺服电动机容易产生自转。因此,希望放大器内阻越小越好。理论分析表明,为了满足不自转条件,放大器内阻必须小于从控制绕组两端看入的转子的等效电阻。实际工作中可通过实验测量放大器内阻的上限。实验时,励磁绕组加上额定电压,控制绕组并上完全补偿所需的电容,再并上一个变阻器,拨动转子,然后逐渐减小变阻器的电阻,直到自转停止为止,这时变阻器的阻值就是放大器内阻的上限。如果放大器内阻可以进一步减小,当然对电动机特性更为有利。

4. 电源对电动机性能的影响

交流伺服电动机电源频率及电压数值和波形都对电动机运行性能有一定的影响。

1）电压数值的影响

一台交流伺服电动机，既可采用电源移相，也可采用电容移相。电源移相时，电动机性能要比电容移相好。当电动机由电容移相改为电源移相时，要注意绕组电压的折算，因为制造厂提供的数据是电容移相时的数据。例如，ADP-362电动机的数据为：励磁电压110V，励磁相移相电容$0.5\mu F$，最大控制电压（即额定控制电压）为125V。在上述条件下，电动机的效率最高，在额定工作点附近为圆形旋转磁场。若将这台电动机改用电源移相，则励磁电压不应为110V，而是116V。这是根据产生圆形旋转磁场的电压条件（见图6-37）及已知ADP-362的匝数比$\frac{W_j}{W_k}=1.33$而计算出来的。

电源电压的额定值一般允许变化±5%左右，电压太高，电机会发热，效率变低；电压太低，电机的性能会变坏，如堵转转矩和输出功率会明显下降，加速时间会增长。对电容移相的电动机，应注意励磁绕组两端电压会高于电源电压，而且随转速的上升而升高，如果超过额定值太多，会使电动机过热。

2）电压波形的影响

在使用中，来自放大器的信号中可能夹杂着一些干扰信号，这些干扰信号主要以正交分量及高次谐波分量的形式出现，它们对电动机性能有一定影响。

正交分量$\dot{U}_z$是指与控制电压基波成90°相移的电压分量。例如，以自整角变压器、旋转变压器等作为敏感元件时，其零位电压中就存在这种正交分量。

如果伺服电动机的$\dot{U}_j$与$\dot{U}_k$之间相位差为90°，则$\dot{U}_z$与$\dot{U}_j$的相位移为180°或0°，如图6-52（a）所示。这样，当$\dot{U}_k$消失时，电机中的磁场仍然是单相脉振磁场，电动机不会转动。$\dot{U}_z$对电动机的影响主要是在铁心和绕组中产生附加的铁耗和铜耗，使电动机过热。但是，如果$\dot{U}_j$与$\dot{U}_k$相位差不是90°，如图6-52（b）所示，这时正交分量可以分解为$\dot{U}'_z$和$\dot{U}''_z$两个分量，其中，$\dot{U}''_z$与$\dot{U}_j$正交。这样，当$\dot{U}_k=0$时，$\dot{U}_j$与$\dot{U}''_z$形成旋转磁场，使电动机误动作，即产生自转现象。因此，如果放大器没有相敏特性（将正交分量滤掉），最好保证励磁电压和控制电压之间相位相差90°，至少应当保证转速$n=0$时成90°相位差。

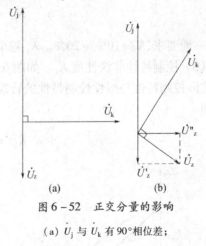

图6-52 正交分量的影响

（a）$\dot{U}_j$与$\dot{U}_k$有90°相位差；

（b）$\dot{U}_j$与$\dot{U}_k$相位差小于90°。

如果在励磁电压中没有高次谐波，仅在控制电压中有高次谐波分量，则高次谐波只能产生高频脉振磁场，其影响也只是增加损耗，使电动机过热。但如果在励磁电压中也有高次谐波分量，则两相绕组的谐波分量可能要产生谐波旋转磁场，如励磁电压中3次谐波分量与控制电压中3次谐波分量相位不同，产生谐波旋转磁场，使电动机误动作，影响系统的准确度。为了削弱高次谐波分量的影响，可在控制绕组两端并联电容。此电容既可提高功率因数,又可起滤波作用。

3）频率的影响

目前控制电机常用的频率有工频和中频两类:工频为50Hz(或60 Hz);中频为400 Hz (或500 Hz)。使用时,工频电机不应该使用中频电源,中频电机也不应该使用工频电源,否则电机性能会变差。在不得已时,工频电源之间或者中频电源之间也可以互相代替使用,但要随频率成正比地改变电压数值,而保持电流仍为额定值。这样,电机发热情况可以基本不变。如500Hz、110V励磁的电机如果用在400Hz的电源上,励磁电压 U_j 应改为

$$U_j = \frac{400}{500} \times 100 = 88V$$

一般来说,改用代用频率之后,电机特性总要略差一些。

5. 交流伺服电动机的主要性能指标及技术数据

1）主要性能指标

（1）空载始动电压 U_{ks}。在额定励磁和空载状态下,使转子在任意位置开始连续转动所需要的最小控制电压(以额定控制电压的百分比表示)。一般要求 $U_{ks} \leqslant (3 \sim 4)\% U_{ke}$。 U_{ks} 越小,表示伺服电动机的灵敏度越高。

（2）机械特性非线性度 K_j。如图 6-53 所示,在额定励磁电压下,任意控制电压时的实际机械特性与线性机械特性在 $T_d/2$ 时的转速偏差 Δn 与理想空载转速 n_0 之比的百分数,即

$$K_j = \frac{\Delta n}{n_0} \times 100\%$$

一般要求, $K_j = 10\% \sim 20\%$。 K_j 越小,特性越接近直线,系统动态误差就越小。

（3）控制特性非线性度 K_k。如图 6-54 所示,在额定励磁和空载状态下,当 $\alpha_e = 0.7$ 时,实际控制特性与线性控制特性的转速偏差 Δn 与 $\alpha_e = 1$ 时的空载转速 n'_0 之比的百分数,即

$$K_k = \frac{\Delta n}{n'_0} \times 100\%$$

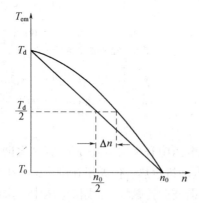

图 6-53 机械特性的非线性度

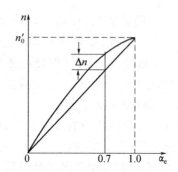

图 6-54 控制特性的非线性度

一般要求，$K_k < 20\% \sim 25\%$。K_k 对系统的影响与 K_j 相同。

（4）机电时间常数 τ_{m0}。在额定励磁和空载状态下，加以阶跃的额定控制电压，电动机转速从零上升到空载转速的 63.2% 所需要的时间。它是衡量伺服电动机反映快速性的一个重要性能指标。一般交流伺服电动机的机电时间常数小于 0.03s。

在技术数据中所给出的机电时间常数是根据电动机在空载时，有效信号系数 $\alpha_e = 1$ 的机械特性曲线（理想化为直线）计算的。

$$\tau_{m0} = \frac{2\pi}{60} \frac{J_0 n'_0}{T_{dm}}(\text{s})$$

式中　J_0—— 转子转动惯量（$\text{kg} \cdot \text{m} \cdot \text{s}^2$）；

　　　n'_0—— 对称状态下的空载转速（r/min）；

　　　T_{dm}—— 对称状态下的堵转转矩（$\text{N} \cdot \text{m}$）。

为了使自动控制系统的动态分析更为精确，应该根据具体使用情况，对给出的时间常数进行修正，详见动态特性一节中的分析。

2）主要技术数据

下面只说明电动机型号及某些技术数据的含义。

（1）型号说明，例如：

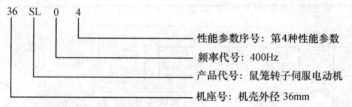

性能参数序号：第4种性能参数
频率代号：400Hz
产品代号：鼠笼转子伺服电动机
机座号：机壳外径 36mm

（2）几项技术数据的含义。

① 堵转转矩、堵转电流、每相堵转输入功率。

当定子两相绕组加额定电压，且转速等于零时的输出转矩称为堵转转矩；这时，两相绕组中的电流称堵转电流；每相输入的功率称为堵转输入功率。

② 空载转速 n'_0。它指的是两相绕组加上额定电压，电动机不带任何负载时的转速，约为 n_t 的 5/6。

③ 额定输出功率 P_2。电动机处于对称状态时，当转速接近空载转速的一半时，输出功率最大，通常就把这点规定为交流伺服电动机的额定状态。最大输出功率就是电动机的额定输出功率 P_{2e}，对应于这个额定状态下（图 6-55）的电磁转矩和转速称为额定转矩 T_e 和额定转速 n_e。

另外，选择交流伺服电动机要根据控制对象所要求的输出最大力矩，最大角速度和最大角加速度等来考虑，这与选择直流伺服电动机的原则相同，此处不再重复。

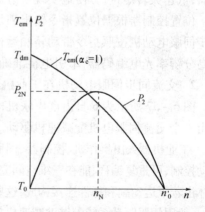

图 6-55　伺服电动机的额定状态

217

6.8 交流伺服电动机的应用

利用交流伺服电动机构成的全数字交流伺服系统响应快、精度高。在位置控制系统中,用户可以像应用步进电动机一样采用"开环"控制方式,用脉冲做控制信号,一个脉冲对应一个很小的一步,控制方法简单。数字式交流伺服系统在数控机床、机器人等领域里已经获得了广泛应用。

下面以交流伺服电动机在电梯驱动系统、关节式工业机器人系统及数控机床中的应用为例进行分析。

1. 在电梯驱动系统中的应用

电梯是高层建筑中必不可少的垂直交通工具。随着现代高层建筑的发展,不但电梯的数量不断增加,而且对电梯的性能要求也越来越高。

电梯的关键技术在于它的主驱动系统,它对电梯的安全可靠性和舒适性有着决定性的影响,同时必须具有足够的运行平稳性、快速性,运行时还要节电、噪声小,快速准确地到达预定的楼层。电梯主驱动系统是一个实现高精度位置控制的速度伺服跟踪系统。

电梯主驱动系统主要由位置控制器、光电编码器、变频驱动器和永磁同步伺服电动机等组成,系统总体结构框图如图6-56所示。

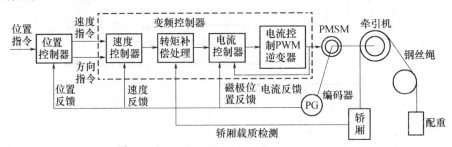

图6-56 直驱式电梯主驱动系统总体结构框图

永磁同步伺服电动机体积小、质量轻、高效节能,采用扁平式多极结构,去除齿轮减速器,低速大转矩,可方便地实现平滑宽调速,通过微型化牵引机直接驱动轿厢。

位置控制器根据位置指令输出满足速度和方向要求的速度指令,在反馈作用下,永磁同步伺服电动机按照指令带动轿厢运行。永磁同步伺服电动机实现低速大转矩运行,结合高分辨率光电编码器,牵引电机准确、平稳运行。

2. 交流同步伺服电动机在工业机器人中的应用

图6-57所示为6自由度串联机构工业机器人,它由6个旋转关节构成。每个关节都由一个交流伺服电机配减速机驱动。

工业机器人由操作机、控制器、伺服驱动系统和检测传感装置构成,是一种仿人操作、自动控制、可重复编程、能在三维空间完成各种作业的机电一体化自动化生产设备。机器人本体由若干运动副和杆件连接构成,这些杆件称为连杆,连接相邻两个杆件的运动副称为关节,一般用伺服驱动系统配谐波减速机构驱动各个关节。伺服驱动控制系统由伺服系统驱动器、运动控制板、变压器及一些电子线路构成。控制原理框图如图6-58所示。

218

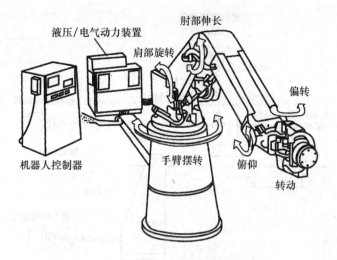

图 6-57　关节式工业机器人系统

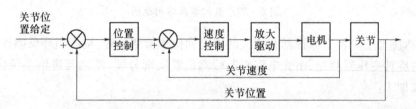

图 6-58　工业机器人控制原理框图

工业机器人特别适合于多品种、变批量的柔性生产。它对稳定提高产品质量,提高生产效率,改善劳动条件和产品的快速更新换代起着十分重要的作用。工业机器人在目前的工业应用很广泛,如汽车制造、焊接、装配、搬运、包装码垛等。

3. 在数控机床上的应用

数控机床是机械设备中具有高精度、高效率、柔性好、自动化程度高等特点的工作母机。而数控车床是数控机床中最主要的品种之一,它解决了大部分机械零件的自动化加工问题,成为最主要的机械加工设备。

交流伺服电机是数控机床的关键元件,"数控机床"顾名思义,即是将数值与符号以代码的形式输入给车床机械本体,由车床中的测量系统、驱动系统、数控系统控制刀具相对于工件的运动轨迹,控制车床沿各坐标轴的运动速度和位移,从而实现各种机械零件的切削加工。图 6-59 所示为数控车床结构框图。

工件随主轴旋转,现代的最新设计为主轴与电动机内装一体,通常还装有主轴位置传感器,检测主轴位置使之保持与进给系统同步。这里介绍的数控车床是一个三坐标系统,主轴为旋转坐标,另外两个坐标属于刀具进给系统(X、Z 坐标)。在机床中的坐标,一般指坐标轴而言,如 X 坐标的电动机又称为 X 轴电动机。刀具在 X 轴向和 Z 轴向的运动分别由各自的交流伺服电机通过滚珠丝杠带动,电动机的转动和运行方式由伺服控制器控制。主轴电动机为高速内装式感应电动机。主轴控制器通常采用矢量控制法对感应电动机进行控制,直接把转速指令输入主轴控制器就可以控制主轴的转速。由数控系统给出主轴电动机与进给伺服电动机控制命令,完成主轴速度控制与各进给轴的速度、位置控

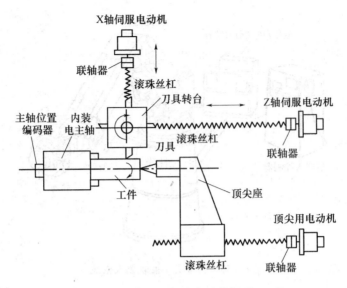

图 6-59　数控车床结构框图

制,实现轨迹加工。各坐标轴都有相应的速度和位置检测装置,构成闭环反馈控制。主轴电动机由旋转变压器测速,由光电编码器检测位置实现分度,使之与进给系统保持同步,完成螺纹加工。

习　题

6-1　单相绕组通入直流电流、单相绕组通入交流电流及两相对称绕组通入两相对称电流各形成什么磁场?它们的气隙磁通密度在空间怎样分布?随时间又怎样变化?

6-2　何为对称状态?两相圆形旋转磁场有何特点?如何改变旋转磁场的转向?

6-3　当两相绕组匝数相等和不等时,加在两相绕组上的电压及电流应符合怎样的条件才能建立圆形旋转磁场?两相脉振磁场具有什么条件能合成圆形旋转磁场?

6-4　为什么交流伺服电动机又称两相异步电动机?如果有一台交流伺服电动机,在技术数据上标明空载转速是 $1200r/min$,电源频率为 $50Hz$,问这是几极电机?空载转差率是多少?

6-5　转子转动与不转动时,定子、转子绕组电动势频率有何变化?电压平衡方程式有何变化?

6-6　椭圆旋转磁场是怎样产生的?椭圆旋转磁场与圆形旋转磁场有何相同及不同特点?

6-7　椭圆旋转磁场如何分解成正、反向圆形旋转磁场的?

6-8　交流伺服电动机的控制方法有几种?幅值控制转速变化的物理过程如何?

6-9　幅值控制的两相伺服电动机,当 $\alpha_e < 1$ 时,理想空载转速为何低于同步转速?

6-10　已知某伺服电动机在对称状态下的机械特性如题图 6-1 所示,求作 $\alpha_e = 0.5$ 时的机械特性曲线。

220

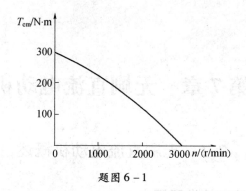

题图 6 - 1

6 - 11 幅相控制的机械特性与幅值控制的机械特性有何不同？为什么幅相控制机械特性在低速段出现鼓包现象？

6 - 12 在转速为零时,使 $\dot{U}_j$ 和 $\dot{U}_k$ 成 90°相移有何好处？如何用实验方法求得移相电容 C_0。

6 - 13 什么是自转现象？为了消除自转现象,交流伺服电动机在单相供电时应具有怎样的机械特性？自转与控制信号消失时的控制相电路的情况有何关系？

6 - 14 机电时间常数是怎样定义的？用示波器测量一台带负载的交流伺服电动机的机电时间常数,在幅值控制和相同励磁电压条件下,若两次所加的阶跃控制电压不同时,两次所测的机电时间常数是否相同？

第7章 无刷直流电动机

7.1 无刷直流电动机概述

7.1.1 无刷直流电动机的发展历史

1831 年,法拉第发现了电磁感应现象,奠定了现代电动机的基本理论基础。从 19 世纪 40 年代研制成功第一台直流电动机,经过大约 17 年的时间,直流电动机技术才趋于成熟。随着应用领域的扩大,对直流电动机的要求也就越来越高,有接触的机械换向装置限制了有刷直流电动机在许多场合中的应用。为了取代有刷直流电动机的电刷—换向器结构的机械接触装置,人们曾对此做过长期的探索。1915 年,美国人 Langnall 发明了带控制栅极的汞弧整流器,制成了由直流变交流的逆变装置。20 世纪 30 年代,有人提出用离子装置实现电机的定子绕组按转子位置换接的换向器电机,但此种电机由于可靠性差、效率低、整个装置笨重又复杂而无实用价值。

科学技术的迅猛发展,带来了电力半导体技术的飞跃。开关型晶体管的研制成功,为创造新型直流电动机——无刷直流电动机带来了生机。1955 年,美国人 Harrison 首次提出了用晶体管换相线路代替电动机电刷接触的思想,这就是无刷直流电动机的雏形。它由功率放大部分、信号检测部分、磁极体和晶体管开关电路等组成,其工作原理是当转子旋转时,在信号绕组中感应出周期性的信号电动势,此信号电动势分别使晶体管轮流导通实现换相。

问题在于:首先,当转子不转时,信号绕组内不能产生感应电动势,晶体管无偏置,功率绕组也就无法馈电,所以这种无刷直流电动机没有启动转矩;其次,由于信号电动势的前沿陡度不大,晶体管的功耗大。为了克服这种弊病,人们采用了离心装置的换向器,或采用在定子上放置辅助磁钢的方法来保证电机可靠地起动。但前者结构复杂,而后者需要附加起动脉冲。其后,经过反复试验和不断实践,人们终于找到了用位置传感器和电子换相线路来代替有刷直流电动机的机械换向装置,从而为直流电动机的发展开辟了新的途径。

20 世纪 60 年代初期,接近开关式位置传感器、电磁谐振式位置传感器和高频耦合式位置传感器相继问世,之后又出现了磁电耦合式和光电式位置传感器。半导体技术的飞速发展,使人们对 1879 年美国人霍尔发现的霍尔效应再次产生兴趣,经过多年的努力,终于在 1962 年试制成功了借助霍尔元件(霍尔效应转子位置传感器)来实现换相的无刷直流电机。在 20 世纪 70 年代初期,又研制成功了借助比霍尔元件的灵敏度高千倍左右的磁敏二极管实现换相的无刷直流电机。在试制各种类型的位置传感器的同时,人们试图寻求一种没有附加位置传感器结构的无刷直流电机。

1968 年,德国人 W. Mieslinger 提出采用电容移相实现换相的新方法。在此基础上,德国人 R. Hanitsch 试制成功借助数字式环形分配器和过零鉴别器的组合来实现换相的无位置传感器无刷直流电动机。

7.1.2　无刷直流电动机特点

直流电动机主要优点是调速和起动特性好,机械特性和调节特性的线性度好,堵转转矩大,控制方法简单,因而被广泛应用于各种驱动装置和伺服系统中。但是,直流电动机都有电刷和换向器,其形成的滑动机械接触严重地影响了电机的精度、性能和可靠性,所产生的火花会引起无线电干扰,缩短电机的寿命,换向器和电刷装置又使直流电动机的结构复杂、噪声大、维护困难。因此长期以来人们都在寻求可以不用电刷和换向器的直流电动机。

随着电子技术的迅速发展,各种大功率电子器件的广泛采用,无换向器直流电动机才真正实现。本章要介绍的无刷直流电动机利用电子换向开关线路和位置传感器来代替电刷和换向器,使这种电动机既具有直流电动机的特性,又具有交流电动机运行可靠、维护方便等优点,它的转速不再受机械换向的限制,若采用高速轴承,还可以在高达每分钟几十万转的转速中运行。其缺点是结构比较复杂,体积较大,转矩波动大,低速时运行的均匀性差。控制用无刷直流电动机包括无刷直流伺服电动机和无刷直流力矩电动机。目前,无刷直流电动机的用途很广泛,尤其适用于高级电子设备、机器人、航空航天系统、数控装置、医疗、化工等高新技术领域。无刷直流电动机将电子线路与电机融为一体,把先进的电子技术应用于电机领域,促使电机技术更新、更快的发展。无刷直流电动机的特点可归纳为以下几点:

(1) 容量范围大。可达 400kW 以上。

(2) 低频转矩大。低速可以达到理论转矩输出。

(3) 高精度运转。电压变动或负载变动对转速的影响小,不超过 1r/min。

(4) 高效率。所有调速装置中效率最高,比传统直流电动机高出 5% ~30% 。

(5) 过载容量高。负载转矩变动在 200% 以内,输出转速不变。

(6) 制动特性良好,可以选用四象限运转。

(7) 通用型产品安装尺寸与一般异步电机相同,易于技术改造。

7.2　无刷直流电动机的结构与工作原理

7.2.1　无刷直流电动机的结构组成

无刷直流电动机是由电动机、转子位置传感器和电子开关线路 3 部分组成,它的原理框图如图 7 - 1 所示。图中直流电源通过开关线路向电动机定子绕组供电,电动机转子位置由位置传感器检测,并提供相应信号去触发开关线路中的功率开关元件使之导通或截止,从而控制电动机的转动。

无刷直流电动机的基本结构如图 7 - 2 所示。图中电动机结构与永磁式同步电动机相似,转子是由永磁材料制成一定极对数的永磁体,但不带鼠笼绕组或其他起动装置,主要有两种结构形式,如图 7 - 3(a)、(b)所示。第一种结构是转子铁心外表面粘贴瓦片形

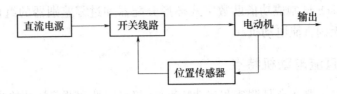

图 7-1　无刷直流电动机原理

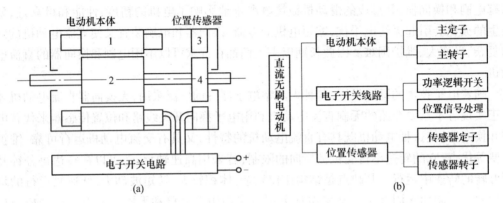

图 7-2　无刷直流电动机的基本结构
(a) 结构；(b) 组成。

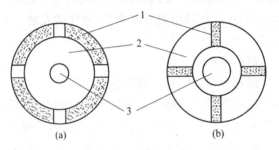

图 7-3　永磁无刷直流电动机转子结构形式
(a) 凸极式；(b) 隐极式。
1—磁钢；2—铁心；3—转轴。

磁钢,称为凸极式;第二种结构是磁钢插入转子铁心的沟槽中,称为内嵌式或隐极式。初期永磁材料多采用铁氧体或铝镍钴,现在已逐步采用高性能钐钴或钕铁硼。定子是电动机的电枢,定子铁心中安放着对称的多相绕组,可接成星形或三角形,各相绕组分别与电子开关线路中的相应晶体管相连接。电子开关线路有桥式和非桥式两种。图 7-4 表示常用的几种电枢绕组连接方式。其中图 7-4(a)、(b)是非桥式开关电路,其他是桥式开关电路。

位置传感器是无刷直流电动机的关键部分,其作用是检测转子磁场相对于定子绕组的位置。它有多种结构形式,常见的有电磁式、光电式和霍尔元件。

1. 电磁式位置传感器

这种传感器的结构如图 7-5 所示。它由定子和转子两部分组成,传感器转子由不导磁的铝合金圆盘及放置其上的导磁扇形片构成,导磁扇形片数等于电机极对数。传感器

224

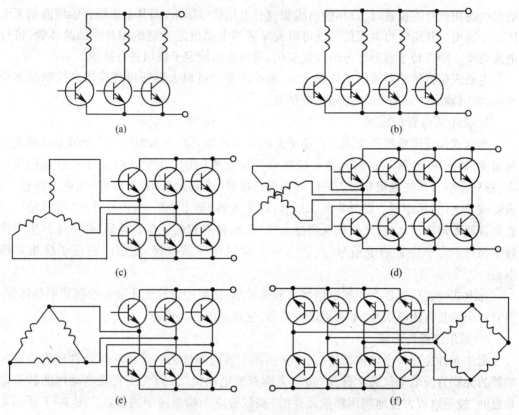

图 7-4　电枢绕组连接方式

(a) 星形三相三状态；(b) 星形四相四状态；(c) 星形三相六状态；

(d) 正交两相三状态；(e) 封闭三相六状态；(f) 封闭四相四状态。

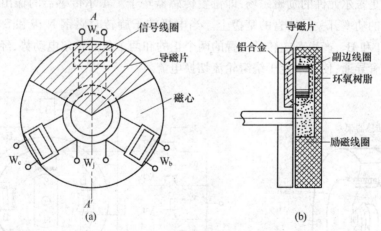

图 7-5　电磁式位置传感器

(a) 结构原理；(b) 剖面图。

定子由磁心和线圈组成,磁心的结构特点是中间为圆柱体,圆周上沿轴向有凸出的极。圆形定子铁心及转子上的扇形部分均由高频导磁材料(如软磁铁氧体)制成,定子铁心上也分成和电动机定子绕组相对应的相数,每相都套有输入线圈和输出线圈,并在输入线圈中外施高频电源励磁。转子与电机同轴连接,当转子的扇形部分转到使定子某相的输入和

225

输出线圈相耦合的位置时,该相输出线圈就有电压信号输出,而其余未耦合的线圈则无电压信号输出。利用输出电压信号就可以去导通与电动机定子绕组相对应的晶体管,进行电流切换。随着转子扇形部分的位置变化,便可依次使定子绕组进行换流。

电磁式位置传感器输出电压较大,一般不需要经过放大器便可直接用来控制晶体管导通,但因输出电压是交流,必须先做整流。

2. 光电式位置传感器

光电式位置传感器是由固定在定子上的几个光耦合开关和固定在转子轴上的遮光盘所组成,如图7-6所示。遮光盘上按要求开出光槽(孔),几个光耦合开关沿着圆周均布,每只光耦合开关由相互对着的红外发光二极管(或激光器)和光电管(光电二极管、三极管或光电池)所组成。红外发光二极管(或激光器)通上电后,发出红外光(或激光),当遮光盘随着转轴转动时,光线依次通过光槽(孔),使对着的光电管导通,相应地产生表征转子相对于定子位置的电信号,经放大后去控制功率晶体管,使相应的定子绕组切换电流。

光电式位置传感器产生的电信号一般都较弱,需要经过放大才能去控制功率晶体管。但它输出的是直流电信号,不必再进行整流,这是它的一个优点。

3. 霍尔位置传感器

霍尔元件是一种半导体器件,它是利用霍尔效应制成的。采用霍尔元件作为位置传感器的无刷直流电动机通常称为"霍尔无刷直流电动机"。因无刷直流电动机的转子是永磁的,故可以很方便地利用霍尔元件的"霍尔效应",检测转子的位置。图7-7所示为四相霍尔无刷直流电动机原理。图7-7中两个霍尔元件 H_1 和 H_2 以间隔90°电角度粘于电机主定子绕组 A 和 B 的轴线上,并通上控制电流,作为位置传感器的定子。主转子磁钢同时也是霍尔元件的励磁磁场,即位置传感器转子。霍尔传感器的输出接在与主定子绕组相连的功率开关晶体管的基极上。当电机转子旋转时磁钢 N 极和 S 极轮流通过霍尔元件 H_1 和 H_2,产生对应转子位置的两个正的和两个负的霍尔电动势,经放大后去控制功率晶体管导通,使4个定子绕组轮流切换电流。

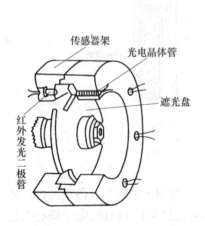

图7-6 光电式位置传感器

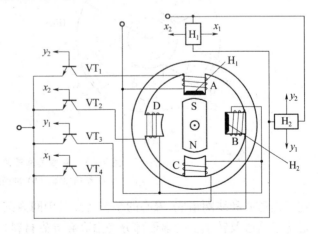

图7-7 霍尔无刷直流电动机原理

226

霍尔无刷直流电动机结构简单,体积小,但安置和定位不便,元件片薄易碎,对环境及工作温度有一定要求,耐震差。

7.2.2　无刷直流电动机工作原理

下面列举常用的 3 种电枢绕组连接方式,阐明无刷直流电动机的工作原理。

1. 三相非桥式星形接法

图 7-8 表示一台采用非桥式晶体管开关电路驱动两极星形三相绕组,并带有电磁式位置传感器的无刷直流电动机。转子位置传感器的励磁线圈由高频振荡器供电,通过导磁片的作用使信号线圈获得较大的感应电压,并经整流、放大加到开关电路功率管的基极,使该管导通,因而与该管串联的定子绕组也就与外电源接通。因为导磁片与电动机转子同轴旋转,所以信号线圈 W_a、W_b、W_c 依次通电,3 个功率管依次导通,使定子三相绕组轮流通电。

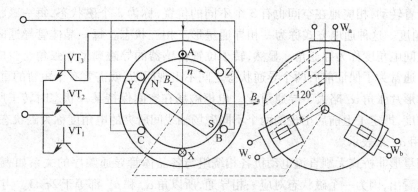

图 7-8　无刷直流电动机工作原理

当电动机转子处于图 7-8 所示的瞬时位置时,位置传感器 PS 扇形导磁片位于图示位置处,它的信号线圈 W_a 开始与励磁线圈相耦合,便有信号电压输出,其余两个信号线圈 W_b、W_c 的信号电压为零。线圈 W_a 提供的信号电压使晶体管 VT_1 开始导通,而晶体管 VT_2、VT_3 截止。这样,电枢绕组 AX 有电流通过,电枢磁场 B_a 的方向如图 7-8 所示。电枢磁场与永磁转子磁场相互作用就产生转矩,使转子按顺时针方向旋转。

当电机转子在空间转过 $2\pi/3$ 电角度时,位置传感器的扇形片也转过同样角度,从而使信号线圈 W_b 开始有信号电压输出,W_a、W_c 的信号电压为零。W_b 输出的信号电压便使晶体管 VT_2 开始导通,晶体管 VT_1、VT_3 截止。这样,电枢绕组 BY 有电流通过,电枢磁场 B_a 的方向如图 7-9(a)所示。电枢磁场 B_a 与永磁转子磁场相互作用所产生的转矩,使转子继续沿顺时针方向旋转。

当转子在空间转过 $4\pi/3$ 电角度后,位置传感器使晶体管 VT_3 开始导通,VT_1、VT_2 截止,相应电枢绕组 CZ 有电流通过。电枢磁场 B_a 的方向如图 7-9(b)所示,它与转子磁场相互作用仍使转子按顺时针方向旋转。

若转子继续转过 $2\pi/3$ 电角度,回到原来的起始位置,通过位置传感器将重复上述的换流情况,如此循环下去,无刷直流电动机在电枢磁场与永磁转子磁场的相互作用下,能产生转矩并使电机转子按一定的转向旋转。

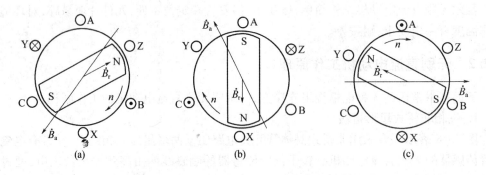

图7-9 电枢磁场与转子磁场间的相对位置

可以看出,在三相星形非桥式的无刷直流电动机中,当转子转过2π电角度时,定子电枢绕组共有3个通电状态,每一通电状态仅有一相导通,定子电流所产生的电枢磁场在空间跳跃着转动,相应地在空间也有3个不同的位置,称为3个磁状态,每一磁状态持续$2\pi/3$电角度。这种通电方式称为一相导通星形三相三状态。每一晶体管导通时转子所转过的空间电角度称为导通角。显然,转子位置传感器的导磁扇形片张角至少应该等于导通角。通常为了保证前后两个导通状态之间不出现间断,就需要有个短暂的重叠时间,必须使扇形片张角α_p略大于导通角α_c。电枢磁场在空间保持某一状态时转子所转过的空间电角度,即定子上前后出现的两个不同磁场轴线间所夹的电角度称为磁状态角,或称状态角,用α_m来表示。

三相星形非桥式无刷直流电动机各相绕组与各晶体管导通顺序的关系如表7-1所列。可以看出,因为一个磁状态对应一相导通,所以角α_c和α_m都等于$2\pi/3$。当电机是p对极时,位置传感器转子沿圆周应有p个均匀的导磁扇形片,每个扇形片张角$\alpha_p \geq 2\pi/(3p)$。

表7-1 星形三相三状态导通顺序表

电角度	0	$\dfrac{2\pi}{3}$	$\dfrac{4\pi}{3}$	2π
定子绕组的导通相	A	B	C	
导通的晶体管元件	VT_1	VT_2	VT_3	

2. 三相星形桥式接法

若定子绕组仍为三相,而功率晶体管接成桥式开关电路,如图7-10所示,相应位置传感器原理如图7-11所示。三相电枢绕组与各晶体管导通顺序的关系如表7-2所列。可以看出,电机应有6个通电状态,每一状态都是两相同时导通。每个晶体管导通角仍为$\alpha_c = 2\pi/3$,位置传感器扇形片张角$\alpha_p \geq 2\pi/(3p)$。电枢合成磁场是由通电的两相磁场所合成。若每相磁通密度在空间是正弦规律分布,用向量合成法可得合成磁通密度B_a的幅值等于每相磁通密度幅值的$\sqrt{3}$倍,它在空间也相应有6个不同位置,磁状态角$\alpha_m = \pi/3$。三相星形桥式电路的通电方式也称为两相导通星形三相六状态。

228

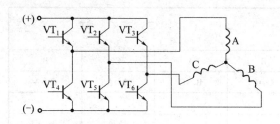

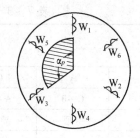

图 7-10 三相桥式开关电路　　　　　　图 7-11 三相桥式电路的位置传感器

表 7-2 两相导通星形三相六状态导通顺序表

电角度	0		$\frac{\pi}{3}$		$\frac{2\pi}{3}$		π		$\frac{4\pi}{3}$		$\frac{5\pi}{3}$		2π
导电顺序			A				B				C		
			B				C				A		B
VT₁			←导通→										
VT₂							←导通→						
VT₃											←导通→		
VT₄							←导通→						
VT₅	←导通→											←导通→	
VT₆					←导通→								

3. 三相封闭形桥式接法

封闭式定子绕组只能与桥式晶体管开关电路相组合。图 7-12 表示三相封闭型(三角形)桥式接法的原理线路。三相电枢绕组与各晶体管导通顺序的关系如表 7-3 所列,可以看出,它与星形接法的区别在于任何磁状态中电枢绕组全部通电,总是某两相绕组串联后再与另一相绕组并联。在各状态中仅是各相通电顺序与电流流过的方向不同。电枢合成磁场是由通电的三相磁场所合成。图 7-13 表示 B 相绕组与 C 相绕组串联再与 A 相绕组并联,电流由 B 相流向 C 相(符号为 A/BC)时的磁通密度向量图。可见,定子合成磁通密度 B_a 的幅值等于每相磁通密度幅值的 1.5 倍。三相封闭型桥式接法也有 6 个通电状态。磁状态角 $\alpha_m = \pi/3$,导通角为 $2\pi/3$,位置传感器磁扇片张角 $\alpha_p \geqslant 2\pi/(3p)$。这些都与三相星型桥式接法相同。三相封闭形桥式电路的通电方式也称为封闭型三相六状态。

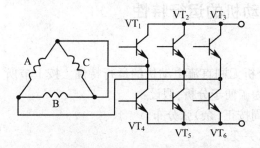

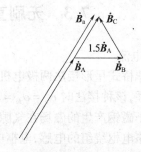

图 7-12 三相封闭桥式开关电路　　　　图 7-13 对应 A/BC 时电枢磁通密度向量图

229

表7－3　封闭型三相六状态导通顺序表

电角度	0	$\frac{\pi}{3}$	$\frac{2\pi}{3}$	π	$\frac{4\pi}{3}$	$\frac{5\pi}{3}$	2π
导电顺序	A	C	B	A	C	B	
	C→B	A→B	A→C	B→C	B→A	C→A	
VT$_1$	←导通→	←导通→					
VT$_2$					←导通→	←导通→	
VT$_3$			←导通→	←导通→			
VT$_4$				←导通→	←导通→		
VT$_5$		←导通→	←导通→				
VT$_6$	←导通→					←导通→	

当定子绕组的相数不同,晶体管开关电路也不同时,其定子绕组与各晶体管导通的关系也就不一样,并使定子各相绕组的导通情况相应改变,电枢磁势的磁状态角亦不同。表7－4列出了与几种常用的定子绕组连接方式相对应的 α_c、α_m、α_p 值。

表7－4　几种常用的定子绕组连接方式相对应的 α_c、α_m、α_p 值

电枢绕组连接方式	α_c	α_m	α_p
星形三相三状态	$\frac{2\pi}{3}$	$\frac{2\pi}{3}$	$\frac{2\pi}{3}$
星形四相四状态	$\frac{\pi}{2}$	$\frac{\pi}{2}$	$\frac{\pi}{2}$
星形三相六状态	$\frac{2\pi}{3}$	$\frac{\pi}{3}$	$\frac{2\pi}{3}$
正交两相四状态	$\frac{\pi}{2}$	$\frac{\pi}{2}$	$\frac{\pi}{2}$
封闭型三相六状态	$\frac{2\pi}{3}$	$\frac{\pi}{3}$	$\frac{2\pi}{3}$
封闭型四相四状态	$\frac{\pi}{2}$	$\frac{\pi}{2}$	$\frac{\pi}{2}$

7.3　无刷直流电动机的运行特性

1. 电枢电流

以三相非桥式星形接法两极电机为例,分析无刷直流电动机的运行特性。按上节所述的工作原理,该种接法时 $\alpha_c = \alpha_m = 2\pi/3$。为了便于分析,假设:

（1）转子磁钢产生的磁场在气隙中沿圆周按正(余)弦分布。

（2）忽略电枢绕组的电感,电枢电流可以突变。

（3）忽略过渡导通状态和开关动作的过渡过程,认为每相电流是瞬时产生和切除。

无刷直流电动机 A 相绕组电压平衡方程式为

$$U_a = e_a + i_a R_a + \Delta U_T \tag{7.1}$$

式中　U_a—— 电源电压；

　　　e_a—— 电枢绕组感应电动势；

　　　i_a—— 电枢电流；

　　　R_a—— 电枢绕组平均电阻；

　　　ΔU_T—— 功率晶体管饱和压降。

根据假设(1)，转子磁场在气隙中按正(余)弦分布，因此电动机旋转时转子磁场在电枢绕组中产生的感应电动势也是按正(余)弦规律变化。若以转子磁极轴线与 A 相绕组轴线重合时作为转子起始位置，就可作出如图 7-14 所示的三相绕组感应电动势波形。

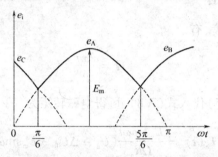

图 7-14　电枢绕组感应电动势波形

为了使电机输出功率最大，通常当转子磁极轴线处在电动势波形相邻两交点所对应的角度范围内时，让电动势大的一相导通，由图 7-14 可得 A 相导通时转子磁极轴线应处于角 $\left(\dfrac{\pi}{2} - \dfrac{\alpha_m}{2} = \dfrac{\pi}{6}\right)$ 与 $\left(\dfrac{\pi}{2} + \dfrac{\alpha_m}{2} = \dfrac{5\pi}{6}\right)$ 范围内，绕组感应电动势为

$$e_a = E_m \sin\omega t \tag{7.2}$$

感应电动势最大值为

$$E_m = 2\pi f W_A \Phi \tag{7.3}$$

式中　W_A—— 电枢绕组每相有效匝数；

　　　Φ—— 每极气隙磁通；

　　　f—— 频率，有

$$f = np/60 \tag{7.4}$$

将式(7.2)代入式(7.1)，可得电枢电流为

$$i_a = \frac{1}{R_a}(U_a - \Delta U_T - E_m \sin\omega t) \tag{7.5}$$

其波形如图 7-15 所示。导通时间内电枢电流平均值为

$$I_a = \frac{1}{2\pi/3} \int_{\frac{\pi}{6}}^{\frac{5\pi}{6}} \frac{1}{R_a}(U_a - \Delta U_T - E_m \sin\omega t)\,\mathrm{d}\omega t$$

231

$$= \frac{U_a - \Delta U_T}{R_a} - 0.827 \frac{E_m}{R_a} \quad (7.6)$$

当转速 $n = 0$ 时，$E_m = 0$，所以堵转电流为

$$I_d = \frac{U_a - \Delta U_T}{R_a} \quad (7.7)$$

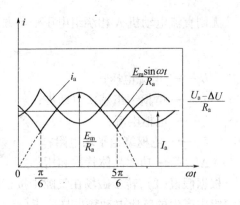

图 7-15　电枢电流波形

2. 电磁转矩

电机的电磁转矩为

$$T_e(t) = \frac{e_a i_a}{\Omega} \quad (7.8)$$

式中　Ω—— 电机角速度，有

$$\Omega = \frac{2\pi f}{p} \quad (7.9)$$

将式(7.2)及式(7.5)代入式(7.8)，可得电磁转矩为

$$T_e(t) = \frac{E_m \sin\omega t}{\Omega R_a}(U_a - \Delta U_T - E_m \sin\omega t)$$

将式(7.3)及式(7.9)代入上式，可得

$$T_e(t) = \frac{pW_A \Phi}{R_a}(U_a - \Delta U_T - E_m \sin\omega t)\sin\omega t \quad (7.10)$$

由式(7.10)可以看出，在一个磁状态即在一相导通区间内，因为电动势的脉动使转矩产生了波动，转矩的波动会使电机产生噪声和运转不稳定，所以一般都希望转矩波动小。由图 7-14 可以看出，减小磁状态角也可以减小电动势的脉动，因而也就减小了转矩波动。对于 m 相电机，磁状态角为 $\alpha_m = 2\pi/m$，因而增加相数可以减小 α_m，但电机结构和电子线路就要变得复杂。

平均电磁转矩为

$$T = \frac{1}{2\pi/3} \int_{\frac{\pi}{6}}^{\frac{5\pi}{6}} T_e(t)\,\mathrm{d}(\omega t)$$

$$= \frac{3pW_A \Phi}{2\pi R_a} \int_{\frac{\pi}{6}}^{\frac{5\pi}{6}} (U_a - \Delta U_T - E_m \sin\omega t)\sin\omega t\,\mathrm{d}(\omega t)$$

$$= 0.478 \frac{pW_A \Phi}{R_a}[\sqrt{3}(U_a - \Delta U_T) - 1.48E_m]\ (\mathrm{N \cdot m}) \quad (7.11)$$

转速 $n = 0$，$E_m = 0$，因而平均堵转转矩为

$$T_d = 0.827pW_A \Phi \frac{U_a - \Delta U_T}{R_a}\ (\mathrm{N \cdot m}) \quad (7.12)$$

232

3. 转速

将式(7.3)和式(7.4)代入式(7.6)可得转速

$$n = 11.55 \frac{U_a - \Delta U_T - I_a R_a}{p W_A \Phi} \ (\text{r/min}) \tag{7.13}$$

令 $I_a = 0$，可得理想空载转速为

$$n_0 = 11.55 \frac{U_a - \Delta U_T}{p W_A \Phi} \ (\text{r/min}) \tag{7.14}$$

4. 系数 K_e 和 K_t 计算公式的推导

与一般直流电动机一样,在实际使用时,经常需要引用系数 K_e 和 K_t 来分析无刷直流电动机的特性,现推导这两个系数的计算公式。

1) 电动势系数 K_e

电动势系数 K_e 是当电动机单位转速时在电枢绕组中所产生的感应电动势平均值。由式(7.6)可以看出感应电动势平均值为

$$E_a = 0.827 E_m$$

因而由式(7.3)及式(7.4)可得电动势系数为

$$K_e = \frac{E_a}{n} = \frac{0.827 \cdot 2\pi \frac{nP}{60} W_A \Phi}{n}$$

$$= 8.66 p W_A \Phi \cdot 10^{-2} \tag{7.15}$$

式中, Φ 的单位为 Wb(韦伯); K_e 的单位为 V/(r/min)。

2) 转矩系数 K_t

转矩系数 K_t 是当电动机电枢绕组中通入单位电流时电动机所产生的平均电磁转矩值。由式(7.6)和式(7.11)可得转矩系数为

$$K_t = \frac{T}{I_a} = 0.827 p W_A \Phi \ (\text{N} \cdot \text{m/A}) \tag{7.16}$$

5. 机械特性及调节特性

反映无刷直流电动机稳态特性的 4 个基本公式是

$$\begin{cases} U_a = E_a + I_a R_a + \Delta U_T \\ E_a = K_e n \\ T = T_0 + T_2 \\ T = K_t I_a \end{cases} \tag{7.17}$$

由式(7.17)可以看出,无刷直流电动机基本公式与一般直流电动机基本公式在形式上完全一样,差别只是式中各物理量和系数的计算式不同。另外,电源电压 U_a 变成了 $U_a - \Delta U_T$,因此无刷直流电动机的机械特性和调节特性形状应与一般直流电动机相同,如图 7-16 和图 7-17 所示。

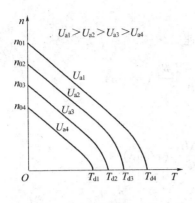

图 7 - 16 机械特征曲线

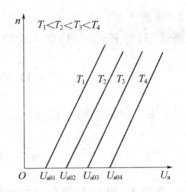

图 7 - 17 调节特性曲线

图 7 - 16 所示的机械特性曲线产生弯曲现象是由于当转矩较大、转速较低时流过晶体管和电枢绕组的电流很大,这时,晶体管管压降 ΔU_T 随着电流的增大而增加较快,使加在电枢绕组上的电压不恒定而有所减小,因而特性曲线偏离直线,向下弯曲。图 7 - 16 中,n_0、T_d 可分别由式(7.14)和式(7.12)计算。

由式(7.11)和式(7.13)可分别求得调节特性中的始动电压 U_{a0} 和斜率 K 为

$$U_{a0} = \frac{2\pi R_a T}{3\sqrt{3}\, p W_A \Phi} + \Delta U_T = 1.21\frac{R_a T}{p W_A \Phi} + \Delta U_T$$

$$K = \frac{11.55}{p W_A \Phi}$$

也可仿照一般直流电动机,表示为

$$U_{a0} = \frac{R_a T}{K_t} + \Delta U_T$$

$$K = \frac{1}{K_e}$$

无刷直流电动机与一般直流电动机一样具有良好的伺服控制性能,可以通过改变电源电压实现无级调速。

6. 其他绕组接法时的运行特性

上面分析了较简单的三相非桥式星形接法时无刷直流电动机的运行特性。当采用其他各种接法时,电机的 4 个基本关系式和特性形状不变,只是关系式中各物理量和电动势、转矩系数有不同的表达式。这些表达式可以采用与上面相同的分析方法求得。

7.4 无刷直流电动机改变转向的方法

在许多使用场合要求电动机能够方便地实现正/反转。对于一般有刷直流电动机,只要改变励磁磁场的极性或电枢电流的方向,电机就可反转。由于机械换向的导电方向是可逆的,只要改变加在电枢上电源电压的极性,就能使电枢中电流反向。对于无刷直流电动机,实现电机反转的原理与有刷直流电动机是一样的,但因电子开关电路中所用的晶体管元件的导电是单向性的,故不能简单地靠改变电源电压的极性使电机反转。下面以星形三相三状态两极无刷直流电动机为例,介绍两种改变电机转向的方法。

1. 改接位置传感器的输出电压信号

这种方法是基于改变励磁磁场的极性实现改变电机转向的原理。图7-18(a)、(b)分别表示电枢绕组 A 相导通时电机正、反转时定子、转子磁场相对位置。正/反转时电枢电流的方向不变，因而电枢磁场 B_a 的方向不变。正转时在 A 相绕组导通时间内，转子磁极轴线在角 π/6 与 5π/6(1 与 2)范围内，平均值为 π/2，上半圆转子的极性为 N，下半圆转子的极性为 S，定子、转子磁场相互作用产生的转矩是顺时针方向，定子绕组通电顺序是 A→B→C；反转时转子磁极轴线应处在角 −π/6 与 −5π/6（1′和 2′）范围内，平均值为 −π/2，上半圆转子的极性为 S，下半圆转子的极性为 N，这样电磁转矩变为逆时针方向，电机就反转，定子绕组通电顺序变为 A→C→B。所以当一相导通时，只要将相应的转子轴线平均位置改变 π 电角度，电机就可反转。

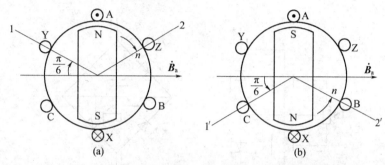

图7-18 正/反转时定子、转子磁场相对位置
(a) 正转；(b) 反转。

为了达到上述要求，电动机上应装有两套空间相隔 π 电角度的位置传感器 W_a、W_b、W_c 及 W'_a、W'_b、W'_c，如图7-19所示。图7-19中，W_a、W_b、W_c 这套传感器输出信号供电机正转时使用。W'_a、W'_b、W'_c 这套传感器输出信号供电机反转时使用。当转子带动扇形片转动，这两套传感器输出信号对应地相隔 π 电角度。

2. 变换电枢电流方向

与一般有刷直流电动机一样，也可以通过改变一相导通时电流方向来改变电机转向。图7-20表示 A 相电流方向改变，电机做反转时定子、转子磁场间的相对位置。可以看出，这时电枢磁场方向改变了，但转子轴线的位置仍在角 π/6～5π/6 范围内，因此传感器输出信号可不改变。为了能使电枢绕组电流方向改变，除了改变直流电源极性外，尚需在开关电路中每相接入由两个晶体管元件组成的倒向线路，如图7-21(a)所示。它们分别使定子绕组中通过正向（实线箭头）和反向（虚线箭头）电流，使电机产生不同转向的转矩，达到正、反向旋转的目的。图7-21 (b)是采用的另一种特殊电路，每相只需一个晶体管，同样可使定子绕组电流改变方向。

无刷直流电动机具有一般直流电动机的控制特性。它用电子开关电路及位置传感器代替了传统直流电动机中的电刷和换向器装置，是一种电子、电机一体化的现代高新技术产品。位置传感器是无刷直流电动机的重要部件。无刷直流电动机具有与一般直流电动机类似的特性，但它的各种特性及电动势、转矩系数计算式都与电枢绕组连接方式有关。使用时应根据实际要求合理地选择电枢连接方式。无刷直流电动机可以通过改变电源电压实现无级调速，但制动和反转的方法有其自身的特点。

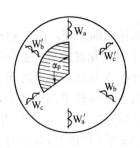

图 7-19 正/反转所需的
两套位置传感器

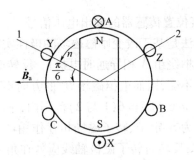

图 7-20 改变电流方向后定子、
转子磁场相对位置

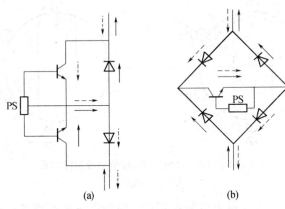

(a)　　　　　　　(b)

图 7-21 用于正反转的倒向线路
(a) 每相接入两个晶体管；(b) 每相接入一个晶体管。

7.5 无刷直流电动机的控制方法

从无刷直流电动机(BLDCM)的发展历程来看,大致有 3 种控制方式。第一种是最简控制方式;第二种是调压控制方式;第三种是电流滞环 PWM 控制方式。下面分别介绍这 3 种控制方式。

1. 最简控制方式

最简控制方式下无刷直流电动机系统只有位置环,该位置环仅起同步作用。电动机不能实现调速,给定母线电压后无刷直流电动机就工作在一定转速下,其转速不可调,同时转矩脉动较大,图 7-22 所示为该控制方式框图。

2. 调压控制方式

调压控制方式下位置传感器提供转子位置实现电动机同步,同时根据给定转速和实际转速的 PI 调节来控制母线电压幅值,实现调压调速。图 7-23 所示为调压控制方式框图。

以上两种控制方式转矩脉动都较大,不适合应用在高性能要求场合,只能应用诸如风机、水泵等场合。

236

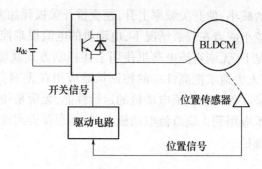

图 7 – 22 最简控制方式框图

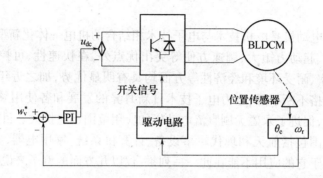

图 7 – 23 调压控制方式框图

3. 电流滞环 PWM 控制方式

电流滞环 PWM 控制方式是目前无刷直流电动机应用最多的控制方式,该方式直接控制电动机的相电流,因此与调压调速的控制方式相比性能更好,较好地抑制了电流的脉动。同时该方式控制可靠,结构简单,能满足一般运行性能下的要求。近来有很多文章撰写研究 PWM 方式,并且在此基础上使用各种方式来改善 PWM 方式控制效果,使其具有更好的运行性能。图 7 – 24 是常见的电流滞环 PWM 控制框图。该方式通过一个 PI 速度调节器输出给定电流,与实际电流比较,形成滞环控制,实现对电流脉冲的限制,由于相电流的改善可以减小电流脉动,从而可以改善电动机的运行特性。

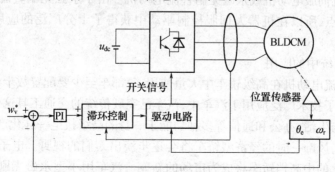

图 7 – 24 电流滞环 PWM 控制方式框图

该方式存在的不足是没有能从根本上解决换相引起的转矩脉动。在电流滞环 PWM 模式下,减少滞环宽度能减小电流转矩脉动,但带来了以下不足:

（1）电流滞环宽度的减小，使开关频率上升，逆变桥开关损耗加大。

（2）在电动机电感较小或者在轻载情况下，电动机的电流很难控制在滞环宽度内。

在一般工程应用情况下，无刷直流电动机使用上述控制方式就能满足一般的运行性能要求，所以并没有很多人去追求把高性能的控制策略应用在无刷直流电动机上。如果采用高性能的控制策略来改善无刷直流电动机的运行性能，无疑是相当有吸引力的研究。尝试把直接转矩控制技术应用到无刷直流电动机上，就是想要得到这样的效果，为无刷直流电动机的高性能另辟蹊径。

7.6 应用举例

永磁无刷直流电动机是电机技术与电子技术相结合的机电一体化新型电动机。它除了具有调速范围宽、起动力矩大、调速方便等突出优点外，在快速性、可控性、可靠性、体积、质量、节能、效率、耐受环境和经济性等方面均具有明显优势，加之近年来永磁材料性能不断提高及其价格不断下降，电力电子技术日新月异的发展和各使用领域对电动机性能的要求越来越高，促进了永磁无刷直流电动机的应用范围迅速扩大。目前，永磁无刷直流电动机的应用范围包括航天和现代军事设备、计算机系统、家用电器、办公自动化、汽车、医疗仪器等，关于它的应用不能在此一一列举，仅以几方面的例子来说明。

1. 在机器人驱动中的应用

在现代社会中，机器人已获得了越来越广泛的应用，遍及各种工业技术领域、空间技术及日常生活中，它已成为现代人有力的帮手。据统计，应用最多的是工业机器人，其中以日本、美国及德国的应用最为广泛。在日本，工业机器人应用最多的工业部门是家用电器与电动机制造、汽车、拖拉机、摩托车制造、通用机械制造、塑料成型和金属加工。在美国，制造业中的焊接、装配、搬运与装卸、铸造喷漆等工业中，大量采用工业机器人。其他先进的工业化国家也在大力推进工业机器人的应用，不断扩展应用新领域。

机器人常用的驱动方式主要有液压驱动、气压驱动和电气驱动3种基本类型。当前，电气驱动方式是机器人驱动的主流方式。电动机是机器人驱动系统的执行元件，常采用步进电动机、直流伺服电动机或永磁无刷直流电动机。由于永磁无刷直流电动机具有众所周知的独特优点，所以在机器人伺服控制驱动中获得了十分广泛的应用，占据着主导地位。

2. 在汽车系统中的应用

永磁无刷直流电动机在高级轿车中大量使用，每部车至少要配置数十台电动机，甚至上百台。随着电子技术广泛应用于汽车中，汽车已突破传统的交通工具这个概念，发展成为集交通、娱乐与生活、办公和通信等多种功能于一身的高级机电一体化产品。随着人们消费观念的转变，风靡一时的经济型轿车将会逐步淡出人们的视野。电子化、网络化、智能化、节能环保化的中高档轿车将成为市场的新宠。汽车用小型永磁无刷直流电动机主要用于汽车起动机、电喷射控制、水箱散热器（发电机）、电子悬架控制、电动助力转向装置、稳定性控制、巡行控制、防抱死控制、驱动动力控制、中央闭锁装置、电动后视镜、自动升降天线、电动天窗、自动前灯、椅座调整器、玻璃升降器、刮水器、空调器、车速里程表、吸尘器、气泵、抛光机、坐椅按摩器等非动力系统中应用。

最主要的应用是作为汽车的动力驱动。为了环境保护,节省不断减少的石油资源,各国都十分重视电动汽车的研发与应用。目前,电动汽车有纯电动汽车、混合电动汽车、燃料电池电动汽车及四轮驱动电动汽车等。不论哪一种汽车,最终都是由电动机完成驱动任务,而采用高出力、高效率、高可靠的永磁无刷直流电动机都将是最好的方案。此外,在摩托车、电动自行车等交通工具中永磁无刷直流电动机同样得到了应用。

3. 在洗衣机中的应用

普通洗衣机一般采用单相异步电动机驱动,通过离合器变速实现洗涤和脱水两种不同转速。使用离合器,降低了洗衣机的效率,增大了噪声,也很难实现洗衣机的模糊和智能控制。现在,采用永磁无刷直流电动机驱动的洗衣机获得了应用。一般,用于洗衣机的永磁无刷直流电动机为低噪声扁平结构,不用机械减速和传动装置,由电机直接驱动洗衣机滚筒,即"直接驱动"洗衣机。通过调节电压改变电机的转速,实现洗衣机的无级变速,洗衣时低速运转,脱水时高速运转。同时采用了模糊控制技术;可根据衣物重量和环境温度等决定永磁无刷直流电动机的工作转速和时间。

习 题

7-1 将无刷直流电动机与直流电动机作比较,它们之间有哪些相同和不同点?

7-2 位置传感器的作用如何?改变每相开始导通的位置角及导通角 α_c,对电机性能会产生怎样的影响?

7-3 无刷直流电动机能否用交流电源供电?

7-4 无刷直流电动机能否采用一相电枢绕组?为什么?

7-5 如何使无刷直流电动机制动、反转和调速?

第8章　开关磁阻电动机

8.1　概　述

"开关磁阻电动机（Switched Reluctance Motor, SRM）"一词起源于美国学者 S. A. Nasar 于 1969 年所撰写的论文,他描述了这种电动机的两个基本特征:①开关性,电动机必须工作在一种连续的开关模式;②磁阻性,它是真正的磁阻电机,定子、转子具有可变的磁阻回路,更确切地说是一种双凸极电机。

SR 电动机的发展历史可以追溯到 1842 年,英国学者 Aberdeen 和 Davidson 用两个 U 形电磁铁制造了由蓄电池供电的机车电动机,由于电动机的性能不高,所以没有得到足够的重视。20 世纪 60 年代,大功率晶闸管的出现极大地推动了 SR 电动机的研究与发展。从 1967 年起,英国的 Leeds 大学开展了对 SR 电动机的深入研究,建立了现代开关磁阻电动机的雏形。20 世纪 70 年代初,美国的福特公司研制出最早的开关磁阻电动机调速系统,该系统具有电动机和发电机运行状态和较宽的调速范围,适合于蓄电池供电的电动车辆的传动。1980 年,英国学者 P. J. Lawrenson 及其同事在 ICEM 会议上,发表了题为 "Variable – Speed Switched Reluctance Motors（变速开关型磁阻电动机）"的论文,系统地阐述了 SR 电动机的基本原理与设计特点,标志着 SR 电动机得到国际社会的承认。此后, SR 电动机受到了世界各国学者的重视,有关 SR 电动机的研究也纷纷取得了显著成果。从 1984 年开始,我国许多单位先后开展了 SR 电动机的研究工作,在借鉴国外经验的基础上,取得了许多卓越的成果。而采用 SR 电动机的开关磁阻电动机传动系统结构简单,功率密度高,调速范围宽,在整个调速范围内都具有较高的效率,被广泛应用于电动车驱动、通用工业、家用电器、纺织机械及石油钻探等各个领域。

8.2　开关磁阻电动机的结构与工作原理

8.2.1　开关磁阻电动机的结构组成和分类

开关磁阻电动机（SR 电动机）属于双凸极电机,它采用凸极定子和凸极转子,其结构如图 8 – 1 所示。从图中看到定子、转子上都有凸起的磁极,像齿一样,定子、转子的齿极数（简称极数）并不相同。定、转子的凸极均由高磁导率、低损耗的硅钢片叠压而成。转子只有磁极,没有绕组或永磁体,定子的每个磁极上都绕有集中绕组,径向相对的两磁极上的绕组相串联,称为一相绕组。如果定子绕组的相数用 m 表示,磁极对数 p_s 表示,则有 $m = p_s$。

从结构上可以看出,SR 电动机转子无绕组,成本低,电动机可高速旋转而不致变形,转子转动惯量小,易于加、减速。定子线圈嵌装容易,热耗大部分在定子,易于冷却。转子无永磁体,可有较高的最大允许温升。

SR 电动机可按相数和定子、转子极数分类。它可以设计成单相、两相、三相、四相或多相等不同的相数结构,且定子、转子的极数也有多种不同的搭配。目前应用较多的是三相 6/4 极结构和四相 8/6 极结构等。

电动机的相数 m、定子极数 Z_s 和转子极数 Z_r 之间虽然有许多种可能的组合,但它们之间一般应满足以下关系,即

$$\begin{cases} Z_s = 2mk \\ Z_r = Z_s \pm 2k \end{cases} \tag{8.1}$$

式中,k 为正整数。一般式中取"－"号,即定子极数大于转子极数,从而能够增大转矩,降低开关频率。表 8－1 中为常见 SR 电动机定子、转子极数组合方案。

表 8－1　常见 SR 电动机定子、转子极数组合方案

相数 m	1	2	3	4	5	6
定子极数 Z_s	2	4	6	8	10	12
转子极数 Z_r	2	2	4	6	8	10
步距角	180°	90°	30°	15°	9°	6°

SR 电动机也可按气隙方向分类,有轴向式、径向式结构和径向—轴向混合式结构。图 8－2 所示是单相径向—轴向磁通外转子电动机,结构简单,成本低廉,常用于小功率家用电器(如吊扇)、轻工设备中。

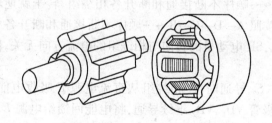
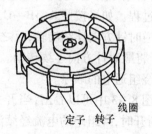

定子　转子　线圈

图 8－1　SR 电动机定子、转子的结构　　　图8－2　单相外转子 SR 电动机

按照转子运动形式,SR 电动机还可分为旋转式、直线式等。

电动机的极数和相数与电动机的性能和成本密切相关。一般,极数和相数增多,电动机的转矩脉动减小,运行平稳,但增加了电动机的复杂性和功率电路的成本;相数减少,有利于降低成本,但转矩脉动增大。低于三相的 SR 电动机没有自起动能力(指电动机转子在任意位置下,绕组通电起动的能力),所以工业上最常用的是三相和四相 SR 电动机。而一般小容量家用电器用的开关磁阻电动机,常做成单相或两相径向—轴向式结构。为了解决自起动问题,可采取适当措施,如附加永磁体,使电动机断电时转子停在适当位置,以保证下次通电起动时存在一定转矩。

8.2.2　开关磁阻电动机的工作原理

SR 电动机不像传统的交、直流电动机那样依靠定子、转子绕组电流所产生磁场间的

相互作用形成转矩和转速,而是与磁阻(反应)式步进电动机一样,遵循磁通总是要沿着磁导最大路径闭合的原理,产生磁拉力形成磁阻性质的电磁转矩。当定子某相绕组通电时,所产生的磁场由于磁力线扭曲而产生切向磁拉力,试图使相近的转子极旋转到其轴线与该定子极轴线对齐的位置,即磁阻最小位置。

图 8-3 所示为一台典型的四相 8/6 极开关磁阻电动机的横截面和一相驱动电路的原理示意图。它的定子上有 8 个齿极(即 $Z_s = 8$),转子有 6 个齿极(即 $Z_r = 6$),定子、转子间有很小的气隙。S_1 和 S_2 是电子开关,VD_1 和 VD_2 是续流二极管,E 是直流电源。

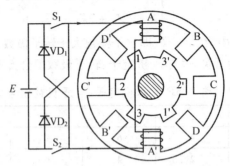

图 8-3 四相 8/6 极 SR 电动机的工作原理

当控制开关 S_1、S_2 闭合时,A 相绕组通电励磁,所产生的磁力将力图使转子旋转到转子极 1′ 的轴线与 A′ 相重合的位置,并使 A 相励磁绕组的电感最大。当这一过程接近完成时,适时切断原励磁相电流,并以相同方式给定子下一相励磁,则将开始第二个完全相似的作用过程。如果按照 A→B→C→D→… 顺序不断接通和断开各相绕组,转子就逆着励磁顺序逆时针方向连续旋转;反之,若按照 A→D→C→B→… 顺序不断接通和断开各相绕组,转子将顺时针方向连续转动。可见,SR 电动机的转向与相绕组的电流方向无关,仅取决于相绕组通电的顺序。

从图 8-3 中可以看出,当开关 S_1、S_2 导通时,A 相绕组从直流电源 E 吸收电能;当 S_1、S_2 断开时,绕组中的电流经续流二极管 VD_1、VD_2 继续导通,将电能回馈给电源 E。这是 SR 电动机传动的优点,即具有再生作用,系统效率高。

实际运行中,也有采用两相或两相以上绕组同时导通的方式。但无论是一相导通,还是多相同时导通,当 m 相绕组轮流通电一次,转子转过一个转子极距。因此 SR 电动机的步距角为

$$\theta_{step} = \frac{2\pi}{mZ_r} \tag{8.2}$$

例如,图 8-3 中的四相(8/6)SR 电动机的步距角为 $\theta_{step} = 2\pi/(4 \times 6) = \pi/12$,即 15°。

设每相绕组开关频率为 f_{ph},电源(功率变换器)输出频率(亦称开关频率)为 f,转子极数为 Z_r,则 SR 电动机的转速与绕组开关频率的关系为

$$n = \frac{60f}{mZ_r} = \frac{60f_{ph}}{Z_r} \quad (r/min) \tag{8.3}$$

由式(8.3)知,当电机转速一定时,每相绕组的开关频率正比于转子极数,为减小铁

心损耗以及功率器件的开关损耗,转子极数越小越好,因此,转子极数通常小于定子极数。

8.3 开关磁阻电动机的数学模型

开关磁阻电动机的工作原理和结构都比较简单,但由于电动机的双凸极结构和磁路的饱和、涡流与磁滞效应所产生的非线性,加上电动机控制参数多,定子相电流波形随电动机工作状态不同而变化,无法得到简单、统一的数学模型及解析式,难以简单地用传统电机的分析方法来进行解析计算。

不过,SR 电动机内部的电磁过程仍然满足电磁感应定律、全电流定律等基本的电磁定律,考虑到非线性的所有因素,仍然可以写出 SR 电动机的基本方程式。但基本方程式的求解是一项比较困难的工作,所以,在建立 SR 电动机数学模型时,应综合考虑实用和理论两个方面。

对 SR 电动机基本方程的求解有线性模型、准线性模型和非线性模型 3 种方法。线性模型法是在一系列简化条件下导出的电动机转矩与电流的解析计算式,虽然精度较低,但可以通过解析式了解电动机工作的基本特性和各参数之间的相互关系,并可作为深入探讨各种控制方法的依据,故本节将对此作重点介绍。至于其他两种方法,这里只作简要介绍。

8.3.1 开关磁阻电动机的基本方程

对于 m 相 SR 电动机,如忽略铁心损耗,并假设各相结构和参数对称,则可视为具有 m 对电端口(m 相)和一对机械端口的机电装置,如图 8-4 所示。

图 8-4　m 相 SR 电动机系统示意图

1. 电压方程

根据电路的基本定律,可以写出 SR 电动机第 k 相的电压平衡方程式为

$$u_k = R_k i_k + \frac{\mathrm{d}\psi_k}{\mathrm{d}t} \tag{8.4}$$

式中 u_k, i_k, R_k, ψ_k——分别为第 k 相绕组的端电压、电流、电阻和磁链。

2. 磁链方程

由电磁学原理知,磁链 $\psi = Li$,其中的 Li 不但包括本相电流与自感的乘积,还包括其余各相绕组电流与互感的乘积。但由于 SR 电动机各相之间的互感相对自感来说很小,为了便于分析,在 SR 电动机的计算中一般忽略相间互感。另外,绕组的自感不但跟转子的位置有关,当定子、转子齿极轴线对齐时,电感量最大,并且还随相电流变化而变化。因此,磁链方程为

$$\psi_k = L_k(\theta_k, i_k)i_k \tag{8.5}$$

应当注意,每相电感 L_k 是相电流 i_k 和转子位置角 θ_k 的函数。电感之所以与电流有关是因为 SR 电动机磁路非线性的缘故,而电感随位置角变化正是 SR 电动机的特点,是产生转矩的先决条件。

将式(8.5)代入式(8.4)中得

$$u_k = R_k i_k + \frac{\partial \psi_k}{\partial i_k}\frac{\mathrm{d}i_k}{\mathrm{d}t} + \frac{\partial \psi_k}{\partial \theta}\frac{\mathrm{d}\theta}{\mathrm{d}t} = R_k i_k + \left(L_k + i_k\frac{\partial L_k}{\partial i_k}\right)\frac{\mathrm{d}i_k}{\mathrm{d}t} + i_k\frac{\partial L_k}{\partial \theta}\frac{\mathrm{d}\theta}{\mathrm{d}t}$$

$$\tag{8.6}$$

式(8.6)表明,电源电压与电路中的 3 部分压降相平衡。其中,等式右端第一项为第 k 相回路中的电阻压降;第二项是由电流变化引起磁链变化而感应的电动势,称为变压器电动势;第三项是由转子位置改变引起绕组中磁链变化而感应的电动势,称为运动电动势,它与 SR 电动机中的能量转换有关。

3. 机械运动方程

根据力学原理,可以写出电动机在电磁转矩和负载转矩作用下,转子的机械运动方程,即

$$T_e = J\frac{\mathrm{d}^2\theta}{\mathrm{d}t^2} + K_\omega\frac{\mathrm{d}\theta}{\mathrm{d}t} + T_L \tag{8.7}$$

式中 T_e, T_L——分别为电磁转矩和负载转矩;

  J——系统的转动惯量;

  K_ω——摩擦系数。

4. 转矩公式

SR 电动机的电磁转矩可以通过其磁场储能(W_m)或磁共能(W'_m)(如图 8-5 所示)对转子位置角 θ 的偏导数求得,即

$$T_e(i, \theta) = \frac{\partial W'_m(i, \theta)}{\partial \theta}\bigg|_{i=\mathrm{const}} \tag{8.8}$$

式中 $W'_m(i, \theta) = \int_0^i \psi(i, \theta)\mathrm{d}i$,为绕组的磁共能。

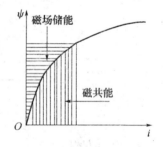

图 8-5 磁场储能与磁共能

式(8.4)至式(8.8)一并构成 SR 电动机的数学模型。

尽管上述 SR 电动机的数学模型从理论上完整、准确地描述了 SR 电动机中电磁及力学关系,但由于电路和磁路的非线性和开关性,上述模型计算十分困难。

8.3.2 开关磁阻电动机的线性分析

1. 理想线性模型

为了弄清 SR 电动机内部的基本电磁关系和基本特性,可以从理想的简化模型入手进行研究。为此,作以下假设:

(1)不计磁路的饱和影响,绕组的电感与电流大小无关。

(2)忽略磁通的边缘效应。

（3）忽略所有的功率损耗。

（4）功率管的开关动作是瞬时完成的，且为理想开关。

（5）电动机以恒转速运行。

在上述假设条件下的电机模型就是理想线性模型。这时，相绕组电感 L 随转子位置角 θ 的变化关系如图 8-6 所示。图中横坐标为转子位置角（机械角度），它的基准点即坐标原点（$\theta = 0$）位置对应于定子磁极轴线（也是相绕组的中心）与转子凹槽中心重合的位置（把这个位置称为不对齐位置），这时相电感为最小值 L_{min}；当转子转过半个极距 $\tau_r / 2 = \pi / Z_r$ 时，定子磁极轴线与转子凸极中心对齐（对齐位置），相电感为最大值 L_{max}。随着定子、转子磁极重叠地增加和减少，相电感在 L_{max} 和 L_{min}

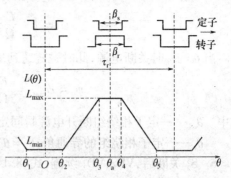

之间线性地上升和下降，$L(\theta)$ 的变化频率正比于转子极数，变化周期为转子极距 τ_r。

图 8-6　定子、转子相对位置与相绕组电感曲线

在图 8-6 中，$\theta_1 \sim \theta_2$ 为不对齐位置，θ_2 为定子磁极与转子凸极开始发生重叠的位置，θ_3 为定子磁极刚刚与转子凸极完全重叠的位置（一般转子磁极宽度不小于定子磁极的宽度）或临界重叠位置，θ_a 为定子、转子齿极轴线重合位置，θ_4 为定子磁极与转子凸极即将脱离完全重叠的位置，θ_1 和 θ_5 为定子磁极刚刚与转子凸极完全脱离的位置。由此可以得到理想线性 SR 电动机模型中相绕组电感与转子位置角的关系为

$$
L(\theta) = \begin{cases}
L_{min} & \theta_1 \leqslant \theta < \theta_2 \\
K(\theta - \theta_2) + L_{min} & \theta_2 \leqslant \theta < \theta_3 \\
L_{max} & \theta_3 \leqslant \theta < \theta_4 \\
L_{max} - K(\theta - \theta_4) & \theta_4 \leqslant \theta \leqslant \theta_5
\end{cases} \tag{8.9}
$$

式中　$K = (L_{max} - L_{min}) / (\theta_3 - \theta_2) = (L_{max} - L_{min}) / \beta_s$；

　　β_s——定子磁极极弧。

2. 相绕组磁链

SR 电动机一相绕组的主电路如图 8-7 所示，当电机由恒定直流电源 E 供电时，一相电路的电压方程为

$$
\pm E = iR + \frac{d\psi}{dt} \tag{8.10}
$$

式中，"+"号表示绕组与电源接通阶段，"-"表示与电源断开后绕组的续流阶段。根据"忽略所有功率损耗"的假设，式（8.10）可以简化为

$$
\pm E = \frac{d\psi}{dt} = \frac{d\psi}{d\theta} \frac{d\theta}{dt} = \Omega \frac{d\psi}{d\theta} \tag{8.11}
$$

或

$$
d\psi = \pm \frac{E}{\Omega} d\theta \tag{8.12}
$$

245

式中 Ω——转子的角速度，$\Omega = \mathrm{d}\theta/\mathrm{d}t$。

以开关 S_1 和 S_2 的合闸瞬间（$t = 0$）为电路的初始状态，此时，$\psi_0 = 0$，$\theta = \theta_{on}$，θ_{on} 为定子相绕组接通电源瞬间定子、转子磁极的相对位置角，称为开通角。

将 E 取"+"，对式（8.12）积分并代入初始条件，得通电阶段的磁链表达式为

$$\psi = \int_{\theta_{on}}^{\theta} \frac{E}{\Omega} \mathrm{d}\theta = \frac{E}{\Omega}(\theta - \theta_{on}) \tag{8.13}$$

当 $\theta = \theta_{off}$ 时关断电源，此时磁链达到最大，其值为

$$\psi = \psi_{max} = \frac{E}{\Omega}(\theta_{off} - \theta_{on}) = \frac{E}{\Omega}\theta_c \tag{8.14}$$

式中 θ_{off}——定子相绕组断开电源瞬间定子、转子磁极的相对位置角，称为关断角；

θ_c——定子相绕组的导通角，$\theta_c = \theta_{off} - \theta_{on}$。

S_1、S_2 关断后，VD_1、VD_2 续流，式（8.14）为绕组续流期间的磁链初始值，对式（8.12）取"-"，积分并代入初始条件，得到续流阶段的磁链解析式为

$$\psi = \frac{E}{\Omega}(2\theta_{off} - \theta_{on} - \theta) \tag{8.15}$$

由式（8.13）至式（8.15）可以画出磁链随转子位置角变化的曲线，如图 8-8 所示。

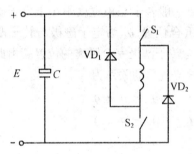

图 8-7 SR 电动机一相绕组的主电路

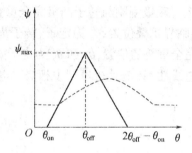

图 8-8 一相绕组的磁链曲线

3. 相绕组电流

式（8.11）可以改写为

$$\pm E = \frac{\mathrm{d}\psi}{\mathrm{d}t} = L\frac{\mathrm{d}i}{\mathrm{d}t} + i\frac{\mathrm{d}L}{\mathrm{d}\theta}\Omega$$

或

$$\frac{\pm E}{\Omega} = L\frac{\mathrm{d}i}{\mathrm{d}\theta} + i\frac{\mathrm{d}L}{\mathrm{d}\theta} \tag{8.16}$$

在转速和电源电压一定的条件下，绕组电流仅与转子位置角和初始条件有关。由于绕组电感 $L(i,\theta)$ 是一个分段解析式，因此需要分段给出初始条件并求解。

（1）在 $\theta_1 \leqslant \theta < \theta_2$ 区域内，$L = L_{min}$，式（8.16）中 E 前取"+"，将初始条件 $i(\theta_{on}) = 0$ 代入解得

$$i(\theta) = \frac{E}{L_{min}}\frac{\theta - \theta_{on}}{\Omega} \tag{8.17}$$

246

则电流变化率为

$$\frac{\mathrm{d}i(\theta)}{\mathrm{d}\theta} = \frac{E}{\Omega L_{\min}} = \text{const} > 0 \tag{8.18}$$

所以,电流在最小电感区域内是直线上升的。这是因为该区域内电感恒为最小值 $L_{\min}$,且无旋转电动势,因此相电流在此区域内可以迅速建立。

(2) 在 $\theta_2 \le \theta < \theta_{\text{off}}$ 区域内,$L = L_{\min} + K(\theta - \theta_2)$,$E$ 前取"$+$",式(8.16)可变为

$$\frac{E}{\Omega} = L\frac{\mathrm{d}i}{\mathrm{d}\theta} + i\frac{\mathrm{d}L}{\mathrm{d}\theta} = \left[L_{\min} + K(\theta - \theta_2) \right]\frac{\mathrm{d}i}{\mathrm{d}\theta} + iK$$

$$= (L_{\min} - K\theta_2)\frac{\mathrm{d}i}{\mathrm{d}\theta} + K\theta\frac{\mathrm{d}i}{\mathrm{d}\theta} + iK$$

$$= (L_{\min} - K\theta_2)\frac{\mathrm{d}i}{\mathrm{d}\theta} + \frac{\mathrm{d}(K\theta i)}{\mathrm{d}\theta} \tag{8.19}$$

等式两端对 θ 积分,得

$$\frac{E}{\Omega}\theta + C = \left[L_{\min} + K(\theta - \theta_2) \right]i \tag{8.20}$$

将初始条件 $i(\theta_2) = E(\theta_2 - \theta_{\text{on}})/(\Omega L_{\min})$ 代入式(8.20),可求得积分常数 $C = -E\theta_{\text{on}}/\Omega$,则

$$i(\theta) = \frac{E(\theta - \theta_{\text{on}})}{\Omega[L_{\min} + K(\theta - \theta_2)]} \tag{8.21}$$

对应的电流变化率为

$$\frac{\mathrm{d}i}{\mathrm{d}\theta} = \frac{E}{\Omega}\frac{L_{\min} + K(\theta_{\text{on}} - \theta_2)}{[L_{\min} + K(\theta - \theta_2)]^2} \tag{8.22}$$

可见,若 $\theta_{\text{on}} < \theta_2 - L_{\min}/K$,$\mathrm{d}i/\mathrm{d}\theta < 0$,电流将在电感上升区域内下降,这是因为 θ_{on} 较小,电流在 θ_2 处有相当大的数值,使旋转电动势引起的电压降超过了电源电压;若 $\theta_{\text{on}} = \theta_2 - L_{\min}/K$,$\mathrm{d}i/\mathrm{d}\theta = 0$,电流将保持恒定,这时旋转电动势恰好与电源电压平衡;若 $\theta_{\text{on}} > \theta_2 - L_{\min}/K$,$\mathrm{d}i/\mathrm{d}\theta > 0$,电流将继续上升,这是因为 θ_{on} 较大,电流在 θ_2 处数值较小,使旋转电动势引起的电压降小于电源电压。因此,不同的开通角可以形成不同的相电流波形。

(3) 在 $\theta_{\text{off}} \le \theta < \theta_3$ 区域内,主开关 S_1 和 S_2 关断,绕组进入续流阶段。此时,$L = L_{\min} + K(\theta - \theta_2)$,$E$ 前取"$-$",类似于求解(8.21)的过程,易得电流解析式为

$$i(\theta) = \frac{E(2\theta_{\text{off}} - \theta_{\text{on}} - \theta)}{\Omega[L_{\min} + K(\theta - \theta_2)]} \tag{8.23}$$

(4) 在 $\theta_3 \le \theta < \theta_4$ 区域内,$L = L_{\max}$,E 前取"$-$",同理可得

$$i(\theta) = \frac{E(2\theta_{\text{off}} - \theta_{\text{on}} - \theta)}{\Omega L_{\max}} \tag{8.24}$$

(5) 在 $\theta_4 \le \theta < (2\theta_{\text{off}} - \theta_{\text{on}}) \le \theta_5$ 区域内,$L = L_{\max} + K(\theta - \theta_4)$,$E$ 前取"$-$",同理可得

$$i(\theta) = \frac{E(2\theta_{\text{off}} - \theta_{\text{on}} - \theta)}{\Omega[L_{\max} - K(\theta - \theta_4)]} \tag{8.25}$$

显然,当 $\theta = 2\theta_{\text{off}} - \theta_{\text{on}}$ 时,相电流衰减至零。

由式(8.17)、式(8.21)、式(8.23)～式(8.25)构成一个完整的电流解析式,可以统一描述为

$$i(\theta) = \frac{E}{\Omega} f(\theta) \quad \theta_1 \leq \theta \leq \theta_5 \tag{8.26}$$

在电压和转速恒定的条件下,电流波形与开通角 θ_{on}、关断角 θ_{off}、最大电感 L_{max}、最小电感 L_{min}、定子极弧 β_s 等有关。对于结构一定的电动机,其电流波形取决于 θ_{on} 和 θ_{off} 的选值。图 8-9 和图 8-10 分别画出了在电压和转速恒定时,不同开通角和关断角对应的电流波形。

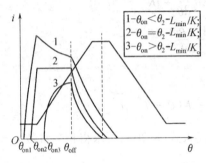

图 8-9   电压、转速恒定时对应
不同开通角的相电流波形

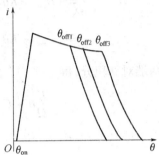

图 8-10   电压、转速恒定时对应
不同关断角的相电流波形

综上所述,可以得出以下结论:

(1) 主开关开通角 θ_{on} 对控制电流大小的作用十分明显。开通角 θ_{on} 减小(开通早),电流线性上升的时间增加,电流峰值和电流波形的宽度增大。

(2) 主开关关断角 θ_{off} 一般不影响电流峰值,但对相电流波形的宽度有影响。θ_{off} 增大(关断晚),供电时间增加,电流波形的宽度就会增大,但与 θ_{on} 相比,其调节作用较弱。

(3) 电流的大小与电源电压成正比,与电动机转速成反比。所以在转速很低,如刚起动时,可能形成很大的电流峰值,因此必须注意限流。此时通常采用电流斩波控制。

实际上,电流波形起始端的上升率及电流峰值对系统运行性能有相当大的影响,必须选择适当。一般电流上升快,电流峰值高,可以提高电动机的出力,同时提高效率,但是同时也会增大电动机的噪声,运行的稳定性会相应变差。

4. 电磁转矩

在理想线性模型中,假定了电机的磁路不饱和,此时

$$W_m = W'_m = \frac{1}{2} i\psi = \frac{1}{2} L i^2$$

代入式(8.8)得到电磁转矩

$$T_e(i,\theta) = \frac{1}{2} i^2 \frac{\partial L}{\partial \theta} \tag{8.27}$$

将电感的分段解析式(8.9)代入式(8.27),可得

$$T_e = \begin{cases} 0 & \theta_1 \leqslant \theta < \theta_2 \\ \dfrac{1}{2}Ki^2 & \theta_2 \leqslant \theta < \theta_3 \\ 0 & \theta_3 \leqslant \theta < \theta_4 \\ -\dfrac{1}{2}Ki^2 & \theta_4 \leqslant \theta \leqslant \theta_5 \end{cases} \tag{8.28}$$

从以上的分析中,可以得出以下结论:

(1) SR 电动机的电磁转矩是由于转子转动时气隙磁导变化产生的,电感对位置角的变化率越大,转矩越大。选择 SR 电动机的转子极数少于定子极数,有利于增大电感对位置角的变化率,因此有利于增大电动机的出力。

(2) 电磁转矩的大小与电流的平方成正比。考虑实际磁路饱和的影响后,虽然转矩不再与电流的平方成正比,但仍随电流的增大而增大。因此,可以通过增大电流来增大电磁转矩。

(3) 在电感波形的上升阶段,绕组电流产生正向转矩;在电感波形的下降阶段,绕组电流产生反向转矩(制动转矩)。因此,可以通过改变绕组的通电时刻来改变转矩的方向,而改变电流的方向并不能改变转矩的方向。

(4) 在电感波形的下降阶段($\theta > \theta_4$),绕组电流将产生制动转矩,因此,主开关的关断不能太迟。但关断过早也会由于电流有效值不够而导致转矩减小,且在最大电感期间(定子、转子磁极重叠期间),绕组也不产生转矩,因此通常取关断角 $\theta_{off} = (\theta_2 + \theta_3)/2$,即电感上升区的中间位置。

总之,通过改变定子绕组主开关的开通角 θ_{on} 和关断角 θ_{off},不仅可以改变电动机的转矩大小,还能改变转矩的方向。θ_{on} 和 θ_{off} 的概念是针对转子凸极相对定子凸极的位置来说的,因此在进行控制时,要先检测出转子的位置,再相应的触发和关断对应定子相绕组的主开关,从而达到调节转矩,继而调节转速的目的。

8.3.3 考虑磁路饱和时开关磁阻电动机的准线性分析

在实际 SR 电动机中,由于磁路饱和与边缘效应的影响,电感随转角的变化曲线与理想线性模型中的曲线有很大的差别,它不仅是转角的函数,还是电流的函数,如图 8-11 所示(图中 L、i 都用标幺值表示,选理想线性模型中的 L_{max} 为电感基值,取额定电流为电流基值)。实际 SR 电动机中电流、磁链和转矩的计算比理想线性模型法复杂得多。

SR 电动机的电磁转矩是通过磁共能计算的,不同转子位置下的磁化曲线是 SR 电动机转矩计算的基础。在理想线性模型中,由于忽略了磁路的饱和与边缘效应,相电感不随电流变化,对于一定的转子位置角,磁化曲线 $\psi = Li$ 为一条直线,如图 8-12 所示。

在实际 SR 电动机中,当定子、转子磁极中心线重合时,气隙很小,磁路是饱和的,而且从提高电机出力、减少功率变换器伏安容量等要求考虑,磁路也必须是饱和的。磁路饱和对电动机的电流、磁链、转矩和功率都有明显的影响,必须予以考虑。SR 电动机的实际磁化曲线如图 8-13 所示。

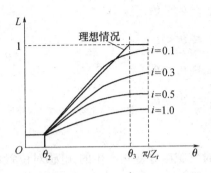

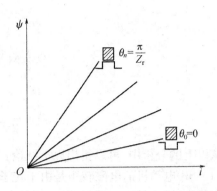

图 8-11　实际 SR 电动机的 $L(i,\theta)$ 曲线　　　　图 8-12　理想线性模型的磁化曲线

基于非线性模型的 SR 电动机分析十分复杂,必须借助数值方法(包括电磁场有限元分析、数字仿真等方法)实现。为了避免繁琐的计算,又近似考虑磁路的饱和效应,常借助准线性模型,即把实际非线性磁化曲线进行分段线性化,且忽略磁耦合的影响。

图 8-14 所示为 SR 电动机分析中常用的一种准线性模型的磁化曲线,即用两段线性特性来近似一系列非线性磁化曲线。其中一段为磁化特性的非饱和段,其斜率为电感 $L(i,\theta)$ 的不饱和值;另一段为饱和段,可视为与 $\theta=0$ 位置的磁化曲线平行,斜率为 $L_{\min}$。图 8-14 中的 i_1 是根据 $\theta=\theta_n$ 即定子、转子磁极对齐位置下的磁化曲线确定的,一般定在磁化曲线开始弯曲处。

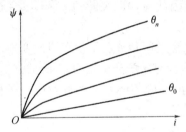

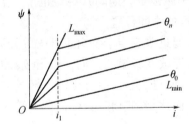

图 8-13　实际磁饱和磁化曲线特性　　　　图 8-14　分段线性磁化曲线

基于图 8-14 所示的 SR 电动机准线性模型,写出绕组电感 $L(i,\theta)$ 的分段解析式为

$$L(i,\theta)=\begin{cases} L_{\min} & \theta_1\leqslant\theta<\theta_2 \\[2mm] \left.\begin{array}{ll} L_{\min}+K(\theta-\theta_2) & 0\leqslant i<i_1 \\[2mm] L_{\min}+K(\theta-\theta_2)\dfrac{i_1}{i} & i\geqslant i_1 \end{array}\right\}\theta_2\leqslant\theta<\theta_3 \\[5mm] \left.\begin{array}{ll} L_{\max} & 0\leqslant i<i_1 \\[2mm] L_{\min}+(L_{\max}-L_{\min})\dfrac{i_1}{i} & i\geqslant i_1 \end{array}\right\}\theta_3\leqslant\theta<\theta_4 \\[5mm] \left.\begin{array}{ll} L_{\max}-K(\theta-\theta_4) & 0\leqslant i<i_1 \\[2mm] L_{\min}+[L_{\max}-L_{\min}-K(\theta-\theta_4)]\dfrac{i_1}{i} & i\geqslant i_1 \end{array}\right\}\theta_4\leqslant\theta\leqslant\theta_5 \end{cases} \quad (8.29)$$

250

式中,$K = (L_{max} - L_{min})/(\theta_3 - \theta_2) = (L_{max} - L_{min})/\beta_s$,$\beta_s$ 为定子磁极极弧;$\theta_1 \sim \theta_5$ 的定义如图8-6所示。

利用图8-14所示的磁化曲线计算出磁共能,然后对转子位置角求导数,即可计算出电磁转矩为

$$
T_e(i,\theta) = \begin{cases}
0 & \theta_1 \leqslant \theta < \theta_2 \\[2mm]
\left.\begin{array}{ll}
\dfrac{1}{2}Ki^2 & 0 \leqslant i < i_1 \\[2mm]
Ki_1\left(i - \dfrac{i_1}{2}\right) & i \geqslant i_1
\end{array}\right\} & \theta_2 \leqslant \theta < \theta_3 \\[4mm]
0 & \theta_3 \leqslant \theta < \theta_4 \\[2mm]
\left.\begin{array}{ll}
-\dfrac{1}{2}Ki^2 & 0 \leqslant i < i_1 \\[2mm]
-Ki_1\left(i - \dfrac{i_1}{2}\right) & i \geqslant i_1
\end{array}\right\} & \theta_4 \leqslant \theta \leqslant \theta_5
\end{cases}
\tag{8.30}
$$

上述基于准线性模型的计算方法多用于分析计算功率变换器和制定控制策略中。从式(8.30)可以看出,当SR电动机运行在电流值很小的情况下时,磁路不饱和,电磁转矩与电流平方成正比;当运行在饱和情况下时,电磁转矩与电流成正比。这个结论可以作为制定控制策略的依据。为此,需要进行实时的电流检测。

8.4 开关磁阻电动机传动系统

8.4.1 开关磁阻电动机传动系统的组成

开关磁阻电动机传动(Switched Reluctance Drive,SRD)系统,主要由开关磁阻电动机、功率变换器、控制器和检测器四部分组成,如图8-15所示。

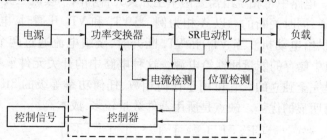

图8-15 开关磁阻电动机传动系统的组成

SR电动机是SRD系统的重要部分,由它来实现机电能量的转换,其工作原理已在8.1节中阐述。

功率变换器是电源与SR电动机的连接部分,它由电子开关线路构成,根据控制器传来的触发和关断信号,将电源的电能有选择地输送给SR电动机,并将SR电动机绕组回馈的能量输送回电网。由于SR电动机的绕组电流是单向流动的,因此相绕组与主开关器件是串联的,这样使得功率变换器结构简单,还可预防短路故障。

检测器包括电流检测和位置检测两部分，分别用来检测定子绕组的相电流以及转子的位置，并将检测数据发送给控制器。

控制器是系统的中枢，它综合处理控制信号（速度指令）、速度反馈信号及电流传感器、位置传感器的检测信息，控制功率变换器中主开关器件的工作状态，实现对 SR 电动机运行状态的控制。

从 8.2 节的分析可知，当转子位于不同位置时，相绕组的电感及 $\partial L/\partial \theta$ 是不同的，所以控制相绕组的通电时刻即可改变相电流的大小和波形，从而产生不同的转矩、转速、转向及运行状态。因此，当接收到外界传来的控制信号后，控制器借助于位置传感器获得转子位置信息，并根据电流信号的情况，实施相应的控制策略，通过控制功率变换器主开关元件的导通和关断，从而获得所需的转矩和转速，满足控制信号的要求。

8.4.2 功率变换器

功率变换器是直流电源和 SR 电动机的接口，它的性能直接影响到 SRD 系统的性能，因此功率变换器的设计非常重要。一个理想的功率变换器应同时具备以下条件：

（1）主开关器件数量较少。

（2）可将全部电源电压加给电动机相绕组。

（3）主开关器件的电压额定值与电动机接近。

（4）具备迅速增加相绕组电流的能力。

（5）可通过主开关器件的调制，有效控制相电流。

（6）能将绕组储能回馈给电源。

下面介绍几种常见的 SR 电动机功率变换器。

1. 不对称半桥功率变换器

图 8 - 16 所示为四相 8/6 极 SR 电动机不对称半桥功率变换器。图中所画的主开关管是 GTR，也可以采用其他电子开关器件，如 IGBT 等。电容 C_s 是直流侧的储能电容，也起到滤波的作用。电路中每相绕组需要两个主开关元件和两个续流二极管，上、下两个主开关管是同时导通、同时关断的。以 A 相为例，当 VT_1 和 VT_2 开通时，电流通入绕组，电路将电源能量提供给电动机。当 VT_1 和 VT_2 断开时，绕组电流通过两个二极管 VD_1 和 VD_2 续流，将绕组中储存的能量回馈给电源。这种电路中的开关元件承受的额定电压为 U_s，相与相之间是完全独立的。它可用于任何相数、任何功率等级的 SR 电动机，在高电压、大功率场合有明显的优势。缺点是所用器件数量较多，成本高。

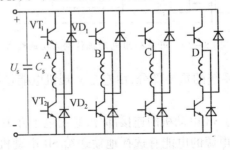

图 8 - 16　不对称半桥功率变换器

252

2. 双绕组功率变换器

图 8-17 所示为双绕组功率变换器,仍以四相 8/6 极 SR 电动机为例。电路中每相绕组只需一个主开关元件,但要求 SR 电动机每相有一个与绕组完全耦合的二次绕组(一般采用双股并绕,匝数比通常为 1:1)。以 A 相为例,工作时,电源通过主开关元件 VT_A 向一次绕组供电,二次绕组感应出下正上负的电压,使二极管 VD 承受 $2U_s$ 的反向电压而截止。当 VT_A 关断后,二次绕组感应出上正下负的电压,VD 导通,一次侧电流转移到二次侧续流,将绕组中的储能通过 VD 回馈给电源。主开关元件承受的电压为 $2U_s$,若考虑到双绕组的不完全耦合(即漏感)的影响,主开关元件承受的电压比 $2U_s$ 还要高。这一电路的主要缺点是电动机绕组利用率较低,因为任一瞬间每对双绕组中只有一个绕组流过电流。另外,电机与功率变换器间的连线较多。这种电路一般可应用在电源电压较低的场合,如电瓶车驱动装置等。

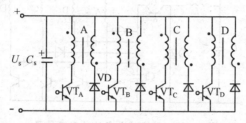

图 8-17　双绕组功率变换器

3. 采用分裂式直流电源的功率变换器

图 8-18 所示为采用分裂式直流电源的功率变换器。图 8-18(a)是适用于两相 SR 电动机的功率变换器,图 8-18(b)是适用于四相 SR 电动机的功率变换器。下面以两相图 8-18(a)为例,来阐述这种电路的工作原理。电路每相只需一个主开关元件,一个续流二极管。外电源被两个容值相等的裂相电容一分为二,每个电容上的电压为电源电压的一半。相绕组一端共同接至双极性电源的中点,各相主开关元件和续流二极管依次上下交替分布,每相绕组上的电压为 $U_s/2$,但开关元件和续流二极管的额定电压均为 U_s。当上臂 S_1 闭合时,绕组 1 从上半部电容吸收电能,S_1 断开时,由于电感作用,绕组中的电流不能突变,电流将经过续流二极管 VD_1 继续流通,将绕组 1 剩余的能量回馈给下半部电容。当 S_2 闭合时,绕组 2 则从下半部电容吸收电能,S_2 断开时,剩余能量回馈给上半部电容。为了保证电源两侧的负载相等,以使上、下臂的各相工作电压对称,这种采用分裂式直流电源的电路方案只适用于偶数相的 SR 电动机,这是该种电路的不足之处。

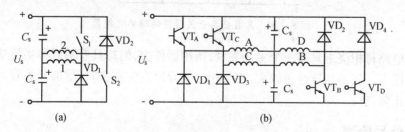

(a)　　　　　　　　　　　　(b)

图 8-18　采用分裂式直流电源的功率变换器

4. 带存储电容的功率变换器

图 8-19 所示为带存储电容的功率变换器,仍以四相 8/6 极 SR 电动机为例。图中 C_1 为存储电容,各相绕组回馈的能量在回送电源之前,就储存在 C_1 上。开关元件 VT_0、二极管 VD 以及电感 L 共同组成降压斩波电路。这是一种低损耗回收储能的方法,并且可以维持电容 C_1 上的电压始终不低于电源电压。当 VT_0 导通时,电容 C_1 通过电感 L 将存储的能量回馈给电源,当 VT_0 关断时,电感要维持电流的方向通过 VD 来续流。显然,通过在 VT_0 导通期间,能量从存储电容 C_1 转移到 L 上并回馈给电源,通过调节斩波器的占空比,可以调节存储电容 C_1 上的电压,从而可以控制主开关管关断后的相电流,达到改善电动机电流波形的目的。u_{c_1} 高,则续流的相电流很快衰减到零,降低 u_{c_1} 值,相电流的衰减时间将增长。这种电路的优点是效率高,缺点是需要附加开关器件,所用元件数量多。

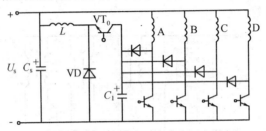

图 8-19 带存储电容的功率变换器

5. 具有公共开关器件的功率变换器

图 8-20 所示为具有公共开关器件的功率变换器,以三相 SR 电动机为例。电路中每相绕组各有一个主开关管和一个续流二极管,除此之外,电源两端还并联了一个附加开关管 VT_0 和附加二极管 VD_0,它们与所有相都相连接。以 A 相绕组导通为例,当 VT_0 和 VT_1 同时导通,A 相绕组流过正向电流,外电源 U_s 加在绕组两端。当 VT_0 和 VT_1 同时关断,VD_0 和 VD_1 导通,将绕组中的能量回馈给电源,此时绕组两端电压为 $-U_s$,相电流衰减很快,从而避免较高速运行时生成制动转矩。

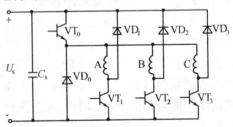

图 8-20 具有公共开关器件的功率变换器

这种电路每相绕组只需一个主开关管,所用器件少,但却具有不对称半桥功率变换器的大部分优点。只是当导通角较大,相与相之间导通发生重叠时,附加开关管将不能保证能量回收正常进行。

8.4.3 信号检测

SRD 系统的反馈信号主要有位置、电流、速度 3 种。SRD 系统工作在自同步状态,转

254

子的位置信号是各相主开关器件进行正确切换的依据,因此位置检测必不可少。SRD 系统在不同的转速下采用不同的控制策略,但是不管采用哪种方式,都必须监测相电流的大小,以防系统过载或故障。特别是当电机低速时采用的电流斩波控制,更是需要依据实际相电流的检测结果来控制电流和转矩,因此电流检测是非常必要的。SRD 系统是转速可调的传动系统,因此必须设置转速反馈,来达到调速的目的,故速度检测也是不可缺少的。

1. 转子位置检测

SRD 系统的位置检测器即位置传感器的输出信号一般为数字信号,转子每转过一个步距角,传感器的输出信号应相应变化,作为逻辑控制电路切换相绕组的依据。大家知道,m 相绕组轮流通电一次,转子转过一个极距,传感器也相应变化 m 次。当转过一个转子极距角后,位置信号又回复到起始状态,如此往复循环,即可使转子位置与绕组导电的相序很好地配合起来。

常见的位置检测方案有光敏式、磁敏式及接近开关等含机械的检测方案。为了降低成本,提高系统工作可靠性及性能指标,不采用位置检测机械装置的"无位置传感器"方案也越来越多地受到研究人员的青睐。

下面介绍的光敏式转子位置传感器,一般由光电耦合开关(简称光耦)和遮光盘组成。遮光盘固定在转轴上,上面有与转子凸极、凹槽数相等的齿、槽,且齿、槽均匀分布。光耦的发生和接收部分固定在定子上或机壳上。

光耦元件由发光二极管和光电晶体管组成,图 8-21(a)所示为槽形光耦实物,其电路如图 8-21(b)中虚线左侧所示。当遮光盘随转子一起旋转时,遮光盘的齿、槽就会相继通过光耦,当齿遮挡了传感器的光路,则光电晶体管处于截止状态;而当槽经过光耦时,光电晶体管受光而处于导通状态。

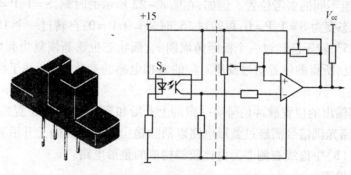

图 8-21 光电传感器实物及电路
(a) 槽形光耦实物;(b) 光耦及整形电路。

位置检测方案分为全数检测方案和半数检测方案两种。全数检测所用光耦的个数等于电动机的相数 m,而半数检测方案所用光耦的个数为 $m/2$。无论采用哪种检测方案,相邻光电脉冲发生器之间的夹角 θ_g 皆由式(8.31)决定,即

$$\theta_\mathrm{g} = \left(k + \frac{1}{m}\right)\tau_\mathrm{r} \quad k = 0,1,2,\cdots \tag{8.31}$$

式中　m——电动机的相数;

　　　τ_r——转子极距。

以四相 8/6 极 SR 电动机的半数检测方案为例,电动机的步距角 θ_{step} 为 15°,转子极距 τ_r 为 60°,转子位置传感器的原理如图 8−22 所示。其中,图 8−22(a)所示为 $t=0$ 时,定子、转子的相对位置,图 8−22(b)所示为该时刻光耦与遮光盘的相对位置。因为采用半数检测,因此需要两个光耦,用 S、P 表示。遮光盘的齿、槽数与转子极数相等为 6 个,且均布分布,所占角度均为 30°。公式(8.31)中 k 取 1,可算出 S 和 P 之间的夹角为 75°,将它们对称固定在定子极的中心线左右两侧 75°/2 处。

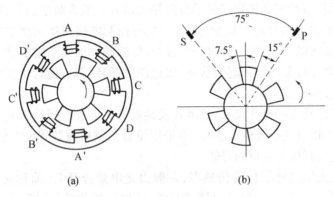

图 8−22 光敏式转子位置传感器原理

(a) 定子、转子相对位置;(b) 光耦 SP 与遮光盘的相对位置。

当遮光盘中凸起的齿随转子转到光耦 S、P 位置时,发光管的光被遮住,此时输出状态为 0;如果光没有被遮住时,输出状态为 1。在一个转子极距角 τ_r(60°)范围内,S、P 产生两个相位差为 15°、占空比为 50% 的方波信号,它们组合成 4 种不同的状态,分别代表电动机四相绕组不同的参考位置。例如,在图 8−22 所示的时刻,S=1,P=1;转子逆时针转过 15° 时,状态变为 S=1,P=0;再转过 15° 时,S=0,P=0;再转过一个 15° 时,则 S=0,P=1;再经过 15°,转子已转过一个极距角周期 τ_r,而状态也重新恢复为起始的 S=1,P=1,此后循环往复,所得的位置信号及所对应的各相电感的变化波形(基于线性模型)如图 8−23 所示。

实际光耦输出的位置脉冲信号有一定的上升沿和下降沿,影响位置检测的准确性和精度,为此,每路光耦信号需经过整形电路以消除输出位置信号的上升沿和下降沿及"毛刺"。图 8−21(b)中虚线右侧即为由比较器构成的整形电路。

2. 相电流检测

SRD 系统的相电流检测方法主要有电阻采样、直流电流互感器、霍尔电流传感器及磁敏电阻采样等 4 种。其中采样电阻和霍尔电流传感器两种方式最为常用。

1) 电阻采样

电阻采样电路主要由采样电阻和光电隔离开关及一些补偿电路构成。采样电阻必须是低电感、低温度系数的电阻,其阻值一定要很小。图 8−24(a)是一个简单的电阻采样原理电路,R 为电流 I_L 的采样电阻,V_1 为光电耦合开关。根据电路定律,可导出电阻采样电路的输出特性为

$$U_o = \frac{\beta R R_2}{R + R_1} I_L - \frac{\beta R_2}{R + R_1} U_D \tag{8.32}$$

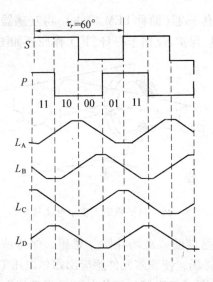

图 8 – 23　转子位置信号及对应相电感的波形

式中　U_D——光耦 V_1 中发光二极管的压降；

　　　　β——光耦的电流传输比。

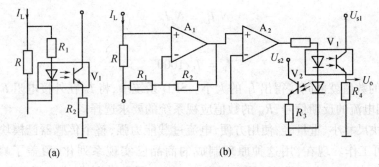

图 8 – 24　光电隔离式电阻采样法

(a) 原理电路；(b) 改进电路。

在式(8.32)中，光耦电流传输比 β 是非线性的，并且由于 U_D 的存在，使得 U_o 与 I_L 的关系呈现非线性。同时采样电阻 R 的功耗与电流检测的灵敏度成正比，因此，图 8 – 24 (a)所示电路存在很大的局限性，一般只用来进行过电流信号检测。图 8 – 24(b)所示电路为克服上述不足做了以下改进：一是增加运算放大器 A_1，解决减少采样电阻功耗与检测灵敏度的矛盾；二是增加运算放大器 A_2 和光耦 V_2 来提高信号检测的线性度。

电阻采样法简单易行，但有附加损耗，且易引入主电路的强电干扰，电流检测的线性度也不好。

2）霍尔电流传感器

霍尔元件具有磁敏特性，即载流的霍尔材料在磁场中会产生垂直于电流和磁场的霍尔电动势。利用这一原理生产的霍尔电流传感器是国际上电子线路中普遍采用的电流检测及过电流保护元件，其最大的优点是测量精度好、线性度高、响应快速，可以做到电隔离检测。

磁场平衡式霍尔电流传感器（简称 LEM 模块），将互感器、磁放大器、霍尔元件和电子线路集成在一起，集测量、保护、反馈于一身，其工作原理如图 8-25 所示。

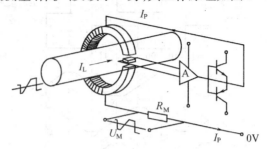

图 8-25　磁场平衡式霍尔电流传感器

LEM 模块的最大优点是借助"磁场补偿"思想，保持铁心磁通为零。被测电流 I_L 流过一次侧导线所产生的磁场，使霍尔元件感应出霍尔电压 U_H，U_H 经放大后产生补偿电流 I_P，该电流流过 N_2 线圈（二次侧）产生的磁场将抵消 I_L 产生的磁场，使 U_H 减小。I_P 越大，合成磁场越小，直至穿过霍尔元件的磁场为 0，这时补偿电流 I_P 便可间接反映出 I_L 的数值。例如，若设一次侧、二次侧线圈的匝数变比为 $N_1:N_2 = 1:1000$，因稳定时磁势平衡，即

$$N_1 I_L = N_2 I_P \tag{8.33}$$

所以有

$$I_P = I_L/1000 \tag{8.34}$$

测得 I_P 的数值就能间接得出 I_L 的大小。SRD 系统中，将 I_P 在外接电阻 R_M 上的电压降 U_M 作为相电流的反馈信号，R_M 的数值应视系统的要求选择。

LEM 模块尺寸小、重量轻，使用方便，电流过载能力强，整个传感器已模块化，套在被测母线上即可工作。现在，用这种原理制成的商品已实现系列化，覆盖了峰值 50 A～100kA 的范围，其响应速度可以达到 1μs 以内。与电阻采样比较，由于不必在主电路中串入电阻，所以不产生额外的损耗。因此，采用 LEM 模块进行相电流检测不失为一种理想方法。

3. 速度检测

由式(8.3)知，转子位置检测信号的频率与电动机的转速成正比，测出转子位置检测信号的频率即间接测得转速。由于 SRD 位置检测输出信号为数字信号，所以其转速测量不需要采用测速发电机或脉冲发生器等附加器件，十分简单易行，而且便于与计算机接口。

8.4.4　控制器

控制器是 SRD 系统的大脑，起决策和指挥作用。它综合位置检测器、电流检测器所提供的电动机速度、电流及转子位置等反馈信息，再加上外部输入的指令，通过分析处理，决定控制策略，向功率变换器发出一系列执行命令，进而控制 SR 电动机的运行。

控制器由具有较强信息处理功能的微机或数字逻辑电路及接口电路等部分构成。微机信息处理功能大部分由软件完成。

258

早期的 SRD 控制器多采用硬件电路实现,其动态响应快,但是数模系统的元件太多,控制灵活性差,难以实现复杂的控制算法,因此它逐渐被各种微型计算机所代替。目前,硬件电路方案仅用于功能单一的专用 SRD 系统和一些小功率简易型产品中。

近年来,随着 DSP 控制器的出现,高性能 SRD 系统越来越多地采用 DSP 作为控制核心。DSP 控制器(如 TI 公司的 TMS320x24x 系列)将一个高性能的 DSP 核、大容量的片上存储器和专用的运动控制外设电路(PWM 产生、可编程死区、SVPWM 产生、捕获单元等)以及其他功能的外设(AD 转换、串行通信接口、CAN 控制器模块等)集成在单芯片上,保持了传统微处理器的可编程、集成度高、灵活性好、升级方便等优点,同时内部的 DSP 核可以提供更高的运算速度、运算精度和处理大量数据的能力。DSP 的典型指令周期为 50 ns,而单片机的指令周期为毫秒级和微秒级。使用 DSP 可以简化 SRD 系统的硬件结构,提高系统的控制精度和控制性能。

8.4.5 开关磁阻电动机传动系统的特点

1. 结构简单、成本低

SR 电动机的转子上没有任何形式的绕组,定子上也只有简单的集中绕组,端部较短,没有相间跨接线。因此,制造工序少、成本低、工作可靠、维修量小。

另外,开关磁阻电动机的转矩与电流极性无关,只需要单向的电流激励。在理论上功率变换器每相可以只用一个主开关元件,而且每个主开关元件都与电动机绕组串联,不会出现像 PWM 逆变器那样,电源有通过两个元件直通的危险。所以,SRD 系统线路简单,可靠性高,成本低于 PWM 交流调速系统。

2. 可控参数多、调速性能好

SR 电动机的可控参数包括开通角 θ_{on}、关断角 θ_{off}、相电流幅值 I_{max} 及直流电源电压等,控制灵活,易于实现系统的软起动和四象限运行等功能。又由于 SRD 系统是自同步系统运行,不会像变频供电的感应电动机那样在低频时出现不稳定和产生振荡问题。

SR 电动机转子的结构形式对转速限制小,可制成高转速电动机。而且转子转动惯量小,在电流每次换相时又可以随时改变相应转矩的大小和方向,因而系统具有良好的动态响应。

3. 损耗小、效率高

SR 电动机定子绕组为集中绕组,端部短,用铜量少,并且绕组电阻小,铜耗少。转子无励磁及转差损耗。功率变换器的主元件少,相应损耗小。因此,与其他许多传动系统相比,SRD 系统损耗小,其效率和功率密度在宽广的速度和负载范围内都可以维持在较高水平。

4. 转矩脉动、振动与噪声较大

从工作原理可知,SR 电动机转子上产生的转矩是由一系列脉冲转矩叠加而成的,且由于双凸极结构和磁路饱和非线性的影响,合成转矩不是一个恒定转矩,而是有一定的谐波分量,转矩脉动明显。这影响了 SR 电动机低速运行性能。

SRD 系统的振动与噪声比一般的传动系统大。

8.5 开关磁阻电动机的控制方式

8.5.1 开关磁阻电动机的运行特性

对于 SR 电动机,根据式(8.26)和式(8.28),当外加直流电压 E、开通角 θ_{on} 和关断角 θ_{off}(或导通角 θ_c)固定时,转矩、功率与转速的关系类似于直流电动机的串励特性。当改变电源电压 E、θ_{on} 和 θ_c 3 个物理量中的任何一个,而保持其他两个量不变时,就可以得到一族曲线。图 8-26 是某 2.2 kW 四相 8/6 极 SR 电动机固有的机械特性,可以看出特性较软。图 8-26 中的两条曲线分别对应于不同电源电压时的机械特性;电动机机械特性曲线的上限对应于最大额定电压。实际上,电动机在运行时要加以控制,使其在不同的转速区间采用不同的控制策略,使得电动机的效率更高、运行性能更好。图 8-27 所示是实际 SR 电动机的典型运行特性。

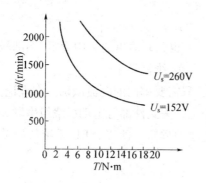

图 8-26 SR 电动机固有机械特性

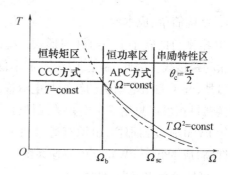

图 8-27 SR 电动机的典型运行特性

对于确定的 SR 电动机,在最高外加电压和允许的最大磁链 ψ_{max} 与最大电流 i_{max} 条件下,存在一个临界转速,它是 SR 电动机保持最大转矩时能达到的最高转速,称为基速或第一临界转速,在图 8-27 中用 Ω_b 表示,此时电动机的功率也是最大的。一般交流传动系统在基速下采用恒转矩运行,基速以上采用恒功率运行,SRD 系统也是如此,基速 Ω_b 以下属于恒转矩区。若导通角 θ_c 固定,当转速低于基速 Ω_b 时,根据式(8.15)和式(8.26),磁链 ψ 和电流 i 都会增大,为了保证它们不超过允许值,就必须改变 E、θ_{on} 或 θ_c 3 个物理量中的任一个或任两个,即在不超过 ψ_{max} 和电流 i_{max} 的前提下实现恒转矩特性。

当电动机转速高于 Ω_b 时,如果外加的 E、θ_{on} 和 θ_c 都一定,则根据式(8.15)、式(8.26)和式(8.28),ψ 和 i 都会减小,转矩也会跟随 θ^2 下降,此时应控制 E、θ_{on} 和 θ_c 使电动机运行于恒功率特性,即 $P = T\Omega = \text{const}$。因为外加电源电压最大值 E_{max} 由功率变换器决定,而导通角也不能无限增加,一般不超过 $\theta_c = \pi/Z_r$(半个转子极距),因此当 $E = E_{max}$、$\theta_c = \pi/Z_r$ 及最佳开通角 θ_{on} 时,保持输出最大功率 P_{max} 不变情况下,电动机存在一个最高转速 Ω_{sc},称为第二临界转速,它是恒功率特性的速度上限,也是最大功率下的最高转速,而恒功率特性的起点,基速 Ω_b 也被称为最大功率下的最低转速。

过了 Ω_{sc}，当转速继续增加，因为各种控制方式已经调节到了极限，此后电动机处于串励工作区，即 $T\Omega^2 = \text{const}$。

显然，当 E、θ_{on} 和 θ_{off}（或 θ_c）有不同的组合时，两个临界转速在速度轴上的分布不同，并且在恒转矩区和恒功率区采用不同的控制方法，便能得到满足不同需求的运行特性，说明 SR 电动机具有优良的调速性能。

对于 SR 电动机，一般在基速 Ω_b 以下采用电流斩波控制（Chopped Current Control，CCC），输出恒转矩特性，而在基速 Ω_b 以上采用角位置控制（Angle Position Control，APC），输出恒功率特性。下面分别作以说明。

8.5.2　电流斩波控制

由公式(8.14)知 $\psi_{max} = \dfrac{E}{\Omega}(\theta_{off} - \theta_{on}) = \dfrac{E}{\Omega}\theta_c$，由公式(8.26)知，$i(\theta) = \dfrac{E}{\Omega}f(\theta)$。可见，当开通角 θ_{on} 和关断角 θ_{off} 一定时，ψ_{max} 及电流 i 都与速度成反比。当转速较低时，为了限制 ψ_{max} 与 i 不超过允许值，需要采取限流措施，即采用电流斩波控制，电流随转角变化的曲线如图 8-28 所示。在 $\theta = \theta_{on}$ 时，主开关导通，绕组电流 i 在电压作用下从零开始上升，当电流增长到设定峰值 I_{max} 时，关断主开关管，绕组通过二极管续流。此时绕组承受反向电压，电流快速下降。当电流下降到设定值 I_{min} 时，重新导通主开关管。如此反复通断，形成锯齿形的电流波形，直至 $\theta = \theta_{off}$ 时停止给该相供电，电流衰减至零。

该控制方式中，选择 θ_{on} 和 θ_{off} 使电流波形的主要部分位于电感的上升段（或下降段），使电动机处于电动运行（或制动运行），并保持 θ_{on} 和

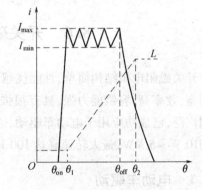

图 8-28　电流斩波控制（CCC）方式

θ_{off} 不变，通过控制电流峰值 I_{max} 的大小来调节电动机的转矩和转速。斩波频率决定于电流的带宽 $\Delta i = I_{max} - I_{min}$，当 I_{max} 一定时，I_{min} 越大则带宽越小，斩波频率越高，有利于提高电机出力，减小转矩脉动，同时有利于降低噪声。但是，斩波频率越高，就必须选用频率高的开关器件，成本上升，并且开关损耗增大，系统效率降低。

除了采用设定限定电流值 I_{max} 和 I_{min} 来实现电流斩波外，还可以采用设定 I_{max} 和关断时间 t_1 的方式来实现 CCC。即当主开关管关断后，下次导通时间是由 t_1 决定，而不是等待电流下降到某下限值。

不管采用哪种方式实现 CCC，只要斩波频率足够高，每相绕组电流波形就可近似为平顶方波，产生的转矩也比采用其他控制方式平稳，且平顶方波的幅值对应一定的电机转矩，该转矩基本不受其他因素（如电源电压、转速等）的影响，因此该控制方式十分适合构成转矩调节系统。

8.5.3　角位置控制

SR 电动机在高速运行时，如果 E、θ_{on} 和 θ_{off} 一定，则转矩与转速的平方成反比，下降很

261

快。此时，通过改变开通角 θ_{on} 和关断角 θ_{off}，可以使得转矩与转速成反比，即 $P = T\Omega = $ const，从而在一个较宽的速度范围内得到恒功率特性。这种改变角 θ_{on} 和 θ_{off} 的位置来控制转矩的方式，叫做角位置控制。

控制 θ_{on} 和 θ_{off} 可以改变电流波形与绕组电感波形的相对位置，当电流波形的主要部分位于电感的上升区，则产生正转矩，电机为电动运行；反之，若使电流波形的主要部分处于绕组电感的下降段，则将产生负转矩，电机为制动运行。

当电压、转速恒定时，分别改变 θ_{on} 和 θ_{off} 所得到的电流波形如图 8 - 9 和图 8 - 10 所示。

可以看出，采用角位置控制方式时，在电动机允许范围内，一定的输出转矩和转速，可以有许多组 θ_{on} 和 θ_{off} 与之对应，即有多组不同的电流波形与之对应。电流波形不同，对应的绕组损耗和电动机效率也不同。因此，存在着一组最优 θ_{on} 和 θ_{off}。通过角度优化控制，可以使电动机在不同负载下均能保持高效率。但由于在低速时，这种方式可能会使电流超过极限允许值，对电机造成损坏，因此仅在高速运行时采用。

8.6　开关磁阻电动机应用举例

开关磁阻电机结构简单，性能优越，可靠性高。以它作为执行电机的 SRD 系统，调速范围宽，效率高，容错能力强，具有很强的高温环境适应能力。这些优点使得 SR 电动机应用广泛，已成功应用于电动车驱动、通用工业、家用电器、纺织机械等各个领域，功率范围为 10 W ~ 5 MW，最大转速高达 100 kr/min。

8.6.1　电动车驱动

开关磁阻电动机最初的应用领域就是电动车，从电动摩托车到大型的公交车。例如，武汉就利用功率达 200 kW 的开关磁阻电动机作为电动公交车上的配套电机。目前电动摩托车用的大功率驱动电机主要有永磁无刷及永磁有刷两种，然而采用开关磁阻电动机驱动有其独特的优势。当高能量密度和高温升运行时，开关磁阻电动机的优势就体现出来。图 8 - 29 所示为国外电动摩托车所使用的 SR 电动机。

图 8 - 30 所示为采用开关磁阻电动机驱动的 2t 码垛车（码头运货车），与原用直流电机驱动系统相比，控制器体积略小于直流斩波器，电机体积则仅为直流电机的一半。图 8 - 31 所示为开关磁阻电动机的转矩、转速特性和等效率图，额定转矩为 9 N·m（1220 r/min）。采用开关磁阻电动机驱动系统与直流电动机驱动系统相比，码垛车的操纵性和运行性能都有很大提高，性能参数如下（〔 〕内数据为完成同样工作的带斩波器直流串励电机驱动系统的性能参数，以供对比）。

加速性能（起步至 1 m）：空载为 0.8 s〔1.4 s〕，负载为 1.4 s〔1.9 s〕。

紧急制动能力：满载、全速的停车距离为 0.75 m。

车辆运行性能见表 8 - 2。

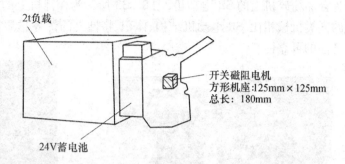

图 8-29　摩托车用 SR 电动机　　　　图 8-30　开关磁阻电动机驱动的 2 t 码垛车

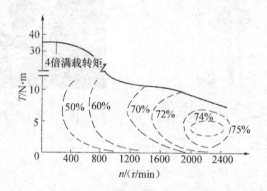

图 8-31　码垛车用 2 kW、24 kV 开关磁阻电动机转矩—转速特性和等效率图

表 8-2　车辆运行性能

运行状况	车速/(km/h)	蓄电池电流/A
空载	5.9	28
负载	5.4[4.4]	65
空载、爬坡度为 15%	5.1[3.4]	108
空载、爬坡度为 10%	1.9[1.5]	115

8.6.2　在小家电中的应用

　　SR 电动机在家用电器中都有普遍应用,这里只以小家电为例来说明。小家电的内容非常广泛,不光包括厨房小家电(如豆浆机、料理机、电磁炉、面包机等)、家居小家电(如电风扇、吸尘器、加湿器、饮水机等),还包括个人使用的小家电(如吹风机、剃须刀等)及数码产品(MP3、电子词典、照相机等)。由于小家电都是占用比较小的电力资源,而机身体积也比较小,所以通常较多地使用单相串励电动机作为动力系统。小家电被称为软家电,是提高人们生活质量、追求生活品质的家电产品。使用结构简单、可靠性好、寿命长的开关磁阻电机替代传统的电动机,是一个很好的选择。

263

SR 电动机之所以能够在小家电市场中占据重要地位是因为它独特的优势。它体积小,不烧电机,没有或只有小的齿轮减速比,外形设计灵活("扁平"或"细长"),安全停机,速度离散可选或连续可调,易实现特殊要求的机械特性(软件编程)。图 8-32 所示为食品粉碎机上的 SR 电动机,图 8-33 所示为榨汁机上的 SR 电动机。与采用普通电机的同类机械相比,SR 电动机结构、体积、特性上的优势非常明显,降低了电机成本,提高了产品的可靠性。

图 8-32 食品粉碎机上的 SR 电动机

图 8-33 榨汁机上的 SR 电动机

习 题

8-1 以一个典型的四相8/6极开关磁阻电动机为例,试述 SR 电动机的工作原理。

8-2 如何改变开关磁阻电动机的转矩方向?

8-3 开关磁阻电动机绕组磁链与转速、电压以及导通角有什么关系? 改变开通角 θ_{on} 是否会改变磁链的值?

8-4 开关磁阻电动机的功率变换器有哪几种常见的电路形式? 各有什么优、缺点?

8-5 开关磁阻电动机运行时需要检测哪些信号? 为什么?

8-6 开关磁阻电动机的运行特性如何? 什么是第一临界转速和第二临界转速?

8-7 开关磁阻电动机主要有哪些控制方式? 它们各适用于什么场合?

第9章 超声波电动机

9.1 概 述

超声波电动机(Ultrasonic Motor,USM)是一种全新概念的微特电机。它应用压电陶瓷材料的逆压电效应(即电致伸缩效应),把超声频率的交变电能转换成弹性体的超声振动机械能,并通过摩擦驱动把弹性体的机械振动能转换为运动体的运动机械能输出。

与传统的电磁式电动机不同,超声波电动机没有电磁线圈和磁极,无需通过电磁感应原理产生机械运动力矩。这种电动机一般由定子(振子,由压电陶瓷及金属弹性材料制成)和转子(动子)两部分组成。定子、转子之间粘接一层摩擦材料(一般在转子上)。当对粘接在定子上的压电陶瓷施加高频交流电压时,压电陶瓷随高频电压的幅值变化而膨胀或收缩,使定子弹性体在超声频段(频率为20kHz以上)产生微观机械振动,并将这种振动传递给摩擦材料,通过共振放大和摩擦耦合变换成转子的旋转运动或直线运动。由于这种电机的工作频率通常在20kHz以上,所以称为超声波电动机。

1973年,美国IBM公司首先研制成功第一个具有实用意义的超声波电动机。1980年—1982年,日本学者T. Sashida先后发明并试制了驻波型和行波型两种超声波电动机,为超声波电动机走向实用开辟了道路,使其真正达到了商业应用的水平。此后,各国先后开展了对超声波电动机的研究,各种不同激振原理、不同结构形式、不同性能的超声波电动机应运而生。

与传统电磁式电动机相比,超声波电动机具有以下特点:

(1)低速大转矩,无需齿轮减速机构,可实现直接驱动。

超声波电动机振动体的振动速度和摩擦传动机制决定了它是一种低速电机,但它在实际运行时的转矩密度一般是电磁电机的10倍以上。因此,超声波电动机可直接带动执行机构,这是其他许多驱动控制装置所无法达到的。由于系统去掉减速机构,这不仅减小体积、减轻重量,而且还能提高系统的控制精度、响应速度和刚度。

(2)无电磁噪声、电磁兼容性(EMC)好。

超声波电动机依靠摩擦驱动,没有磁极和绕组,工作时无电磁场产生,也不受外界电磁场及其他辐射源的影响,非常适合用在光学系统或超精密仪器上。

(3)动作响应快,控制性能好。

超声波电动机具有直流伺服电动机类似的机械特性,但超声波电动机的起动响应时间在毫秒级范围内,能够以高达1kHz的频率进行定位调整,而且制动响应更快。因而控制性能优越,适合在控制系统中作为伺服元件。

(4)断电自锁。断电时,由于超声波电动机定子、转子之间用较大的力压紧使电机具有较大的静态保持力矩,实现了自锁,省去了制动闸保持力矩,简化了定位控制。

(5)运行噪声小。由于超声波电动机的振动体的机械振动是人耳听不到的超声频域振动噪声,而且低速时产生大转矩,无齿轮减速机构,所以运行时非常安静。

(6)微位移特性。超声波电动机振动体的表面振幅一般为微米、亚微米,甚至纳米数量级。在直接反馈系统中,位置分辨率高,较容易实现微米、亚微米级、纳米级的微位移步进定位精度。

(7)摩擦损耗大,效率低,只有10% ~40%。

(8)输出功率小。由于超声波电动机及其驱动控制装置的输出功率较小,难以制造输出功率大于1 kW的超声波电机。目前,环形行波型超声波电动机的最大输出功率不大于50 W。

(9)需要专用高频电源。为了能够激发定子振动体中的超声振动,并使能量转换效率达到最大,就必须有专用的高频激励电源,一般需要能够输出两相或多相交变高频电压的电源来驱动电机。

(10)寿命短。超声波电动机的寿命一般只有1000h ~5000h,不适合连续工作。

超声波电动机在微型机器人、汽车、航空航天、精密仪器仪表及武器装备等领域已有了成功的应用经验,并将有更为广阔的应用前景。目前也已经有多家公司在进行超声波电动机的产品开发,如日本的佳能公司、新生公司,德国的 PI 公司,以色列的 Nanomotion公司,德国的 Elliptec 公司和瑞典的 PiezoMotor 公司等。我国在 20 世纪中后期开始研究超声波电动机,进入 20 世纪 90 年代以后,全国许多高校和研究所都纷纷开展了这方面的研究工作,研制出一些性能较好的试验样机,但目前还达不到商业应用水平。

9.2 超声波电动机的运行原理

超声波电动机是利用压电陶瓷的逆压电效应,激发定子弹性体的超声振动而工作的,而椭圆运动是超声波电动机赖以工作的前提。因此,要掌握超声波电动机的运行原理首先需要了解压电效应和椭圆运动。

9.2.1 压电效应

1880 年居里夫妇首先在 α 石英晶体上发现了压电效应(Piezoelectric Effect)。压电效应反映了晶体的弹性性能与介电性能之间的耦合。

当压电晶体在外力作用下发生变形时,在它的某些表面出现异号极化电荷,这种没有电场的作用,只是由于应变或者应力,在晶体内产生电极化的现象称为正压电效应;反之,若在压电晶体上加上电场,该晶体不仅要产生极化,还要产生应变和应力,这种由于电场产生应变或应力的现象称为逆压电效应。正压电效应和逆压电效应统称为压电效应。

图 9 - 1 所示为正压电效应的示意图。图 9 - 1(a)表示压电晶体中的质点在某个方向上的投影,晶体不受外力作用,正负电荷的重心重合,整个晶体表面不带电荷。但是,当沿某个方向对晶体施加机械力时,晶体就会由于发生形变而导致正负电荷重心不重合,也就是电荷发生了变化,从而引起了晶体表面产生电荷,形成电场。图 9 - 1(b)所示为晶体受压缩时荷电的情况,图 9 - 1(c)所示为晶体受拉伸时的荷电情况。显然,这两种情况下,晶体表面所带电荷符号相反。

逆压电效应的示意图如图 9 - 2 所示,如果将一块压电晶体置于外电场中,由于电场

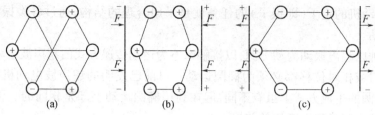

图 9 - 1　压电晶体的正压电效应

（a）晶体中质点在某方向的投影；（b）受压缩时晶体的荷电情况；（c）受拉伸时晶体的荷电情况。

作用,会引起晶体正、负电荷重心的位移。这一极化位移又导致了晶体发生形变。图 9 -
2(b)所示为晶体在电场作用下发生收缩形变。如果改变电场的方向,那么晶体的形变方
向也会改变,如图 9 -2(c)所示,改变电场方向后晶体发生了拉伸形变。

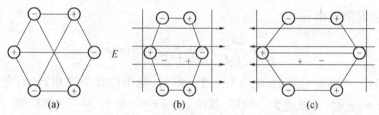

图 9 - 2　压电晶体的逆压电效应

（a）晶体中质点在某方向的投影；（b）晶体在电场作用下收缩；（c）晶体在电场作用下拉伸。

超声波电动机借助压电陶瓷的逆压电效应来实现机电能量转换。当把交变电场加
到压电晶体上时,在压电晶体中就激发出某种模态的弹性振动,当外电场的交变频率与压
电体的机械谐振频率一致时,压电体就进入机械谐振状态,成为压电振子。当振动频率在
20 kHz 以上时,属于超声振动。

9.2.2　椭圆运动及其作用

超声振动是超声波电动机工作的最基本条件,起驱动源的作用。但是,并不是任意
超声振动都具有驱动作用,它必须具备一定的形态,即振动位移的轨迹为一椭圆,才具有
定向连续的驱动作用。

从运动学可知:若一个质点以同一个频率在互相垂直的两个方向振动时,则质点的运
动轨迹是一个椭圆。有时也称该质点在做椭圆运
动。定子上质点椭圆运动的水平分量提供转子的周
向速度,而垂直分量为提供预压力创造条件。

以图 9 - 3 所示情况为例,设定子(振子)在静
止状态下与转子表面有一微小间隙,当定子产生超
声振动时,其上的接触摩擦点 A 做周期运动,轨迹为
一椭圆。当 A 点运动到椭圆的上半圆时,将与转子
表面接触,并通过摩擦作用拨动转子旋转;当运动到
下半圆时将与转子表面脱离并反向回程。如果这种
椭圆运动连续不断地产生下去,则对转子具有定向
连续的拨动作用,从而使转子连续不断地旋转。因

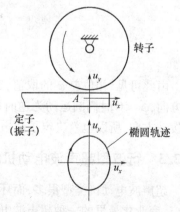

图 9 - 3　质点运动轨迹

此,超声波电动机的定子(即振子)的任务就是采用合理的结构,通过各类振动的组合来生成椭圆运动。

任何一种以超声振动为动力源,以接触摩擦为运动传递方式的超声波电动机,其接触摩擦点的绝对或相对位移都必须为椭圆运动。目前已发明的超声波电动机有数十种之多,它们在椭圆的生成方式上虽有不同,但在利用椭圆运动上却是相同的。可以说,椭圆运动是超声波电动机赖以工作的前提。

那么,如何才能形成椭圆运动呢?设有两个空间相互垂直的振动位移 u_x 和 u_y,均是由简谐振动形成的,振动角频率为 ω,振幅分别为 ξ_x 和 ξ_y,时间相位差为 φ,即有

$$\begin{cases} u_x = \xi_x \sin\omega t \\ u_y = \xi_y \sin(\omega t + \varphi) \end{cases} \tag{9.1}$$

从中消去时间 t,则有

$$\frac{u_x^2}{\xi_x^2} - \frac{2u_x u_y}{\xi_x \xi_y}\cos\varphi + \frac{u_y^2}{\xi_y^2} = \sin^2\varphi \tag{9.2}$$

式(9.2)中,当 $\varphi = n\pi (n = 0, \pm 1, \pm 2, \cdots)$ 时,两个位移为同相运动,合成轨迹为一条直线;当 $\varphi \neq n\pi$ 时,其轨迹为一椭圆,其中 $\varphi = n\pi \pm \pi/2$ 时为一规则椭圆。不同相位差时的椭圆运动形态如图9-4所示。

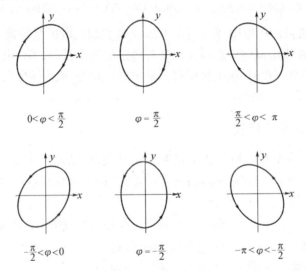

图9-4 椭圆运动形态

由此可见,相位差 φ 的取值,决定椭圆运动的旋转方向,当 $\varphi > 0$ 时椭圆运动为顺时针方向,$\varphi < 0$ 时椭圆运动为逆时针方向。由于椭圆运动的旋转方向决定了定子对转子的拨动方向,所以也就决定了超声波电动机的转向或平移方向。

9.2.3 行波型超声波电动机的运行原理

超声波电动机类型很多,而环形行波型超声波电动机是所有类型中结构最简单、用途最广、商业化最早的一种超声波电动机。本节将以这种电动机为例,来分析超声波电动机的运行原理。

1. 电动机的结构

无论是行波型还是驻波型,超声波电动机都要有3个基本组成部分,即压电陶瓷、金属弹性体和转子。对于行波型超声波电动机来说,一般把压电陶瓷和金属弹性体粘接在一起,组成定子,作为压电振子。定子面向转子的一面开有齿和槽,其作用在于增大定子的振动振幅、提高转子转速,同时可提高定子、转子之间的摩擦传动效率。在定子不开槽的一面粘贴有压电陶瓷,厚度一般比较薄,以降低其弹性对整个定子振动体的影响。转子主体由金属构成,在其与定子接触的表面覆有一层特殊的摩擦材料。装配时,依靠蝶簧变形所产生的轴向压力将转子与定子紧紧压在一起,如图9-5所示。

图9-6所示为超声波电动机压电陶瓷的极化图,由数段极化过的压电陶瓷片组成。图中的阴影区域为未极化区域(即未敷银区或者对应部分的敷银层被磨去),它将压电陶瓷的上、下极板分隔成不同的区域,用A区和B区表示。A、B区域中极化的"+"区和"-"区是连续交替的,在电压激励下一段收缩,另一段拉伸,构成一个波长为λ的弹性波。上部阴影区域中的极化区称为孤极,用S表示,可实时反映定子的振动情况,其反馈信号可用于控制驱动电源的输出信号。压电陶瓷环的周长为行波波长λ的n倍(图中$n=9$),A区和B区的各极化分区所占宽度为λ/2,两区域在上部间隔的阴影区宽度为3λ/4,在下部间隔的阴影区宽度为λ/4。

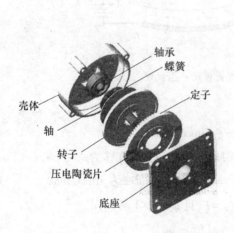

图9-5 环形行波型USM的结构分解

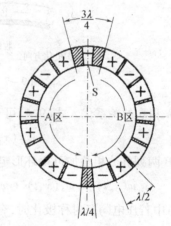

图9-6 压电陶瓷的极化图

工作时,A、B两个区域分别施加电压,由于压电陶瓷的逆压电效应,它们会分别激励出两个振动的驻波,由于A、B两个区域间有λ/4的间隔,使得这两个驻波在空间上有π/2的相位差,从而合成一个行波。孤极S区域工作时不加电压,当定子上有行波运行时,孤极区域也会产生振动,由于压电陶瓷的正压电效应,S会产生电压信号,实时反馈定子的振动情况。

2. 电动机的运行原理

行波型超声波电动机工作时需要产生行波,行波的产生可简述如下:将相位互差90°电角度,频率为超声频率的两相对称电压分别加在空间相差90°电角度(即λ/4)的两组压电陶瓷上,依靠逆压电效应,每组压电陶瓷将产生超声频率的振动驻波,这两组驻波在金属弹性体上叠加,使弹性体做超声频率的弯曲行波振动。

如图 9-7 所示,当在 A、B 任一组电极上施加超声频率交变的电源激励时,由于相邻分区极化方向相反,压电陶瓷片将会分别伸张和收缩,从而在定子弹性体中激励出弯曲振动。使用单相交流电压激励压电陶瓷环的 A 区或者 B 区,只能在定子环中激发出单一的驻波振动,它们可分别表示为

$$w_A(x,t) = \xi_A \cos kx \cos \omega t \tag{9.3}$$

$$w_B(x,t) = \xi_B \cos[k(x-a)]\cos(\omega t - \varphi) \tag{9.4}$$

式中　k——弹性振动波的波数,$k = 2\pi/\lambda$;

a——A 相振子与 B 相振子的空间间隔,对应图 9-6 所示的极化分布情况,$a = \lambda/4$;

ξ_A,ξ_B——分别为与两相驱动电源电压幅值相对应的振子的振幅;

φ——A、B 两相驱动电压间的时间相位差,这里 $\varphi = \pm\pi/2$。

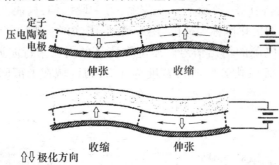

图 9-7　定子弯曲振动产生机理

将 k 和 a 的关系代入式(9.4)可得

$$w_B(x,t) = \pm \xi_B \sin kx \sin \omega t \tag{9.5}$$

A、B 两列驻波相叠加可得环形定子表面质点的横向振动位移为

$$w(x,t) = w_A(x,t) + w_B(x,t) = \xi_A \cos kx \cos \omega t \pm \xi_B \sin kx \sin \omega t \tag{9.6}$$

式(9.6)中若压电陶瓷对称极化时,有 $\xi_A = \xi_B = \xi$,且 $\varphi = \pi/2$ 时,有

$$w(x,t) = \xi \cos(kx - \omega t) \tag{9.7}$$

当 $\xi_A = \xi_B = \xi$,$\varphi = -\pi/2$ 时,有

$$w(x,t) = \xi \cos(kx + \omega t) \tag{9.8}$$

式(9.7)为一沿 x 方向行进的正向行波,式(9.8)为一沿 x 反方向行进的反向行波。由式(9.7)和式(9.8)可知,只要 A、B 两相驱动电压相位差为 $\pi/2$ 时,就可以在定子环中形成行波,并且当其中一相电压反相时,行波的行进方向相反,使得转子反向旋转,从而改变了电动机的转向。

对于式(9.7)中的行波,定子表面质点的切向振动位移 $u(x,t)$ 可表示为

$$u(x,t) = -h\frac{\partial w(x,t)}{\partial x} = kh\xi \sin(kx - \omega t) \tag{9.9}$$

式中　h——定子上表面到定子中性层的距离,即定子厚度的一半。

由式(9.7)和式(9.9)可得定子表面质点的运动轨迹方程为

270

$$\frac{w^2(x,t)}{\xi^2} + \frac{u^2(x,t)}{(kh\xi)^2} = 1 \tag{9.10}$$

由式(9.8)表示的行波同样可以得到如式(9.10)所示的关系。式(9.10)表明,当在定子中形成行波时,其定子表面质点的运动轨迹为椭圆,如图9-8所示。正是这种椭圆运动在x向的速度(或称切向速度)提供了转子的旋转速度。

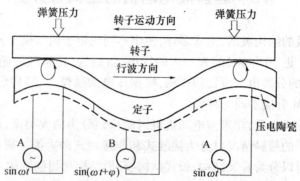

图9-8 行波型超声波电动机的运行原理示意图

根据上述原理,对图9-6中的A、B区的电极分别加上时间相位差为90°的共振频率电源,将激励出以一定方向移动的9个波峰的行波。环状转子与定子振动体相接触的表面上装有摩擦材料,利用与定子振动体的摩擦力使其转动。

3. 转子的运动速度与方向

由式(9.9)可得定子表面质点运动的切向速度为

$$v_x(x,t) = \frac{\partial u(x,t)}{\partial t} = -kh\xi\omega\cos(kx - \omega t) \tag{9.11}$$

在椭圆的最高点,法向位移w为最大,而切向位移u为零,则由式(9.9)可得

$$\sin(kx - \omega t) = 0 \tag{9.12}$$

将式(9.12)的条件代入式(9.11),可得椭圆顶点的切向运动速度为

$$v_{x\max} = -kh\xi\omega \tag{9.13}$$

式(9.13)中,负号表示定子表面质点运动到椭圆最高点时的运动方向正好与行波前进方向相反。假设定子、转子之间无滑动,且转子表面与定子振动波形相切,则此时转子速度就等于椭圆最高点的运动速度,即

$$v_r = v_{x\max} = -kh\xi\omega \tag{9.14}$$

式(9.14)中,负号表示转子运动方向与定子振动行波的前进方向相反,如图9-8所示。

实际上,在定子、转子接触面之间总会有相对滑动,因此,电机转子的实际速度总是小于式(9.14)的值。

由以上分析可知,超声波电动机的转子运动方向总是与定子振动行波的行进方向相反。因此,只要改变两相驱动电源的相序,即可改变行波的方向,从而改变转子的转向。

行波形成的机理与交流伺服电动机中所讲的圆形旋转磁场的形成机理类似。在单相绕组中通入单相交流电会产生脉振磁场,如果在两个匝数相同、空间相差90°电角度的对称绕组中通入大小相等、时间相位互差90°电角度的对称交流电流,所产生的两相脉振磁

场就会合成一个圆形旋转磁场。将任一相的交流电反相,即可改变旋转磁场的转向。超声波电动机中的驻波就对应于单相脉振磁场,而合成的行波对应于圆形旋转磁场,将它们对应联系起来,有助于对行波型超声波电动机运行原理的理解。

9.3 超声波电动机的结构与分类

超声波电动机的结构灵活,形式多样,使用不同的定子振动模态就可以制造出许多不同的电动机形式。近30年来,随着技术的发展,新结构、新原理的超声波电动机层出不穷,超声波电动机的分类也一直比较模糊,根据压电激励模式、结构形式、电机功能、应用场合等可以将 USM 分成不同的种类。

从基本运行方式来看,超声波电动机可以简单地分为两大类型,即旋转型和直线型。根据弹性体与动子的接触情况可分为接触式和非接触式两大类。根据结构形式的不同,超声波电动机还可以分为音叉结构、板式结构、环形结构和圆柱结构4种类型,如图9-9所示。

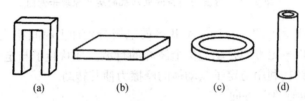

图9-9 超声波电动机的分类

(a) 音叉结构;(b) 板式结构;(c) 环形结构;(d) 圆柱结构。

根据电动机的振动模态和工作原理,超声波电动机可以分为3类,即驻波型超声波电动机、行波型超声波电动机、混合模态超声波电动机。下面以这3种类型为例来介绍不同结构的超声波电动机。

9.3.1 驻波型超声波电动机

驻波型超声波电动机一般只有一个压电振子,单相驱动,并且电动机运行也只依赖于这个振子激励的一个主振动模态。根据不同的结构形式驻波型超声波电动机又分为以下几种。

1. 圆柱结构

1982 年日本学者 T. Sashida 研制出一种驻波型电动机,其结构如图9-10所示。电动机主要由 Langevin 振子(兰杰文振子,其结构是两片压电元件由两块金属体夹持,并用螺栓紧固为一体),安装在振子前端的楔形振动片及转子盘组成。楔形结构振动片的前端面与转子表面稍微倾斜,偏离一定角度。当振子的端面沿长轴方向振动时,振动片前端产生向上运动的分量,产生横向共振,纵横振动合成的结果,使得振动片前端质点的运动轨迹近似为椭圆。该电动机驱动频率为 27.8 kHz,输入功率为 90 W,机械输出功率为 50 W,输出转矩为 0.25 N·m,转速为 2000 r/min,效率为 55%。这种电机设计简单,但振动片与转子接触处磨损严重,而且转子转速较难控制,只能单方向旋转。

2. 音叉结构

图 9-11 所示为 J. R. Frind 等研制的音叉结构的直线型驻波超声波电动机。该电动机采用多层压电陶瓷和音叉结合,使用二阶振动模态,单相电压驱动。整个电动机长度为 25 mm,通过控制驱动电压的相位可以实现双向运行,该电动机驱动频率为 47.1 kHz,空载情况下滑块的直线运行速度为 16.5 cm/s,最大驱动力为 1.86 N,最大效率达到 18.9%。

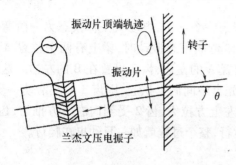

图 9-10 旋转型驻波超声波电动机的结构

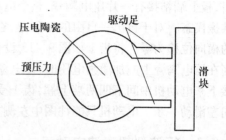

图 9-11 音叉结构直线型驻波超声波电动机的结构

3. 环形结构

图 9-12 所示为多相步进式超声波电动机,它也是一种典型的驻波型电动机。图 9-12(a)所示为电动机的结构,电动机的转子上有齿,定子背面贴有压电陶瓷。电动机的运行机理如图 9-12(b)所示,电动机的压电陶瓷有 20 个分区,分成 5 组,驱动器按先后次序分别给电动机的 A、B、C、D、E 这 5 组电极施加电压,当驱动 A 组电极时,电动机定子产生如图 9-12(b)中实线所示的振动,电动机转子上面的某个齿运动到 P_1 点;当驱动 B 组电极时,电动机定子产生如图 9-12(b)中虚线所示的振动,整个电动机的振动按顺时针方向旋转了 18°,这时转子上的这个齿运动到 P_2 点,转子逆时针旋转了 4.5°。如此继续下去,该电动机则以每步 4.5° 的步距角运行下去。

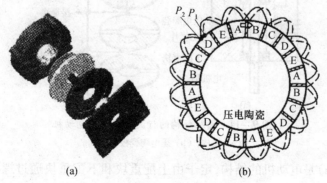

(a)　　　　　　　(b)

图 9-12 多相步进式超声波电动机
(a)电动机结构;(b)运行机理。

4. 板式结构

图 9-13 所示为板式结构的直线型驻波超声波电动机结构。

电动机的振动体为一个自由—自由的矩形梁(相当于薄板),梁底部带有两个突出的

273

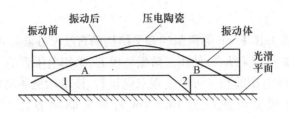

图9-13 板式结构的直线型驻波超声波电动机的结构

齿,板上端粘接有一片压电陶瓷,整个电动机即为一个动子,电动机工作模态为一阶弯曲共振模态。对于自由—自由的矩形梁,在以一阶弯曲模态振动时,梁上有两个位置A、B的横向位移为零。将齿1如图9-13设置在位置A的左边,齿2设置在B的左边。这样当在压电陶瓷上施加激励电压时,设电动机首先自中间向上拱起,则齿2向左滑动一步;接下来电动机中间下凹两端上翘,齿1受到向左上方拉力,齿2受到向右下方推力,齿1向左滑动一步。电动机只能往图中左侧方向运行,整个过程就如一只幼虫在爬行。

9.3.2 行波型超声波电动机

行波型超声波电动机一般有两个压电振子,两相电压驱动。该型电动机的两个压电振子分别激励出两个振型相同、时间相位差为90°的共振模态,这两个模态合成便为一个行波。行波是由两个在空间和时间上都相差90°,并且振幅相同的两个驻波合成而得到的。

1. 圆柱结构

图9-14所示为圆柱结构的行波型超声波电动机,这种电动机又被称为摇摆型柱体电动机。

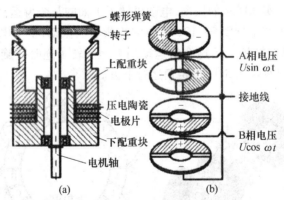

图9-14 圆柱结构的行波型超声波电动机
(a)结构;(b)压电陶瓷极化方式。

图9-14(a)是电动机的结构,定子由上配重块和下配重块通过螺栓将压电陶瓷片压紧形成兰杰文振子,蝶形弹簧提供预压力。图9-14(b)是压电陶瓷的极化方式图。当在A相压电陶瓷片组上单独施加合适的高频交变电压时,就会激发出定子左右方向的一阶弯曲振动;当在B相压电陶瓷片组上单独施加同频率的交变电压时,将激发出前后方向的一阶弯曲振动。如果两相电压同时施加,则这两个在时间和空间上相差90°的弯曲振动模态叠加为一个绕定子轴线旋转的弯曲模态,即定子端面产生旋转的摇头运动,使定

子端面上的质点做椭圆运动,最终通过该椭圆的切向摩擦力推动转子绕电机轴转动。

这种电动机无需粘接,结构更加简单,因此成本低廉,而且压电陶瓷的激振效率高,电动机的运行性能良好。近几年来,许多学者对这种电动机的结构进行了研究与改进,使其得到了广泛的应用。

2. 音叉结构

图 9-15 所示为音叉结构的直线型行波超声波电动机,该电动机本身就是一个动子,由弹性体和两组压电堆粘接而成。当 A 和 B 两个压电堆分别受到相位差为 90°的两相交变电压激励时,就会在电动机的足部形成椭圆运动,因此在摩擦力的作用下,电动机就会在平台上左右滑动。

3. 环形结构

环形行波型电动机的结构和原理已在9.2节讲述,其结构和原理如图9-5至图9-8 所示,这里不再赘述。该电动机由 T. Sashida 发明并试制成功,并成为研究热点。现在这种结构的电动机已经有多家公司生产,并且在多个领域获得了应用。

4. 板式结构

图 9-16 所示为一种直线型行波超声波电动机结构。这种电动机采用两个兰杰文压电振子,在发送端(左边)的一个振子上施加电压,使其产生纵向振动,发送振子的振动激励金属梁产生弯曲行波的振动。吸收端(右边)连接有电阻电感匹配电路的振子会吸收金属梁的振动,尽量使行波在金属梁的接收端不产生反弹,从而在金属梁上获得一个纯的行波。这样梁的表面质点会产生椭圆运动,通过梁和滑块之间的摩擦力推动滑块运动。

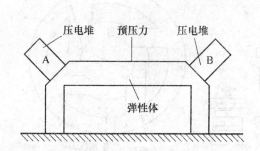

图9-15 音叉结构的直线型行波超声波电动机

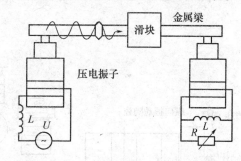

图9-16 直线型行波超声波电动机的结构

9.3.3 混合模态超声波电动机

前面的两种电动机,工作时实际上都只用到电动机的一个共振模态。与前面两种电动机不同,混合模态电动机的工作模态不再是由同一个模态组成的,它通常是由两个或者两个以上不同的共振模态耦合而成的,因此这种电动机的结构形式很多。

1. 圆柱结构

图 9-17 所示为纵扭复合型超声波电动机。电动机的定子由纵向振动陶瓷和扭转振动陶瓷及金属匹配块组成。电动机的工作模态为纵向振动和扭转振动的耦合模态。纵扭复合型超声波电动机的工作过程如下:

(1)扭转压电陶瓷产生方向向右的扭振,纵向振动陶瓷伸长产生纵向振动,使转子与定子接触,定子驱动转子同方向旋转。

(2)扭转压电陶瓷向右运动到最大位置,速度为0,纵向振动陶瓷回到原来的位置,转子和定子分离。

(3)转子靠惯性运动,扭转振动陶瓷的运动速度方向反向,即向左运动,纵向振动陶瓷收缩。

(4)扭转振动陶瓷向左运动到最大,纵向振动陶瓷回到原来的位置。如此循环,定子便周期性地在不断冲击转子的同时推动转子转动。通过改变激励电压的幅值和两相激励电压间的相位差,就可以控制该电动机的转动速度和转动方向。

2. 环形结构

图9-18所示为一种风车式环形超声波电动机。电动机定子由金属环和压电振子组成,定子外径3mm,厚0.5mm。压电振子由一个外径为3 mm 的压电陶瓷环构成,压电陶瓷在厚度方向上极化。金属环为一个带有4个向内伸出爪的环,金属环与压电振子粘接在一起,4个爪不粘在陶瓷上,并保持自由状态,相当于一个悬臂梁。通过选择这些爪的长度和截面形状,使它们的二阶弯曲振动模态与定子环的一阶径向收缩振动模态频率相同,两个模态相互耦合。在施加电压时,定子环收缩膨胀,收缩时给转子一个径向的推力,同时4个爪将会产生二阶的弯曲振动产生一个切向的推力,从而推动转子转过一定的角度。该电动机在驱动电压为20V 时,最大输出力矩达到17μN·m,空载转速达到600r/min。

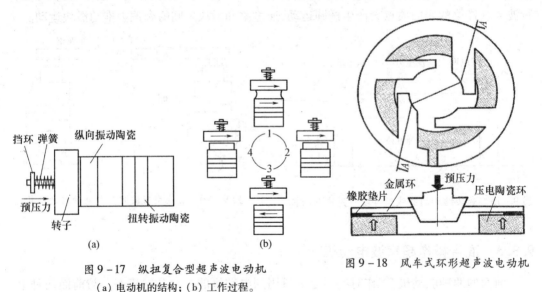

图9-17 纵扭复合型超声波电动机
(a)电动机的结构;(b)工作过程。

图9-18 风车式环形超声波电动机

3. 板式结构

图9-19所示为基于薄板面内振动的直线型超声波电动机。电动机定子由一个板式的压电陶瓷片构成,定子上粘接有驱动头,并由它和滑块接触,推动滑块运动。电动机定子在长度方向上有两个共振模态,分别是一阶纵向振动模态和二阶弯曲振动模态,电动机定子将这两个共振模态合成为一个共振频率。这样当在1、3两个电极施加电压时,电动机定子会同时激励出两个振动模态,使驱动头压紧滑块,并往一个方向弯曲,从而

推动滑块向这个方向运动；同样，当在2、4两个电极施加电压时，滑块会朝相反的方向滑动。这种电动机的分辨率很高，通过控制电路和控制策略的改进，可以大大提高其定位精度。

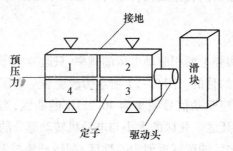

图 9-19　基于薄板面内振动的直线型超声波电动机

9.4　行波型超声波电动机的驱动控制

9.4.1　行波型超声波电动机的调速控制方法

当两相驱动电源的电压幅值不等，相位差也不是90°时，式(9.13)便不再成立。一般情况下行波波峰处的速度为

$$v_{x\max} = -\frac{kh\omega\xi_A\xi_B\sin\varphi}{\sqrt{\xi_A\cos^2\omega t + \xi_B\cos^2(\omega t - \varphi)}} \tag{9.15}$$

当 $\xi_A = \xi_B = \xi, \varphi = \pi/2$ 时，式(9.15)就变为式(9.13)。

由式(9.15)可见，对于一给定的行波型超声波电动机，如果改变两相驱动信号的频率 ω、电压幅值 U(对应于驻波的振幅 ξ)或者两相电源之间的相位差 φ，即可改变该电动机的转速。

1. 调频调速

由式(9.15)可知，改变电源的驱动频率，可以控制定子的共振状态，进而调节电动机的转速。图 9-20 所示为将两相驱动信号相位差固定为 90°，调节驱动频率时的超声波电动机速度特性曲线。从图 9-20 中可看出，速度随频率的变化曲线是非线性的。速度的最高点是其谐振频率点，在此频率点工作时，电机的稳定性不好；在低于谐振频率点的范围，电动机的速度近乎垂直下降，因此这一段频率范围都不适合进行速度控制。当电源频率高于谐振频率时，电动机的速度下降平稳，可近似于线性

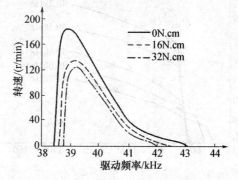

图 9-20　调频控制速度特性曲线

关系，适合于调速控制。而且从图 9-20 中还可以看出，相同频率下，负载越大，电动机的速度就越低。

控制驱动频率来实现超声波电动机的调速，调速范围大、响应速度快，但误差较大，且由于温度对电动机参数的影响，使得频率特性的重复性变差，从而在给定速度处有抖动。当需要电动机输出高转速或大转矩时，必须采用固定 90°相位差同时变频调速的方式。

2. 调压调速

固定加在定子压电陶瓷上两相驱动电压的频率，只改变电压的幅值时，可直接改变行波的峰值，从而实现调速的目的。图 9-21 所示为改变驱动电压时，超声波电动机的速度特性曲线。可以看到，对应驱动信号频率为 40.2kHz 的曲线，当电压小于 65V 左右时转速为零，曲线具有明显的死区。死区的大小与电动机转动部分的静摩擦转矩、外转矩及工作频率有关。但在死区之后的区域近似为线性区，调压调速控制避开死区后接近线性控制，控制效果比较好。由于死区的存在及其随转矩、工作频率变化而变化，使得调速范围变窄，低速时难以控制。所以一般电压控制很少单独使用，通常与频率控制方法配合使用。

电压控制的另一层含义是只改变某一相电压的幅值，使两列驻波的幅值不相等，从而改变定子表面质点运动轨迹的椭圆度，达到调节转子速度的目的。但是，两相驻波振幅不相等会导致定子表面各质点的椭圆运动轨迹发生畸变，从而与转子接触不均匀，电机转速不稳定。

3. 调相调速

图 9-22 所示是固定两相驱动信号的频率，调节两相相位差时超声波电动机的速度特性曲线。通过调节两相的相位差，可以轻易地实现电动机的正/反转运行，并且能够平稳地停机。当两相驱动信号相差 90°时，电动机的转速是最大的，此时效率也是最高的。另外从图 9-22 中还可看出，在不同负载下超声波电动机调相控制的速度特性曲线不同，而且存在较强的非线性问题。负载越大速度越低，两相驱动信号的相位差接近 0 度时，速度的死区也越大。

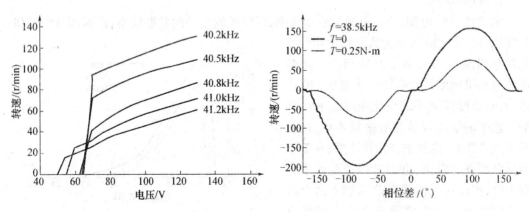

图 9-21　调压控制速度特性曲线　　　　图 9-22　调相控制速度特性曲线

4. 调速控制方法的比较

上述 3 种调速控制方法的特点比较如表 9-1 所列。

表9-1 三种调速控制方法的比较

调速控制变量		控制方法说明	优 点	缺 点
频率		改变定子的共振状态	响应快,易于实现低速起动,电路简单	非线性,稳定性较差
相位差		改变定子表面质点椭圆运动轨迹	换向简单平滑,调速平稳,易于控制	非线性,低速起动困难,有死区,电路复杂
电压幅值	$A=B$,同时改变电压幅值	改变行波振幅	线性度好,速度变化平稳,驱动器简单	调速范围小,低速时转矩小,有死区
	$A \neq B$,改变电压幅值比	改变行波振幅和椭圆运动形状		

表9-1列出了采用单一变量控制超声波电动机速度的情况,实际应用中,各方法可以单独使用,也可以互相配合使用,以取得更好的控制效果。

9.4.2 行波型超声波电动机的驱动器

行波型超声波电动机具有容性负载特性,且工作在超声频域,当它作为某一驱动装置的部件时,必须配置专用的驱动电源。输入到超声波电动机的两组压电陶瓷中的电压信号必须是处于超声频段,具有一定的电压幅值,相位差为90°的正弦信号,以配合压电陶瓷空间的正交布置,在定子中激励出一个行波振动。图9-23所示为一个超声波电动机驱动器的基本框图,电路由振荡器、移相电路和功放/匹配电路组成。整个驱动信号的流程为:首先,振荡器在控制电压作用下产生频率可调的时钟信号,然后通过驱动信号控制移相电路,变成相位差90°的两相驱动信号。两相驱动信号送至功放电路,产生的可控两相高频交流电信号,通过升压和匹配电路驱动超声波电动机。

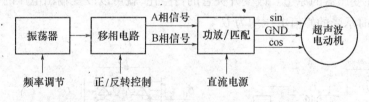

图9-23 超声波电动机驱动器的基本框图

1. 振荡器与移相电路

振荡器即信号发生电路是驱动电路的核心,用来产生超声频率信号。超声频率信号可以有多种产生方法,如谐振电路、计算机控制的定时计数器、压控振荡电路等。谐振电路的频率调节范围不够宽,而且在实现超声波电动机的闭环控制时,只能将反馈信号通过A/D变换输入到计算机中,由计算机调节信号的脉冲宽度控制超声波电动机。采用计算机控制的定时计数器,虽然有较宽的频率调节范围,但频率调节的分辨率却不能令人满意。当然这可以通过增加定时计数器的位数来提高频率的分辨率,但这不利于提高超声波电动机驱动电源的性价比。同样,这种信号产生电路也不能直接利用反馈信号实现闭环控制。利用压控振荡器产生方波信号的超声波电动机变频驱动电源,具有频率调节范

279

围宽、分辨率高等特点,而且压控振荡器的频率由输入电压控制,因此不用 A/D 转换和计算机就能实现闭环控制,较为常用。

超声波电动机需要两相正交的信号,移相电路的任务就是将频率发生器产生的单相信号转换成两相正交信号。一般而言,分相必然伴随着分频,因此这部分电路也称为分频分相器。

2. 功率放大电路

由于驱动超声波电动机的信号必须是具有一定功率的高频高压信号,因此由振荡器产生的小信号必须经过电压和功率的放大,即把移相电路输出的单极性方波信号变换为双极性功率方波信号,用以推动后面的高频变压器。功率放大电路一般采用开关逆变电路来实现,电路由功率半导体元件构成,由于超声波电动机功率比较小,工作频率高,所以通常采用功率 MOSFET 元件。

常用的开关逆变电路主要有推挽变换电路、全桥变换电路、半桥变换电路 3 种。

1) 推挽变换电路

图 9 - 24 所示为推挽变换器的基本电路,两个开关管 Q_1、Q_2 经变压器 T_1 原边的中心出线端交替导通,两个绕组 1 和 2 端分别形成相位相反的交流电压。推挽变换电路的一个突出优点是,在输入回路中只有一个开关管的通态压降,而半桥电路和全桥电路都有两个开关管通态压降,在同样条件下,产生的通态损耗较小,这对输入电压较低的开关电路十分有利。由于超声波电动机通常在汽车系统、自动控制领域内作为伺服电动机使用,其驱动器往往选用低压直流电源供电,推挽型方式比较合适。

2) 全桥变换电路

图 9 - 25 所示为全桥变换器电路,逆变电路由 4 个开关管组成,互为对角的两个开关管同时导通,而同一侧半桥上下的两个开关管交替导通,将直流电压逆变成幅值为 U_i 的交流电压,加在变压器的原边。改变开关管的占空比,就可以改变输出电压的平均值。每个开关管断态时承受的峰值电压均为 U_i。

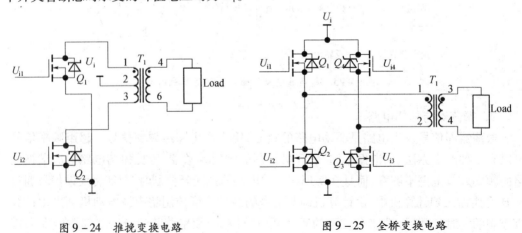

图 9 - 24 推挽变换电路　　　　图 9 - 25 全桥变换电路

在所有隔离型开关电路中,采用相同的电压和电流容量的开关器件时,全桥型电路可以达到最大功率,因此该电路常用于中大功率系统中。

3）半桥变换电路

图 9-26 所示为半桥变换电路,变压器的原边两端分别接在电容 C_1、C_2 的连接点和开关管 Q_1、Q_2 的连接点。电容 C_1、C_2 的电压都为 $U_i/2$。Q_1 与 Q_2 交替导通,使变压器原边形成幅值为 $U_i/2$ 的交流电压。改变开关管的占空比,就可以改变输出电压的平均值。Q_1、Q_2 断态时承受的峰值电压均为 U_i。

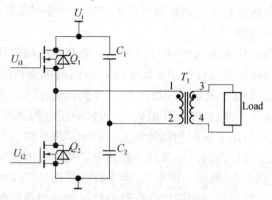

图 9-26 半桥变换电路

半桥电路中变压器的利用率高,且没有偏磁的问题,可以广泛用于各种开关电路中。与上面介绍的全桥电路相比,半桥型电路开关器件少(但电流等级大),同样的功率成本要低一些。故可以用于对成本要求苛刻的场合。

3. 匹配电路

行波型超声波电动机具有容性负载特性,为了使能量有效地传递,提高驱动电路效率,保证驱动电源与超声波电机定子负载(压电换能器振动系统)可靠工作,在驱动电源与压电换能器振动系统之间必须加匹配电路。匹配电路一方面用来改善驱动电源与换能器之间的耦合程度,使驱动电源的输出功率高效地传输给超声波电动机定子负载;另一方面是为了改善驱动电路的波形,减小高频谐波分量,不至失真,使加在超声波电动机负载上的驱动电压为正弦或余弦波形,以免激励出定子其他的高频谐振模态。匹配电路主要利用升压变压器和谐振电感来完成。

9.4.3 频率跟踪技术

1. 超声波电动机的速度稳定性控制

超声波电动机的稳定性受温度、摩擦损耗等干扰较大,其中温度变化对其运行稳定性的影响最为显著。本小节主要介绍对超声波电动机进行稳定性控制的频率跟踪技术。

压电陶瓷元件对温度比较敏感,当超声波电动机运行一段时间使机体温度上升后,电机定子的共振频率会随着温度上升而下降,导致开环运行时的转速下降,如图 9-27 所示。图中 S_1 为超声波电动机温升前的速度—频率曲线,S_2 为温升后的速度—频率曲线,ω_{p1} 和 ω_{p2} 为相应的共振频率。

设 P_1 为温升前的工作点。当温度升高而使超声波电动机的特性曲线由 S_1 变为 S_2 时,如果驱动信号频率不变,则工作点将变为 P_2,电机转速下降到 n_2。为此,驱动器必须自动降低驱动信号频率,使其工作点上升为 P_3,以保持原来的转速 n_1。这就是频率自动跟踪控制。

可见速度稳定性控制的原则是:为了保持超声波电动机运行速度的平稳,来克服电机温升造成的共振频率漂移,电机的驱动频率应当紧紧跟随电机机械共振频率的变化而变化。电机的控制电路中通常采用利用孤极电压反馈的恒振幅控制或利用驱动电压与电流反馈的恒阻抗角控制这两种电机速度稳定性控制方法,克服电机因谐振点的漂移而造成的转速变化。这里仅以孤极电压反馈控制电路为例来说明频率跟踪技术的实现。

2. 频率跟踪技术的实现

超声波电动机的孤极结构如图 9-6 中 S 所示。它是压电陶瓷片上一块特殊的分区,超声波电动机的驱动电压并不直接作用于该分区。当向电机施加激励信号,逆压电效应使 A、B 两相极化区的定子发生形变。孤极区与 A、B 两相极化区都被粘接在定子上,使得孤极区的压电陶瓷也发生形变,由于正压电效应,该区的压电陶瓷将产生与激励电压同频率的电信号,信号的大小与定子振幅的幅值相关。利用孤极反馈信号,调整驱动频率使定子振幅基本维持不变,就可以在恒转矩条件下保持电动机的速度恒定。

电路结构框图如图 9-28 所示。图中 U_f 为来自电机孤极,反映电机振动状态的直流电压信号,它是孤极产生的与振动同频的电压信号经过滤波而得到的。当温度漂移时,U_f 值发生变化,它与设定参考电压 U_{ref} 的差值亦发生变化。经过单片机和驱动电路可重新调节超声波电机的驱动信号以补偿因温度漂移而产生的转速偏差。

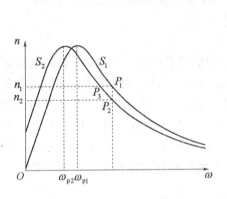

图 9-27　超声波电动机在不同
温度下的速度—频率曲线

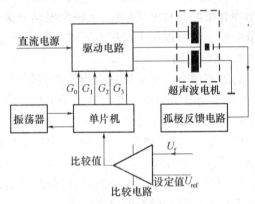

图 9-28　孤极电压反馈控制电路结构框图

9.5　超声波电动机的应用举例

超声波电动机具有一系列优良的性能,如结构简单、体积小、低速大转矩、响应速度快、定位精度高、无电磁干扰等。因而相关的应用开发一直受到业界的重视,超声波电动机被认为在机器人、计算机、汽车、航空航天、精密仪器仪表、伺服控制等领域有广阔的应用前景,有些领域已有成功的应用经验。下面介绍几个超声波电动机的应用实例。

9.5.1　在手表上的应用

Akihiro Lino 等将一种由自激振荡电路驱动的微型超声波电动机应用在手表上。如

图 9-29 所示,超声波电动机在手表中分别做振动报时和日历翻转用,使整个手表的性能有很大提高,这里使用的超声波电动机为环形驻波型电动机。

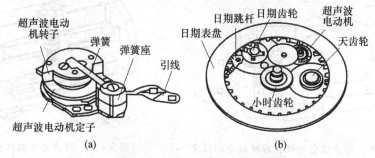

图 9-29　手表中使用的超声波电动机
(a) 用于振动报时的超声波电动机; (b) 用于日历翻转的超声波电动机。

图 9-29(a) 所示的用于振动报时的超声波电动机直径只有 8mm,其成本和传统的电磁式电动机相当,该电动机使用振动模态,电动机由铝合金制造,它的压电陶瓷只有 80μm 的厚度,1.5V 的电池电压就可以驱动该电动机,电动机的工作频率为 343kHz。振动报时的时候利用转子飞速转动的离心力产生振动,并且不会让手表的使用者产生不适的感觉。

图 9-29(b) 所示为用于日历翻转的超声波电动机,它的直径 4.5mm,厚度 2.5mm,是世界上用于日历翻转机构的最小电动机。传统的日历翻转机构采用步进电动机作为执行元件,为了得到较大的力矩,需要增加很多齿轮减速以提高力矩。而该超声波电动机驱动电压为 3V,工作频率为 630kHz,空载情况下转速为 2000r/min,起动转矩达到 1.96N·cm,是传统步进电动机的 2 倍。电动机的输出转矩从电动机的转子到最后的驱动日期表盘只需经过 3 组齿轮传递。

9.5.2　在汽车上的应用

汽车的左、右后视镜用于观察左、右两侧的路况。在停车和倒车时,驾驶员为了观察不同区域的路况,必须在两个方向上调节汽车左、右后视镜,半自动和全自动后视镜系统应运而生。较为直接的方法是用电机驱动后视镜绕两个坐标轴转动。传统电磁电机需要齿轮机构大比例减速,调节较慢,体积也较大。

由于超声波电动机具有体积小、重量轻、低速大转矩的优点,美国和日本某些型号的轿车上采用超声波电动机来驱动后视镜,如图 9-30 所示。超声波电动机的输出轴无需齿轮箱过渡,可以直接与后视镜的镜框相连,超声波电动机本体与车身的支撑固连。轻巧的体积和重量,使得超声波电动机与后视镜融为一体,美观实用,可以方便、快捷地实现后视镜的调节。

超声波电动机在汽车上的另一个应用如图 9-31 所示。它用于调整座椅上部的头靠角度。头靠部分可以根据乘客的需要变换角度,保护颈椎,使人感觉更舒适。作为驱动坐椅头靠的电机,要求体积小,静音运行,不能占用较大空间,还要有一定的低速转矩和自锁转矩,以便调节。传统电机不是体积较大,就是低速时转矩不够,需要齿轮减速来提升转矩,这样会增加调节系统的体积,而超声波电动机恰好符合这些应用条件。

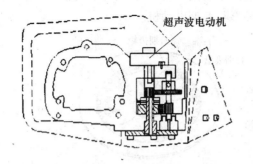
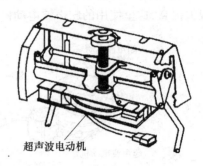

图9-30 超声波电动机在后视镜中的位置　　　图9-31 超声波电动机在汽车
座椅头靠中的位置

为了适应不同身材和高矮人士的需要,汽车转向盘的位置应是可调的。传统的转向盘调节装置噪声比较大。在运行噪声方面,超声波电动机比传统的直流电动机要小,而输出转矩可以做到相同。因此,有些汽车生产厂家用超声波电动机取代直流电动机,其结构如图9-32所示。

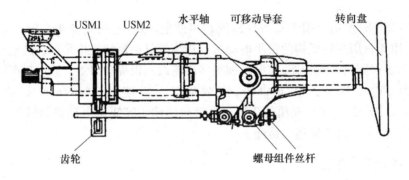

图9-32 转向盘的调节机构

这里仅以图9-32中超声波电动机为例,简要说明其工作原理。当超声波电动机1转动时,其转子通过齿轮等传动部件将运动传给相应的丝杆,丝杆的转动又将运动通过螺母组件传给可移动导套,可移动导套便带动转向盘沿水平轴左右移动。同理,超声波电动机2的转动,可以驱动转向盘上下移动。

超声波电动机还逐渐应用于汽车上的门窗、雨刮器和刹车传动部件等装置。

习　题

9-1　超声波电动机是基于电磁感应原理工作的吗?

9-2　试比较超声波电动机与传统的电磁式电动机。

9-3　如何改变环形行波型超声波电动机转子的转向?

9-4 什么是行波振动？行波振动在产生机理上与两相旋转磁场有何相似之处？

9-5 行波型超声波电动机的调速方法有哪些？试比较这些方法的优、缺点？

9-6 简述行波型超声波电动机驱动电路的结构。常见的开关型功率放大电路有哪些？

9-7 行波型超声波电动机速度稳定性控制的原则是什么？如何实现基于孤极电压的频率跟踪控制？

第10章　直线电动机

10.1　直线电动机概述

直线电动机(Linear Motor)由于不需要任何中间转换机构就能产生直线运动,驱动直线运动生产机械,所以使整个装置结构简单、运行可靠、效率高,是近年来国内外积极研究开发的电动机之一。

目前直线电动机的应用非常广泛。例如,在交通运输方面的磁悬浮列车;在工业上的冲压机、车床进刀机构等;在信息与自动化方面的绘图仪、打印机、扫描仪、复印机等。

直线电动机的类型很多,从原理上讲,每一种旋转电动机都有与之相对应的直线电动机。直线电动机按其工作原理,可分为直线感应电动机、直线直流电动机、直线步进电动机等。

10.1.1　直线电动机的特点和应用场合

在需要直线运动的地方,可以采用直线电动机实现直线驱动。与旋转电机传动相比,直线电动机传动主要有下列优点:

(1) 由于省去了把旋转运动转换为直线运动的中间转换机构,节约了成本,缩小了体积。

(2) 由于不存在中间传动机构的惯量和阻力的影响,直线电动机的直接传动反应速度快,灵敏度高,随动性好,准确性高。

(3) 直线电动机容易密封,不怕污染,适应性强。由于电机本身结构简单,又可做到无接触运行,因此容易密封,可在有毒气体、核辐射和液态物质中使用。

(4) 直线电机散热条件好,温升低,因此线负荷和电流密度可以取得较高,可提高电机的容量定额。

(5) 装配灵活性大,往往可以将电机与其他机件合成一体。

然而,某些特殊结构的直线电动机也存在一些缺点,如大气隙导致功率因数和效率降低,存在单边磁拉力等。

10.1.2　直线电动机的发展

直线电动机的发展经历了漫长的历史进程。在世界上第一台旋转电机(1831年)诞生不久,就出现了直线电动机的雏形(1845年,Wheastone)。1890年,美国匹兹堡市的市长首次发表了关于直线感应电动机(Linear Induction Motor,LIM)的专利。

1945年,美国西屋(Westinghouse)电机公司为海军进行大规模的飞机弹射起飞试验,采用7400kW直线感应电动机作为动力,仅4.1s时间就将重达4535 kg的喷气式飞机在165 m的行程内由静止加速到188 km/h。它的试验成功,使直线电动机结构简单、起动快、可靠性高等优点受到了重视。

20世纪50年代,随着原子能工业的发展,直线电动机在全液态金属泵领域得到了普遍的应用。1952年,美国最先研制成功钾钠电磁感应泵。1954年,前苏联也发表了液态金属电磁感应泵理论。1955年以来,随着控制技术和材料科学的惊人发展,直线电机蓬勃发展。

1966年,英国的 E. Laithwaite 教授出版了系统地介绍直线电机的专著(*Induction Machines for Special Purposes*),奠定了直线感应电动机的理论基础。到20世纪70年代,直线电动机在世界范围内得到迅速发展,其用途越来越广,品种越来越多。直线电动机的应用已包括许多领域,如运输工业、工业自动化、办公自动化、医疗设备和家庭自动化等。

20世纪70年代日本首次试验了有直线同步电机推进超导悬浮试验车,并于1979年建成长7.5 km 的宫崎磁悬浮铁道试验线,运行时速可达530 km/h。20世纪90年代初,日本开始在山梨县建造48.2 km 实用超导磁悬浮铁道试验线,采用直线同步电机作为车辆推进的动力,安装在车上的超导线圈作为励磁线圈,轨道内侧安装推进线圈起电枢的作用。这种直线同步电机是一种长初级、短次级、超导励磁直线同步电机。

几乎与日本同时,德国也于1974年开始超导悬浮列车的研究,但经过4年的试验和比较,最终于1979年暂停了超导系统的研究,转而集中于常导系统的研究与开发,已建成31.5 km 长的试验线,运行时速可达500 km/h。1995年动工修建的柏林至汉堡磁悬浮列车商用线耗资近百亿马克,全长286 km,时速可达420 km/h。

20世纪80年代中期,NdFeB 稀土永磁材料的问世促进了永磁直线同步电动机的发展。特别是进入20世纪90年代以后,国外很多研究机构和大公司纷纷把永磁直线同步电动机(PMLSM)作为一项更新换代的高新技术产品来研发。例如,西门子公司生产的用于高速精密机床上的永磁直线同步电动机的最大移动速度200 m/min、最大推力6600 N、最大位移504 mm。世界著名的 Kollmorgen 工业运动控制公司开发了两种类型的永磁直线同步电动机:无铁心结构和有铁心结构。前者可达到极高的动态性能,具有零齿槽效应和零引力的特点,在速度低于 $1\mu m/s$ 时仍能平滑运动;后者可获得8000 N 的推力,理论上最大加速度可达15g。

10.2 直线感应电动机

10.2.1 直线感应电动机的主要类型和基本结构

1. 直线感应电动机的基本结构类型

直线感应电动机(Linear Induction Motor)主要有扁平式、圆筒式(或管形)、圆弧式和圆盘式等结构形式。其中扁平型应用最为广泛。

直线电动机是一种做直线运动的电动机,它可以看成是从旋转电动机演化而来的。如图10-1所示,设想把旋转电动机沿径向剖开并拉直,就得到了直线电动机。旋转电动机的径向、周向和轴向,在直线电动机中分别成为法向、纵向和横向。

旋转电动机的定子和转子分别对应直线电动机的初级和次级。直线电动机的运动部分既可以是初级,也可以是次级。按初级运动还是次级运动可以把直线电动机分为动初

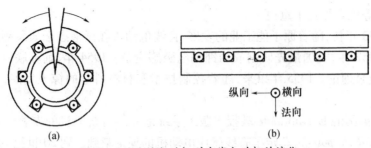

图 10-1 旋转电动机到直线电动机的演化

(a) 旋转电动机;(b) 直线电动机。

级和动次级两种。

为了在运动过程中始终保持初级和次级耦合,初级侧或次级侧中的一侧必须做得较长。在直线电动机的制造中,既可以是初级短、次级长,也可以是初级长、次级短。前者称为短初级,后者称为短次级,如图 10-2 所示。由于短初级制造成本、运行费用均比短次级低得多,因此,除特殊场合外,一般均采用短初级结构。

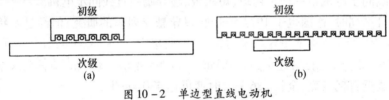

图 10-2 单边型直线电动机

(a) 短初级;(b) 短次级。

图 10-2 所示的直线电动机仅在一边安放初级,这种结构形式的直线电动机称为单边型直线电动机。单边型直线电动机最大的特点是在初级和次级之间存在很大的法向吸力。在大多数情况下,这种法向吸力是不希望存在的,如果在次级的两边都装上初级,这个法向吸力就可以相互抵消。这种结构形式的直线电动机称为双边型直线电动机,如图 10-3 所示。

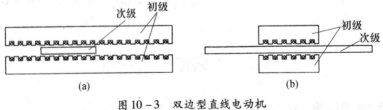

图 10-3 双边型直线电动机

(a) 短次级;(b) 短初级。

直线电动机主要有扁平式、圆筒式(或管形)、圆弧式和圆盘式等结构形式。图 10-2 和图 10-3 所示的直线电动机即为扁平式结构。扁平式结构是最基本的结构,应用也最为广泛。

如果把扁平式结构沿横向卷起来,就得到了圆筒式结构,如图 10-4 所示。圆筒式结构的优点是没有绕组端部,不存在横向边缘效应,次级的支撑也比较方便。缺点是铁心必须沿周向叠片,才能阻挡由交变磁通在铁心中感应的涡流,这在工艺上比较复杂,散热条件也比较差。

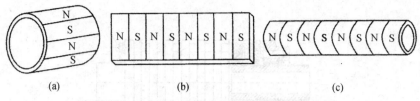

图 10 - 4　从旋转电动机到圆筒式直线电动机的演化

（a）旋转电动机；（b）扁平式直线电动机；（c）圆筒式直线电动机。

圆弧式结构是将扁平式初级沿运动方向改成弧形，并安放于圆柱形次级的柱面外侧，如图 10 - 5 所示。圆盘式结构是将扁平式初级安放在圆盘形次级的端面外侧，并使次级切向运动，如图 10 - 6 所示。圆弧式和圆盘式直线电动机虽然做圆周运动，但它们的运行原理和设计方法与扁平式直线电动机相似，故仍归入直线电动机的范畴。

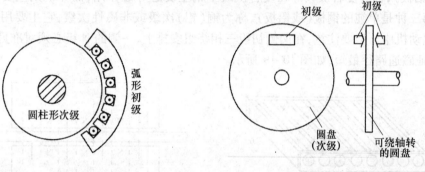

图 10 - 5　圆弧式直线电动机　　　　　图 10 - 6　圆盘式直线电动机

2. 直线感应电动机的结构特点

1）初级

直线电动机的初级相当于旋转电动机的定子。在扁平式直线感应电动机中，其初级结构如图 10 - 2 所示。初级铁心也是由硅钢片叠成的，一面开有槽，三相（或单相）绕组嵌置于槽内。但直线电动机的初级与旋转电动机的定子有较大的差别，旋转电动机的定子铁心与绕组沿圆周方向是处处连续的，而直线电动机的初级铁心是开断的，铁心和绕组的开断造成各相绕组所处的磁场有差异，因而各相绕组的阻抗也不对称，使电动机的损耗增加，出力减少。

对于圆筒式电动机，其初级一般是用硅钢加工成若干具有凹槽的圆环组成，最后装配时四周用螺栓拉紧，如图 10 - 7 所示。

2）次级

直线电动机的次级相当于旋转电动机的转子。与笼形转子相对应的次级就是栅型次级，如图 10 - 8 所示。它一般是在钢板上开槽，在槽中嵌入铜条（或铸铝），然后用铜带在两端短接而成。栅形次级的直线电动机性能较好，但是由于加工困难，因此在短初级的直线电动机中很少采用。

在短初级直线电动机中，常用的次级有 3 种，第一种是钢板，称为钢次级或磁性次级，此时钢既起到导磁作用，又起到导电作用，但由于钢的电阻率较大，故钢次级直线电动机的电磁性能较差，且法向吸力也大（约为推力的 10 倍）。第二种是在钢板上复合一层铜

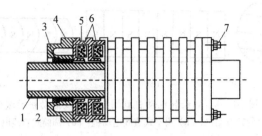

图 10-7　圆筒式直线电动机的结构

1—厚壁钢管；2—钢管或铝管；3—端盖；4—滑动轴承；

5—环形铁心；6—饼式绕组；7—螺栓。

板(或铝板),称为复合次级。在复合次级中钢主要起导磁作用,而导电则主要是靠铜或铝。第三种是单纯的铜板(或铝板),称为铜(铝)次级或非磁性次级,它主要用于双边型直线电动机中。但要注意,在两侧初级三相绕组安排上,一侧的 N 极必须对准另一侧的 S 极,保证磁通路径最短,如图 10-9 所示。

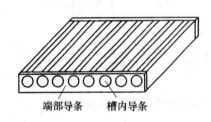

图 10-8　栅形次级

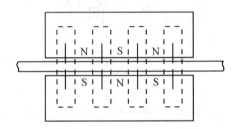

图 10-9　双边型直线电动机的磁通路径

对于圆筒式直线电动机,其次级一般是厚壁钢管,中间的孔主要是为了冷却和减轻重量,有时为了提高单位体积所产生的起动推力,可以在钢管外圆覆盖一层 1mm~2mm 厚的铜管或铝管,称为复合次级,或者在钢管上嵌置铜环或浇注铝环,成为类似于笼形的次级,如图 10-10 所示。

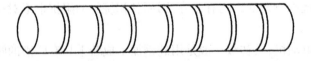

图 10-10　嵌置铜环或铝环的圆筒式次级

3) 气隙

直线电动机的气隙相对于旋转电动机的气隙要大得多,主要是为了保证在长距离运动中,初级与次级之间不至接触摩擦。

对于复合次级和铜(铝)次级来说,由于铜或铝均属非磁性材料,其导磁性能和空气相同,因此在磁路计算时,铜板或铝板的厚度应归并到气隙中,总的气隙由机械气隙(单纯的空气隙)加上铜板(或铝板)的厚度两部分组成,称为电磁气隙。

由于直线电动机的气隙大,因此其功率因数较低,这是直线感应电动机的主要缺点。

10.2.2 直线感应电动机的基本工作原理

综上所述,直线电动机是由旋转电动机演变而来的,因而在初级的多相绕组中通入多相电流后,也会产生一个气隙基波磁场,但是这个磁场的磁通密度波 B_δ 是直线移动的,故称为行波磁场,如图 10-11 所示。显然,行波的移动速度与旋转磁场在定子内表面的线速度是一样的。由旋转磁场理论可知,当绕组电流交变一次,气隙磁场在空间移过一对极,设电动机极距为 τ,单位为 m,电源频率为 f,单位为 Hz,则磁场移动速度为

$$v_s = 2\tau f(\text{m/s}) \tag{10.1}$$

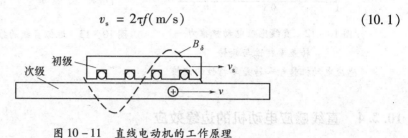

图 10-11 直线电动机的工作原理

在行波磁场切割下,次级导条将产生感应电动势和电流,所有导条的电流和气隙磁场相互作用,便产生切向磁力。如果初级是固定不动的,那么次级就顺着行波磁场运动的方向做直线运动。若次级移动的速度用 v 表示,则滑差率为

$$s = \frac{v_s - v}{v_s} \tag{10.2}$$

次级移动速度为

$$v = (1 - s)v_s = 2f\tau(1 - s) \quad (\text{m/s}) \tag{10.3}$$

式(10.3)表明,直线感应电动机的速度与电动机的极矩及电源频率成正比,因此改变极矩或电源频率均可改变电动机的速度。

与旋转电动机一样,改变直线电动机初级绕组的通电顺序可以改变电动机运动的方向,因而可使电动机做往复直线运动。

10.2.3 直线感应电动机的工作特性

图 10-12 分别显示出了直线感应电动机的推力—转差率特性和旋转感应电动机的转矩—转差率特性。旋转感应电动机的最大转矩一般出现在较低的转差处,与此相比,直线感应电动机的最大推力则发生在高转差率处,即 $s=1$ 附近。因此,直线感应电动机的起动推力大,在高速区域推力小,它的推力—速度特性近似为一直线,具有较好的控制品质,如图 10-13 所示。它的推力可由式(10.4)求得,即

$$F = (F_{st} - F_u)\left(1 - \frac{v}{v_0}\right) \tag{10.4}$$

式中　F_{st}——起动推力(N);

　　　F_u——摩擦力(N);

　　　v_0——空载速度(m/s)。

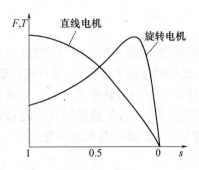

图 10 - 12　直线感应电动机推力—

转差率特性与旋转

感应电动机转矩—转差率特性的比较

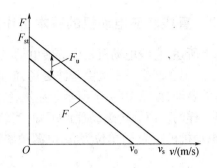

图 10 - 13　近似直线的推力—速度特性

10.2.4　直线感应电动机的边缘效应

1. 纵向边缘效应

旋转电动机的定子铁心是闭合圆环形状,而直线感应电动机的初级铁心是长直的,两端断开形成两个纵向边缘。由于铁心及槽中的绕组在两端不连续,所以各相之间的互感不相等,即使初级绕组的供电交流电压对称,也会使各组绕组中产生不对称的电流。它除了正序电流分量外,还会出现负序和零序电流分量。负序电流分量引起负序反向行波磁场,零序电流分量引起零序脉振磁场,这两类磁场在次级运行的过程中将产生阻力和附加损耗,这些现象称为直线感应电动机的静态纵向边缘效应。

直线感应电动机次级运动时,还存在另一种纵向边缘效应,称为动态纵向边缘效应,如图 10 - 14 所示。

设在次级导体上有一闭合回路,当它处于初级铁心外侧的位置 S_1,它基本上不匝链磁通,回路中也不感应电动势。当它从位置 S_1 进入到初级铁心下面的位置 S_2 时,它将匝链磁通,回路内产生感应电动势和电流,该电流反过来要影响磁场的分布,这种效应称为入口端边缘效应。当它处于 S_3 位置时,也没有感应电动势产生。当闭合回路从位置 S_4 移动到位置 S_5 时,闭合回路内的磁通又一次变化,又将引起感应电

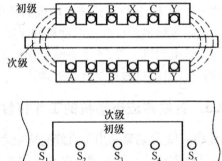

图 10 - 14　直线感应电动机纵向边缘效应

动势和电流,并影响磁场分布,这种感应电动势称为出口端边缘效应。这种动态边缘效应,同样会产生附加损耗和附加力。

总之,纵向边缘效应最终都将增加附加损耗,从而减小直线电动机的有效输出,影响直线电动机的运行性能。如何改善纵向边缘效应给直线电动机带来的影响,是目前正在研究的课题之一。

2. 横向边缘效应

当直线感应电动机的次级采用实心结构时,在行波磁场的作用下,次级导电板中产生感应电动势,从而产生涡流形状的感应电流,该电流对气隙磁场沿横向分布的影响,称为直线电动机的横向边缘效应。图 10 – 15 示出了次级电流和气隙磁通密度的分布情况。图 10 – 15 中 L 是初级铁心横向宽度,C 是次级导电板横向伸出初级铁心的长度。从次级电流路径上可以看出,它包含有纵向分量 I_X 和横向分量 I_Z。电流的横向分量只改变合成气隙磁通密度的幅值,而不改变它的分布形状;电流的纵向分量对空载气隙磁场有去磁作用,而且在电流分布越密集的地方去磁作用越强,使合成气隙磁通密度沿横轴的分布呈马鞍状,它与空载气隙磁通密度的分布形状[见图 10 – 15(b)中的虚线]明显不同。

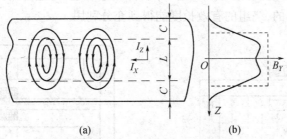

图 10 – 15　直线感应电动机横向边缘效应

(a) 次级电流分布;(b) 气隙磁通密度分布。

横向边缘效应的存在,使直线电动机的平均气隙磁通密度降低,电动机的输出功率减小。同时,次级导电板的损耗增大,电动机的效率降低。横向边缘效应的大小,与次级导电板横向伸出初级铁心的长度 C 与极距 τ 的比值 C/τ 有关,C/τ 越大,横向边缘效应越小。可见,初级和次级相等宽度直线感应电动机的横向边缘效应要大一些。

10.3　直线直流电动机

直线直流电动机(Linear DC Motor)通常做成圆筒形,它的优点是结构简单可靠,运行效率高,控制比较灵活、方便,尤其是和闭环控制系统结合在一起,可精密地控制位移,其速度和加速度控制范围广,调速的平滑性好。缺点是存在着带绕组的电枢和电刷(或动子上拖着"辫子")。直线直流电动机的应用也非常广泛,如工业检测、自动控制、信息系统及其他各个技术领域。

直线直流电动机类型也很多,按励磁方式可分为永磁式和电磁式两大类。前者多用于驱动功率较小的场合,如自动控制仪器、仪表;后者则用于驱动功率较大的场合。

10.3.1　永磁式直线直流电动机

永磁式直线直流电动机的磁极由永久磁铁做成。按照它的结构特征可分为动圈型和动铁型两种。动圈型在实际中用得较多,如图 10 – 16 所示,在软铁架两端装有极性同向的两块永久磁铁,当移动绕组中通入直流电流时,便产生电磁力,只要电磁力大于滑轨上的静摩擦阻力,绕组就沿着滑轨做直线运动,其运动的方向可由左手定则确定。改变绕组中直流电流的大小和方向,即可改变电磁力的大小和方向。电磁力的大小为

$$F = B_\delta l N I_a \qquad (10.5)$$

式中　B_δ——绕组所在空间的磁通密度；

　　　l——每匝绕组导体处在磁场中的平均有效长度；

　　　N——绕组匝数；

　　　I_a——绕组中的电流。

在上述基本结构的基础上,永磁式动圈型直线直流电动机还有其他的适用结构。按结构特征可分为两类,第一类是带有平面矩形磁铁的直线电动机,如图 10 - 17 所示。它的结构简单,但绕组总体没有得到充分利用,在小气隙中,活动系统的定位较困难,漏磁通大,即磁铁未得到充分的利用。第二类是带环形磁铁的直线电动机,如图 10 - 18 所示。其结构主要是圆筒形的,绕组的有效长度能得到充分利用。

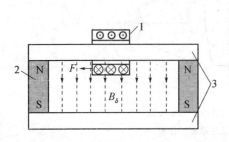

图 10 - 16　动圈式直线直流电动机结构示意图
1—移动绕组；2—永久磁铁；3—软铁。

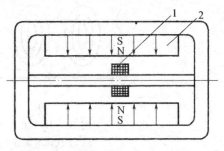

图 10 - 17　带平面矩形磁铁的动圈型
直线永磁直流电动机
1—移动绕组；2—永久磁铁。

动铁型如图 10 - 19 所示。在一个软铁框架上套有绕组,该绕组的长度要包括整个行程。显然,当这种结构形式的绕组通过电流时,不工作的部分要白白消耗能量。为了降低电能的消耗,可将绕组的外表面进行加工使导体裸露出来,通过安装在磁极上的电刷把电流引入绕组中。这样,当磁铁移动时,电刷跟着滑动,只让绕组的工作部分通电,其余不工作的部分没有电流流过。但由于电刷存在磨损,故降低了可靠性和寿命。另外,它的电枢较长,电枢绕组用铜量较大。优点是电动机行程可做得很长,还可做成无接触式直线直流电动机。

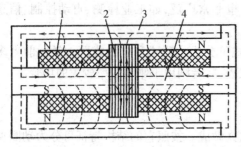

图 10 - 18　带环形磁铁的动圈型直线永磁直流电动机
1—环形磁铁；2—移动绕组；
3—圆筒形导磁体；4—圆柱形铁心。

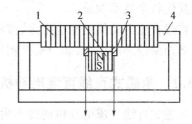

图 10 - 19　动铁型直线永磁式直流电动机
1—固定绕组；2—移动磁铁；3—电刷；4—软铁。

10.3.2 电磁式直线直流电动机

任何一种永磁式直线直流电动机,只要把永磁改成电磁铁,就成为电磁式直线直流电动机,同样也有动圈型和动铁型两种。图10－20所示为电磁式动圈型直线直流电动机的结构示意图。当励磁绕组通电后产生磁通与移动绕组的通电导体互相作用产生电磁力,克服滑轨上的静摩擦力,移动绕组便做直线运动。

对于动圈型直线直流电动机,电磁式的成本要比永磁式低,因为永磁式所要用的永磁材料在整个行程上都存在。而电磁式只用一般材料的励磁绕组即可,永磁材料材质硬,机械加工费用大,电磁式可通过串、并联励磁绕组和附加补偿绕组等方式改善电动机的性能,灵活性较强。但电磁式比永磁式多了一项励磁损耗。

电磁式动铁型直线直流电动机通常做成多极式,图10－21所示为三磁极直线直流电动机。当环形励磁绕组通电时,便产生磁通,径向穿过气隙和电枢绕组,在铁心中由径向过渡到轴向,形成闭合回路,如图1－21中虚线所示。径向气隙磁场与通电的电枢绕组相互作用产生轴向电磁力,推动磁极做直线运动。当这种电动机用于短行程和低速移动的场合时,可以省掉滑动的电刷。但若行程很长,为了提高效率,同永磁式直流电动机一样,在磁极上装上电刷,使电流只在电枢绕组的工作段流过。

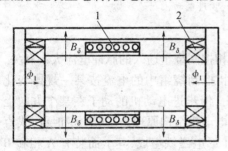

图10－20　电磁式动圈型直线
直流电动机结构示意图
1—移动绕组;2—励磁绕组。

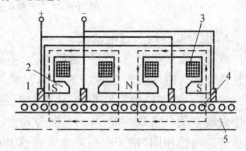

图10－21　三极电磁式直线直流电动机
1—电刷;2—极靴;3—励磁绕组;
4—电枢绕组;5—电枢铁心。

10.4　直线和平面步进电动机

旋转式步进电动机由于有很多优点,已成为除了直流伺服电动机和交流伺服电动机以外的第三大类执行电动机。但在许多自动装置中,要求某些机构(如自动绘画机、自动打印机等)能够快速地做直线或平面运动,而且要保证精确的定位。在这种场合下,使用直线步进电动机或平面步进电动机最为合适。当然旋转式步进电动机,通过中间的机械传动装置,也可以将旋转运动变换成直线运动,但系统的结构复杂,惯量增大,而且会出现机械间隙和磨损,影响系统的快速性和定位精度,振动和噪声也比较大。

10.4.1 直线步进电动机

直线步进电动机(Linear Stepping Motor)有多种结构类型,按其电磁推力产生的原理可分为反应式和混合式两种。

1. 反应式直线步进电动机

图 10 – 22 所示为一台三相反应式直线步进电动机的结构示意图。它的定子和动子铁心都由硅钢片叠成,定子上、下表面都有均匀的齿,动子极上套有三相控制绕组,每个极面上也有均匀的齿,动子与定子的齿距相同。为了避免槽中积聚异物,在槽中填满非磁性材料(如塑料或环氧树脂等),使定子和动子表面平滑。反应式直线步进电动机的工作原理与旋转式步进电动机完全相同,即当某相控制绕组通电时,该相动子的齿和定子齿对齐,使磁路的磁阻最小,相邻相的动子齿轴线与定子齿轴线错开 1/3 齿距。显然,当控制绕组按 A – B – C – A 的顺序轮流通电时,动子将以 1/3 齿轮的步距沿某一方向移动。当通电顺序改为 A – C – B – A 时,动子则向相反方向步进移动。若为 6 拍则步距减小一半。

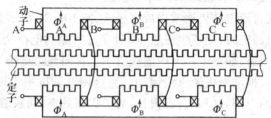

图 10 – 22 三相反应式直线步进电动机

2. 混合式直线步进电动机

混合式直线步进电动机的磁场推力,不仅和各相控制绕组通入的脉冲电流大小有关,而且还和永久磁铁所产生磁场的大小有关。当各相控制绕组中的电流按某一规律变化时,使各极下磁场位置发生变化,从而产生磁场推力,使步进电动机的动子在某个方向上产生直线运动。图 10 – 23 所示是混合式直线步进电动机结构原理,它的定子和反应式直线步进电动机相同,动子由一块永久磁铁和两个 Ⅱ 形电磁铁组成,其上面装有 A 相和 B 相控制绕组,电磁铁的铁心由硅钢片叠成。磁极 1 与 2 或磁极 3 与 4 之间距离为定子齿距 t 的 $\left(k_1 \pm \dfrac{1}{2}\right)$ 倍,其中 k_1 取正整数。图 10 – 23 中 $k_1 = 1$,即磁极 1 与 2 和磁极 3 与 4 之间的距离为定子齿距的 1.5 倍。这样,磁极 1(或磁极 3)和定子的齿对齐时,磁极 2(或磁极 4)正好对着定子槽。而磁极 2 和磁极 3 之间的距离应为定子齿距 t 的 $\left(k_2 \pm \dfrac{1}{4}\right)$ 倍。图 10 – 23 中 $k_2 = 2$,即磁极 2 与磁极 3 之间的距离应为定子齿距的 1.75 倍。当电磁铁绕组中没有通电时,永久磁铁向所有的磁铁提供大致相等的磁通,即 $\Phi_m/2$(Φ_m 是永久磁铁的总磁通),其磁通的方向如图 10 – 23(a)中的虚线所示,此时动子上没有水平推力,动子可以稳定在任何随机位置上。

当 A 相绕组中通入正向电流 I_A 时,电流方向和磁通的路径如图 10 – 23(a)中的实线所示。这时在磁极 1 中的磁通和永久磁铁的磁通同方向,使磁极 1 的磁通为最大。而在磁极 2 中的磁通和永久磁铁的磁通反方向,二者相互抵消,接近于零。显然,此时磁极 1 所受的电磁力最大,磁极 2 所受的电磁力几乎为零。由于 B 相绕组没有通过电流,磁极 3 和磁极 4 在水平方向的分力大致为大小相等、方向相反,相互抵消。因此,动子的运动由磁极 1 所受的电磁力决定。最后,磁极 1 必然要运动到和定子齿 1 对齐的位置,如图

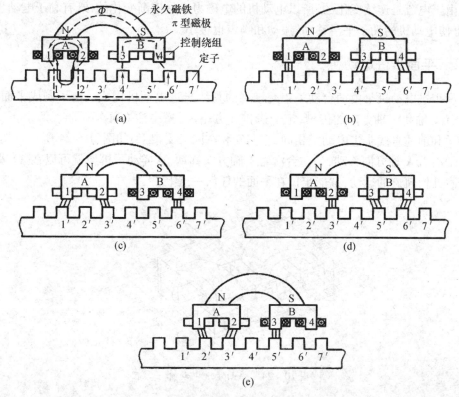

图 10-23　混合式直线步进电动机的工作原理

(a) 电枢绕组不通电流；(b) A 相通正向电流；(c) B 相通正向电流；
(d) A 相通反向电流；(e) B 相通反向电流。

10-23(b)所示。因为只有齿对齿的情况下，磁路的磁导最大，动子所受的水平电磁力为零，所以动子就处在稳定平衡的位置上。当 A 相绕组断电时，B 相绕组通入正向电流 I_B，其方向如图 10-23(c)所示。同理，磁极 4 的磁通为最大，磁极 3 中的磁通接近于零，磁极 4 所受的电磁力最大，使磁极 4 对准定子齿 6，动子由图 10-23(b)所示的位置移动到 10-23(c)所示的位置，即动子在水平电磁力的作用下向右移动了 $\frac{1}{4}$ 齿距。

当 B 相绕组断电，给 A 相绕组通入反向电流 I_A，如图 10-23(d)所示。这时磁极 2 的磁通为最大，磁极 1 中的磁通接近于零，磁极 2 所受的电磁力最大，使磁极 2 对准定子齿 3，动子沿着水平方向向右移动 $\frac{1}{4}$ 齿距。

同理，A 相绕组断电，B 相绕组通入反方向电流 I_B，动子沿水平方向向右移动 $\frac{1}{4}$ 齿距，使磁极 3 和定子齿 5 对齐，如图 10-23(e)所示。以此类推，这种情况犹如两相单 4 拍的运行方式，即经过 4 拍，动子沿水平方向向右移动了一个定子齿距。若要使动子沿水平方向向左移动，只要将以上 4 个阶段的通电顺序倒过来即可。

在实际使用时，为了减小步距，削弱振动和噪声，电动机可采用类似细分电路的电源供电，使电动机实现微步距移动，其精度可提高到 $10\mu m$ 以上。也可以在 A 相和 B 相绕组中同时加入交流电，若 A 相绕组中通入正弦电流，则 B 相绕组中通入余弦电流。这种控制方式由于电流是连续变化的,所以电动机的电磁力也是逐渐变化的,既有利于电动机起动,又可使电动机的动子平滑移动,振动和噪声也很小。

10.4.2 平面步进电动机

平面步进电动机是由两台动子正交排列的直线步进电动机构成。定子制成平面形,上面开有 X 轴和 Y 轴方向的齿槽,定子齿排成方格形,槽中注入环氧树脂。两个正交排列的动子和前述直线步进电动机相同,它们安装在同一支架上,如图 10-24 所示。其中,一台转子沿着 X 轴方向移动,另一台沿着 Y 轴方向移动,这样动子机架就可以在 XY 平面上做任意几何轨迹的运动,并能定位在平面的任何一点上。

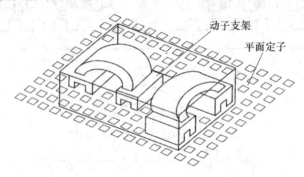

图 10-24 平面步进电动机

在实际应用时,为了使动子既能高速移动,又不超出预定的锁定位置,还需在编制控制程序时采用适当的措施使动子能够加速或制动。

另外,平面步进电动机还可以采用气垫装置,将动子支撑起来,使动子移动时不与定子直接接触,这样就可以避免互相间的摩擦,实现快速移动。据一些资料介绍,动子移动的线速度可高达 102cm/s。

10.5 直线电动机应用举例

直线电动机能直接产生直线运动,它不但省去了旋转电动机与直线动作机构之间的机械传动装置,而且可因地制宜地将直线电动机某一侧安放在适当的位置直接作为机械运动的一部分,使整个装置紧凑合理、降低成本和提高效率。尤其在一些特殊场合,是旋转电动机所不能代替的。因此,它在很多的技术领域得到广泛的应用。

1. 高速列车

交通运输是国民经济的重要基础,随着社会与经济的不断发展,对交通运输也提出了新的要求。利用直线电动机驱动的高速列车——磁悬浮列车就是其中的典型一例,它的时速可达 400km/h 以上。磁悬浮列车,就是采用磁力悬浮车体,应用直线电动机驱动技术,使列车在轨道上浮起滑行。这在交通技术的发展上是一个重大突破,被誉为 21 世纪一种最先进的地面交通工具。它的突出优点是速度快、舒适、安全、节能等。

磁悬浮列车按其机理分为两类:

1）常导吸浮型

用一般的导线圈，以异性磁极相吸的原理，使列车悬浮在轨道上。通常由感应或同步直线电动机驱动，图10-25所示为常导吸浮型直线电动机的组成，时速可根据需要设计为几百 km/h，磁悬浮的高度一般在10mm左右。可见，它是将直线感应电动机的短初级安装在车辆上，由铁磁材料制成的轨道为长次级。同时在车上还装有悬浮电磁铁，产生电磁吸引力将车辆从下面拉向轨道，并保持一定的垂直距离。它是以车上的磁体与铁磁轨道之间产生的吸引力为基础，通过闭环控制系统调节电压和频率来控制车速，通过控制磁场作用力来改变推力的方向，使磁悬浮列车实现非接触的制动功能。此外，还有导向线圈组成的导向装置。

2）超导斥浮型

用低温超导线圈，以同性磁极相斥的原理，使列车悬浮在轨道上。通常由感应或者同步直线电动机驱动，图10-26所示为超导斥浮型直线电动机的组成。在车上装有直线感应电动机的初级超导磁体和超导电磁铁，直线感应电动机的次级和悬浮线圈都装在地面轨道内，它是以装在车上的磁体与轨道之间产生的推斥力为基础的。电动机只有在速度不为零时工作，推斥力随车速的增加而增加。另外，在高速运行中，除了上述推进和悬浮的特点外，当然也有导向装置。

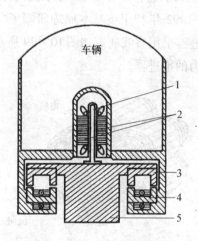

图10-25　常导吸浮型直线电动机
1—次级；2—初级；3—电磁铁次级；
4—电磁铁初级；5—轨道底座。

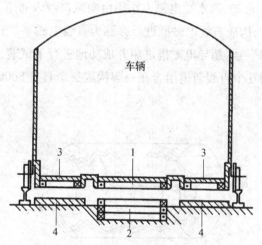

图10-26　超导斥浮型直线电动机
1—初级；2—次级；
3—超导电磁铁；4—悬浮线圈。

2. 电磁推进船

船舶推进系统多数采用螺旋桨推进器，但螺旋桨推进器在水下高速运转时会产生"空泡"现象，大大降低了推进器效率，并限制了船速的进一步提高。另外，一般螺旋桨都采用柴油机和燃气轮机通过传动轴带动螺旋桨旋转，因此，产生较大的机械振动、磨损和噪声，较大的噪声破坏了军用舰艇的隐蔽性，尤其是水下潜艇在高速航行时较大的机械振动和噪声，容易被对方声纳发现，于是世界各国正在寻求一种高速、无声安静的船用推进装置。

直线电磁推进器就是其中一例，它根据电学上的弗莱明（Fleming）左手定则，利用海水是导体,通电海水在强磁场作用下产生电磁力,让受力海水由船尾直接高压喷水推动船舶高速、无声航行,其原理如图 10-27 所示。直线电磁推进器具有无振动、无磨损、无噪声和控制灵活等特点,特别应该指出的是由于没有螺旋桨,在高速运转时就不存在"空泡"现象,从而运行速度可大大超过目前常规海轮的速度。

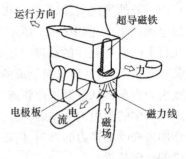

图 10-27 直线电磁推进器基本原理

直线电磁推进器的理论航速为 100n mile/h,一般螺旋桨推进的商船航速为 25n mile/h,前者航速为后者的 4 倍。由此可见,直线电磁推进器一旦实用化,将会大大推进舰船的航行速度,在海运界将引起一场重大变革。

目前船用直线电磁推进器的结构可归纳成 4 种基本形式:直线通道推进器、外磁式推进器、螺旋通道推进器和环形通道推进器。这里仅介绍直线通道推进器。

图 10-28 是直线通道推进器的结构示意图,电极安放在通道上下两边,磁场垂直于电流方向,根据电磁定律的左手定则,电磁力的方向垂直于电流和磁场方向。由图 10-28 可知,海水受电磁力作用由喇叭口吸入通道,经过磁场加速作用以后,高速水流向外喷出,构成直线电磁推进器亦称为直线电磁泵。日本在 1992 年利用该基本原理研制了"大和一号"超导电磁推进船并成功地进行了试航,其推进器采用直线通道如图 10-29 所示。用 6 个直线通道组合在一起构成一个具有 8000N 推力的推进器。

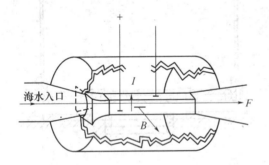

图 10-28 直线通道推进器结构示意图

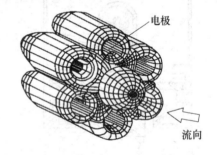

图 10-29 6 个直线通道组合推进器

3. 笔式记录仪

笔式记录仪由直线直流电动机、运算放大器和平衡桥 3 个环节组成,如图 10-30 所示。

电桥平衡时,没有电流输出,这时直线电动机所带的记录笔处在仪表的指零位置。当外来信号 E_w 不等于零时,电桥失去平衡产生一定的输出电压和电流,推动直线电动机的可动绕组做直线运动,从而带动记录笔在记录纸上把信号记录下来。同时,直线电动机还带动反馈电位器滑动,使电桥趋向新的平衡。

4. 自动绘图机

自动绘图机由绘图台和控制器两部分组成。由平面步进电动机组成绘图台,电动机

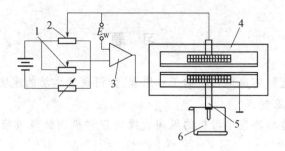

图 10-30　笔式记录仪原理图
1—调零电位器；2—反馈电位器；3—运算放大器；
4—动圈式直流直线电动机；5—记录笔；6—记录纸。

的动子直接做平面运动,带动绘图笔(或刻刀、光源等)做平面运动,实现高速度、高精度、高可靠性及耐久性的平面运动及定位。

图 10-31 所示为自动绘图机绘图台的结构示意图。图中笔架 5 直接固定在电动机的动子上,动子 2 沿定子平板 1 运动,并带动绘图笔 4 在固定于平台 6 上面的绘图介质上绘制图形。

5. 电动门和电动门锁

电动门的应用非常广泛,市场上的电动门一般均采用旋转电动机驱动,通过齿轮、齿条或蜗轮、蜗杆或链轮或摩擦离合器或钢丝绳进行牵引。这样就有一个将旋转运动转变为直线运动并需要减速的过程,且结构复杂,容易磨损和产生故障,断电后又不能人工起动。如果采用如图 10-32 所示的直线电动机驱动大门,情况就会大大改善。图中直线电动机的初级安装在大门门楣上方,大门门楣作为直线电动机的次级。当给初级通电后,门楣和初级之间由于气隙磁场的作用,将产生一个平移的推力,该推力就将大门向前推进(开)或将大门拉回(关)。

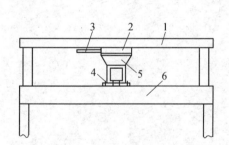

图 10-31　平面步进电动机绘图机示意图
1—定子平板；2—动子；3—引线；
4—绘图笔；5—笔架；6—平台。

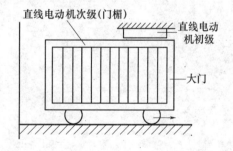

图 10-32　直线电动机驱动的大门

由于没有旋转变换装置,采用直线电动机驱动的大门结构简单,效率高,可以常年露天工作而不受影响。另外,直线电动机驱动门控制和使用方便,基本不需维修,断电仍能起动,无接触运行因而噪声低、磨损小。更重要的是,该产品的造价比非直线电动机驱动门的价格每米一般低 3 倍~5 倍,而且制造更加简单。

习　题

10 - 1　试述直线感应电动机的工作原理,如何改变运动的速度与方向? 它有哪几种主要类型? 各有什么特点?

10 - 2　何为直线感应电动机的纵向边缘效应和横向边缘效应? 它们对直线电动机的运行有哪些影响?

10 - 3　永磁式直线直流电动机按结构特征可分为哪几种? 各有什么特点? 如何改变运动的速度和方向?

10 - 4　电磁式直线直流电动机适用什么场合? 为什么电磁式动圈型比永磁式成本低?

10 - 5　动铁型直线直流电动机为了减小铜损耗,通常采用什么措施?

10 - 6　混合式直线步进电动机的磁场推力与哪些因素有关? 当固定磁场与电磁场的磁通不等时,还能实现正常的步进运动吗?

附录1　控制电机型号命名方法

1. 按照国家标准 GB/T 10405—2001 的规定,控制电机的型号由下列 4 部分组成:

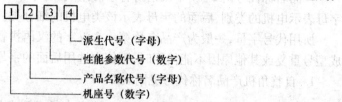

军用产品应在机座号前加汉语拼音字母"J"。

例1　55SL42 表示机座外径为 55mm、性能参数序号为 42 的笼型转子两相伺服电动机。

例2　J36ZLJ44B 表示机座外径为 36mm、频率为 400Hz、额定电压为 16V 的军用力矩式自整角接收机的第二次派生产品。

2. 机座号用电机机壳外径的尺寸数值(以 mm 为单位)表示,详见附表 1 - 1。

附表 1 - 1　机座号

机座号	12	16	20	24	28	32	36	40	45	55
机壳外径/mm	12.5	16	20	24	28	32	36	40	45	55
机座号	70	90	110	130	160	200	250	320	400	500
机壳外径/mm	70	90	110	130	160	200	250	320	400	500

3. 派生代号根据电机的性能和结构派生,用一个大写汉语拼音字母顺序表示,但不得使用字母 I 和 O。

附录 2　控制电机产品名称代号

产品名称代号由 2~4 个汉语拼音字母组成,每个字母具有一定的汉字意义,第 1 个字母表示电机的类别,后面的字母表示该类电机的细分类。

所用代号字母,一般为产品名称第一个汉字的汉语拼音的第一个字母,如所选字母造成型号重复或其他原因不能使用时,则依次选用后面的字母或其他汉字的拼音字母。

1. 自整角机产品名称代号见附表 2-1。

附表 2-1　自整角机产品代号

产品名称	代号	意义	产品名称	代号	意义
控制式自整角发送机	ZKF	自,控,发	力矩式无刷自整角发送机	ZFW	自,发,无
控制式差动自整角发送机	ZKC	自,控,差	力矩式无刷自整角接收机	ZJW	自,接,无
控制式自整角变压器	ZKB	自,控,变	多极自整角发送机	ZFD	自,发,多
控制式无刷自整角发送机	ZKW	自,控,无	多极差动自整角发送机	ZCD	自,差,多
控制式无刷自整角变压器	ZBW	自,控,无	多极自整角变压器	ZBD	自,变,多
力矩式自整角发送机	ZLF	自,力,发	双通道自整角发送机	ZFS	自,发,双
力矩式差动自整角发送机	ZCF	自,差,发	双通道差动自整角发送机	ZCS	自,差,双
力矩式差动自整角接收机	ZCJ	自,差,接	双通道自整角变压器	ZBS	自,变,双
力矩式自整角接收机	ZLJ	自,力,接	控制力矩式自整角发送机	ZKL	自,控,力

2. 旋转变压器产品名称代号见附表 2-2。

附表 2-2　旋转变压器产品名称代号

产品名称	代号	意义	产品名称	代号	意义
正余弦旋转变压器	XZ	旋,正	单绕组线性旋转变压器	XDX	旋,单,线
带补偿绕组正余弦旋转变压器	XZB	旋,正,补	比例式旋转变压器	XL	旋,例
线性旋转变压器	XX	旋,线	磁阻式旋转变压器	XU	旋,阻
特种函数旋转变压器	XT	旋,特	无刷多极旋转变压器	XFDW	旋,发,多,无
旋变发送机	XF	旋,发	多极旋转变压器	XBD	旋,变,多
旋变差动发送机	XC	旋,差	磁阻式多极旋转变压器	XUD	旋,阻,多
旋变变压器	XB	旋,变	无刷多极变压器	XBDW	旋,变,多,无
无刷正余弦旋转变压器	XZW	旋,正,无	双通道旋变发送机	XFS	旋,发,双
无刷线性旋转变压器	XXW	旋,线,无	无刷双通道旋变发送机	XFSW	旋,发,双,无
无刷比例式旋转变压器	XLW	旋,例,无	双通道旋变变压器	XBS	旋,变,双
多极旋变发送机	XFD	旋,发,多	无刷双通道旋变变压器	XBSW	旋,变,双,无

3. 感应移相器产品名称代号见附表2-3。

附表2-3 感应移相器产品名称代号

产 品 名 称	代号	意义	产 品 名 称	代号	意义
感应移相器	YG	移,感	无刷感应移相器	YW	移,无
带补偿绕组的感应移相器	YGB	移,感,补	带补偿绕组的无刷感应移相器	YBW	移,补,无
多极感应移相器	YD	移,多	双通道感应移相器	YS	移,双
无刷多极感应移相器	YDW	移,多,无	无刷双通道感应移相器	YSW	移,双,无

4. 感应同步器产品名称代号见附表2-4。

附表2-4 感应同步器产品名称代号

产 品 名 称	代 号	意 义
旋转式感应同步器	GX	感,旋
直线式感应同步器	GZ	感,直

5. 测速发电机产品名称代号见附表2-5。

附表2-5 测速发电机产品名称代号

产 品 名 称	代号	意义	产 品 名 称	代号	意义
电磁式直流测速发电机	CD	测,电	空心杯转子异步测速发电机	CK	测,空
脉冲测速发电机	CM	测,脉	空心杯转子低速异步测速发电机	CKD	测,空,低
永磁式测速发电机	CY	测,永	感应子式测速发电机	CG	测,感
永磁式低速测速发电机	CYD	测,永,低	直线测速发电机	CX	测,线
笼型转子异步测速发电机	CL	测,笼	无刷直流测速发电机	CW	测,无

6. 伺服电动机产品名称代号见附表2-6。

附表2-6 伺服电动机产品名称代号

产 品 名 称	代 号	意 义
电磁式直流伺服电动机	SZ	伺,直
永磁式直流伺服电动机	SY	伺,永
空心杯电枢电磁式直流伺服电动机	SYK	伺,永,空
无槽电枢电磁式直流伺服电动机	SWC	伺,无,槽
线绕盘式直流伺服电动机	SXP	伺,线,盘
印制绕组直流伺服电动机	SN	伺,印
无刷直流伺服电动机	SW	伺,无
笼型转子两相伺服电动机	SL	伺,笼
直线伺服电动机	SZX	伺,线,直
永磁式直流伺服电动机	ST-(正弦波驱动)[①]	伺,正
	SF-(方波驱动)[①]	伺,方

注:① 永磁式直流伺服电动机的产品名称代号为两部分,在短画线后为传感器代号:C表示测速发电机;M表示编码器;X表示旋转变压器;SW表示速度位置传感器。

7. 步进电动机的产品名称代号见附表 2 - 7。

附表 2 - 7　步进电动机的产品名称代号

产品名称	代号	意义	产品名称	代号	意义
永磁式步进电动机	BY	步,永	印制绕组步进电动机	BN	步,印
感应子式步进电动机	BYG	步,永,感	直线步进电动机	BX	步,线
磁阻式步进电动机	BC	步,阻	滚切步进电动机	BG	步,滚

8. 力矩电动机的产品名称代号见附表 2 - 8。

附表 2 - 8　力矩电动机的产品名称代号

产品名称	代号	意义	产品名称	代号	意义
电磁式直流力矩电动机	LD	力,电	鼠笼转子交流力矩电动机	LL	力,笼
永磁式直流力矩电动机	LY	力,永	空心杯转子交流力矩电动机	LK	力,空
无刷直流力矩电动机	LW	力,无	有限转角力矩电动机	LKJ	力,限,角

9. 磁滞同步电动机的产品名称代号见附表 2 - 9。

附表 2 - 9　磁滞同步电动机产品名称代号

产品名称	代号	意义	产品名称	代号	意义
内转子式磁滞同步电动机	TZ	同,滞	多速磁滞同步电动机	TZD	同,滞,多
外转子式磁滞同步电动机	TZW	同,滞,外	磁阻式磁滞同步电动机	TZC	同,滞,磁
双速磁滞同步电动机	TZS	同,滞,双	永磁式磁滞同步电动机	TZY	同,滞,永

10. 机组的产品名称代号见附表 2 - 10。

附表 2 - 10　机组产品名称代号

产品名称	代号	意义	产品名称	代号	意义
自整角旋变机组	Z - X	自,旋	交流伺服力矩机组	S - L	伺,力
交流伺服测速机组	S - C	伺,测	直流伺服力矩机组	L - C	力,测
直流伺服测速机组	SZ - C	伺,直,测			

附录3 控制电机性能参数代号

性能参数代号由两位或多位阿拉伯数字组成,顺序或直观地表示电机的性能参数。

1. 自整角机的性能参数代号

自整角机的性能参数代号由两位阿拉伯数字组成。第一位数字表示电源频率,其代号见附表3-1;第二位数字表示额定电压和最大输出电压的组合,其代号见附表3-2。

附表3-1 电源频率代号

代号	5	4	0	1	2	7
电源频率/Hz	50	400	500	1000	2000	混频

附表3-2 自整角机电压代号

代号	1	2	3	4	5	6	7
发送机,接收机/V	20/9	26/12	36/16	115/16	115/90	110/90	220/90
差动式/V	9/9	12/12	16/16	90/90	—	—	—
控制变压器/V	9/18	12/20	12/26	16/32	16/58	90/58	—

2. 旋转变压器的性能参数代号

(1) 旋转变压器的性能参数代号由3位~4位阿拉伯数字组成。前面两位数字表示开路输入阻抗(标称值),用欧姆数的1%表示,若不为整数,则取近似的整数;数值小于10时,前面冠以零;后面两位数表示变压比,其代号见附表3-3。

附表3-3 旋转变压器变比代号

代号	1	4	5	6	7	10	20
变压比	0.15	0.45	0.56	0.65	0.78	1	2

(2) 多极和双通道旋转变压器的性能参数代号由4位数字组成,前面两位表示极对数,其代号见附表3-4;第三位数字表示频率,其代号见附表3-1;第四位数字表示励磁电压,其代号见附表3-5。

附表3-4 旋转变压器极对数代号

代号	04	08	15	16	20	30	36	64	128
极对数	4	8	15	16	20	30	36	64	128

附表 3-5　旋转变压器励磁电压代号

代　　号	1	2	3
励磁电压/V	12	26	36

3. 感应移相器的性能参数代号

（1）感应移相器的性能参数代号由 2 位 ~4 位数字组成，第一位数字表示输入阻抗，其代号见附表 3-6，后面 3 位数字表示额定频率的 kHz 数，其代号见附表 3-7。

附表 3-6　感应移相器输入阻抗代号

代　　号	3	5	1	2
开路输入阻抗/Ω	300	500	1000	2000

附表 3-7　感应移相器额定功率代号

代　号	005	013	027	04	1	2	4	10	20	40	75	150	300	500
额定频率/kHz	0.05	0.135	0.27	0.4	1	2	4	10	20	40	75	150	300	500

（2）多极和双通道感应移相器的性能参数代号由 4 位 ~5 位数字组成，前面两位表示极对数，其代号见附表 3-4；后面 3 位表示频率，其代号见附表 3-7。

4. 感应同步器的性能参数代号

感应同步器的性能参数代号由 4 位数字组成，前 3 位数字表示极对数，后面一位数字表示性能参数序号，用 1~9 给出。

5. 测速发电机的性能参数代号

（1）交流测速发电机的性能参数代号由 2 位 ~3 位数字组成，第一位数字表示励磁电压，其代号见附表 3-8，后面两位数字表示性能参数序号，用 1~9 给出。

附表 3-8　交流测速发电机励磁电压代号

代　　号	2	3	1
励磁电压/V	26	36	115

（2）电磁式直流测速发电机的性能参数代号由 3 位 ~4 位数字组成，前两位数字表示励磁电压，其代号见附表 3-9，后面一位或两位数字表示性能参数序号，用 01~99 给出。

（3）永磁式直流测速发电机的性能参数代号用 01~99 给出。

6. 伺服电动机的性能参数代号

（1）交流伺服电动机的性能参数代号用 01~99 给出。

（2）直流伺服电动机的性能参数代号由 3 位 ~4 位数字组成，前两位数字表示电源电压，其代号见附表 3-9，后面一位或两位数字表示性能参数序号，用 01~99 给出。

附表 3-9　直流电源电压代号

代　　号	06	09	12	24	27	48	60	11	22
电源电压/V	6	9	12	24	27	48	60	110	220

7. 步进电动机的性能参数代号

步进电动机的性能参数代号由 2 位 ~4 位数字组成,第一位数字表示相数,后面的数字表示转子齿数或极对数。

8. 力矩电动机的性能参数代号

力矩电动机的性能参数代号由 2 位(稀土磁钢)或 3 位(铝镍钴磁钢)数字组成,铝镍钴磁钢电机的第一位数字 5 表示 5 类磁钢,8 表示 8 类磁钢;后面的数字及稀土磁钢电机的两位数字为序号,用 01 ~ 99 给出。

9. 磁滞同步电动机的性能参数代号

磁滞同步电动机的性能参数代号由 3 位数字组成,第一位数字表示电源频率,其代号见附表 3 - 1;第二位数字表示相数;第三位数字表示极对数。

10. 机组的性能参数代号

机组的性能参数代号由所含电机性能参数代号间加上短破折号组成。

参考文献

[1] 叶瑰昀,等. 自动控制元件. 哈尔滨:哈尔滨工程大学出版社,2002.

[2] 孙冠群,等. 控制电机与特种电机及其控制系统. 北京:北京大学出版社,2011.

[3] 孙建忠,等. 特种电机及其控制. 北京:中国水利水电出版社,2005.

[4] 程明,等. 微特电机及系统. 北京:中国电力出版社,2004.

[5] 杨渝钦,等. 控制电机. 第2版. 北京:机械工业出版社,2001.

[6] 叶云岳. 直线电机原理及应用. 北京:机械工业出版社,2000.

[7] [日]坂本正文. 步进电机应用技术. 王自强,译. 北京:科学出版社,2010.

[8] 赵文常,等. 自动控制元件. 哈尔滨:哈尔滨船舶工程学院出版社,1993.

[9] 顾绳谷. 电机及拖动基础. 北京:机械工业出版社,1993.

[10] 樊会涛,等. 空空导弹系统总体设计. 北京:国防工业出版社,2006.

[11] 唐任远. 特种电机原理及应用. 第2版. 北京:机械工业出版社,2010.

[12] 巫传专,王晓雷. 控制电机及其应用. 北京:电子工业出版社,2008.

[13] 王宏华. 开关型磁阻电动机调速控制技术. 北京:机械工业出版社,1999.

[14] 吴建华. 开关磁阻电机设计与应用. 北京:机械工业出版社,2000.

[15] 吴新开. 超声波电动机原理与控制. 北京:中国电力出版社,2009.

[16] 赵淳生. 超声电机技术与应用. 北京:科学出版社,2007.

[17] 吴红星,嵇恒,等. 新型开关磁阻电机发展综述. 微电机,2011,44(1):78-83.

[18] 郑宁. 新型开关磁阻电机及其在电动工具上的应用. 电动工具,2011(6):9-16.

[19] 罗辞勇,卢斌. 超声波电动机发展现状及应用. 微特电机,2011(11):70-74.

[20] 王中营,焦群英. 圆柱型超声电机驱动质点的运动分析与接触结构设计. 中国农业大学学报,2008,13(4):115-120.